高等学校"十三五"规划教材

工 程 数 学（下册）

主 编 杨 萍 敬 斌

西安电子科技大学出版社

内 容 简 介

　　本书分为上、下两册，共 20 章. 上册包括线性代数和复变函数，下册包括概率论、数理统计和积分变换.

　　下册共 11 章，分别为随机事件及概率、古典概率的基本公式、一维随机变量及其分布、二维随机变量及其分布、随机变量的数字特征、极限定理、样本及抽样分布、参数估计、假设检验、傅里叶(Fourier)变换、拉普拉斯(Laplace)变换. 为更好地启发读者的思维，本书增添了大量的知识产生背景的内容.

　　本书内容丰富，结构严谨，突出实际运用，可作为高等工科院校本科生数学基础课教材，也可作为工程技术人员的参考书.

图书在版编目(CIP)数据

工程数学·下册/杨萍，敬斌主编. 一西安：西安电子科技大学出版社，2016.2(2019.8重印)

高等学校"十三五"规划教材

ISBN 978 - 7 - 5606 - 3980 - 2

Ⅰ. ① 工…　　Ⅱ. ① 杨…　② 敬…　　Ⅲ. ① 工程数学一高等学校一教材　　Ⅳ. ① TB11

中国版本图书馆 CIP 数据核字(2016)第 021600 号

策划编辑　　戚文艳
责任编辑　　王　瑛
出版发行　　西安电子科技大学出版社(西安市太白南路 2 号)
电　　话　　(029)88242885　88201467　　邮　　编　　710071
网　　址　　www. xduph. com　　　　电子邮箱　　xdupfxb001@163.com
经　　销　　新华书店
印刷单位　　北京虎彩文化传播有限公司
版　　次　　2016 年 2 月第 1 版　2019 年 8 月第 3 次印刷
开　　本　　787 毫米×1092 毫米　1/16　印　张　18
字　　数　　424 千字
定　　价　　32.00 元

ISBN 978 - 7 - 5606 - 3980 - 2/TB

XDUP 4272001 - 3

＊＊＊如有印装问题可调换＊＊＊

前　言

　　工程数学是高等院校理工科学生一门重要的数学基础课，包括线性代数、复变函数、概率论、数理统计和积分变换等内容，对培养学生的数学思维和工程应用能力具有重要的作用.

　　在新技术革命对人才培养需求的牵引下，近些年作者对"工程数学"课程进行了一系列的教学改革，从内容体系、知识结构等方面进行了优化，补充了部分启发学生思维、有助于学生能力培养的教学内容，这些改革成果凝练成了本书.本书分为上、下两册，上册包括线性代数和复变函数，下册包括概率论、数理统计和积分变换.在本书的编写过程中，着力体现以下几个特色：

　　(1) 在注重保持数学理论体系的系统性和严密性的同时，从更有利于学生理解和学习的角度对部分内容体系进行了大胆的调整、优化，使各部分知识联系更紧密，体现由浅入深、由具体到抽象、循序渐进的特点.

　　(2) 注重知识点的溯本求源.在书中添加了大量反映知识起源的背景材料，使学生在学习和阅读时能够了解相关知识点产生的时代背景，感受数学前辈们在探索问题时的思想火花.

　　(3) 更加关注知识的实际应用.书中无论在概念导入、方法应用还是知识拓展等部分，都着力将理论知识与实际问题结合起来.在实践性较强的部分，还特别添加了软件使用方法的介绍和一些实验环节，帮助学生观察和思考，从而实现对数学概念的深入理解和灵活应用.在积分变换等工程应用很强的部分，注意将数学理论与工程背景紧密结合，体现工程数学的工程应用特色.

　　(4) 在例题、习题选择上更有针对性.精心挑选有代表性的例题和习题，既有理论分析计算问题，也有启发思维的应用实例，进一步增强了教材的实用性.

　　本书的编写大纲由杨萍、敬斌拟定.下册共 11 章，第十、十一章由房茂燕编写，第十二、十三章由吴聪伟编写，第十四章由赵志辉编写，第十五章由刘素兵编写，第十六至十八章由杨萍、杨宝珍编写，第十九、二十章由朱亚红、彭司萍编写.全书由杨萍、敬斌统稿.

　　由于编者水平有限，书中不妥之处在所难免，敬请读者批评指正，以便进一步修改完善.

编　者

2015 年 10 月

目　　录

第三部分　概　率　论

第四部分　数　理　统　计

第五部分 积分变换

第三部分 概 率 论

　　人们在生活中会遇到各种各样的现象,这些现象大体可分为两类:确定性现象和随机现象.随机现象的结果具有不确定性,只发生一次的随机现象,其结果具有偶然性特征,但在相同条件下重复发生的随机现象往往具有一定的规律性.概率论就是研究重复试验下大量随机现象统计规律性的学科,它是数理统计学的基础.

　　概率论从最初对单个随机事件发生的可能性大小(概率)的研究,到后面引入随机变量,对一类随机现象的规律性进行研究,其发展经历了一个漫长的时期,如今已建立了一套严密的数学理论体系.随着科学技术的发展,概率论和数理统计越来越受到重视,它的方法正向许多基础学科、工程学科渗透.概率论与其他学科相结合形成了如随机信号处理、统计物理学、统计生物学等理论分支,在控制、通信、决策以及可靠性分析等领域都有十分重要的应用.

第十章　随机事件及概率

10.1　随机试验与随机事件

在自然界和人类社会中存在两类不同的现象:一类是确定性现象,即在一定条件下必然发生或必然不发生的现象;另一类是随机现象,即在一定条件下有多个可能的结果,至于哪一个结果会出现,事先无法断定,又称之为偶然性现象.

随机现象在大量重复观察中呈现出来的规律性称为统计规律,它是随机现象本身所固有的,不随人们意志而改变的客观属性.

为了研究统计规律,需对随机现象进行大量重复的观察或试验,我们称之为**随机试验**(random experiment),简称试验,用字母 E 表示.随机试验具有如下特点:

(1) 可在相同条件下重复进行;

(2) 每次试验都有多个可能结果,但究竟出现哪种结果,试验前不能断定;

(3) 试验的一切可能结果是事先可知的.

随机试验的每一个可能的结果称为**样本点**或者**基本事件**.因为随机事件的所有可能结果是明确的,从而所有的基本事件也是明确的.例如:在抛掷硬币的试验中,"出现反面"和"出现正面"是两个基本事件;在掷骰子的试验中,"出现一点","出现两点","出现三点",…,"出现六点"这些都是基本事件.

试验所有可能结果的全体构成的集合称为**样本空间**(sample space),也即基本事件的全体,通常用大写希腊字母 Ω 表示. Ω 中的点即样本点,常用 ω 表示.样本空间包含的样本点个数称为容量.

在具体问题中,给定样本空间是研究随机现象的第一步.

例 10.1　一盒中有 10 个完全相同的球,分别有号码 $1,2,3,\cdots,10$,从中任取一球,观察其标号,则 $\Omega=\{1,2,3,\cdots,10\}$, $\omega_i=$ "标号为 i" $(i=1,2,3,\cdots,10)$, $\omega_1,\omega_2,\cdots,\omega_{10}$ 为基本事件(样本点).

例 10.2　在研究英文字母使用频率时,通常选用这样的样本空间: $\Omega=\{A,B,C,\cdots,X,Y,Z\}$.

例 10.1 和例 10.2 讨论的样本空间只有有限个样本点,是比较简单的样本空间.

例 10.3　讨论某寻呼台在单位时间内收到的呼叫次数,其可能结果一定是非负整数,因此样本空间为 $\Omega=\{0,1,2,3,\cdots\}$.

例 10.3 讨论的样本空间含有无穷个样本点,且这些样本点可以依照某种顺序排列起来,称之为可列样本空间.

例 10.4　讨论某地区的气温时,自然把样本空间取为 $\Omega=(-\infty,+\infty)$ 或 $\Omega=[a,b]$.

例 10.4 讨论的样本空间含有无穷多个样本点, 它充满一个区间, 称之为无穷样本空间.

从上述例子中可以看出, 针对不同的问题, 样本空间可以为有限集、可列集或无限集. 在今后的讨论中, 都认为样本空间是预先给定的. 当然, 对于一个实际问题或一个随机现象, 由于考虑问题的角度不同, 所以样本空间的选择可能不同.

例如: 掷骰子这个随机试验, 若考虑出现的点数, 则样本空间 $\Omega = \{1, 2, 3, 4, 5, 6\}$; 若考虑的是出现奇数点还是出现偶数点, 则样本空间 $\Omega = \{$奇数, 偶数$\}$.

由此说明, 同一个随机试验的样本空间并不唯一, 它依赖于试验目的.

随机事件(random event) 是试验中可能出现也可能不出现的结果, 是由某些样本点构成的集合, 或者说是样本空间的一个子集, 简称事件, 是概率论最基本的概念之一, 常用字母 A, B, C, $\cdots$ 表示. 从集合的角度看, 基本事件是由每个可能结果构成的单点集, 是一种特殊的随机事件. 随机事件包含的样本点个数称为基本事件数, 用 $N(A)$、$N(B)$ 等表示.

例如, 抛掷一枚骰子, 观察出现的点数, "点数不大于 4", "点数为奇数" 等均为随机事件. 再如, 在一个口袋中含有编号分别为 $1, 2, \cdots, n$ 的 n 个球, 从这个袋中任取一球, 观察后立即将球放回, 则随机试验的样本空间为 $\Omega = \{1, 2, \cdots, n\}$, 事件 "取得的球号数不小于 3" 也是随机事件.

事件对应于样本点的集合, 对任一事件 A 来说, 一个样本点 ω 要么属于 A 要么不属于 A. 若随机试验出现的结果(即样本点)$\omega \in A$, 就称事件 A 发生; 反之, 一次试验中事件 A 发生了, 就意味着 A 所包含的某个样本点 ω 恰为试验的结果.

样本空间 Ω 有两个特殊的子集, 一个是 Ω 本身, 一个是空集 $\varnothing$. 为了方便研究, 可将两者视为随机事件的极端情形. 其中前者包含了所有可能的样本点, 故每次试验必然发生, 称之为**必然事件**; 后者不包含任何样本点, 故每次试验都不发生, 称之为**不可能事件**.

10.2　事件的关系和运算

对于随机试验而言, 它的样本空间 Ω 可以包含很多随机事件, 概率论的任务之一就是研究随机事件的规律, 通过对较简单事件规律的研究来掌握更复杂事件的规律, 为此需要研究事件之间的关系与运算.

若没有特殊说明, 认为样本空间 Ω 是给定的, 且还定义了 Ω 中的一些事件, 如 $A_i (i = 1, 2, \cdots)$ 等, 由于随机事件是一个集合, 从而事件的关系与运算可以按照集合之间的关系和运算来处理.

一、事件的包含关系

定义 10.1　若事件 A 发生必然导致事件 B 发生, 则称事件 B 包含事件 A, 或称 A 是 B 的子事件, 记作 $A \subset B$ 或 $B \supset A$.

比如前面提到的 $A = \{$球的标号为 6$\}$, 这一事件就导致了事件 $B = \{$球的标号为偶数$\}$ 的发生, 因为摸到标号为 6 的球意味着偶数号球出现了, 所以有 $A \subset B$. 可以从图 10.1 中给出直观

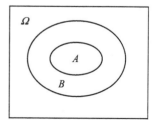

图 10.1

的解释，A、B 是两个事件，也就是说，它们是 Ω 的子集，"A 发生必然导致 B 发生" 意味着属于 A 的所有样本点在 B 中，由此可见，集合 A 包含于集合 B，所以，事件 $A \subset B$ 的含义与集合论是一致的.

特别地，对任何事件 A，有

$$A \subset \Omega, \quad \varnothing \subset A$$

二、事件的相等

定义 10.2　设 $A, B \subset \Omega$，若 $A \subset B$，同时有 $B \subset A$，则称 A 与 B **相等**，记作 $A = B$.

由定义 10.2 易知，相等的两个事件 A、B 总是同时发生或同时不发生. 在同一样本空间中，两个事件相等意味着它们含有相同的样本点.

三、和(并) 事件与积(交) 事件

定义 10.3　设 $A, B \subset \Omega$，称事件 "A 与 B 中至少有一个发生" 为 A 和 B 的**和事件**或**并事件**，记作 $A \cup B$，如图 10.2 所示.

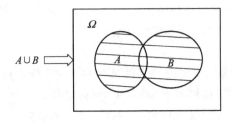

图 10.2

实质上，

$$A \cup B = \text{"} A \text{ 或 } B \text{ 发生"}$$
$$A \cup \Omega = \Omega, \quad A \cup A = A$$

类似地，可定义 n 个事件的和 $\bigcup\limits_{i=1}^{n} A_i$，表示这 n 个事件中至少有一个发生.

若 $A \subset B$，则 $A \cup B = B$，$A \subset A \cup B$，$B \subset A \cup B$.

例 10.5　设某种圆柱形产品，若底面直径和高都合格，则该产品合格.

令 $A = \{$直径不合格$\}$，$B = \{$高度不合格$\}$，则 $A \cup B = \{$产品不合格$\}$.

定义 10.4　设 $A, B \subset \Omega$，称 "A 与 B 同时发生" 这一事件为 A 和 B 的**积事件**或**交事件**，记作 AB 或 $A \cap B$，如图 10.3 所示.

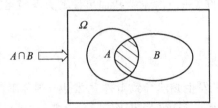

图 10.3

同样，积事件的概念也可以推广为可列个事件的情形. 设 n 个事件 $A_1, A_2, \cdots, A_n$，称 "$A_1, A_2, \cdots, A_n$ 同时发生" 这一事件为 $A_1, A_2, \cdots, A_n$ 的积事件，记作 $A_1 \cap A_2 \cap \cdots \cap A_n$

或 $A_1 A_2 \cdots A_n$ 或 $\bigcap\limits_{i=1}^{n} A_i$.

显然，$A \bigcap \varnothing = \varnothing$，$A \bigcap \Omega = A$，$A \bigcap A = A$，$A \bigcap B \subset A$，$A \bigcap B \subset B$. 若 $A \subset B$，则 $A \bigcap B = A$.

如例 10.5 中，若 $C = \{$直径合格$\}$，$D = \{$高度合格$\}$，则 $CD = \{$产品合格$\}$.

四、差事件

定义 10.5 设 A，$B \subset \Omega$，称"A 发生 B 不发生"这一事件为 A 与 B 的**差事件**，记作 $A - B$，如图 10.4 所示.

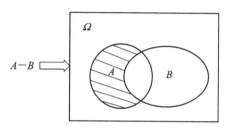

图 10.4

如例 10.5 中，$A - B = \{$该产品的直径不合格，高度合格$\}$，明显地有 $A - B = A - AB$，$A - \varnothing = A$.

五、对立事件

定义 10.6 称 $\Omega - A$ 为 A 的**对立事件**或 A 的**逆事件**，记作 $\overline{A}$，如图 10.5 所示.

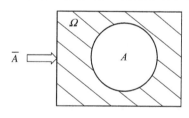

图 10.5

对立事件满足：

$$A \bigcup \overline{A} = \Omega, \quad A\overline{A} = \varnothing$$

由此说明，在一次试验中 A 与 $\overline{A}$ 有且仅有一个发生，即不是 A 发生就是 $\overline{A}$ 发生. 显然 $\overline{\overline{A}} = A$，说明 A 与 $\overline{A}$ 互为逆事件. 对于任意两个事件 A、B，有 $A - B = A\overline{B}$.

对于必然事件 Ω 和不可能事件 $\varnothing$，有 $\overline{\Omega} = \varnothing$，$\overline{\varnothing} = \Omega$.

例 10.6 设有 100 件产品，其中 5 件产品为次品，从中任取 50 件产品，记 $A = \{50$ 件产品中至少有一件次品$\}$，则 $\overline{A} = \{50$ 件产品中没有次品$\} = \{50$ 件产品全是正品$\}$.

六、互不相容事件（互斥事件）

定义 10.7 若两个事件 A 与 B 不能同时发生，即 $AB = \varnothing$，则称 A 与 B 为**互不相容事件**（或互斥事件）.

注　任意两个基本事件都是互斥的. 例如, 在摸球试验中, "摸到 3 号球"与"摸到 6 号球"两个事件互不相容.

对于互斥事件 A、B, 可以把和事件 $A \cup B$ 记作 $A + B$.

如果一组事件 A_1, A_2, $\cdots$ 中任意两个都互斥, 则称这组事件两两互斥. 对于一个两两互斥的事件组 A_1, A_2, $\cdots$, 可以把和事件 $A_1 \cup A_2 \cup \cdots$ 记作 $A_1 + A_2 + \cdots$.

若 A、B 为互斥事件, 则 A、B 不一定为对立事件; 若 A、B 为对立事件, 则 A、B 互斥.

七、事件的运算法则

事件间的运算满足与集合类似的运算法则:

(1) 交换律: $A \cup B = B \cup A$, $AB = BA$.

(2) 结合律: $(A \cup B) \cup C = A \cup (B \cup C)$, $(AB)C = A(BC)$.

(3) 分配律: $(A \cup B) \cap C = (A \cap C) \cup (B \cap C)$, $(A \cap B) \cup C = (A \cup C) \cap (B \cup C)$.

(4) 对偶律(德·摩根律): $\overline{\bigcup_{i=1}^{n} A_i} = \bigcap_{i=1}^{n} \overline{A}_i$, $\overline{\bigcap_{i=1}^{n} A_i} = \bigcup_{i=1}^{n} \overline{A}_i$.

例 10.7　设 A、B、C 为 Ω 中的随机事件, 则

(1) "A 与 B 发生而 C 不发生"可表示为 $AB - C$ 或 $AB\overline{C}$;

(2) "A 发生, B 与 C 不发生"可表示为 $A - B - C$ 或 $A\overline{B}\overline{C}$;

(3) "恰有一个事件发生"可表示为 $A\overline{B}\overline{C} \cup \overline{A}B\overline{C} \cup \overline{A}\overline{B}C$;

(4) "恰有两个事件发生"可表示为 $AB\overline{C} \cup A\overline{B}C \cup \overline{A}BC$;

(5) "三个事件都发生"可表示为 ABC;

(6) "至少有一个事件发生"可表示为 $A \cup B \cup C$ 或(3)、(4)、(5) 之并;

(7) "A、B、C 都不发生"可表示为 $\overline{A}\overline{B}\overline{C}$;

(8) "A、B、C 不都发生"可表示为 $\overline{ABC}$;

(9) "A、B、C 不多于一个发生"可表示为 $A\overline{B}\overline{C} \cup \overline{A}B\overline{C} \cup \overline{A}\overline{B}C \cup \overline{A}\overline{B}\overline{C}$ 或 $\overline{AB} \cup \overline{BC} \cup \overline{AC}$;

(10) "A、B、C 不多于两个发生"可表示为 $\overline{ABC}$.

例 10.8　试验 E: 袋中有三个球编号为 1、2、3, 从中任意摸出一球, 观察其号码, 记 $A = \{$球的号码小于 3$\}$, $B = \{$球的号码为奇数$\}$, $C = \{$球的号码为 3$\}$.

试问:

(1) E 的样本空间是什么?

(2) A 与 B, A 与 C, B 与 C 是否互不相容?

(3) A、B、C 的对立事件是什么?

(4) A 与 B 的和事件、积事件、差事件各是什么?

解　设 ω_i 为"摸到的球号码为 i", $i = 1, 2, 3$.

(1) E 的样本空间是 $\Omega = \{\omega_1, \omega_2, \omega_3\}$;

(2) $A = \{\omega_1, \omega_2\}$, $B = \{\omega_1, \omega_3\}$, $C = \{\omega_3\}$, B 与 C 是相容的, A 与 C 互不相容;

(3) $\overline{A} = \{\omega_3\}$, $\overline{B} = \{\omega_2\}$, $\overline{C} = \{\omega_1, \omega_2\}$;

(4) $A \cup B = \Omega$, $AB = \{\omega_1\}$, $A - B = \{\omega_2\}$.

10.3 古 典 概 率

概率论是一门研究随机现象数量规律的学科，它起源于对赌博问题的研究. 早在 16 世纪，意大利学者卡丹与塔塔里亚等人就已从数学角度研究过赌博问题. 他们的研究除了赌博外还与当时的人口、保险业等有关，但由于卡丹等人的思想未引起重视，概率概念的要旨也不明确，所以很快被人们淡忘了.

等可能概型与几何概型是两个经典概率模型.

一、等可能概型

先讨论一类最简单的随机试验，它具有下述特征：

(1) 样本空间中的元素只有有限个，不妨设有 n 个元素，分别记为 $\omega_1, \omega_2, \cdots, \omega_n$；

(2) 每个基本事件出现的可能性是相等的.

称这种数学模型为**等可能概型**(或**古典概型**).

对等可能概型中的任意事件 A，若 A 是由 k 个基本事件构成的集合，则

$$P(A) = \frac{k}{n} = \frac{A \text{中包含的基本事件数}}{\text{基本事件总数}}$$

所以在古典概型中，事件 A 的概率是一个分数，其分母是样本点(基本事件)总数 n，而分子是事件 A 包含的基本事件数 k.

例如：将一枚硬币连续掷两次就是这样的试验，也是古典概型，它有四个基本事件：(正、正)，(正、反)，(反、正)，(反、反)，每个基本事件出现的概率都是 $\frac{1}{4}$.

若将两枚硬币一起掷，试验的可能结果为(正、反)，(反、反)，(正、正)，但它们出现的可能性却是不相同的，(正、反)出现的可能性为 $\frac{2}{4}$，而其它两个事件出现的可能性均为 $\frac{1}{4}$，所以它不是等可能概型. 对此，历史上曾经有过争论，达朗贝尔曾误认为这三种结果的出现是等可能的.

判别一个概率模型是否为等可能概型，关键是看是否满足"等可能性"条件. 对此，通常根据实际问题的某种对称性进行理论分析，而不是通过试验来判断.

由等可能概型的计算公式可知，在等可能概型中，若 $A = \Omega$，则 $P(A) = 1$. 同样，若 $A = \varnothing$，则 $P(A) = 0$.

不难验证，对于满足等可能概型的任一事件 A，有

$$0 \leqslant P(A) \leqslant 1, P(\Omega) = 1, P(\varnothing) = 0$$

对于互斥的 n 个事件 $A_1, A_2, \cdots, A_n$，有

$$P(A_1 + A_2 + \cdots + A_n) = \sum_{i=1}^{n} P(A_i)$$

利用等可能概型公式计算事件的概率，关键是要求基本事件总数和 A 中包含的事件数，这里需要利用排列和组合的有关知识，且有一定的技巧性. 下面利用几个相关例题来说明.

例 10.9 在盒子中有 5 个球(3 个白球、2 个黑球),从中任取 2 个,求取出的 2 个球都是白球的概率及一白、一黑的概率.

分析 从 5 个球中任取 2 个,共有 C_5^2 种不同取法,可以将每一种取法作为一个样本点,则样本点总数 C_5^2 是有限的. 由于取球是随机的,因此样本点出现的可能性是相等的,故这个问题是等可能概型.

解 设 $A = \{$取到的 2 个球都是白球$\}$,$B = \{$取到的 2 个球一白一黑$\}$,且基本事件总数为 C_5^2,A 中包含的基本事件数为 C_3^2,故

$$P(A) = \frac{C_3^2}{C_5^2} = \frac{3}{10}$$

B 中包含的基本事件数为 $C_3^1 C_2^1$,故

$$P(B) = \frac{C_3^1 C_2^1}{C_5^2} = \frac{3}{5}$$

由此例我们初步体会到解等可能概型问题的两个要点:

(1) 判断问题是否属于等可能概型,即判断样本空间是否有限和等可能性;

(2) 计算等可能概型的关键是"记数",这主要利用排列与组合的知识.

例 10.10 在盒子中有 10 个相同的球,分别标为号码 $1, 2, 3, \cdots, 9, 10$,从中任摸一球,求此球的号码为偶数的概率.

解 方法一:由题意知 $\Omega = \{1, 2, \cdots, 10\}$,故基本事件总数 $n = 10$. 令 $A = \{$所取得的球的号码为偶数$\}$,则 A 含有 5 个基本事件,故

$$P(A) = \frac{5}{10} = \frac{1}{2}$$

方法二:令 $A = \{$所取得的球的号码为偶数$\}$,则 $\overline{A} = \{$所取得的球的号码为奇数$\}$,因而 $\Omega = \{A, \overline{A}\}$,故 $P(A) = \frac{1}{2}$.

此例说明,在等可能概型问题中,选取适当的样本空间,可使解题变得简洁.

例 10.11 某班级有 n 个人($n < 365$),求至少有两个人的生日在同一天的概率.

解 假定一年按 365 天计算,令 $A = \{$至少有两个人的生日在同一天$\}$,则 A 的情况比较复杂(两人,三人,$\cdots$ 在同一天),但 A 的对立事件 $\overline{A} = \{n$ 个人的生日全不相同$\}$,则

$$P(\overline{A}) = \frac{C_N^n n!}{N^n} = \frac{N!}{N^n(N-n)!} \qquad (N = 365)$$

又因为 $P(A) + P(\overline{A}) = 1$,故

$$P(A) = 1 - \frac{N!}{N^n(N-n)!} \qquad (N = 365)$$

这个例子就是历史上有名的"生日问题",对于不同的一些 n 值,其相应的 $P(A)$ 如表 10.1 所示.

表 10.1

n	10	20	23	30	40	50
$P(A)$	0.12	0.41	0.51	0.71	0.89	0.97

从表 10.1 中可以看出,"一个班级中至少有两个人生日相同"这个事件发生的概率并

不像多数人想象的那样小，而是足够大. 当班级人数达到 23 时，有半数以上的班级会发生这件事情；而当班级人数达到 50 时，有 97％ 的班级会发生上述事件，当然这里所讲的半数以上、97％ 的班级都是对概率而言的，只有在试验次数较多的情况下（要求班级数相当多），才可以理解为频率. 这个例子告诉我们"直觉"并不可靠，从而更有力地说明了研究随机现象统计规律的重要性.

二、几何概型

古典概型中的试验结果是有限的，实际问题中，经常遇到试验结果是等可能但数量无限的情况. 例如，在一个面积为 S_Ω 的区域 Ω 中，等可能地任意投点，这里等可能的确切意义是这样的：在区域 Ω 中有任意一个小区域 A，若它的面积为 S_A，则点落在 A 中的可能性大小与 S_A 成正比，而与 A 的位置及形状无关. 如果点落在区域 A 这个随机事件仍记为 A，则由 $P(\Omega) = 1$ 可得 $P(A) = \dfrac{S_A}{S_\Omega}$，这一类概率称为**几何概率**.

同样，如果在一条线段上投点，那么只需要将面积改为长度；如果在一个空间立体内投点，则只需将面积改为体积.

因此，几何概率是以等可能性为基础，借助几何上的度量（长度、面积、体积或容积等）来合理地规定概率.

例 10.12 （会面问题）甲、乙两人约定在 6 时到 7 时之间某处会面，并约定先到者应等候另一人一刻钟，过时即可离去，求两人能会面的概率.

解 以 x 和 y 分别表示甲、乙约会的时间，则 $0 \leqslant x \leqslant 60, 0 \leqslant y \leqslant 60$.

两人能会面的充要条件是 $|x - y| \leqslant 15$，在平面上建立直角坐标系（见图 10.6），则 (x, y) 的所有可能结果是边长为 60 的正方形，而可能会面的时间由图中阴影部分表示. 这是一个几何概率问题，故

$$P(A) = \frac{S_A}{S_\Omega} = \frac{60^2 - 45^2}{60^2} = \frac{7}{16}$$

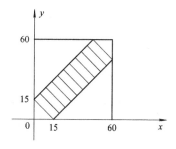

图 10.6

例 10.13 蒲丰（Buffon）投针问题. 平面上画有等距离的平行线，平行线间的距离为 $a(a > 0)$，向平面任意投掷一枚长为 $l(l < a)$ 的针，试求针与平行线相交的概率.

解 假设 x 表示针的中点与最近一条平行线的距离，又以 φ 表示针与此直线间的交角，则 $0 \leqslant x \leqslant \dfrac{a}{2}, 0 \leqslant \varphi \leqslant \pi$. 由此可以确定 x-φ 平面上的一个矩形 $\Omega = \{(x, \varphi) \mid 0 \leqslant x \leqslant \dfrac{a}{2}, 0 \leqslant \varphi \leqslant \pi\}$. 针与平行线相交，其满足的条件为 $x \leqslant \dfrac{l}{2}\sin\varphi$，见图 10.7，则

$$A = \{(x, \varphi) \mid 0 \leqslant x \leqslant \frac{a}{2}, \ x \leqslant \frac{l}{2}\sin\varphi, \ 0 \leqslant \varphi \leqslant \pi\}$$

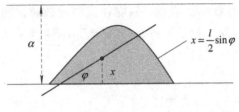

图 10.7

由等可能性可知

$$P(A) = \frac{S_A}{S_\Omega} = \frac{\int_0^\pi \frac{l}{2}\sin\varphi \, \mathrm{d}\varphi}{\pi \frac{a}{2}} = \frac{2l}{\pi a}$$

若 l、a 为已知，则以 π 值代入上式，即可求得 $P(A)$ 的值. 反之，若已知 $P(A)$ 的值，也可以用上式去求 π，而关于 $P(A)$ 的值，可以用频率去近似它. 如果投针 N 次，其中针与平行线相交 n 次，则频率为 $\frac{n}{N}$，于是 $\pi \approx \frac{2lN}{na}$.

这是一个颇为奇妙的方法，只要设计一个随机试验，使一个事件的概率与某一未知数相连，然后通过重复试验，以频率近似概率即可求得未知数的近似值. 当然，试验次数要相当多. 随着计算机的发展，人们用计算机来模拟所设计的随机试验，从而这种方法得到广泛应用. 这种计算方法称为**随机模拟法**，也称为**蒙特卡洛法**.

10.4 概率的定义及性质

一、统计定义

对于随机试验中的随机事件，在一次试验中是否发生，虽然不能预先知道，但是它们在一次试验中发生的可能性是有大小之分的. 比如，掷一枚均匀的硬币，随机事件 A（正面朝上）和随机事件 B（正面朝下）发生的可能性是一样的（都为 $\frac{1}{2}$）. 又如，袋中有 8 个白球，2 个黑球，从中任取一球. 显然取到白球的可能性要大于取到黑球的可能性. 一般地，对于任何一个随机事件都可以找到一个数值与之对应，该数值作为随机事件发生的可能性大小的度量.

定义 10.8   随机事件 A 发生的可能性大小的度量（数值），称为 A 发生的**概率**（probability），记为 $P(A)$.

对于一个随机事件来说，它发生可能性大小的度量是自身决定的，并且是客观存在的. 一个根本问题是，对于一个给定的随机事件发生的概率，究竟有多大呢？

再来看，掷硬币的试验，做一次试验，事件 A（正面朝上）是否发生是不确定的，然而这是问题的一个方面，当大量重复做该试验时，事件 A 发生的次数（也称为频数）体现出一定的规律性，约占总试验次数的一半.

定义 10.9　若在相同条件下进行 n 次试验，其中事件 A 发生的次数为 n_A，则称 $f_n(A) = \dfrac{n_A}{n}$ 为事件 A 发生的**频率**.

历史上有人做过掷硬币的试验，观察正面出现的频率，见表 10.2.

表 10.2

试验者	n	n_A	$f_n(A)$
德·摩根	2048	1061	0.5181
蒲丰	4040	2048	0.5070
K.皮尔逊	12 000	6019	0.5016
	24 000	12 012	0.5005

从表 10.2 可以看出，不管什么人掷硬币，当试验次数逐渐增多时，$f_n(A)$ 总是在 0.5 附近摆动而逐渐稳定于 0.5. 从这个例子可以看出，一个随机试验的随机事件 A，在 n 次试验中出现的频率 $f_n(A)$，当试验的次数 n 逐渐增多时，它在一个常数附近摆动，而逐渐稳定于这个常数. 这个常数是客观存在的，称之为这个事件发生的概率. "频率稳定性"的性质，不断地为人类的实践活动所证实，它揭示了隐藏在随机现象中的规律性，第十五章将要证明，在相当广泛的条件下，事件发生的频率会在一定意义下收敛于它的概率.

由频率的定义可以得到频率的性质：

（1）非负性：$0 \leqslant f_n(A) \leqslant 1$.

（2）规范性：若 Ω 为必然事件，则 $f_n(\Omega) = 1$.

（3）有限可加性：若 A、B 互不相容，即 $AB = \varnothing$，则 $f_n(A \bigcup B) = f_n(A) + f_n(B)$.

由这三条基本性质，还可以推出频率的其它性质：

（4）不可能事件的频率为 0，即 $f_n(\varnothing) = 0$.

（5）若 $A \subset B$，则 $f_n(A) \leqslant f_n(B)$，由此还可以推得 $f_n(A) \leqslant 1$.

（6）对有限个两两互不相容的事件的频率具有可加性，即若 $A_i A_j = \varnothing \, (1 \leqslant i, j \leqslant m$, $i \neq j)$，则 $f_n(\bigcup\limits_{i=1}^{m} A_i) = \sum\limits_{i=1}^{m} f_n(A_i)$.

二、公理化体系定义

在概率问题早期的研究中，逐步建立了事件、概率以及随机变量等重要概念，同时对它们的基本性质进行了初步研究. 后来对许多社会问题和工程技术问题，如人口统计、保险理论、天文观测、误差理论、产品检验和质量控制等的进一步研究，促进了概率论的发展. 从 17 世纪到 19 世纪，伯努利、隶莫弗、拉普拉斯、高斯、泊松、切贝谢夫、马尔可夫等著名数学家都对概率论的发展做出了杰出的贡献. 在这段时间里，概率论的发展简直到了使人着迷的程度. 但是，随着概率论中各个领域获得大量成果，以及概率论在其它基础学科和工程技术上的应用，由拉普拉斯给出的概率定义的局限性很快便暴露了出来，甚至无法适用于一般的随机现象.

到 20 世纪，概率论的各个领域已经得到了大量的成果，而人们对概率论在其它基础学科和工程技术上的应用已出现了越来越大的兴趣，但是直到那时为止，关于概率论的一些基本概念如事件、概率等却没有明确的数学定义，这是一个很大的矛盾，这个矛盾使人们对概率客观含义甚至相关的结论的可应用性都产生了怀疑．由此可以说明，到那时为止，作为一个数学分支，概率论还缺乏严格的理论基础，这大大妨碍了它的进一步发展．

19 世纪末以来，数学的各个分支广泛流传着一股公理化潮流，这个流派主张将假定公理化，其它结论则由它演绎导出．同时，集合论、测度论和积分理论的发展，也为概率论的公理化提供了必要的数学工具．在这种背景下，1933 年数学家柯尔莫哥洛夫在《概率论的基本概念》中提出了概率的公理化定义．这个公理化系统综合了前人的结果，明确定义了基本概念，使概率论成为严谨的数学分支，对后来概率论的迅速发展起了积极的作用，柯尔莫哥洛夫的公理化系统已经广泛地被接受．

在公理化系统中，概率是针对事件定义的，即对于事件 A 有一个实数 $P(A)$ 与之对应．在公理化结构中也规定了概率应满足的性质，而不是具体给出它的计算公式或方法．那么概率应具有什么样的性质呢？由概率与频率之间的关系、等可能概型、几何概型的性质分析可知，概率应具有非负性、规范性和可加性．

由此给出概率定义：

定义 10.10 设函数 $P(A)$ 的定义域为随机事件组成的集合，如果 $P(A)$ 满足如下三个条件：

(1) 非负性：对每个 A，有 $0 \leqslant P(A) \leqslant 1$；

(2) 规范性：$P(\Omega) = 1$，$P(\varnothing) = 0$；

(3) 可列可加性：若对于两两互斥的可数多个随机事件 A_1，A_2，…，有

$$P(A_1 \bigcup A_2 \bigcup \cdots) = P(A_1) + P(A_2) + \cdots$$

则称 $P(A)$ 为事件 A 的概率(probability)．

可以直接验证，按古典定义及几何概率规定的概率都符合这个定义中的要求，因此，它们都是这个一般定义范围内的特殊情形．

[阅读材料] **数学家柯尔莫哥洛夫**

柯尔莫哥洛夫(Andrey Nikolaevich Kolmogorov，1903—1987 年)，前苏联数学家．1920 年进入莫斯科大学学习，学习期间师从于著名数学家卢津．柯尔莫哥洛夫是 20 世纪最有影响的数学家之一，对开创现代数学的许多分支都做出了巨大贡献．柯尔莫哥洛夫是现代概率论的开拓者之一，他与辛钦共同把实变函数的方法应用于概率论．1933 年，柯尔莫哥洛夫的专著《概率论的基本概念》出版，书中第一次在测度论基础上建立了概率论的严密公理体系，这一成就使他名垂史册．因为这一专著不仅提出了概率论的公理定义，而且在公理的框架内系统地给出了概率论理论体系，从而使概率论建立在完全严格的数学基础之上．

在概率的三条公理的基础上，可以推导出许多关于概率的性质：

(1) 概率具有有限可加性：若 $A_i A_j = \varnothing (1 \leqslant i, j \leqslant n)$，则 $P(\bigcup_{i=1}^{n} A_i) = \sum_{i=1}^{n} P(A_i)$．

(2) 对任一随机事件 A, 有 $P(\overline{A}) = 1 - P(A)$.

证 由于 A 与 $\overline{A}$ 互斥, 由性质(1) 得

$$P(A \bigcup \overline{A}) = P(A) + P(\overline{A})$$

但 $A \bigcup \overline{A} = \Omega$, $P(\Omega) = 1$, 所以

$$P(A) + P(\overline{A}) = 1$$

即 $P(\overline{A}) = 1 - P(A)$.

(3) 若 $A \supset B$, 则 $P(A - B) = P(A) - P(B)$.

证 当 $A \supset B$ 时, 有

$$A = B + (A - B)$$

又 $B \bigcap (A - B) = \varnothing$, 所以由性质(1) 得 $P(A) = P(B) + P(A - B)$, 即

$$P(A - B) = P(A) - P(B)$$

推论 1 若 $A \supset B$, 则 $P(A) \geqslant P(B)$.

推论 2 对事件 A、B, 有 $P(A - B) = P(A) - P(AB)$.

(4) 对任意两个事件 A、B, 有 $P(A \bigcup B) = P(A) + P(B) - P(AB)$.

证 先把 $A \bigcup B$ 表达成两个互斥事件 A 及 $B - AB$ 的和, 见图 10.8, 图中阴影部分表示 $B - AB$, 即 $A \bigcup B = A + (B - AB)$.

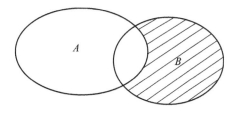

图 10.8

由性质(1) 得

$$P(A \bigcup B) = P(A) + P(B - AB)$$

而 $AB \subset B$, 由性质(3) 得

$$P(B - AB) = P(B) - P(AB)$$

从而

$$P(A \bigcup B) = P(A) + P(B) - P(AB)$$

推论 3 $P(A \bigcup B) \leqslant P(A) + P(B)$.

推论 4 设 $A_1, A_2, \cdots, A_n$ 为 n 个随机事件, 则有

$$P(\bigcup_{i=1}^{n} A_i) = \sum_{i=1}^{n} P(A_i) - \sum_{1 \leqslant i < j \leqslant n} P(A_i A_j)$$
$$+ \sum_{1 \leqslant i < j < k \leqslant n} P(A_i A_j A_k) - \cdots + (-1)^{n-1} P(\bigcap_{i=1}^{n} A_i)$$

此公式称为概率的一般加法公式, 可以用数学归纳法证明, 请读者自己完成.

特别地, 有

$$P(A \bigcup B \bigcup C) = P(A) + P(B) + P(C) - P(AB)$$
$$- P(AC) - P(BC) + P(ABC)$$

例 10.14 设 A、B 互不相容, 且 $P(A) = p$, $P(B) = q$, 试求 $P(A \bigcup B)$、$P(\overline{A} \bigcup B)$、

$P(AB)$、$P(\overline{A}B)$ 和 $P(\overline{A}\overline{B})$.

解
$$P(A \bigcup B) = P(A) + P(B) = p + q$$
$$P(\overline{A} \bigcup B) = P(\overline{A}) = 1 - p$$
$$P(AB) = 0$$
$$P(\overline{A}B) = P(B - A) = P(B) - P(AB) = q$$
$$P(\overline{A}\overline{B}) = 1 - P(A \bigcup B) = 1 - p - q$$

例 10.15 设 $P(A) = p$, $P(B) = q$, $P(A \bigcup B) = r$, 求 $P(AB)$、$P(A\overline{B})$、$P(\overline{A} \bigcup \overline{B})$.

解
$$P(AB) = P(A) + P(B) - P(A \bigcup B) = p + q - r$$
$$P(A\overline{B}) = P(A) - P(AB) = p - (p + q - r) = r - q$$
$$P(\overline{A} \bigcup \overline{B}) = P(\overline{AB}) = 1 - p - q + r$$

例 10.16 设 A、B、C 为三个事件，且 $AB \subset C$, 证明 $P(A) + P(B) - P(C) \leqslant 1$.

证 由于
$$P(A \bigcup B) = P(A) + P(B) - P(AB)$$

又 $AB \subset C$, 所以
$$P(AB) \leqslant P(C)$$

从而
$$P(A) + P(B) - P(C) \leqslant P(A \bigcup B) \leqslant 1$$

即 $P(A) + P(B) - P(C) \leqslant 1$.

例 10.17 设 $P(A) = P(B) = P(C) = \dfrac{1}{8}$, $P(AB) = \dfrac{1}{4}$, $P(BC) = P(AC) = 0$, 求 A、B、C 至少有一个发生的概率.

解 由于
$$P(A \bigcup B \bigcup C) = P(A) + P(B) + P(C)$$
$$- P(AB) - P(BC) - P(AC) + P(ABC)$$

又 $ABC \subset BC$, 所以
$$0 \leqslant P(ABC) \leqslant P(BC)$$

即
$$P(ABC) = 0$$

从而
$$P(A \bigcup B \bigcup C) = \frac{1}{8} + \frac{1}{8} + \frac{1}{8} - \frac{1}{4} = \frac{1}{8}$$

例 10.18 设 A、B、C 为任意三个事件，证明 $P(AB) + P(AC) - P(BC) \leqslant P(A)$.

证 由于
$$A \supset A \bigcap (B \bigcup C)$$

所以
$$P(A) \geqslant P(A \bigcap (B \bigcup C)) = P(AB \bigcup AC) = P(AB) + P(AC) - P(ABC)$$

又
$$P(ABC) \leqslant P(BC)$$

所以

$$P(A) \geqslant P(AB) + P(AC) - P(BC)$$

例 10.19　某人一次写了 n 封信，又写了 n 个信封，如果他任意将 n 张信纸装入 n 个信封中，求至少有一封信的信纸和信封是一致的概率.

解　令 $A_i = \{$第 i 张信纸恰好装进第 i 个信封$\}$，$i = 1, 2, 3, \cdots, n$，则

$$P(A_i) = \frac{1}{n} \quad (i = 1, 2, 3, \cdots, n)$$

$$\sum_{i=1}^{n} P(A_i) = 1$$

$$P(A_i A_j) = \frac{1}{n(n-1)} \quad (i = 1, 2, 3, \cdots, n)$$

$$\sum_{1 \leqslant i < j \leqslant n} P(A_i A_j) = C_n^2 \frac{1}{n(n-1)} = \frac{1}{2!}$$

同理得

$$\sum_{1 \leqslant i < j < k \leqslant n} P(A_i A_j A_k) = C_n^3 \frac{1}{n(n-1)(n-2)} = \frac{1}{3!} P(A_1 A_2 \cdots A_n)$$

$$= C_n^n \frac{1}{n!} = \frac{1}{n!}$$

由概率的一般加法公式，有

$$\begin{aligned} P(\bigcup_{i=1}^{n} A_i) &= \sum_{i=1}^{n} P(A_i) - \sum_{1 \leqslant i < j \leqslant n} P(A_i A_j) \\ &\quad + \sum_{1 \leqslant i < j < k \leqslant n} P(A_i A_j A_k) - \cdots + (-1)^{n-1} P(\bigcap_{i=1}^{n} A_i) \\ &= 1 - \frac{1}{2!} + \frac{1}{3!} - \cdots + (-1)^{n-1} \frac{1}{n!} \end{aligned}$$

当 n 充分大时，它近似于 $1 - e^{-1} \approx 0.63$.

这个例子就是历史上有名的"匹配问题"或"配对问题".

本章基本要求及重点、难点分析

一、基本要求

（1）理解随机试验、随机事件、样本空间及概率的概念.

（2）熟练掌握事件间的关系和运算、古典概型、几何概型等概率的计算.

（3）掌握概率的性质，并会用性质计算概率问题.

二、重点、难点分析

1. 重点内容

（1）概率论的基本概念. 如随机试验、事件、样本、样本空间等基本概念，这是学习概率论的基础，只有在掌握这些概念的基础上才能进一步学习概率论的相关内容.

（2）事件间的关系和运算．事件间的关系和运算是计算事件概率的基础．由于随机事件和集合类似，因此对于随机事件的运算，可以按照集合的运算法则来进行记忆．

（3）古典概率模型．本章主要学习了两种古典概率模型：等可能概型、几何概型，这两个概率模型是经典的利用概率知识求解问题的模型．

2. 难点分析

（1）几何概型的求解问题．几何概型问题的求解主要利用几何图像，如何通过图像来反映实际的问题是需要大家考虑的．特别是针对复杂的几何概率问题，如何构造合适的几何图形更是难题．

（2）概率的概念．概率的古典定义都是以等可能为基础的，但是一般情况下基本事件出现的可能性未必相同．通过随机试验发现，随着试验次数的增加，事件出现的频率在某一数字之间摆动，这个数字称为事件的概率，这就是概率的统计定义．概率的统计定义虽然直观，但是在数学上不够严密，为此，数学家们给出了严密的公理化体系．

习　题　十

1. 设 A、B、C 表示三个事件，利用它们表示下列各事件：

（1）A 出现，B、C 都不出现；

（2）A、B 都出现，C 不出现；

（3）A、B、C 三个事件都出现；

（4）A、B、C 三个事件中至少有一个出现；

（5）A、B、C 三个事件都不出现；

（6）A、B、C 三个事件中不多于一个事件出现；

（7）A、B、C 三个事件中不多于两个事件出现；

（8）A、B、C 三个事件中至少有两个出现．

2. 设 $U = \{1, 2, \cdots, 10\}$，$A = \{2, 3, 4\}$，$B = \{3, 4, 5\}$，$C = \{5, 6, 7\}$．具体写出下列各式表示的集合：

（1）$\overline{AB}$；（2）$\overline{A} \cup B$；（3）$\overline{\overline{AB}}$；（4）$\overline{A\,\overline{BC}}$；（5）$\overline{A(B \cup C)}$．

3. 设一个工人生产了四个零件，又 A_i 表示事件"他生产的第 i 个零件是正品"（$i = 1, 2, 3, 4$）．试用 A_i 表示下列各事件：

（1）没有一个产品是正品；

（2）至少有一个产品是正品；

（3）只有一个产品是正品；

（4）至少有三个产品是正品．

4. 设袋中有 4 个白球和 2 个黑球，现从袋中无放回地依次摸出 2 个球，求这 2 个球都是白球的概率．

5. 设袋中有 4 个红球和 6 个黑球，现从袋中有放回地摸球 3 次，求前 2 次摸到黑球、第 3 次摸到红球的概率．

6. 把 4 个球放到 10 个杯子中去，每个杯子只能放 1 个球，求第 $1\sim4$ 个杯子各放 1 个球的概率.

7. 设有一个均匀的陀螺，其圆周的一半上均匀地刻有区间 $[0,1)$ 上的诸数字，另一半上均匀地刻有区间 $[1,3)$ 上的诸数字. 旋转陀螺，求它停下来时，其圆周上触及桌面的点的刻度位于 $\left[\dfrac{1}{2},\dfrac{3}{2}\right]$ 上的概率.

8. 甲、乙两人相约在 0 到 T 这段时间内，在预定地点会面. 先到的人等候另一人，经过 $t(t<T)$ 时间后离去. 假设每个人在 0 到 T 这段时间内各时刻到达该地是等可能的，且两人到达时刻互不牵连，求甲、乙两人能会面的概率.

9. 甲、乙两人约定在下午 1 时到 2 时之间到某站乘公共汽车，又这段时间内有四班公共汽车，它们的开车时刻分别为 1:15、1:30、1:45、2:00. 如果甲、乙约定：(1) 见车就乘；(2) 最多等一辆车. 求甲、乙同乘一辆车的概率. 假定甲、乙两人到达车站的时刻是互相不牵连的，且每人在 1 时到 2 时的任何时刻到达车站是等可能的.

10. 设事件 A、B 的概率分别为 $\dfrac{1}{3}$ 和 $\dfrac{1}{2}$，求下列三种情况下 $P(B\overline{A})$ 的值.

(1) A、B 互斥；(2) $A\subset B$；(3) $P(AB)=\dfrac{1}{8}$.

11. 在 $1\sim2000$ 的整数中随机地取一个数，求取到的整数既不能被 6 整除，又不能被 8 整除的概率.

12. 某城市有 50% 住户订日报，有 65% 住户订晚报，有 85% 住户至少订这两种报纸中的一种. 求同时订这两种报纸住户的百分比.

13. 对于任意三个事件 A、B、C，证明：
$$P(A\bigcup B\bigcup C)=P(A)+P(B)+P(C)-P(AB)-P(BC)-P(CA)+P(ABC)$$

14. 对于任意有限个事件 A_1，A_2，$\cdots$，A_n，证明：
(1) $P(A_1\bigcup A_2\bigcup\cdots\bigcup A_n)=1-P(\overline{A}_1\bigcap\overline{A}_2\bigcap\cdots\bigcap\overline{A}_n)$；
(2) $P(A_1\bigcup A_2\bigcup\cdots\bigcup A_n)=P(\overline{A}_1)+P(A_2\bigcap\overline{A}_1)+P(A_3\bigcap\overline{A}_1\bigcap\overline{A}_2)$
$$+\cdots+P(A_n\bigcap\overline{A}_1\bigcap\overline{A}_2\bigcap\cdots\bigcap\overline{A}_{n-1}).$$

第十一章　　古典概率的基本公式

11.1　条件概率与乘法公式

一、条件概率

在随机事件的概率问题中，不仅需要研究事件 A 发生的概率 $P(A)$，有时还需要考查在另一个"事件 B 已经发生"的条件下，事件 A 发生的概率. 一般地说，这两种概率未必相同. 为了区别起见，我们把后者称为在事件 B 出现的条件下事件 A 的概率，记为 $P(A\mid B)$.

条件概率是概率论中一个既重要又实用的概念.

为了合理地给出条件概率的定义，首先考察一个具体例子.

例 11.1　设有某种产品 50 件，其中有 40 件合格品，而 40 件合格品中，有 30 件是一级品，10 件是二级品. 在 50 件产品中任意取 1 件（设每件产品以同等可能被取到），试求：

（1）取得的是一级品的概率；

（2）已知取得的是合格品，它又是一级品的概率.

解　令 $A=\{$取得的产品是一级品$\}$，$B=\{$取得的产品是合格品$\}$.

（1）由于 50 件产品中有 30 件一级品，因此，按古典概率定义得

$$P(A)=\frac{30}{50}=\frac{3}{5}$$

（2）因为 40 件合格品中，一级品恰好有 30 件，故

$$P(A\mid B)=\frac{30}{40}=\frac{3}{4}$$

由例 11.1 可见，$P(A\mid B)\neq P(A)$.

一般地，条件概率应该怎样定义呢?我们从分析例 11.1 着手，先计算 $P(B)$ 与 $P(AB)$. 由于 50 件产品中有 40 件合格品，故

$$P(B)=\frac{40}{50}=\frac{4}{5}$$

因 AB 表示"取得的产品是合格品并且是一级品"，而 50 件产品中只有 30 件既是合格品又是一级品，故

$$P(AB)=\frac{30}{50}=\frac{3}{5}$$

通过简单的运算可得

$$P(A\mid B)=\frac{3}{4}=\frac{\dfrac{3}{5}}{\dfrac{4}{5}}=\frac{P(AB)}{P(B)}$$

由此引入条件概率的一般定义：

定义 11.1 设 A、B 为试验 E 的两个事件，且 $P(B)>0$，则称

$$P(A \mid B) = \frac{P(AB)}{P(B)}$$

为在事件 B 发生的条件下，事件 A 发生的**条件概率**(conditional probability).

条件概率也具有一般概率的性质. 当 $P(B)>0$ 时：

(1) 对任意事件 A，有

$$0 \leqslant P(A \mid B) \leqslant 1$$

$$P(\Omega \mid B) = \frac{P(\Omega B)}{P(B)} = 1$$

(2) 若 A_1，A_2，$\cdots$，A_i，$\cdots$ 两两互不相容，则

$$P\left(\left(\bigcup_{i=1}^{\infty} A_i\right) \mid B\right) = \sum_{i=1}^{\infty} P(A_i \mid B)$$

(3) 对任意事件 A，有

$$P(\overline{A} \mid B) = 1 - P(A \mid B)$$

事实上，

$$P(\overline{A} \mid B) = \frac{P(\overline{A}B)}{P(B)} = \frac{P(B-AB)}{P(B)}$$

$$= \frac{P(B) - P(AB)}{P(B)} = 1 - \frac{P(AB)}{P(B)}$$

$$= 1 - P(A \mid B)$$

例 11.2 10 件产品中有 6 件正品，4 件次品. 从中任取 4 件，求至少取到 1 件次品时，取到的次品不多于 2 件的概率.

解 设 $A = \{$取到的次品不多于 2 件$\}$，$B = \{$至少取到 1 件次品$\}$，$B_i = \{$恰好取到 i 件次品$\}(i = 0, 1, 2)$，则所求概率为

$$P(A \mid B) = \frac{P(AB)}{P(B)}$$

又

$$P(B) = P(\overline{B}_0) = 1 - P(B_0) = 1 - \frac{C_6^4}{C_{10}^4} = \frac{13}{14}$$

$$P(B_i) = \frac{C_4^i C_6^{4-i}}{C_{10}^4}$$

事件 AB 表示所取 4 件产品中恰好有 1 件次品或恰好有 2 件次品，即有 $AB = B_1 + B_2$，且 $B_1 B_2 = \varnothing$. 故由概率的有限可加性及古典概率的定义得

$$P(AB) = P(B_1) + P(B_2) = \frac{C_4^1 C_6^3}{C_{10}^4} + \frac{C_4^2 C_6^2}{C_{10}^4} = \frac{8}{21} + \frac{9}{21} = \frac{17}{21}$$

于是，所求概率为

$$P(A \mid B) = \frac{P(AB)}{P(B)} = \frac{\dfrac{17}{21}}{\dfrac{13}{14}} = \frac{34}{39}$$

从以上两个例子可以看出，求条件概率可以采用两种方法：第一种方法直接利用条件概率公式，如例 11.2，先求两个事件的积事件的概率，然后再求条件事件的概率，最后利用条件概率公式求出条件概率；第二种方法为缩小样本空间法，如例 11.1 中求解条件概率的方法，先求出条件下的样本空间，然后再在此样本空间中寻找事件的包含样本的个数，从而求出条件概率.

二、乘法公式

由条件概率的定义知，若 $P(B) > 0$，则 $P(A \mid B) = \dfrac{P(AB)}{P(B)}$，对其变形得

$$P(AB) = P(B)P(A \mid B) \qquad (P(B) > 0) \tag{11.1}$$

同理，若 $P(A) > 0$，由 $P(B \mid A) = \dfrac{P(AB)}{P(A)}$ 得

$$P(AB) = P(A)P(B \mid A) \qquad (P(A) > 0) \tag{11.2}$$

式(11.1)和式(11.2)均称为**乘法公式**，其在概率的计算中有重要作用.

乘法公式可推广到任意有限多个事件的情形，即当 $P(A_1 A_2 \cdots A_{n-1}) > 0$ 时，有

$$P(A_1 A_2 \cdots A_n) = P(A_1)P(A_2 \mid A_1)P(A_3 \mid A_1 A_2) \cdots P(A_n \mid A_1 A_2 \cdots A_{n-1}) \tag{11.3}$$

事实上，由 $P(A_1) \geqslant P(A_1 A_2) \geqslant P(A_1 A_2 A_3) \geqslant P(A_1 A_2 \cdots A_{n-1}) > 0$，有

$$P(A_1)P(A_2 \mid A_1)P(A_3 \mid A_1 A_2) \cdots P(A_n \mid A_1 A_2 \cdots A_{n-1})$$

$$= P(A_1) \frac{P(A_1 A_2)}{P(A_1)} \frac{P(A_1 A_2 A_3)}{P(A_1 A_2)} \cdots \frac{P(A_1 A_2 \cdots A_n)}{P(A_1 A_2 \cdots A_{n-1})} = P(A_1 A_2 \cdots A_n)$$

同时，还有如下形式的乘法公式：

$$P(A_1 A_2 A_3) = P(A_1)P(A_2 \mid A_1)P(A_3 \mid A_1 A_2)$$

$$P(A_1 A_2 \mid B) = P(A_1 \mid B)P(A_2 \mid A_1 B)$$

$$P(A_1 A_2 A_3 \mid B) = P(A_1 \mid B)P(A_2 \mid A_1 B)P(A_3 \mid A_1 A_2 B)$$

例 11.3 袋中有 5 个白球和 4 个红球，从中不放回地抽取 2 次，每次任取 1 个球. 试求：

(1) 取到 2 个白球的概率；

(2) 取到 2 种颜色球的概率.

解 令 $A = \{$取到 2 个白球$\}$，$B = \{$取到 2 种颜色球$\}$，$A_i = \{$第 i 次取到白球$\}$.

(1) 因为 $A = A_1 A_2$，故由乘法公式得

$$P(A) = P(A_1 A_2) = P(A_1)P(A_2 \mid A_1) = \frac{5}{9} \times \frac{4}{8} = \frac{5}{18}$$

$$\left(\text{或直接求 } P(A) = \frac{5 \times 4}{9 \times 8} = \frac{5}{18}\right)$$

(2) 由于 $B = A_1 \overline{A_2} + \overline{A_1} A_2$，且 $A_1 \overline{A_2}$ 与 $\overline{A_1} A_2$ 互不相容，故由概率性质及乘法公式得

$$P(B) = P(A_1 \overline{A_2}) + P(\overline{A_1} A_2)$$

$$= P(A_1)P(\overline{A_2} \mid A_1) + P(\overline{A_1})P(A_2 \mid \overline{A_1})$$

$$= \frac{5}{9} \times \frac{4}{8} + \frac{4}{9} \times \frac{5}{8} = \frac{5}{9}$$

$$\left(\text{或直接求 } P(B) = \frac{C_5^1 C_4^1}{C_9^2} = \frac{5}{9}, \text{ 或 } P(B) = \frac{5 \times 4 + 4 \times 5}{9 \times 8} = \frac{5}{9}\right)$$

例 11.4　已知 $P(A) = 0.6$，$P(B) = 0.8$，$P(\overline{A} \mid B) = 0.35$，求 $P(\overline{B} - A)$ 和 $P(A \mid \overline{B})$.

解　由 $P(\overline{A} \mid B) = 0.35$，得
$$P(A \mid B) = 1 - P(\overline{A} \mid B) = 0.65$$
$$P(AB) = P(B)P(A \mid B) = 0.8 \times 0.65 = 0.52$$
$$P(\overline{B} - A) = P(\overline{B}\,\overline{A}) = P(\overline{B \bigcup A}) = 1 - P(A \cup B)$$
$$= 1 - [P(A) + P(B) - P(AB)]$$
$$= 1 - P(A) - P(B)[1 - P(A \mid B)]$$
$$= 1 - P(A) - P(B)P(\overline{A} \mid B)$$
$$= 1 - 0.6 - 0.8 \times 0.35 = 0.4 - 0.28 = 0.12$$
$$(\text{或 } P(\overline{B} - A) = P(\overline{B}\,\overline{A}) = P(\overline{A} - B) = P(\overline{A} - \overline{A}B) = P(\overline{A}) - P(\overline{A}B)$$
$$= 1 - P(A) - P(B)P(\overline{A} \mid B)$$
$$= 1 - 0.6 - 0.8 \times 0.35 = 0.4 - 0.28 = 0.12)$$
$$P(A \mid \overline{B}) = \frac{P(A\overline{B})}{P(\overline{B})} = \frac{P(A - AB)}{P(\overline{B})} = \frac{P(A) - P(AB)}{1 - P(B)} = \frac{0.6 - 0.52}{0.2} = 0.4$$

例 11.5　设袋中装有 r 个红球，t 个白球. 每次从袋中任取 1 个球，观察其颜色后放回，再放入 a 个与所取出的那个球同色的球. 若在袋中连续取球 4 次，试求第 1、2 次取到红球且第 3、4 次取到白球的概率.

解　令 $A_i = \{\text{第 } i \text{ 次取到红球}\}(i = 1, 2, 3, 4)$，则
$$P(A_1 A_2 \overline{A_3} \overline{A_4}) = P(\overline{A_4} \mid A_1 A_2 \overline{A_3})P(\overline{A_3} \mid A_1 A_2)P(A_2 \mid A_1)P(A_1)$$
$$= \frac{r}{r+t} \cdot \frac{r+a}{r+t+a} \cdot \frac{t}{r+t+2a} \cdot \frac{t+a}{r+t+3a}$$

11.2　全概率公式

在计算比较复杂的事件的概率时，往往必须同时利用概率的加法定理与乘法定理.

例如，某射击小组共有 20 名射手，其中一级射手 4 人，二级射手 8 人，三级射手 7 人，四级射手 1 人. 一、二、三、四级射手能通过选拔进入比赛的概率分别是 0.9、0.7、0.5、0.2. 求任选一名射手能通过选拔进入比赛的概率.

设事件 B 表示"射手能通过选拔进入比赛"，事件 A_i 表示"射手是第 i 级射手"$(i = 1, 2, 3, 4)$. 显然，任何一个等级的选手都有可能入选，但是不同等级的选手入选概率不同. 由题目可知 A_1、A_2、A_3、A_4 包含了所有等级，且 A_1、A_2、A_3、A_4 互斥，则由概率的可加性得
$$P(B) = P(B(A_1 + A_2 + A_3 + A_4)) = P(BA_1) + P(BA_2) + P(BA_3) + P(BA_4)$$
由乘法公式可知
$$P(B) = P(B \mid A_1)P(A_1) + P(B \mid A_2)P(A_2) + P(B \mid A_3)P(A_3) + P(B \mid A_4)P(A_4)$$
$$= 0.9 \times 4/20 + 0.7 \times 8/20 + 0.5 \times 7/20 + 0.2 \times 1/20 = 0.645$$

该例中，事件 B 被划分为四个两两互斥事件的和，这样原本较难的计算就转化为了简单易算的条件概率，这就是全概率公式. 下面给出样本空间的划分的概念.

定义 11.2　设 Ω 为试验的样本空间，A_1，A_2，$\cdots$，A_n 为一组事件，若

(1) $A_i A_j = \varnothing (i \neq j, \ i, \ j = 1, \ 2, \ \cdots, \ n)$;

(2) $A_1 \bigcup A_2 \bigcup \cdots \bigcup A_n = \Omega$,

则称 A_1，A_2，$\cdots$，A_n 为样本空间 Ω 的一个划分.

定理 11.1 设 Ω 为试验的样本空间，事件组 A_1，A_2，$\cdots$，A_n 为 Ω 的一个划分，B 为一随机事件，则

$$P(B) = \sum_{i=1}^{n} P(A_i)P(B \mid A_i) \tag{11.4}$$

式(11.4) 称为全概率公式，它是概率论的一个基本公式.

证 因为

$$B = B(A_1 + A_2 + \cdots + A_n) = BA_1 + BA_2 + \cdots + BA_n$$

又 A_1，A_2，$\cdots$，A_n 互不相容，所以 BA_i 也是两两互斥. 于是，由加法定理得

$$P(B) = P(BA_1 + BA_2 + \cdots + BA_n) = P(BA_1) + P(BA_2) + \cdots + P(BA_n)$$

再由乘法定理得

$$P(BA_i) = P(A_i)P(B \mid A_i) \qquad (i = 1, \ 2, \ \cdots, \ n)$$

即

$$P(B) = \sum_{i=1}^{n} P(A_i)P(B \mid A_i)$$

实际中，当事件 B 比较复杂不容易计算其概率 $P(B)$ 时，如果 $P(A_i)$ 和 $P(B \mid A_i)$ 都比较容易计算，则应用全概率公式即可计算出 $P(B)$.

运用全概率公式的关键在于找到事件组 A_1，A_2，$\cdots$，A_n. 一般地说，事件组 A_1，A_2，$\cdots$，A_n 是可能导致事件 B 发生的全部"原因". 另外，事件组可以是可列无穷多个事件：A_1，A_2，$\cdots$，A_n，$\cdots$.

例 11.6 某厂用三台机床生产了同样规格的一批产品，各台机床的产量分别占 60%、30%、10%，次品率依次为 4%、3%、7%，现从这批产品中随机地取一件，试求取到次品的概率.

解 令 $B = \{$取得次品$\}$，$A_i = \{$取到第 i 台机床生产的产品$\}(i = 1, \ 2, \ 3)$，显然，事件组 A_1，A_2，A_3 互斥，是可能导致事件 B 发生的全部"原因".

已知

$$A_1 + A_2 + A_3 = \Omega$$
$$P(A_1) = 60\%, \ P(A_2) = 30\%, \ P(A_3) = 10\%$$

又

$$P(B \mid A_1) = 4\%, \ P(B \mid A_2) = 3\%, \ P(B \mid A_3) = 7\%$$

故由全概率公式得

$$P(B) = \sum_{i=1}^{3} P(A_i)P(B \mid A_i) = 60\% \times 4\% + 30\% \times 3\% + 10\% \times 7\% = 0.04$$

例 11.7 设某昆虫产 k 个卵的概率为 $\dfrac{e^{-\lambda}\lambda^k}{k!}(\lambda > 0$ 为常数，$k = 0, \ 1, \ 2, \ \cdots)$，每个卵能孵化成幼虫的概率为 $p(0 < p < 1)$，且各个卵能否孵化成幼虫是相互独立的，求该昆虫有后代的概率.

解　令 $B = \{$该昆虫有后代$\}$，$A_k = \{$该昆虫产 k 个卵$\}(k = 0, 1, 2, \cdots)$，易知，事件组 $A_0, A_1, A_2, \cdots, A_n, \cdots$ 满足全概率公式的条件. 又

$$P(A_k) = \frac{e^{-\lambda}\lambda^k}{k!} \qquad (k = 0, 1, 2, \cdots)$$

$$\overline{B} = \{$该昆虫没有后代$\} = \{$每个卵都没孵化成幼虫$\}$$

$$P(\overline{B} \mid A_k) = (1 - p)^k \qquad (k = 0, 1, 2, \cdots)$$

由全概率公式得

$$P(\overline{B}) = \sum_{k=0}^{+\infty} P(A_k)P(\overline{B} \mid A_k) = \sum_{k=0}^{+\infty} \frac{e^{-\lambda}\lambda^k}{k!}(1 - p)^k = e^{-\lambda}\sum_{k=0}^{+\infty}\frac{[\lambda(1 - p)]^k}{k!}$$

$$= e^{-\lambda} \cdot e^{\lambda(1 - p)} = e^{-\lambda p}$$

从而

$$P(B) = 1 - P(\overline{B}) = 1 - e^{-\lambda p}$$

11.3　贝叶斯公式

例 11.6 中的另一个问题是：假设"取得一件产品是次品"这一事件 A 已经发生了，求这件次品是第 i 台机床生产的概率，即求 $P(A_i \mid B)(i = 1, 2, 3)$.

由例 11.6 知 $P(B) > 0$，故由条件概率定义、乘法公式及全概率公式得

$$P(A_i \mid B) = \frac{P(BA_i)}{P(B)} = \frac{P(A_i)P(B \mid A_i)}{\sum\limits_{j=1}^{3} P(A_j)P(B \mid A_j)} \qquad (i = 1, 2, 3)$$

由于上式右端各项概率都是已知的，因此概率 $P(A_i \mid B)$ 即可求得.

把上述计算条件概率的方法一般化便得到所谓的贝叶斯公式.

定理 11.2　**设事件组 $A_1, A_2, \cdots, A_n$ 满足：**

(1) $A_1, A_2, \cdots, A_n$ **两两互斥；**

(2) $B \subset \sum\limits_{i=1}^{n} A_i$**；**

(3) $P(A_i) > 0 (i = 1, 2, \cdots, n)$**，**

则对任意事件 $B(P(B) > 0)$，有

$$P(A_i \mid B) = \frac{P(BA_i)}{P(B)} = \frac{P(A_i)P(B \mid A_i)}{\sum\limits_{j=1}^{n} P(A_j)P(B \mid A_j)} \qquad (i = 1, 2, \cdots, n)$$

这个公式称为贝叶斯公式.

实际中，$P(A_1), P(A_2), \cdots, P(A_n)$ 是由以往的数据分析得到的，称为**先验概率**(prior probability). 在得到信息之后重新加以修正的概率 $P(A_1 \mid B), P(A_2 \mid B), \cdots, P(A_n \mid B)$，称为**后验概率**(posterior probability). 贝叶斯公式便是从先验概率推算后验概率的公式.

数 学 家 贝 叶 斯

贝叶斯(Thomas Bayes，1702—1761 年)，是一位自学成才的英国数学家，他首先将归纳推理法用于概率论理论，并创立了贝叶斯统计理论．1742 年，贝叶斯被选为英国皇家学会会员，最重要的作品《论机会学说问题的求解》却是在去世后发表的．其中提到了贝叶斯公式，这篇文章是当今统计学界贝叶斯学派的开山之作．

直到 20 世纪，贝叶斯的文章却并未对后世贝叶斯学派的发展产生重大影响．事实上，真正促使贝叶斯的思想在科学界得到广泛传播的关键人物是大科学家拉普拉斯．1774 年，拉普拉斯发表的关于贝叶斯理论的里程碑式的文章，使现代读者充分认识到拉普拉斯对贝叶斯学派发展所起的巨大作用，并从拉普拉斯的思想中获得了有益的新知．此后，人们逐渐认识到这一著名概率公式的重要性．贝叶斯所提出的观点经过多年的发展已完善，形成了整套的理论和方法．贝叶斯学派现已成为概率论与数理统计中的重要学派，为概率和统计的发展做出了卓越的贡献．

例 11.8 根据以往的临床记录，某种诊断癌症的试验具有如下的效果：若以 A 表示事件"试验反应为阳性"，以 C 表示事件"被诊断者患有癌症"，则有 $P(A \mid C) = 0.95$，$P(\overline{A} \mid \overline{C}) = 0.95$．现对一大批人进行癌症普查，设被试验的人中患有癌症的概率为 0.005，即 $P(C) = 0.005$，求试验反应为阳性者患有癌症的概率 $P(C \mid A)$．

解 已知 $P(A \mid C) = 0.95$，$P(\overline{A} \mid \overline{C}) = 0.95$，$P(C) = 0.005$，则

$$P(A \mid \overline{C}) = 1 - P(\overline{A} \mid \overline{C}) = 0.05$$
$$P(\overline{C}) = 0.995$$

由贝叶斯公式得

$$P(C \mid A) = \frac{P(C)P(A \mid C)}{P(C)P(A \mid C) + P(\overline{C})P(A \mid \overline{C})} = \frac{0.005 \times 0.95}{0.005 \times 0.95 + 0.995 \times 0.05} = 0.087$$

结果表明：虽然 $P(A \mid C)$、$P(\overline{A} \mid \overline{C})$ 都很大，但试验反应呈阳性的人患癌症的可能性却比较小．

例 11.9 在无线电通信中，由于随机干扰，当发出信号为"0"时，收到信号为"0"、"不清"和"1"的概率分别为 0.7、0.2、0.1；当发出信号为"1"时，收到信号为"1"、"不清"和"0"的概率分别为 0.9、0.1 和 0．如果在发报过程中"0"和"1"出现的概率分别为 0.6 和 0.4，当收到信号"不清"时，试推断原发信号．

解 令 $B_1 = \{$原发信号为"0"$\}$，$B_2 = \{$原发信号为"1"$\}$，$A = \{$收到信号"不清"$\}$，则由贝叶斯公式得

$$P(B_1 \mid A) = \frac{P(B_1)P(A \mid B_1)}{P(B_1)P(A \mid B_1) + P(B_2)P(A \mid B_2)} = \frac{0.6 \times 0.2}{0.6 \times 0.2 + 0.4 \times 0.1} = 0.75$$

$$P(B_2 \mid A) = \frac{P(B_2)P(A \mid B_2)}{P(B_1)P(A \mid B_1) + P(B_2)P(A \mid B_2)} = \frac{0.4 \times 0.1}{0.6 \times 0.2 + 0.4 \times 0.1} = 0.25$$

由于收到信号"不清"时，原发信号为"0"的概率比原发信号为"1"的概率大，因此通

常应推断 原发信号为"0".

11.4　事件的独立性

一般情况下，条件概率 $P(A \mid B) = \dfrac{P(AB)}{P(B)} \neq P(A)$，这说明事件 B 的发生对于事件 A 发生的概率有影响.

如果事件 B 的发生不影响事件 A 发生的概率，即 $P(A \mid B) = P(A)$，便得 $P(AB) = P(A)P(B)$.

我们把具有这种性质的两个事件 A 与 B 称为**相互独立**.

定义 11.3　如果两个事件 A、B 的积事件的概率等于这两个事件的概率的乘积，即

$$P(AB) = P(A)P(B)$$

则称两个事件 A、B 相互独立，简称**独立**(independent). 这时若 $P(A) > 0$，则 $P(B \mid A) = P(B)$，显然两个事件独立是相互的.

例如，把一颗匀称的骰子连续掷两次，观察出现的点数. 设 A 为事件"第一次掷出 5 点"，B 为事件"第二次掷出 5 点"，则显然有

$$P(A) = \frac{1}{6}, \ P(B) = \frac{1}{6}, \ P(AB) = \frac{1}{36}$$

即 $P(AB) = P(A)P(B)$ 成立，所以 A 与 B 相互独立.

下面针对一些特殊事件，来研究相互独立的性质.

（1）若 $P(C) = 0$，则对任意事件 B，有

$$CB \subset C, \ 0 \leqslant P(CB) \leqslant P(C) = 0$$
$$P(CB) = 0 = P(C)P(B)$$

因此，C 与 B 相互独立，这说明概率为 0 的事件和任一事件均相互独立.

（2）若 $P(C) = 1$，对任意事件 B，由 $C + \bar{C} = \Omega$ 且 $C\bar{C} = \varnothing$ 知

$$P(\bar{C}) = 0, \ P(B\bar{C}) = 0$$

且

$$P(B) = P\{B(C + \bar{C})\} = P(BC) + P(B\bar{C}) = P(BC)$$

故

$$P(CB) = P(B) = P(C)P(B)$$

即 C 与 B 相互独立，这说明概率为 1 的事件和任何事件都是相互独立的.

（3）设 A 为事件，若对任意事件 B，都有 A 与 B 相互独立，则有 $P(A) = 0$ 或 $P(A) = 1$.

事实上，$P(AB) = P(A)P(B)$，对任意事件 B，特别取 $B = A$，则

$$P(A) = P(AA) = P(A)P(A)$$

于是有 $P(A) = 0$ 或 $P(A) = 1$.

定理 11.3　若四对事件 A、B，$\bar{A}$、B，A、$\bar{B}$，$\bar{A}$、$\bar{B}$ 中有一对是相互独立的，则另外三对也是相互独立的(即这四对事件或者都相互独立，或者都不相互独立).

证　这里仅证明"当 A、B 相互独立时，$\bar{A}$、B 也相互独立"，其余请读者自行证明.

因为

$$\overline{A}B = B\overline{A} = B - A = B - AB, AB \subset B$$

所以

$$P(\overline{A}B) = P(B) - P(AB) = P(B) - P(A)P(B)$$
$$= [1 - P(A)]P(B) = P(\overline{A})P(B)$$

由定义知，$\overline{A}$ 与 B 相互独立.

事件相互独立性的概念可以推广到有限多个事件的情形.

（1）若事件 $A_1, A_2, \cdots, A_n$ 满足条件：

$$P(A_i A_j) = P(A_i)P(A_j) \qquad (1 \leqslant i < j \leqslant n)$$

则称 n 个事件 $A_1, A_2, \cdots, A_n$ 两两独立.

（2）若事件 $A_1, A_2, \cdots, A_n$ 满足条件：对任意整数 $k(2 \leqslant k \leqslant n)$ 和 $1 \leqslant i_1 < i_2 < \cdots < i_k \leqslant n$，恒有

$$P(A_{i_1} A_{i_2} \cdots A_{i_k}) = P(A_{i_1})P(A_{i_2})\cdots P(A_{i_k})$$

则称 n 个事件 $A_1, A_2, \cdots, A_n$ 相互独立.

（3）对于可列无穷多个事件 $A_1, A_2, \cdots, A_n, \cdots$，若其中任意有限多个事件都相互独立，则称可列无穷多个事件 $A_1, A_2, \cdots, A_n, \cdots$ 相互独立.

显然，若事件 $A_1, A_2, \cdots, A_n$ 相互独立，则事件 $A_1, A_2, \cdots, A_n$ 两两独立. 反之，若事件 $A_1, A_2, \cdots, A_n$ 两两独立，则事件 $A_1, A_2, \cdots, A_n$ 未必相互独立.

例如，$\Omega = \{1, 2, 3, 4\}$，$A_1 = \{1, 2\}$，$A_2 = \{2, 3\}$，$A_3 = \{1, 3\}$，显然

$$P(A_1) = P(A_2) = P(A_3) = \frac{1}{2}$$

$$P(A_1 A_2) = P(A_1)P(A_2) = \frac{1}{4}$$

$$P(A_1 A_3) = P(A_1)P(A_3) = \frac{1}{4}$$

$$P(A_2 A_3) = P(A_2)P(A_3) = \frac{1}{4}$$

即 A_1, A_2, A_3 两两独立. 但

$$P(A_1 A_2 A_3) = 0 \neq P(A_1)P(A_2)P(A_3)$$

从而 A_1, A_2, A_3 不相互独立.

推论 **若事件 $A_1, A_2, \cdots, A_n$ 相互独立，则事件 $B_1, B_2, \cdots, B_n$ 也相互独立. 其中 B_i 为 A_i 或 $\overline{A}_i (i = 1, 2, \cdots, n)$.**

事件的独立性是一种特殊简单情形，有了独立性，计算积事件概率就更容易了. 实际上，事件的独立性常常根据经验来判断. 一般地，若 n 个事件 $A_1, A_2, \cdots, A_n$ 中的每一个事件发生的概率都不受其它事件发生与否的影响，那么就可以认为这 n 个事件是相互独立的.

设事件 $A_1, A_2, \cdots, A_n$ 相互独立，则有以下一些相关计算公式：

（1）$\qquad P(A_1 A_2 \cdots A_n) = P(A_1)P(A_2)\cdots P(A_n)$

（2）$\qquad P(A_1 \bigcup A_2 \bigcup \cdots \bigcup A_n) = 1 - P(\overline{A_1 \bigcup A_2 \bigcup \cdots \bigcup A_n})$

$$= 1 - P(\overline{A}_1 \overline{A}_2 \cdots \overline{A}_n) = 1 - P(\overline{A}_1)P(\overline{A}_2)\cdots P(\overline{A}_n)$$

（3）$\qquad P(\overline{A}_1 \bigcup \overline{A}_2 \bigcup \cdots \bigcup \overline{A}_n) = P(\overline{A_1 A_2 \cdots A_n})$

$$= 1 - P(A_1 A_2 \cdots A_n) = 1 - P(A_1)P(A_2)\cdots P(A_n)$$

例 11. 10　设甲、乙两人独立地射击同一目标，他们击中目标的概率分别为 0.8 和 0.6，每人射击一次，求目标被击中的概率.

解　令 $A = \{$目标被击中$\}$，$B = \{$甲击中目标$\}$，$C = \{$乙击中目标$\}$，由题意知，$A = B \bigcup C$，B 与 C 独立，$P(B) = 0.8$，$P(C) = 0.6$，于是

$$P(A) = P(B \bigcup C) = P(B) + P(C) - P(BC)$$
$$= P(B) + P(C) - P(B)P(C) = 0.8 + 0.6 - 0.8 \times 0.6 = 0.92$$

例 11. 11　三人独立地破译一个密码，他们各自能破译的概率分别为 0.5、0.6、0.8，求至少有两人能将密码译出的概率.

解　令 $A = \{$至少有两人将密码译出$\}$，$A_i = \{$第 i 个人将密码译出$\}$（$i = 1, 2, 3$），由题意知，A_1，A_2，A_3 相互独立，且

$$A = A_1 A_2 \overline{A}_3 + A_1 \overline{A}_2 A_3 + \overline{A}_1 A_2 A_3 + A_1 A_2 A_3$$

故由概率的有限可加性和独立的性质得

$$P(A) = P(A_1 A_2 \overline{A}_3) + P(A_1 \overline{A}_2 A_3) + P(\overline{A}_1 A_2 A_3) + P(A_1 A_2 A_3)$$
$$= P(A_1)P(A_2)P(\overline{A}_3) + P(A_1)P(\overline{A}_2)P(A_3) + P(\overline{A}_1)P(A_2)P(A_3)$$
$$+ P(A_1)P(A_2)P(A_3)$$
$$= 0.5 \times 0.6 \times 0.2 + 0.5 \times 0.4 \times 0.8 + 0.5 \times 0.6 \times 0.8 + 0.5 \times 0.6 \times 0.8$$
$$= 0.7$$

例 11. 12　已知事件 A，B，C，D 相互独立，且

$$P(A) = P(B) = \frac{1}{2}P(C) = \frac{1}{2}P(D), P(A \bigcup B \bigcup C \bigcup D) = \frac{481}{625}$$

求 $P(A)$.

解　由独立性及概率性质得

$$P(\overline{A} \bigcup \overline{B} \bigcup \overline{C} \bigcup \overline{D}) = P(\overline{A}\,\overline{B}\,\overline{C}\,\overline{D}) = P(\overline{A})P(\overline{B})P(\overline{C})P(\overline{D})$$
$$= [1 - P(A)]^2[1 - 2P(A)]^2$$

而

$$P(\overline{A \bigcap B \bigcup C \bigcup D}) = 1 - P(A \bigcup B \bigcup C \bigcup D) = 1 - \frac{481}{625} = \frac{144}{625}$$

所以

$$[1 - P(A)][1 - 2P(A)] = \frac{12}{25}$$

化简得

$$[5P(A) - 1][10P(A) - 13] = 0$$

解得

$$P(A) = \frac{1}{5} \text{ 或 } P(A) = \frac{13}{10}(\text{舍去})$$

故 $P(A) = \frac{1}{5}$.

例 11. 13　袋中装有 r 个红球，w 个白球，从中作有放回的抽取，每次取一球，直到取得红球为止，求第 n 次取得红球的概率.

解　令 $A = \{$恰好 n 次取得红球$\}$，$W_i = \{$第 i 次取得白球$\}$，$R_i = \{$第 i 次取得红球$\}$，则

$$P(W_i) = \frac{w}{r+w}, \quad P(R_i) = \frac{r}{r+w} \quad (i = 1, 2, \cdots)$$

由题意知，$A = W_1 W_2 \cdots W_{n-1} R_n$，且 $W_1, W_2, \cdots, W_{n-1}, R_n$ 相互独立，从而

$$P(A) = P(W_1)P(W_2)\cdots P(W_{n-1})P(R_n) = \left(\frac{w}{r+w}\right)^{n-1} \frac{r}{r+w}$$

例 11.14 甲、乙两人的射击水平相当，于是约定比赛规则：双方对同一目标轮流射击，若一方失利，另一方可以继续射击，直到有人命中目标为止，命中一方为该轮比赛的优胜者.你认为先射击者是否一定沾光？为什么？

解 设甲、乙两人每次命中的概率均为 p，失利的概率均为 $q(0 < p < 1, p+q = 1)$.

令 $A_i = \{$第 i 次命中$\}(i = 1, 2, \cdots)$，假设甲先发第一枪，则

$$
\begin{aligned}
P(\text{甲胜}) &= P(A_1 + \overline{A_1}\,\overline{A_2}A_3 + \overline{A_1}\,\overline{A_2}\,\overline{A_3}\,\overline{A_4}A_5 + \cdots) \\
&= P(A_1) + P(\overline{A_1}\,\overline{A_2}A_3) + P(\overline{A_1}\,\overline{A_2}\,\overline{A_3}\,\overline{A_4}A_5) + \cdots \\
&= P(A_1) + P(\overline{A_1})P(\overline{A_2})P(A_3) + P(\overline{A_1})P(\overline{A_2})P(\overline{A_3})P(\overline{A_4})P(A_5) + \cdots \\
&= p + q^2 p + q^4 p + \cdots = p(1 + q^2 + q^4 + \cdots) \\
&= p\frac{1}{1-q^2} = p\frac{1}{(1-q)(1+q)} = \frac{1}{1+q}
\end{aligned}
$$

$$P(\text{乙胜}) = 1 - P(\text{甲胜}) = 1 - \frac{1}{1+q} = \frac{q}{1+q}$$

因为 $0 < q < 1$，所以 $P(\text{甲胜}) > P(\text{乙胜})$.

本章基本要求及重点、难点分析

一、基本要求

（1）理解条件概率的基本概念，掌握条件概率的计算方法.

（2）掌握乘法公式及其在实际问题中的应用.

（3）理解划分的概念，掌握全概率公式的实质，能用它熟练解决相关的实际问题.

（4）掌握贝叶斯公式，了解其在实际中的应用.

（5）掌握并能够运用随机事件的独立性解决问题.

二、重点、难点分析

1. 重点内容

（1）条件概率、乘法公式. 条件概率公式是本章的一个重点内容，也是本章的一个理论基础，其变形公式为乘法公式.对条件概率公式来说，需要注意的是，条件概率公式中的条件事件，及其概率在公式中的位置.

（2）全概率公式、贝叶斯公式等公式.将乘法公式与概率的有限可加性质相结合，就得到了全概率公式.将全概率公式与条件概率公式相结合，就得到了贝叶斯公式.对于贝叶斯公式来说，主要是利用先验概率来计算后验概率.

（3）事件的相互独立性. 这里要注意区分事件相互独立与事件互斥之间的不同，相互独立的两个事件未必是互斥的. 另外，还要注意在做题时题目语句中的互不影响等类似词语，对事件相互独立的影响.

2. 难点分析

本章的难点主要有两个，一个是对全概率公式思想的理解和应用，另一个是对贝叶斯公式的本质含义的理解和应用.

对于全概率公式来说，其思想就是化整为零，各个击破，在不易直接求得某个事件概率的情况下，先计算在某些约束条件下的概率，然后再利用概率的有限可加性等性质计算事件的概率. 这里需要注意，各约束条件要满足两个条件：一是要全，即这些条件加在一起包含这个事件；二是这些条件不能有重合，即这些条件是互斥的.

对于贝叶斯公式来说，其本质是利用先验条件概率来计算后验条件概率. 其在工程领域中应用非常广泛. 不过在求解任何条件概率问题时，首先要注意求解的是什么条件下的概率，然后根据要求给出相应的条件概率公式，在条件概率公式的分母部分，即已知条件事件的概率，如果已知则可直接求解，如果需要计算则利用公式进行计算，如果利用的是全概率公式，则用贝叶斯公式.

习 题 十 一

1. 某种动物由出生算起活到 20 岁以上的概率为 0.8，活到 25 岁以上的概率为 0.4，如果现在有一个 20 岁的这种动物，求它能活到 25 岁以上的概率.

2. 甲、乙两厂共同生产 1000 个零件，其中 300 个零件是乙厂生产的. 而在这 300 个零件中，有 189 个是标准件. 现从这 1000 个零件中任取一个，求：

（1）这个零件是乙厂生产的标准件的概率；

（2）发现它是乙厂生产的，它是标准件的概率.

3. 一批零件共 100 个，次品率为 10%. 每次从中任取一个零件，取出的零件不再放回，求第三次才取得正品的概率.

4. 一实习生用一台机器接连独立地制造三个同种零件，第 i 个零件是不合格的概率为 $p_i = \dfrac{1}{1+i}(i = 1, 2, 3)$，若以 x 表示零件中合格品的个数，则 $P(x = 2)$ 为多少？

5. 假设目标出现在射程之内的概率为 0.7，这时射击命中目标的概率为 0.6，试求两次独立射击至少有一次命中目标的概率.

6. 由以往记录的数据分析，某船只运输某种物品损坏 2%、10% 和 90% 的概率分别为 0.8、0.15 和 0.05. 现在从中随机地取三件，发现三件全是好的，试求这批物品的损坏率（这里设物品件数很多，取出一件后不影响下一件的概率）.

7. 验收成箱包装的玻璃器皿，每箱 24 只装，统计资料表明，每箱最多有两只残次品，且含 0、1 和 2 件残次品的箱各占 80%、15% 和 5%. 现在随意抽取一箱，随意检查其中 4 只，若未发现残次品，则通过验收，否则要逐一检验并更换残次品，试求：

（1）一次通过验收的概率 α；

（2）通过验收的箱中确定无残次品的概率 β.

8. 一建筑物内装有 5 台同类型的空调设备，调查表明，在任一时刻，每台设备被使用的概率为 0.1，求在同一时刻：

(1) 恰有两台设备被使用的概率；

(2) 至少有三台设备被使用的概率.

9. 某导弹部队编制有三个导弹营，其防空区域也相应地划成了三个互不重叠的子区域，分别由一营、二营和三营负责防御. 已知敌机入侵时进入三个营防区的概率分别为 0.2、0.3、0.5，而三个营发起导弹攻击时的命中率分别为 0.95、0.92、0.90. 现有一架敌机入侵该导弹部队防区：

(1) 求敌机被击中的概率；

(2) 如果已知敌机被击中，求恰好被二营击中的概率.

10. 有一批同一型号的产品，已知其中由一厂生产的占 30%，二厂生产的占 50%，三厂生产的占 20%，又知这三个厂的产品次品率分别为 2%、1%、1%，求从这批产品中任取一件是次品的概率.

11. 设一仓库中有 10 箱同种规格的产品，其中由甲、乙、丙三厂生产的分别为 5 箱、3 箱、2 箱，三厂产品的废品率依次为 0.1、0.2、0.3. 从这 10 箱产品中任取一箱，再从这箱中任取一件产品，求取得的正品概率.

12. 证明：如果事件 AB 相互独立，那么 $\overline{A}$、B 也相互独立.

13. 设 $P(A) = a$，$P(B) = b(b > 0)$，试证 $P(A \mid B) \geqslant \dfrac{a + b - 1}{b}$.

第十二章　　一维随机变量及其分布

12. 1　　随机变量的概念

概率论是从数量上来研究随机现象统计规律性的，为了更方便有力地研究随机现象，需要用到数学分析方法，因此为便于数学上的推导和计算，需将任意的随机事件数量化. 当把一些非数量表示的随机事件用数字来表示时，就建立起了随机变量的概念.

随机试验有各种不同的可能结果，这些可能的结果都可以用数量表示.

例 12.1　在含有 3 件次品的 20 件产品中，任意抽取 2 件，观察出现的次品数. 如果用 X 表示出现的次品数，则 X 的可能取值为 0、1、2，取不同的值代表发生不同事件：

$$“X = 0” \text{表示事件“没有次品”}$$
$$“X = 1” \text{表示事件“有 1 件次品”}$$
$$“X = 2” \text{表示事件“有 2 件次品”}$$

有些试验结果并不直接表现为数量，但可以使其数量化.

例 12.2　抛掷一枚硬币，观察出现正面还是反面. 我们规定变量 X 的取值如下：

$$“X = 0” \text{表示事件“出现反面”}$$
$$“X = 1” \text{表示事件“出现正面”}$$

这样便把试验结果数量化了.

无论哪一种情形，都体现出一个共同点：对随机试验的每一个可能结果，有唯一一个实数与它对应. 这种对应关系实际上定义了样本空间 Ω 上的函数，通常记作 $X = X(\omega)$，$\omega \in \Omega$.

定义 12.1　设随机试验的样本空间为 $\Omega = \{\omega\}$，$X = X(\omega)$ 是定义在样本空间 Ω 上的实单值函数，称 $X = X(\omega)$ 为**随机变量**（random variable），通常用大写字母 X，Y，Z，… 表示.

随机变量的取值随试验的结果而定，在试验前不能预知它取什么值，即随机变量的取值是随机的，具有偶然性；但随机变量取某一值或某一范围内值的概率是确定的，具有必然性. 这显示了随机变量与普通函数有着本质的差异. 如：例 12.1 中，$P\{“\text{有 1 件次品}”\} = P\{X = 1\} = C_3^1 C_{17}^1 / C_{20}^2 = 0.268$；例 12.2 中，$P\{“\text{出现正面}”\} = P\{X = 1\} = 1/2$.

引入随机变量的概念后，用随机变量刻画一个事件将更为简洁. 例如，例 12.1 中用 "$X = 1$" 表示事件 "有 1 件次品"，用 $P\{X = 1\}$ 表示事件 "有 1 件次品" 发生的概率大小.

12. 2　　随机变量的分布函数

在以后的研究中，需考察随机变量取值落在任意区间 $(x_1, x_2]$ 中的概率，即求 $P\{x_1 <$

$X \leqslant x_2\}$. 由于事件$\{x_1 < X \leqslant x_2\}$与事件$\{X \leqslant x_1\}$互不相容，且$\{x_1 < X \leqslant x_2\} \bigcup \{X \leqslant x_1\}$ $= \{X \leqslant x_2\}$，因此有 $P\{x_1 < X \leqslant x_2\} = P\{X \leqslant x_2\} - P\{X \leqslant x_1\}$.

由此可见，若对任意给定的实数 x，事件$\{X \leqslant x\}$的概率 $P\{X \leqslant x\}$ 确定，概率 $P\{x_1 < X \leqslant x_2\}$ 也就确定了. 当 x 变化时，概率 $P\{X \leqslant x\}$ 也随之变化，因此可建立任意实数 x 与 $P\{X \leqslant x\}$ 之间的一一对应关系，即一种函数关系，这就是分布函数的概念.

定义 12. 2 设 X 是一个随机变量，x 是任意实数，函数

$$F(x) = P\{X \leqslant x\}$$

称为**分布函数**(distribution function).

注 $F(x)$ 是一个普通实函数，它的定义域是整个数轴，故求分布函数时要就 x 落在整个数轴上讨论，且值域是区间$[0, 1]$. 如果将 X 看成是数轴上的随机点的坐标，则分布函数 $F(x)$ 在 x 处的函数值就表示 X 落在$(-\infty, x]$上的概率.

由前面的讨论可知，$P\{x_1 < X \leqslant x_2\} = F(x_2) - F(x_1)$.

例 12. 3 接连进行两次射击，以 X 表示命中目标的次数，假设已知每次射击命中目标的概率为 0. 4，求 X 的分布函数.

解 X 的可能取值为 0、1、2，且具有如下规律：

X	0	1	2
p_k	0. 36	0. 48	0. 16

当 $x < 0$ 时，$\{X \leqslant x\}$ 是不可能事件，故

$$F(x) = P\{X \leqslant x\} = 0$$

当 $0 \leqslant x < 1$ 时，$\{X \leqslant x\}$ 就是$\{X = 0\}$，故

$$F(x) = P\{X = 0\} = 0. 36$$

当 $1 \leqslant x < 2$ 时，$\{X \leqslant x\}$ 就是$\{X = 0\}$ 或$\{X = 1\}$，故

$$F(x) = P\{X = 0\} + P\{X = 1\} = 0. 84$$

当 $x \geqslant 2$ 时，$\{X \leqslant x\}$ 是必然事件，故

$$F(x) = P\{X = 0\} + P\{X = 1\} + P\{X = 2\} = 1$$

综上可知，X 的分布函数为

$$F(x) = \begin{cases} 0 & (x < 0) \\ 0. 36 & (0 \leqslant x < 1) \\ 0. 84 & (1 \leqslant x < 2) \\ 1 & (x \geqslant 2) \end{cases}$$

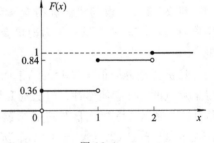

图 12.1

该分布函数 $F(x)$ 的图形是一条阶梯曲线，如图 12.1 所示，在 $x = x_k (k = 0, 1, 2)$ 处有跳跃，其跳跃值为 $p_k = P\{X = x_k\}$.

例 12. 4 向区间$[a, b]$上均匀地投掷一随机点，以 X 表示随机点的落点坐标，求 X 的分布函数.

解 由于随机点不可能落在$[a, b]$之外，因此当 $x < a$ 时，$\{X \leqslant x\}$ 是不可能事件，故 $F(x) = P\{X \leqslant x\} = 0$；而当 $a \leqslant x < b$ 时，$F(x) = P\{X \leqslant x\} = \dfrac{x - a}{b - a}$；当 $x \geqslant b$ 时，

$\{X \leqslant x\}$ 是必然事件, 故 $F(x) = P\{X \leqslant x\} = 1$. 综上, 有

$$F(x) = \begin{cases} 0 & (x < a) \\ \dfrac{x - a}{b - a} & (a \leqslant x < b) \\ 1 & (x \geqslant b) \end{cases}$$

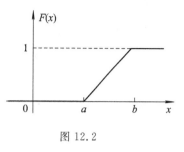

图 12.2

其图像如图 12.2 所示.

通过以上两个例子可以看出, 分布函数 $F(x)$ 具有以下性质:

(1) $0 \leqslant F(x) \leqslant 1(-\infty < x < +\infty)$.

(2) $F(x)$ 是单调不减函数, 即若 $x_1 < x_2$, 则 $F(x_1) \leqslant F(x_2)$.

(3) $F(-\infty) = \lim\limits_{x \to -\infty} F(x) = 0$, $F(+\infty) = \lim\limits_{x \to +\infty} F(x) = 1$.

(4) $F(x_0 + 0) = \lim\limits_{x \to x_0 + 0} F(x) = F(x_0)(-\infty < x_0 < +\infty)$, 即 $F(x)$ 是右连续的.

根据随机变量取值情况的不同, 最常见的随机变量有离散型随机变量和连续型随机变量两种.

12.3   离散型随机变量及其分布

定义 12.3   如果随机变量的全部可能取值是有限个或可列无限多个, 则称这种随机变量为**离散型随机变量**(discrete random variable).

例如, "掷骰子出现的点数"、"某班数学的及格人数"只能取有限个值, "命中目标前的射击次数"可取可列无限多个值, 它们都是离散型随机变量.

一、离散型随机变量的概率分布

对于离散型随机变量, 除了要知道它可能取哪些值外, 更重要的是要知道它取这些值的概率.

定义 12.4   设离散型随机变量 X 所有可能的取值为

$$x_1, x_2, \cdots, x_k, \cdots$$

X 取这些值的概率依次为 $p_1, p_2, \cdots, p_k, \cdots$, 则称

$$P\{X = x_k\} = p_k \quad (k = 1, 2, \cdots)$$

为离散型随机变量 X 的**概率密度函数**(probability density function) 或**分布律**, 也称**概率分布**.

概率分布也可以用表格的形式来表示, 如表 12.1 所示.

表 12.1

X	x_1	x_2	$\cdots$	x_k	$\cdots$
P	p_1	p_2	$\cdots$	p_k	$\cdots$

由概率的定义知, 概率分布具有以下两个性质:

(1) $p_k \geqslant 0(k = 1, 2, \cdots)$.

(2) $\displaystyle\sum_{k=1}^{\infty} p_k = 1$.

例 12.5　若离散型随机变量 X 的概率分布为

$$P\{X = k\} = 3a\left(\frac{1}{2}\right)^k \qquad (k = 1, 2, \cdots)$$

求常数 a 的值.

解　由概率分布的性质，有

$$\sum_{k=1}^{\infty} 3a\left(\frac{1}{2}\right)^k = 3a\sum_{k=1}^{\infty}\left(\frac{1}{2}\right)^k = 3a\,\frac{\dfrac{1}{2}}{1-\dfrac{1}{2}} = 3a = 1$$

所以 $a = \dfrac{1}{3}$.

例 12.6　在 10 件产品中有 3 件次品，现从中任意抽取 2 件，求抽到次品数 X 的概率分布和 $0 < X \leqslant 2$ 与 $0 \leqslant X < 2$ 的概率.

解　由题意知，X 可能的取值为 0、1、2.

"$X = 0$" 表示"没有抽到次品"，有

$$P\{X = 0\} = \frac{C_7^2}{C_{10}^2} = \frac{7}{15}$$

"$X = 1$" 表示"抽到 1 件次品"，有

$$P\{X = 1\} = \frac{C_3^1 C_7^1}{C_{10}^2} = \frac{7}{15}$$

"$X = 2$" 表示"抽到 2 件次品"，有

$$P\{X = 2\} = \frac{C_3^2}{C_{10}^2} = \frac{1}{15}$$

因而，X 的概率分布为

$$P\{X = 0\} = \frac{7}{15},\ P\{X = 1\} = \frac{7}{15},\ P\{X = 2\} = \frac{1}{15}$$

或

X	0	1	2
P	$\dfrac{7}{15}$	$\dfrac{7}{15}$	$\dfrac{1}{15}$

所以

$$P\{0 < X \leqslant 2\} = P\{X = 1\} + P\{X = 2\} = \frac{7}{15} + \frac{1}{15} = \frac{8}{15}$$

$$P\{0 \leqslant X < 2\} = P\{X = 0\} + P\{X = 1\} = \frac{7}{15} + \frac{7}{15} = \frac{14}{15}$$

二、三种常见离散型随机变量的分布

1. 0 - 1 分布(或两点分布)

定义 12.5　设随机变量 X 只可能取 0、1 两个值，它的概率分布为

$$P\{X=1\}=p, \ P\{X=0\}=1-p \qquad (0<p<1)$$

即

$$P\{X=k\}=p^k(1-p)^{1-k} \qquad (k=0,1;\ 0<p<1)$$

或

X	0	1
P	$1-p$	p

则称 X 服从参数为 p 的 0 - 1 分布(0 - 1 distribution) 或 **两点分布**.

只有两种可能结果的随机试验的概率分布都可用两点分布来描述, 如产品的"合格"与"不合格", 新生儿的"男"、"女"性别, 射击目标"命中"与"未命中", 掷硬币的"出现正面"与"出现反面", 等等.

2. 二项分布

定义 12.6 设随机试验 E 只有两种可能的结果: A 或 $\overline{A}$, 在相同条件下将 E 重复进行 n 次, 各次试验结果互不影响, 则称该 n 次试验为 n **重独立试验**, 又称为 n **重伯努利试验**.

若试验 E 中, 事件 A 发生的概率 $P(A)=p(0<p<1)$, 容易证明在 n 重伯努利试验中, 事件 A 恰好发生 k 次的概率为 $C_n^k p^k(1-p)^{n-k}$.

设随机变量 X 表示 n 重伯努利试验中事件 A 发生的次数, 则 X 具有如下分布:

定义 12.7 若随机变量 X 的概率分布为

$$P\{X=k\}=C_n^k p^k(1-p)^{n-k} \qquad (k=0,1,\cdots,n;\ 0<p<1)$$

则称 X 服从参数为 n, p 的 **二项分布**(binomial distribution), 记为 $X\sim b(n,p)$.

可以证明二项分布满足分布律的两个条件.

特别地, 当 $n=1$ 时, 二项分布化为

$$P\{X=k\}=p^k(1-p)^{1-k} \qquad (k=0,1)$$

即为 0 - 1 分布或两点分布.

注意到 $C_n^k p^k(1-p)^{n-k}$ 恰是 $[p+(1-p)]^n$ 二项展开式中的第 $k+1$ 项, 故二项分布由此得名.

满足二项分布的随机变量 X 的取值就是事件 A 在 n 重伯努利试验中发生的次数.

例 12.7 已知有一批次品率为 0.01 的零件, 现将 5 个零件包成一包出售, 若发现一包内有次品即可退货, 求某包零件次品个数 X 的概率分布及售出的零件的退货率.

解 由于零件数量很大, 每次抽到次品的概率可以认为是不变的, 因此, 5 个一包零件中的次品个数 X 服从二项分布, 即 $X\sim b(n,p)$, 这里 $n=5$, $p=0.01$. 因而, 次品个数 X 的概率分布为

$$P\{X=k\}=C_5^k 0.01^k(0.99)^{5-k} \qquad (k=0,1,2,3,4,5)$$

设 A 表示"该包零件被退回", 则

$$P(A)=P\{X\geqslant 1\}=1-P\{X=0\}=1-(0.99)^5\approx 0.05$$

即退货率为 5%.

例 12.8 设有 12 台独立运转的机器, 在一小时内每台机器停机的概率为 0.1, 试求在一小时内停机台数不超过 2 的概率.

解 设 X 表示一小时内停机台数, 则 $X\sim b(12,0.1)$, 因此所求概率为

$$P\{X \leqslant 2\} = P\{X = 0\} + P\{X = 1\} + P\{X = 2\}$$
$$= 0.2824 + 0.3766 + 0.2301 = 0.8891$$

例 12.9　某车间有 10 台电机各为 7.5 千瓦的机床，如果每台机床的工作情况是相互独立的，且每台机床平均每小时开动 12 分钟，求全部机床用电超过 48 千瓦的概率.

解　设 X 表示正在工作的机床台数，则 $X \sim b\left(10, \frac{1}{5}\right)$. 用电超过 48 千瓦即有 7 台或 7 台以上的机床在工作，则所求概率为

$$P\{X \geqslant 7\} = C_{10}^7\left(\frac{1}{5}\right)^7\left(\frac{4}{5}\right)^3 + C_{10}^8\left(\frac{1}{5}\right)^8\left(\frac{4}{5}\right)^2 + C_{10}^9\left(\frac{1}{5}\right)^9\left(\frac{4}{5}\right) + C_{10}^{10}\left(\frac{1}{5}\right)^{10} \approx \frac{1}{1157}$$

从此例可看出，当 n 很大（远远大于 10）时，计算 $P\{X = k\} = C_n^k p^k q^{1-k}$ 将更为麻烦. 为此，给出如下定理.

定理 12.1(泊松定理)　设 $\lambda > 0$ 是一个常数，n 是任意正整数，设 $np_n = \lambda$，则对于任意固定的非负整数 k，有

$$\lim_{n \to \infty} C_n^k p_n^k (1 - p_n)^{n-k} = \frac{\lambda^k e^{-\lambda}}{k!}$$

证　由 $p_n = \frac{\lambda}{n}$ 得

$$C_n^k p_n^k (1 - p_n)^{n-k} = \frac{1}{k!} n(n-1)\cdots(n-k+1)\left(\frac{\lambda}{n}\right)^k\left(1 - \frac{\lambda}{n}\right)^{n-k}$$
$$= \frac{\lambda^k}{k!}\left[1 \cdot \left(1 - \frac{1}{n}\right) \cdot \left(1 - \frac{2}{n}\right)\cdots\left(1 - \frac{k-1}{n}\right)\right]\left(1 - \frac{\lambda}{n}\right)^n\left(1 - \frac{\lambda}{n}\right)^{-k}$$

对于任意固定的 k，当 $n \to \infty$ 时，有

$$\left[1 \cdot \left(1 - \frac{1}{n}\right) \cdot \left(1 - \frac{2}{n}\right)\cdots\left(1 - \frac{k-1}{n}\right)\right] \to 1, \quad \left(1 - \frac{\lambda}{n}\right)^n \to e^{-\lambda}, \quad \left(1 - \frac{\lambda}{n}\right)^{-k} \to 1$$

故有

$$\lim_{n \to \infty} C_n^k p_n^k (1 - p_n)^{n-k} = \frac{\lambda^k e^{-\lambda}}{k!}$$

定理条件 ($np_n = \lambda$) 意味着当 n 很大时，p_n 一定很小. 可见，当 n 很大，p 很小时（实际中，当 $np = \lambda < 10$ 时），二项分布就可以用下列公式来近似计算：

$$C_n^k p^k (1 - p)^{n-k} \approx \frac{\lambda^k e^{-\lambda}}{k!} \quad (\lambda = np; \, k = 0, 1, 2, \cdots)$$

这就是著名的二项分布的泊松逼近公式.

例 12.10　某人进行射击，每次命中率为 0.02，独立射击 400 次，求至少命中两次的概率.

解　设 X 表示命中次数，显然，$X \sim b(400, 0.02)$，则至少命中两次的概率为 $P\{X \geqslant 2\}$，即

$$P\{X \geqslant 2\} = 1 - P\{X = 0\} - P\{X = 1\}$$
$$= 1 - C_{400}^0(0.02)^0(0.98)^{400} - C_{400}^1(0.02)^1(0.98)^{399}$$
$$\approx 1 - 9e^{-8} \approx 0.9970$$

这个概率接近于 1，说明一个事件尽管它在一次试验中发生的概率很小，但只要试验次数很多，而且试验是独立进行的，那么这一事件的发生几乎是肯定的，所以不能轻视小概率事件. 另外，如果在 400 次射击中，击中目标的次数竟不到 2 次，根据实际推断原理，

我们将怀疑"每次命中率为 0.02"这一假设.

例 12.11　为保证设备正常工作, 需要配备适量的维修工人(工人配备多了就浪费, 配备少了会影响生产). 现有同类型设备 300 台, 各台工作与否是相互独立的, 发生故障的概率都是 0.01. 在通常情况下, 一台设备的故障可由一人来处理(只考虑这种情况), 问至少需配备多少工人, 才能保证设备发生故障时不能维修的概率小于 0.01?

解　设需要配备 N 人, 记同一时刻发生故障的设备台数为 X, 则 $X \sim b(300, 0.01)$, 所要解决的问题是确定 N, 使得 $P\{X > N\} < 0.01$. 由泊松定理知, $\lambda = np = 3$,

$$P\{X > N\} = 1 - P\{X \leqslant N\} = 1 - \sum_{k=0}^{N} C_{300}^{k} (0.01)^k \cdot (0.99)^{300-k}$$

$$\approx 1 - \sum_{k=0}^{N} \frac{3^k e^{-3}}{k!} = \sum_{k=N+1}^{\infty} \frac{3^k e^{-3}}{k!} < 0.01$$

经计算, 满足上式最小的 N 是 8, 因此需配备 8 个维修工人.

例 12.12　在例 12.11 中, 若由 1 人负责维修 20 台设备, 求设备发生故障而不能及时处理的概率. 若由 3 人共同负责维修 80 台呢?

解　若由 1 人负责维修 20 台设备, 设备发生故障而不能及时处理, 说明在同一时刻设备有 2 台以上发生故障. 设 X 为发生故障设备的台数, 则 $X \sim b(20, 0.01)$ 且 $n = 20, \lambda = 0.2$, 于是, 设备发生故障而不能及时处理的概率为

$$P\{X \geqslant 2\} = \sum_{k=2}^{20} C_{20}^{k} (0.01)^k (0.99)^{20-k} = 1 - P\{X < 2\}$$

$$= 1 - \sum_{k=0}^{1} C_{20}^{k} (0.01)^k (0.99)^{20-k}$$

$$\approx 1 - \sum_{k=0}^{1} e^{-0.2} \frac{(0.2)^k}{k!} = 0.0175$$

若由 3 人共同负责维修 80 台, 设同一时刻发生故障的设备台数为 X, 则 $X \sim b(80, 0.01)$, $\lambda = 0.8$, 故同一时刻至少有 4 台设备发生故障的概率为

$$P\{X \geqslant 4\} = \sum_{k=4}^{80} C_{80}^{k} (0.01)^k (0.99)^{80-k} \approx \sum_{k=4}^{80} \frac{(0.8)^k e^{-0.8}}{k!} \approx 0.0091$$

计算结果表明, 后一种情况尽管任务重了(平均每人维修 27 台), 但工作质量不仅没有降低, 相反还提高了, 不能维修的概率变小了, 这说明, 由 3 人共同负责维修 80 台, 比由 1 人单独维修 20 台更好, 既节约了人力又提高了工作效率, 所以, 可运用概率论的方法进行生活、生产等活动的管理决策分析, 以便达到更有效地使用人力、物力资源的目的.

3. 泊松分布

定义 12.8　设随机变量 X 所有可能的取值为 $0, 1, 2, \cdots$, 而取各个值的概率为

$$P\{X = k\} = \frac{\lambda^k e^{-\lambda}}{k!} \qquad (k = 0, 1, 2, \cdots)$$

其中 $\lambda > 0$ 是常数, 则称 X 服从参数为 λ 的 **泊松分布**(poisson distribution), 记为 $X \sim \pi(\lambda)$.

可以证明泊松分布满足分布律的两个条件.

一般地, 泊松分布可以作为描述大量重复试验中稀有事件出现的次数的概率分布情况的数学模型. 根据泊松定理, 当 n 很大($n \geqslant 20$), p 很小($p \leqslant 0.05$), 而乘积 $\lambda = np$ 大小适

中时，二项分布 $b(n, p)$ 可以用泊松分布作近似.

[阅读材料]   数 学 家 泊 松

泊松(Poisson, 1781—1840年)，法国数学家、物理学家和力学家. 他是法国第一流的分析学家，年仅18岁就发表了一篇关于有限差分的论文，并受到了勒让德的好评. 他一生成果累累，发表论文300多篇，对数学和物理学都作出了杰出贡献. 泊松是19世纪概率统计领域里的卓越人物. 他改进了概率论的运用方法，特别是用于统计方面的方法，建立了描述随机现象的一种概率分布——泊松分布. 他是从法庭审判问题出发研究概率论的，1837年出版了专著《关于刑事案件和民事案件审判概率的研究》.

在数学中以他的姓氏命名的有：泊松定理、泊松公式、泊松方程、泊松分布、泊松过程、泊松积分、泊松级数、泊松变换、泊松代数、泊松比、泊松流、泊松核、泊松括号、泊松稳定性、泊松求和法等.

例 12.13 有一汽车站，每天都有大量汽车通过. 设每辆汽车在一天中的某段时间内发生事故的概率为0.0001，而在某天的该段时间内有1000辆汽车通过，试求发生事故的次数 $X < 2$ 的概率.

解 显然 $X \sim b(1000, 0.0001)$. 因 $n = 1000$ 较大，$p = 0.0001$ 较小，故可用泊松分布来计算，$\lambda = np = 0.1$，从而

$$P\{X < 2\} = P\{X = 0\} + P\{X = 1\} = \frac{(0.1)^0}{0!}e^{-0.1} + \frac{0.1}{1!}e^{-0.1} = 1.1e^{-0.1} \approx 0.9953$$

泊松定理指明了以 n、$p(np = \lambda)$ 为参数的二项分布，当 $n \to \infty$ 时趋于以 λ 为参数的泊松分布，这一事实也显示了泊松分布在理论上的重要性.

具有泊松分布的随机变量在实际中存在相当广泛. 例如，纺纱车间大量纱锭上的纺线在一个时间间隔内被扯断的次数，纺织厂生产的一批布匹上的疵点个数，电话总机在一段时间内收到的呼唤次数，种子中杂草种子的个数，一本书某页(或某几页)上印刷错误的个数，在一个固定时间内从某块放射物质中发射出的 α 粒子的数目等都服从泊松分布.

泊松分布通常适用于描绘大量重复试验中稀有事件(即每次试验中出现的概率很小的事件，例如不幸事件、意外事故、非常见病、自然灾害等)出现的次数的概率分布.

三、离散型随机变量函数的分布

在许多实际问题中，常遇到随机变量的函数. 例如，在测量圆轴截面面积的试验中，所关心的随机变量——圆轴截面面积 A 不能直接测量得到，只能通过直接测量圆轴截面的直径 d 这个随机变量，再根据关系式得到 A，这里随机变量 A 是随机变量 d 的函数.

定义 12.9 设 $g(x)$ 是定义在随机变量 X 的一切可能取值 x 的集合上的函数，如果当 X 取值为 x 时，随机变量 Y 的取值为 $y = g(x)$，则称 Y 是**随机变量 X 的函数**，记为 $Y = g(X)$.

下面讨论如何由已知的随机变量 X 的分布去求得它的函数的分布.

设 X 是离散型随机变量，则 $Y = g(X)$ 也是一个离散型随机变量. 若 X 的分布律为

X	x_1	x_2	$\cdots$	x_n	$\cdots$
p_k	p_1	p_2	$\cdots$	p_n	$\cdots$

求 $Y = g(X)$ 的分布律.

当 X 取得它的某一可能值 x_i 时，随机变量 $Y = g(X)$ 的取值 $y_i = g(x_i)\ (i = 1, 2, \cdots)$.
如果诸 $g(x_i)$ 的值全不相等，则 Y 的分布律为

Y	y_1	y_2	$\cdots$	y_n	$\cdots$
$P\{Y = y_i\}$	p_1	p_2	$\cdots$	p_n	$\cdots$

这是因为事件 $\{Y = y_i\} = \{X = x_i\}\ (i = 1, 2, \cdots)$. 如果 $g(x_i)$ 中有相等的值，则把那些相等的值分别合并起来，并根据概率可加性把对应的概率相加，就得到函数 $Y = g(X)$ 的分布律.

例 12.14　已知 X 的分布律为

X	0	1	2	3	4	5
p_k	$\dfrac{1}{12}$	$\dfrac{1}{6}$	$\dfrac{1}{3}$	$\dfrac{1}{12}$	$\dfrac{2}{9}$	$\dfrac{1}{9}$

求 $2X + 1$ 及 $(X - 2)^2$ 的分布律.

解　由 X 的分布律可得

p_k	$\dfrac{1}{12}$	$\dfrac{1}{6}$	$\dfrac{1}{3}$	$\dfrac{1}{12}$	$\dfrac{2}{9}$	$\dfrac{1}{9}$
X	0	1	2	3	4	5
$2X + 1$	1	3	5	7	9	11
$(X - 2)^2$	4	1	0	1	4	9

即

$$P\{(X - 2)^2 = 4\} = P\{X = 0\} + P\{X = 4\} = \frac{1}{12} + \frac{2}{9} = \frac{11}{36}$$

$$P\{(X - 2)^2 = 1\} = P\{X = 1\} + P\{X = 3\} = \frac{1}{6} + \frac{1}{12} = \frac{1}{4}$$

因此 $2X + 1$ 的分布律为

$2X + 1$	1	3	5	7	9	11
p_k	$\dfrac{1}{12}$	$\dfrac{1}{6}$	$\dfrac{1}{3}$	$\dfrac{1}{12}$	$\dfrac{2}{9}$	$\dfrac{1}{9}$

$(X - 2)^2$ 的分布律为

$(X - 2)^2$	0	1	4	9
p_k	$\dfrac{1}{3}$	$\dfrac{1}{4}$	$\dfrac{11}{36}$	$\dfrac{1}{9}$

例 12.15 设随机变量 X 的分布律为

X	1	2	3	$\cdots$	n	$\cdots$
p_k	$\left(\dfrac{1}{2}\right)$	$\left(\dfrac{1}{2}\right)^2$	$\left(\dfrac{1}{2}\right)^3$	$\cdots$	$\left(\dfrac{1}{2}\right)^n$	$\cdots$

求 $Y = \sin\left(\dfrac{\pi}{2}X\right)$ 的分布律.

解 因为 $\sin\left(\dfrac{n\pi}{2}\right) = \begin{cases} -1 & (n = 4k-1) \\ 0 & (n = 2k) \\ 1 & (n = 4k-3) \end{cases}$，所以 $Y = \sin\left(\dfrac{\pi}{2}X\right)$ 只有三个可能的取

值：$-1, 0, 1.$ 而取得这些值的概率分别是

$$P\{Y = -1\} = \frac{1}{2^3} + \frac{1}{2^7} + \frac{1}{2^{11}} + \cdots + \frac{1}{2^{4k-1}} + \cdots = \frac{2}{15}$$

$$P\{Y = 0\} = \frac{1}{2^2} + \frac{1}{2^4} + \frac{1}{2^6} + \cdots + \frac{1}{2^{2k}} + \cdots = \frac{1}{3}$$

$$P\{Y = 1\} = \frac{1}{2} + \frac{1}{2^5} + \frac{1}{2^9} + \cdots + \frac{1}{2^{4k-3}} + \cdots = \frac{8}{15}$$

所以，Y 的分布律为

Y	-1	0	1
p_k	$\dfrac{2}{15}$	$\dfrac{1}{3}$	$\dfrac{8}{15}$

12.4 连续型随机变量及其分布

在实际问题中，除了离散型随机变量以外，还有非离散型随机变量，其中常用的是连续型随机变量，如炮弹落地点和目标之间的距离. 尽管分布函数是描述各种类型随机变量变化规律的最一般的共同形式，但由于它不够直观，往往不常用. 如对于离散型随机变量，用分布律来描述既简单又直观. 对于连续型随机变量我们也希望有一种比分布函数更直观的描述方式.

一、连续型随机变量及其概率密度

定义 12.10 对随机变量 X 的分布函数 $F(x)$，如果存在非负函数 $f(x)$，使对任意实数 x，有

$$F(x) = \int_{-\infty}^{x} f(t)\mathrm{d}t$$

则 X 称为**连续型随机变量**(continuous random variable)，其中 $f(x)$ 称为 X 的**概率分布密度函数**，简称**分布密度**或**概率密度**. 显然，改变概率密度 $f(x)$ 在个别点的函数值不影响分布函数 $F(x)$ 的取值.

分布密度 $f(x)$ 具有以下性质：

(1) $f(x) \geqslant 0$.

(2) $\displaystyle\int_{-\infty}^{+\infty} f(x)\mathrm{d}x = 1$.

（3）对于任意实数 x_1、x_2，$x_1 \leqslant x_2$，有

$$P\{x_1 < X \leqslant x_2\} = F(x_2) - F(x_1) = \int_{x_1}^{x_2} f(x)\mathrm{d}x$$

（4）若 $f(x)$ 在点 x 连续，则有 $F'(x) = f(x)$．

分布密度 $f(x)$ 表示的不是随机变量 X 取值 x 的概率大小，而是在一定程度上反映了 X 在 x 的一个小邻域内取值概率的大小，即

$$P\{x < X \leqslant x + \Delta x\} \approx f(x)\Delta x$$

例 12.16 设连续型随机变量 X 具有分布密度

$$f(x) = \begin{cases} kx + 1 & (0 \leqslant x \leqslant 2) \\ 0 & （其它） \end{cases}$$

试求：

（1）常数 k；

（2）X 的分布函数 $F(x)$；

（3）$P\left\{\dfrac{3}{2} < X \leqslant \dfrac{5}{2}\right\}$．

解 （1）由 $\displaystyle\int_{-\infty}^{+\infty} f(x)\mathrm{d}x = 1$ 知

$$\int_0^2 (kx + 1)\mathrm{d}x = \left(\frac{kx^2}{2} + x\right)\Big|_0^2 = 4k + 2 = 1$$

从而 $k = -\dfrac{1}{4}$．

（2）X 的分布函数为

$$F(x) = \int_{-\infty}^{x} f(t)\mathrm{d}t = \begin{cases} 0 & (x < 0) \\ \displaystyle\int_0^x \left(\frac{-t}{4} + 1\right)\mathrm{d}t & (0 \leqslant x \leqslant 2) \\ 1 & (x > 2) \end{cases}$$

即

$$F(x) = \begin{cases} 0 & (x < 0) \\ \dfrac{-x^2}{4} + x & (0 \leqslant x \leqslant 2) \\ 1 & (x > 2) \end{cases}$$

（3） $P\left\{\dfrac{3}{2} < X \leqslant \dfrac{5}{2}\right\} = \displaystyle\int_{\frac{3}{2}}^{\frac{5}{2}} f(x)\mathrm{d}x = F\left(\frac{5}{2}\right) - F\left(\frac{3}{2}\right) = 1 - \frac{15}{16} = \frac{1}{16}$

例 12.17 设随机变量 X 的分布密度

$$f(x) = \frac{A}{\mathrm{e}^x + \mathrm{e}^{-x}} \qquad (-\infty < x < +\infty)$$

试求：

（1）常数 A；

（2）概率 $P\left\{0 < X < \dfrac{1}{2}\ln 3\right\}$；

（3）X 的分布函数 $F(x)$．

解 (1) 由 $\int_{-\infty}^{+\infty} f(x)\mathrm{d}x = A\arctan \mathrm{e}^x \Big|_{-\infty}^{+\infty} = \dfrac{\pi}{2}A = 1$ 得

$$A = \frac{2}{\pi}$$

(2) $\qquad P\left\{0 < X < \dfrac{1}{2}\ln3\right\} = \dfrac{2}{\pi}\arctan \mathrm{e}^x \Big|_{0}^{\ln\sqrt{3}} = \dfrac{1}{6}$

(3) X 的分布函数为

$$F(x) = \int_{-\infty}^{x} f(t)\mathrm{d}t = \frac{2}{\pi}\arctan \mathrm{e}^t \Big|_{-\infty}^{x} = \frac{2}{\pi}\arctan \mathrm{e}^x \qquad (-\infty < x < +\infty)$$

X 取任一实数值 a 的概率为 0，即 $P\{X = a\} = 0$.

事实上 $P\{X = a\} = P\{X \leqslant a\} - P\{X < a\} = F(a+0) - F(a-0)$，由于连续型随机变量 X 的分布函数 $F(x)$ 是 x 的连续函数，故 $P\{X = a\} = F(a+0) - F(a-0) = 0$. 因此有

$$P\{a < X \leqslant b\} = P\{a \leqslant X < b\} = P\{a \leqslant X \leqslant b\} = P\{a < X < b\} = \int_{a}^{b} f(x)\mathrm{d}x$$

注 $P\{X = a\} = 0$，但 $\{X = a\}$ 不一定是不可能事件，同样 $P(A) = 1$，但 A 不一定是必然事件.

二、三种常见连续型随机变量

1. 均匀分布

定义 12. 11 设连续型随机变量 X 的分布密度为

$$f(x) = \begin{cases} \dfrac{1}{b-a} & (a < x < b) \\ 0 & (\text{其它}) \end{cases}$$

则称 X 在区间 (a, b) 服从**均匀分布**(uniform distribution)，记为 $X \sim U(a, b)$.

$f(x)$ 的图形如图 12.3 所示. X 的分布函数为

$$F(x) = \begin{cases} 0 & (x < a) \\ \dfrac{x-a}{b-a} & (a \leqslant x < b) \\ 1 & (x \geqslant b) \end{cases}$$

其图形如图 12.4 所示.

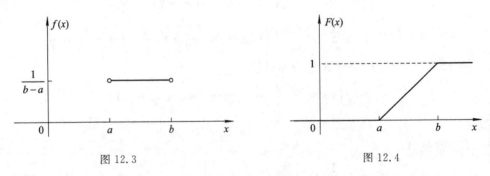

图 12.3   图 12.4

均匀分布描述的几何背景是：向区间 (a, b) 上随机性掷点，该点落在 (a, b) 上任意位置的可能性是均等的.

例 12.18　设随机变量 X 在 $(2,5)$ 上服从均匀分布，现对 X 进行三次独立观测，试求至少有两次测值大于 3 的概率.

解　依题意得 X 的密度函数为

$$f(x) = \begin{cases} \dfrac{1}{3} & (2 < x < 5) \\ 0 & (其它) \end{cases}$$

$$P(X > 3) = \int_3^5 \frac{1}{3} \mathrm{d}x = \frac{2}{3}$$

设 Y 表示三次独立观测中其测值大于 3 的次数，则

$$P(Y \geqslant 2) = \mathrm{C}_3^2 \left(\frac{2}{3}\right)^2 \cdot \frac{1}{3} + \mathrm{C}_3^3 \left(\frac{2}{3}\right)^3 = \frac{20}{27}$$

2. 指数分布

定义 12.12　设连续型随机变量 X 的分布密度为

$$f(x) = \begin{cases} \lambda \mathrm{e}^{-\lambda x} & (x > 0) \\ 0 & (x \leqslant 0) \end{cases}$$

其中 $\lambda > 0$ 为常数，则称 X 服从参数为 λ 的**指数分布**(exponential distribution)，记为 $X \sim E(\lambda)$.

$f(x)$ 的图形如图 12.5 所示. X 的分布函数为

$$F(x) = \begin{cases} 1 - \mathrm{e}^{-\lambda x} & (x > 0) \\ 0 & (x \leqslant 0) \end{cases}$$

其图形如图 12.6 所示.

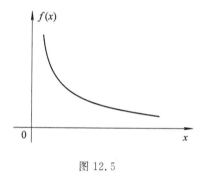

图 12.5

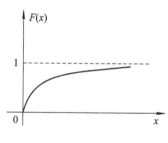

图 12.6

服从指数分布的随机变量 X 具有以下性质：

对于任意的 s、$t > 0$，有 $P\{X > s+t \mid X > s\} = P\{X > t\}$.

事实上，

$$P\{X > s+t \mid X > s\} = \frac{P\{(X > s+t) \bigcap (X > s)\}}{P\{X > s\}}$$

$$= \frac{P\{X > s+t\}}{P\{X > s\}} = \frac{1 - F(s+t)}{1 - F(s)}$$

$$= \frac{\mathrm{e}^{-\lambda(s+t)}}{\mathrm{e}^{-\lambda s}} = \mathrm{e}^{-\lambda t} = P\{X > t\}$$

此性质称为**无记忆性**（或无后效性）.

如果 X 是某一元件的寿命，那么上式表明：已知元件已使用了 s 小时，它总共能使用

至少 $s+t$ 小时的条件概率，与从开始使用时算起它至少能使用 t 小时的概率相等. 也就是说，元件对它已使用过 s 小时没有记忆. 具有这一性质是指数分布得到广泛应用的原因.

在概率论和统计学中，指数分布是一种连续概率分布. 指数分布应用广泛，可以用来表示独立随机事件发生的时间间隔，比如旅客进机场的时间间隔、新条目出现的时间间隔等. 有的系统的寿命分布也可用指数分布来近似，例如电子产品的寿命分布一般服从指数分布. 在日本的工业标准和美国军用标准中，半导体器件的抽验方案都采用指数分布. 指数分布的"无记忆"特性，与机械零件的疲劳、磨损、腐蚀、蠕变等损伤过程的实际情况是完全矛盾的，它违背了产品累积和老化这一过程，所以指数分布不能作为机械零件功能参数的分布形式. 但是，它可以近似地作为高可靠性的复杂部件、机器或系统的失效分布模型，特别是在部件或机器的整机试验中得到广泛的应用.

3. 正态分布

定义 12.13 设连续型随机变量 X 的分布密度为

$$f(x) = \frac{1}{\sqrt{2\pi}\sigma} e^{-\frac{(x-\mu)^2}{2\sigma^2}} \qquad (-\infty < x < +\infty)$$

其中 μ，$\sigma^2 (\sigma > 0)$ 为常数，则称 X 服从参数为 μ，σ^2 的**正态分布**（normal distribution），记为 $X \sim N(\mu, \sigma^2)$.

$f(x)$ 的图形如图 12.7 所示. X 的分布函数为

$$F(x) = \frac{1}{\sqrt{2\pi}\sigma} \int_{-\infty}^{x} e^{-\frac{(t-\mu)^2}{2\sigma^2}} dt \qquad (-\infty < x < +\infty)$$

其图形如图 12.8 所示.

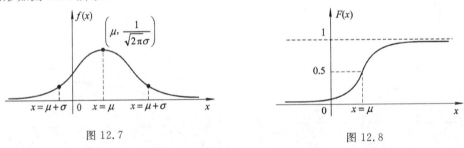

图 12.7　　　　　　　　　　　　图 12.8

正态分布是最重要的一种概率分布，其概念是由德国的数学家和天文学家 Moivre 于 1733 年首次提出的，但由于德国数学家高斯率先将其应用于天文学研究，故正态分布又叫高斯分布，高斯这项工作对后世的影响极大，现今德国 10 马克的印有高斯头像的钞票，其上还印有正态分布的密度曲线. 这传达了一种想法：在高斯的一切科学贡献中，其对人类文明影响最大者，就是这一项. 误差理论表明误差（近似地）服从正态分布. 法国数学家拉普拉斯指出的这一点有重大的意义，因为这给了误差的正态理论一个更自然合理、更令人信服的解释.

正态分布的概率密度 $f(x)$ 的图形称为正态曲线，它具有以下性质：

(1) 曲线位于 x 轴的上方，以直线 $x = \mu$ 为对称轴，即 $f(\mu + x) = f(\mu - x)$. 这表明对于任意的 $h > 0$，有 $P\{\mu - h < X < \mu\} = P\{\mu < X < \mu + h\}$.

(2) 当 $x = \mu$ 时，曲线处于最高点 $\left(f(\mu) = \dfrac{1}{\sqrt{2\pi}\sigma}\right)$；当 $x < \mu$ 时，$f(x)$ 单调增加；当

$x > \mu$ 时, $f(x)$ 单调减少. 即当 x 向左右远离 μ 时, 曲线逐渐降低, 整条曲线呈现"中间高, 两边低"的形状. 这表明对于同样长度的区间, 当区间离 μ 越远, X 落在这个区间上的概率越小.

（3）在 $x = \mu \pm \sigma$ 处曲线有拐点, 并以 x 轴为渐近线.

（4）参数 μ 确定了曲线的位置, σ 确定了曲线的形状. σ 越大, 曲线越平坦; σ 越小, 曲线越集中.

特别地, 当 $\mu = 0$, $\sigma = 1$ 时, 称 X 服从标准正态分布, 记为 $X \sim N(0, 1)$, 其分布密度为

$$\varphi(x) = \frac{1}{\sqrt{2\pi}} e^{-\frac{x^2}{2}}$$

其图形如图 12.9 所示.

标准正态分布的分布函数为

$$\Phi(x) = \frac{1}{\sqrt{2\pi}} \int_{-\infty}^{x} e^{-\frac{t^2}{2}} dt$$

其图形如图 12.10 所示. 易知, $\Phi(-x) = 1 - \Phi(x)$.

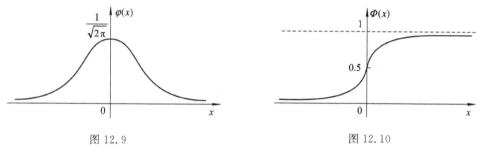

图 12.9　　　　　　　　　　　　图 12.10

$\Phi(x)$ 在正态分布的概率计算中起着重要作用, 人们已编制了 $\Phi(x)$ 的函数值表, 可供查用（见附表 1）.

对于一般正态分布和标准正态分布, 有以下关系:

定理 12.2　若 $X \sim N(\mu, \sigma^2)$, 则 $Z = \dfrac{X - \mu}{\sigma} \sim N(0, 1)$.

由此得

$$F(x) = P\{X \leqslant x\} = P\left\{\frac{X - \mu}{\sigma} \leqslant \frac{x - \mu}{\sigma}\right\} = \Phi\left\{\frac{x - \mu}{\sigma}\right\}$$

$$P\{x_1 < X \leqslant x_2\} = P\left\{\frac{x_1 - \mu}{\sigma} < \frac{X - \mu}{\sigma} \leqslant \frac{x_2 - \mu}{\sigma}\right\} = \Phi\left(\frac{x_2 - \mu}{\sigma}\right) - \Phi\left(\frac{x_1 - \mu}{\sigma}\right)$$

例 12.19　设 $X \sim N(108, 9)$, 求常数 $a > 0$, 使 $P\{X < 2a\} = 0.0099$.

解

$$P\{X < 2a\} = P\left\{\frac{X - \mu}{\sigma} < \frac{2a - \mu}{\sigma}\right\} = \Phi\left(\frac{2a - \mu}{\sigma}\right) = 0.0099$$

又 $1 - \Phi\left(\dfrac{2a - \mu}{\sigma}\right) = \Phi\left(-\dfrac{2a - \mu}{\sigma}\right) = 0.9901$, 经查附表 1 知 $\Phi(2.33) = 0.9901$, 故 $\dfrac{2a - \mu}{\sigma} = -2.33$, 从而

$$a = \frac{-2.33\sigma + \mu}{2} = \frac{-2.33 \times 3 + 108}{2} = 50.505$$

例 12.20　设 $X \sim N(\mu, \sigma^2)$, 求:

(1) $P\{\mu-\sigma < X < \mu+\sigma\}$;

(2) $P\{\mu-2\sigma < X < \mu+2\sigma\}$;

(3) $P\{\mu-3\sigma < X < \mu+3\sigma\}$.

解 (1) $P\{\mu-\sigma < X < \mu+\sigma\} = \Phi(1)-\Phi(-1) = 2\Phi(1)-1 = 0.6826$

(2) $P\{\mu-2\sigma < X < \mu+2\sigma\} = \Phi(2)-\Phi(-2) = 2\Phi(2)-1 = 0.9544$

(3) $P\{\mu-3\sigma < X < \mu+3\sigma\} = \Phi(3)-\Phi(-3) = 2\Phi(3)-1 = 0.9974$

此例表明,当 X 以 99.74% 的概率落入区间 $(\mu-3\sigma, \mu+3\sigma)$ 内时,即 X 的可能取值几乎全部在 $(\mu-3\sigma, \mu+3\sigma)$ 内,这就是统计中的 3σ 原则.

例 12.21 公共汽车车门的高度是按男子与车门顶碰头的机会在 0.01 以下来设计的. 设男子身长 X 服从 $\mu = 170\ \text{cm}$, $\sigma = 6\ \text{cm}$ 的正态分布,即 $X \sim N(170, 6^2)$,问车门高度应如何确定?

解 设车门高度为 h (cm). 按设计要求, $P\{X \geqslant h\} \leqslant 0.01$ 或 $P\{X < h\} \geqslant 0.99$. 因 $X \sim N(170, 6^2)$,故 $P\{X < h\} = F(h) = \Phi\left(\dfrac{h-170}{6}\right) \approx 0.99$,查附表 1 得 $\Phi(2.33) = 0.9901 > 0.99$,所以 $\dfrac{h-170}{6} = 2.33$, $h = 184$(cm).

在自然现象和社会现象中,大量随机变量服从或近似服从正态分布. 一般地,只要某个随机变量是由大量相互独立、微小的偶然因素的总和所构成,而且每一个别偶然因素对总和的影响都均匀地微小,则可断定这个随机变量必近似服从正态分布.

三、连续型随机变量函数的分布

下面研究一维连续型随机变量函数的分布,即已知连续型随机变量 X 的概率分布,求其函数 $Y = g(X)$ 的概率分布.

例 12.22 设随机变量 X 具有分布密度 $f_X(x)(-\infty < x < +\infty)$,求线性函数 $Y = a + bX$(a、b 为常数,且 $b \neq 0$)的分布密度.

解 由于

$$F_Y(y) = P\{Y \leqslant y\} = P\{a+bX \leqslant y\}$$

故当 $b > 0$ 时, $F_Y(y) = P\left\{X \leqslant \dfrac{y-a}{b}\right\} = \displaystyle\int_{-\infty}^{\frac{y-a}{b}} f_X(x)\mathrm{d}x$, 从而

$$f_Y(y) = F_Y'(y) = \frac{1}{b}f_X\left(\frac{y-a}{b}\right)$$

当 $b < 0$ 时, $F_Y(y) = P\left\{X \geqslant \dfrac{y-a}{b}\right\} = \displaystyle\int_{\frac{y-a}{b}}^{+\infty} f_X(x)\mathrm{d}x$, 从而

$$f_Y(y) = F_Y'(y) = \frac{1}{-b}f_X\left(\frac{y-a}{b}\right)$$

若 $X \sim N(\mu, \sigma^2)$,则 $f_X(x) = \dfrac{1}{\sqrt{2\pi}\sigma}\mathrm{e}^{-\frac{(x-\mu)^2}{2\sigma^2}}$ $(-\infty < x < +\infty)$,故 Y 的分布密度为

$$f_Y(y) = \frac{1}{|b|}f_X\left(\frac{y-a}{b}\right) = \frac{1}{\sqrt{2\pi}\sigma|b|}\mathrm{e}^{-\frac{(y-a-b\mu)^2}{2b^2\sigma^2}}$$

因而 $Y \sim N(a+b\mu, b^2\sigma^2)$,这就是说正态随机变量 X 的线性函数仍服从正态分布,只是参

数不同而已.

例 12.23 设 X 具有分布密度 $f_X(x)(-\infty < x < +\infty)$，求 $Y = X^2$ 的分布密度.

解 由于随机变量 Y 的分布函数 $F_Y(y) = P\{Y \leqslant y\} = P\{X^2 \leqslant y\}$，故当 $y \leqslant 0$ 时，$F_Y(y) = 0$；当 $y > 0$ 时，Y 的分布函数为

$$F_Y(y) = P\{-\sqrt{y} \leqslant X \leqslant \sqrt{y}\} = \int_{-\sqrt{y}}^{\sqrt{y}} f_X(x) \mathrm{d}x$$

于是 Y 的分布密度为

$$f_Y(y) = F_Y'(y) = \begin{cases} \left(\int_{-\sqrt{y}}^{\sqrt{y}} f_X(x) \mathrm{d}x \right)' = \dfrac{1}{2\sqrt{y}} \left[f_X(\sqrt{y}) + f_X(-\sqrt{y}) \right] & (y > 0) \\ 0 & (y \leqslant 0) \end{cases}$$

定理 12.3 如果 $y = g(x)$ 在 $f_X(x) \neq 0$ 的区间上严格单调，且除有限点外处处可导，$x = h(y)$ 是它的反函数，则 $Y = g(X)$ 的分布密度为

$$f_Y(y) = \begin{cases} f_X[h(y)] |h'(y)| & (y \in (c, d)) \\ 0 & (y \notin (c, d)) \end{cases}$$

其中 (c, d) 是 $y = g(x)$ 在 $f_X(x) \neq 0$ 的区间上的值域.

证 因为 $y = g(x)$ 在 $f_X(x) \neq 0$ 的区间上单调，故不妨记 $y = g(x)$ 在 $f_X(x) \neq 0$ 的区间上的值域为 (c, d). 随机变量 Y 的分布函数 $F_Y(y) = P\{Y \leqslant y\} = P\{g(X) \leqslant y\}$.

当 $y \notin (c, d)$ 时，易知 $F_Y(y) = 0$.

当 $y \in (c, d)$ 时，由 $y = g(x)$ 的反函数 $x = h(y)$ 可知：若 $y = g(x)$ 在 (c, d) 上单调递增，则

$$F_Y(y) = P\{Y \leqslant y\} = P\{g(X) \leqslant y\} = P\{h(c) \leqslant X \leqslant h(y)\} = \int_{h(c)}^{h(y)} f_X(x) \mathrm{d}x$$

若 $y = g(x)$ 在 (c, d) 上单调递减，则

$$F_Y(y) = P\{g(X) \leqslant y\} = P\{h(y) \leqslant X \leqslant h(c)\} = \int_{h(y)}^{h(c)} f_X(x) \mathrm{d}x$$

即有 $f_Y(y) = F_Y'(y) = f_X[h(y)] |h'(y)|$，$y \in (c, d)$.

综上有

$$f_Y(y) = \begin{cases} f_X[h(y)] |h'(y)| & (y \in (c, d)) \\ 0 & (y \notin (c, d)) \end{cases}$$

例 12.24 设随机变量 $X \sim U(1, 2)$，求 $Y = X^{\frac{1}{3}}$ 的分布密度.

解 X 的分布密度为 $f_X(x) = \begin{cases} 1 & (x \in (1, 2)) \\ 0 & (x \notin (1, 2)) \end{cases}$，在 $f_X(x) \neq 0$ 的区间 $(1, 2)$ 上 $y = g(x) = 1 - x^{\frac{1}{3}}$ 单调可导，值域为 $(1 - \sqrt[3]{2}, 0)$，反函数为 $x = h(y) = (1-y)^3$，所以

$$f_Y(y) = \begin{cases} f_X[h(y)] |h'(y)| & (1 - \sqrt[3]{2} < y < 0) \\ 0 & (其它) \end{cases}$$

$$= \begin{cases} 3(1-y)^2 & (1 - \sqrt[3]{2} < y < 0) \\ 0 & (其它) \end{cases}$$

本章基本要求及重点、难点分析

一、基本要求

（1）理解随机变量的概念.

（2）理解并掌握随机变量分布函数的概念及性质.

（3）熟悉常见的离散型和连续型随机变量的分布.

（4）掌握概率分布（或分布密度）的性质，并能利用它们求概率.

（5）掌握求随机变量函数的分布的方法.

二、重点、难点分析

1. 重点内容

（1）求离散型随机变量 X 的分布律. 求离散型随机变量 X 的分布律时，首先要确定 X 的取值，然后求出对应于各取值的事件的概率，要注意验证 $\sum\limits_{n=1}^{\infty} P\{X = x_k\} = 1$，否则不正确. 两点分布、二项分布、泊松分布是三种常用离散型随机变量的概率分布.

（2）使用分布函数统一描述离散型随机变量和连续型随机变量的分布规律. 当分布函数 $F(x)$ 中含有待定常数时，常利用 $\lim\limits_{x \to -\infty} F(x) = 0$，$\lim\limits_{x \to +\infty} F(x) = 1$ 或 $F(x+0) = F(x)$ 来确定该常数. 而当分布密度 $f(x)$ 及分布律中含有待定常数时，常利用 $\int_{-\infty}^{+\infty} f(x)\mathrm{d}x = 1$ 或 $\sum\limits_{n=1}^{\infty} P\{X = x_k\} = 1$ 来确定该常数.

（3）通过分布密度 $f(x)$ 求分布函数 $F(x)$，利用 $F(x) = \int_{-\infty}^{x} f(t)\mathrm{d}t$，对 x 在 $(-\infty, +\infty)$ 上分段进行讨论得到. 在相应的区间段把 $F(x)$ 写成 $f(x)$ 的变上限积分，利用公式 $F'(x) = f(x)$，由分布函数 $F(x)$ 求分布密度 $f(x)$.

离散型随机变量的分布函数为分段函数，若随机变量 X 的取值为 n 个，则要分为 $n+1$ 段，其图形是右连续的阶梯曲线.

（4）利用分布密度求概率. 对正态随机变量，有 $\Phi(-x) = 1 - \Phi(x)$. 若 $X \sim N(\mu, \sigma^2)$，则

$$P\{a < X < b\} = \Phi\left(\frac{b-\mu}{\sigma}\right) - \Phi\left(\frac{a-\mu}{\sigma}\right)$$

2. 难点分析

（1）求随机变量函数分布的方法. 随机变量的函数是一个重要概念. 对连续型随机变量 X 的函数 $Y = g(X)$，要了解求 Y 的分布的原理和方法，当 $g(x)$ 是严格单调函数时，Y 的分布密度可使用公式来计算.

（2）求分布函数. 要重点理解分布函数的含义，它就是一个普通函数. 当由分布密度求分布函数时，应注意分段讨论自变量的范围. 对离散型随机变量，其分布函数是一个右连续递增的阶梯函数，而对连续型随机变量，其分布函数是一个递增的连续函数.

习　题　十　二

1. 一份为期一年的保险产品规定：若投保人在投保后一年内意外死亡，则可获得 20 万元赔偿；若投保人因其它原因死亡，则可获得 5 万元赔偿；若保期结束投保人仍然生存，则公司无需支付任何费用. 假设投保人在一年内意外死亡的概率为 0.0002，因其它原因死亡的概率为 0.001，求保险公司赔付金额的分布律.

2. 袋中装有 5 个球，编号分别为 1、2、3、4、5. 在袋中同时取 3 个，以 X 表示取出 3 个球中最大号码，写出随机变量 X 的分布律.

3. 若在句子：

"THE GIRL PUT ON HER BEAUTIFUL RED HAT"

中随机取一个单词，以 X 表示取到的单词所包含的字母个数，写出 X 的分布律. 若在上述句子 30 个字母中随机地取一个字母，以 Y 表示取到的字母所在单词所包含的字母数，写出 Y 的分布律.

4. 某型号武器击中目标的概率为 0.6，经过改良升级后其命中率提升至 0.7，使用此型号改良前后的装备分别进行了 3 次试验. 求：

(1) 新旧装备击中目标次数相等的概率；

(2) 旧装备较新装备击中次数多的概率.

5. 5 个零件中有一个次品，从中一个个取出进行检查，检查后不放回，直到查到次品时为止，用 X 表示检查次数，求 X 的分布函数：$F(x) = P\{X \leqslant x\}$.

6. 设随机变量 X 的分布律是 $P\{X = k\} = A\left(\dfrac{1}{2}\right)^k (k = 1，2，3，4)$，求 $P\left\{\dfrac{1}{2} < X < \dfrac{5}{2}\right\}$.

7. 设离散型随机变量 X 的分布律为 $P\{X = k\} = \dfrac{k}{15}(k = 1, 2, 3, 4, 5)$，求：

(1) $P\{X = 1$ 或 $X = 2\}$；

(2) $P\left\{\dfrac{1}{2} < X < \dfrac{5}{2}\right\}$；

(3) $P\{1 < X \leqslant 3\}$.

8. 在 100 件产品中有 10 件次品，其余都是正品，从中任取一件，设 X 是取到的次品件数，写出 X 的分布函数：$F(x) = P\{X < x\}$.

9. 某人乘车或步行上班，他等车的时间 X（单位：分钟）服从指数分布：

$$X \sim f(x) = \begin{cases} \dfrac{1}{5}\mathrm{e}^{-\frac{1}{5}x} & (x > 0) \\ 0 & (x \leqslant 0) \end{cases}$$

如果等车时间超过 10 分钟，他就步行上班. 若该人一周上班 5 次，以 Y 表示他一周步行上班的次数，求 Y 的概率分布，并求他一周内至少有一次步行上班的概率.

10. 某装备元器件的寿命 X（单位：小时）的分布密度服从

$$f(x) = \begin{cases} \dfrac{1000}{x^2} & (x > 1000) \\ 0 & (其它) \end{cases}$$

现有一批元器件(假设各器件损坏与否相互独立),任取 5 件,求其中至少有 2 件寿命大于 1500 小时的概率.

11. 设 $X \sim U(0, 5)$,求关于 x 的方程 $4x^2 + 4Xx + X + 2 = 0$ 有实数根的概率.

12. 证明函数 $f(x) = \dfrac{1}{2} e^{-|x|}$ 是一个分布密度函数.

13. 设 $f(x)$、$g(x)$ 都是分布密度函数,证明:
$$h(x) = \alpha f(x) + (1 - \alpha) g(x) \qquad (0 \leqslant \alpha \leqslant 1)$$
也是一个分布密度函数.

14. 验证
$$F(x) = \begin{cases} \dfrac{1}{2} e^x & (x \leqslant 0) \\ \dfrac{1}{2} & (0 < x \leqslant 1) \\ 1 - \dfrac{1}{2} e^{-(x-1)} & (x > 1) \end{cases}$$
是某随机变量的分布函数.

15. 随机变量 X 的分布函数为
$$F_X(x) = \begin{cases} 0 & (x < 1) \\ \ln x & (1 \leqslant x \leqslant e) \\ 1 & (x > e) \end{cases}$$
试求:

(1) $P\{X < 2\}$, $P\{0 < X \leqslant 3\}$, $P\left\{2 < X < \dfrac{5}{2}\right\}$;

(2) 分布密度 $f_X(x)$.

16. 已知随机变量 X 的分布密度,求 X 的分布函数,并画出(2)中的 $f(x)$ 及 $F(x)$ 的图像.

(1) $f(x) = \begin{cases} 2\left(1 - \dfrac{1}{x^2}\right) & (1 \leqslant x \leqslant 2) \\ 0 & (其它) \end{cases}$;

(2) $f(x) = \begin{cases} x & (0 \leqslant x < 1) \\ 2 - x & (1 \leqslant x < 2) \\ 0 & (其它) \end{cases}$.

17. 设连续型随机变量 X 的分布函数是
$$F(x) = \begin{cases} A + B e^{-\lambda x} & (x > 0) \\ 0 & (x \leqslant 0) \end{cases}$$
其中 $\lambda > 0$ 是常数,试确定 A 及 B 的值.

18. 已知随机变量 X 的分布密度为

$$f(x) = \begin{cases} 2Ax & (0 < x < 1) \\ 0 & (其它) \end{cases}$$

试求：

(1) 参数 A；

(2) $P\{0.5 < X < 3\}$；

(3) $P\{X < x\}$.

19. 在某电路中，电阻两端的电压(U)服从 $N(120, 2^2)$，今独立测量了5次，试确定有2次测量值落在区间$[118, 122]$之外的概率.

20. 设 X 服从 $N(-1, 4^2)$，请借助标准正态分布的分布函数值表计算：

(1) $P\{X < 2.44\}$；

(2) $P\{X > -1.5\}$；

(3) $P\{X < -2.8\}$；

(4) $P\{|X| < 4\}$；

(5) $P\{-5 < X < 2\}$；

(6) $P\{|X - 1| > 1\}$.

21. 设随机变量 X 的分布律为

X	-2	-0.5	0	2	4
概率	$\frac{1}{8}$	$\frac{1}{4}$	$\frac{1}{8}$	$\frac{1}{6}$	$\frac{1}{3}$

求 $X+2$、$-X+1$、X^2、$|X|$ 的分布密度.

22. 设随机变量 X 的分布律为

$$P\{X = k\} = \frac{a}{2^k} \quad (k = 1, 2, \cdots)$$

试求：

(1) 参数 a；

(2) $Y = 2X + 1$ 的分布律.

23. 随机变量 $X \sim U(-1, 1)$，求 $Y = X^2$ 的分布函数与分布密度.

24. 随机变量 $X \sim U(0, 1)$，求：

(1) $Y = e^X$ 的分布密度；

(2) $Y = -2\ln X$ 的分布密度.

25. 随机变量 $X \sim N(0, 1)$，求：

(1) $Y = e^X$ 的分布密度；

(2) $Y = 2X^2 + 1$ 的分布密度；

(3) $Y = |X|$ 的分布密度.

26. 设电流 I 是一个随机变量，它均匀分布在 9 A ～ 11 A 之间. 若此电流通过 2 Ω 的电阻，在其上消耗的功率 $W = 2I^2$，求 W 的分布密度.

第十三章　二维随机变量及其分布

　　第十二章所讨论的随机变量是一维的，但在实际问题中，某些随机试验的结果需要同时用至少两个随机变量来描述. 例如，研究一个国家的经济发展程度，至少要考虑国民生产总值和人均国民生产总值这两个指标. 又如，遗传学家在研究孩子的身高和父亲身高、母亲身高之间的关系时，需要同时考虑三个随机变量. 因此，有必要将同一问题中的若干个随机变量视为一个整体，引入多维随机变量的概念.

　　定义在样本空间 Ω 上的多个随机变量组成的向量，称为多维随机变量. 若 X_1，X_2，$\cdots$，X_n 是定义在样本空间 Ω 上的 n 个随机变量，则称向量 $(X_1，X_2，\cdots，X_n)$ 为 n 维随机变量或 n 维随机向量.

　　由于二维随机变量和更高维的随机变量没有本质差异，故本章主要讨论二维随机变量及其分布. 二维随机变量的所有结果，都可以推广到 $n(n > 2)$ 维随机变量的情形.

13.1　二维随机变量及其联合分布

一、二维随机变量的概率分布

　　定义 13.1　设 $(X，Y)$ 是二维随机变量，对于任意实数 x、y，二元函数
$$F(x，y) = \{X \leqslant x，Y \leqslant y\} \tag{13.1}$$
称为二维随机变量 $(X，Y)$ 的**联合分布函数**（或**分布函数**）.

　　若将二维随机变量 $(X，Y)$ 看成是平面上随机点 $(X，Y)$ 的坐标，那么分布函数 $F(x，y)$ 就表示随机点 $(X，Y)$ 落在以点 $(x，y)$ 为顶点的左下方的无限矩形区域内的概率，如图 13.1 中阴影部分所示.

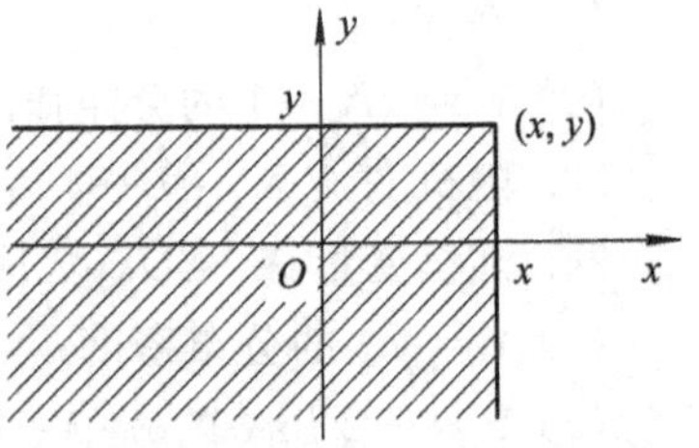

　　分布函数 $F(x，y)$ 具有以下基本性质：

　　(1) $0 \leqslant F(x，y) \leqslant 1$，且对于任意固定的 y，$F(-\infty，y) = 0$，对于任意固定的 x，$F(x，-\infty) = 0$，同时 $F(-\infty，-\infty) = 0$，$F(+\infty，+\infty) = 1$.

图 13.1

　　(2) $F(x，y)$ 分别是变量 x 和 y 的单调不减函数.

　　(3) $F(x+0，y) = F(x，y)$，$F(x，y+0) = F(x，y)$，即 $F(x，y)$ 关于变量 x 或 y 右连续.

　　(4) 对于任意 $x_1 < x_2$，$y_1 < y_2$，有
$$P\{x_1 < X \leqslant x_2，y_1 < Y \leqslant y_2\} = F(x_2，y_2) - F(x_2，y_1) - F(x_1，y_2) + F(x_1，y_1) \geqslant 0 \tag{13.2}$$

如图 13.2 所示.

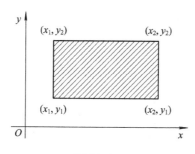

图 13.2

二、二维离散型随机变量及其分布

定义 13.2　如果二维随机变量(X, Y)的所有可能取值为有限个或者无限可列个数对,则称(X, Y)为**二维离散型随机变量**.

显然,(X, Y)为二维离散型随机变量,当且仅当X和Y均为离散型随机变量.设二维离散型随机变量(X, Y)的所有可能取值为(x_i, y_j),则称概率函数

$$p_{ij} = P\{X = x_i, Y = y_j\} \qquad (i, j = 1, 2, \cdots) \tag{13.3}$$

为二维随机变量(X, Y)的**联合概率分布函数**(或**概率分布**),也称为(X, Y)的**联合分布(律)**或X和Y的**分布(律)**.容易看出,其中的p_{ij}满足如下条件:

(1) $p_{ij} \geqslant 0$;

(2) $\displaystyle\sum_{i=1}^{+\infty}\sum_{j=1}^{+\infty} p_{ij} = 1$.

二维离散型随机变量(X, Y)的分布律可用如表 13.1 所示的表格表示,并称之为X和Y的联合分布表.

表 **13.1**

X ＼ Y	y_1	y_2	$\cdots$	y_j	$\cdots$
x_1	p_{11}	p_{12}	$\cdots$	p_{1j}	$\cdots$
x_2	p_{21}	p_{22}	$\cdots$	p_{2j}	$\cdots$
$\vdots$	$\vdots$	$\vdots$	$\vdots$	$\vdots$	$\vdots$
x_i	p_{i1}	p_{i2}	$\cdots$	p_{ij}	$\cdots$
$\vdots$	$\vdots$	$\vdots$	$\vdots$	$\vdots$	$\vdots$

二维离散型随机变量(X, Y)的联合分布函数由下式求出:

$$F(x, y) = P\{X \leqslant x, Y \leqslant y\} = \sum_{x_i \leqslant x}\sum_{y_j \leqslant y} p_{ij} \tag{13.4}$$

其中和式是对一切满足$x_i \leqslant x, y_j \leqslant y$的$i, j$求和.

例 13.1　将两封信随机投入 3 个空邮筒中,设X、Y分别表示第一、第二个邮筒中信的数量,求X和Y的联合概率分布,并求出第三个邮筒里至少投入一封信的概率.

解　X、Y各自可能的取值均为 0、1、2,由题设知,(X, Y)取$(1, 2)$、$(2, 1)$、$(2, 2)$均不可能.取其它值的概率可由古典概率计算:

$$P\{X = 0, Y = 0\} = \frac{1}{3^2} = \frac{1}{9}$$

$$P\{X = 0, Y = 1\} = P\{X = 1, Y = 0\} = \frac{2}{3^2} = \frac{2}{9}$$

$$P\{X = 1, Y = 1\} = \frac{2}{9}$$

$$P\{X = 2, Y = 0\} = P\{X = 0, Y = 2\} = \frac{1}{9}$$

于是，X 和 Y 的联合概率分布表为

X \ Y	0	1	2
0	$\frac{1}{9}$	$\frac{2}{9}$	$\frac{1}{9}$
1	$\frac{2}{9}$	$\frac{2}{9}$	0
2	$\frac{1}{9}$	0	0

$P\{$第三个邮筒里至少有一封信$\} = P\{$第一、第二个邮筒里最多只有一封信$\} = P\{X+Y \leqslant 1\}$，由于事件 $\{X+Y \leqslant 1\}$ 包含三个基本事件，所以

$$P\{X+Y \leqslant 1\} = P\{X = 0, y = 0\} + P\{X = 0, Y = 1\} + P\{X = 1, Y = 0\}$$

$$= \frac{1}{9} + \frac{2}{9} + \frac{2}{9} = \frac{5}{9}$$

即第三个邮筒里至少有一封信的概率为 $\frac{5}{9}$.

三、二维连续型随机变量及其分布

定义 13.3　设二维随机变量 (X, Y) 的分布函数为 $F(x, y)$，如果存在非负可积的二元函数 $f(x, y)$，使得对任意实数 x、y，有

$$F(x, y) = \int_{-\infty}^{x} \int_{-\infty}^{y} f(u, v) \mathrm{d}u \mathrm{d}v \tag{13.5}$$

则 (X, Y) 称为二维连续型随机变量，函数 $f(x, y)$ 称为二维随机变量 (X, Y) 的**联合概率分布密度函数**(或分布密度函数)，简称**联合密度**.

由定义知，联合密度 $f(x, y)$ 具有以下性质：

(1) $f(x, y) \geqslant 0 (-\infty < x < +\infty, -\infty < y < +\infty)$.

(2) $\int_{-\infty}^{+\infty} \int_{-\infty}^{+\infty} f(x, y) \mathrm{d}x \mathrm{d}y = 1$.

(3) 若 $f(x, y)$ 在点 (x, y) 处连续，则有 $\dfrac{\partial^2 F(x, y)}{\partial x \partial y} = f(x, y)$.

(4) 设 D 是 xOy 平面上任一区域，则随机点 (X, Y) 落在 D 内的概率为

$$P\{(X, Y) \in D\} = \iint_{D} f(x, y) \mathrm{d}x \mathrm{d}y \tag{13.6}$$

从几何的角度来看，概率 $P\{(X, Y) \in D\}$ 等于以 D 为底，以曲面 $Z = f(x, y)$ 为顶的曲顶柱体的体积.

例 13.2 设二维随机变量 (X, Y) 的分布密度函数为

$$f(x, y) = \begin{cases} Ce^{-(x+y)} & (x \geqslant 0,\ y \geqslant 0) \\ 0 & (其它) \end{cases}$$

试求：

(1) 常数 C；

(2) (X, Y) 的分布函数 $F(x, y)$；

(3) $P\{X > 1, Y < 1\}$.

解 (1) 由 $f(x, y)$ 的性质 (2) 可知

$$1 = \int_{-\infty}^{+\infty} \int_{-\infty}^{+\infty} f(x, y)\mathrm{d}x\mathrm{d}y = \int_{0}^{+\infty} \int_{0}^{+\infty} Ce^{-(x+y)}\mathrm{d}x\mathrm{d}y = C\int_{0}^{+\infty} e^{-x}\,\mathrm{d}x \int_{0}^{+\infty} e^{-y}\,\mathrm{d}y$$

$$= C \cdot 1 = C$$

所以 $C = 1$.

(2)
$$F(x, y) = \int_{-\infty}^{x} \int_{-\infty}^{y} f(x, y)\mathrm{d}x\mathrm{d}y$$

$$= \begin{cases} \int_{0}^{x} \int_{0}^{y} e^{-(x+y)}\mathrm{d}x\mathrm{d}y = (1-e^{-x})(1-e^{-y}) & (x \geqslant 0,\ y \geqslant 0) \\ 0 & (其它) \end{cases}$$

(3) 如图 13.3 所示，有

$$P\{X > 1, Y < 1\} = \int_{1}^{+\infty} \mathrm{d}x \int_{0}^{1} e^{-(x+y)}\,\mathrm{d}y = \frac{1}{e}\left(1 - \frac{1}{e}\right)$$

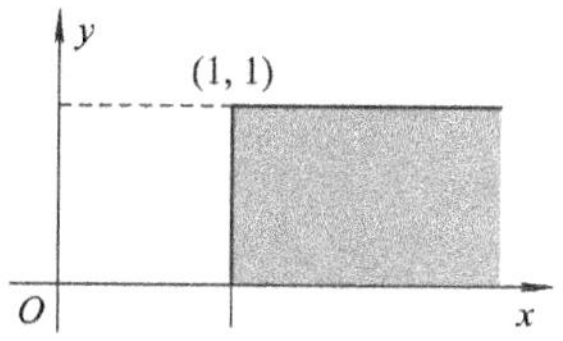

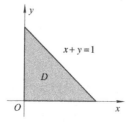

图 13.3

例 13.3 设二维随机变量 (X, Y) 的分布密度函数为

$$f(x, y) = \begin{cases} 4xy & (0 \leqslant x \leqslant 1,\ 0 \leqslant y \leqslant 1) \\ 0 & (其它) \end{cases}$$

D 为 xOy 平面上由 x 轴、y 轴和不等式 $x + y < 1$ 所确定的区域，求 $P\{(X, Y) \in D\}$.

解 区域 D 如图 13.4 所示，则

$$P\{(X, Y) \in D\} = \iint_{D} f(x, y)\mathrm{d}x\mathrm{d}y = \int_{0}^{1} \mathrm{d}x \int_{0}^{1-x} 4xy\,\mathrm{d}y = \frac{1}{6}$$

图 13.4

四、二维随机变量的常见分布

下面介绍二维随机变量的两种常见分布.

定义 13.4 若二维随机变量(X, Y)在区域A上的联合概率分布密度函数为

$$f(x, y) = \begin{cases} \dfrac{1}{S(A)} & ((x, y) \in A) \\ 0 & (其它) \end{cases}$$

其中$S(A)$为区域A的面积，则称(X, Y)在区域A上服从**均匀分布**.

更一般地，当区域为矩形时，

$$f(x, y) = \begin{cases} \dfrac{1}{(b_1 - a_1)(b_2 - a_2)} & (a_1 \leqslant x \leqslant b_1,\ a_2 \leqslant y \leqslant b_2) \\ 0 & (其它) \end{cases}$$

例 13.4 设二维随机变量(X, Y)在区域D上服从均匀分布，其中D为xOy平面上由x轴、y轴和三个不等式$x + y > 2$，$x < 3$，$y < 3$所围成的区域，求(X, Y)的分布密度函数及其分布函数.

解 区域D如图 13.5 所示，其面积$S(D) = 7$，因此二维随机变量(X, Y)在区域D上的分布密度函数为

$$f(x, y) = \begin{cases} \dfrac{1}{7} & ((x, y) \in D) \\ 0 & (其它) \end{cases}$$

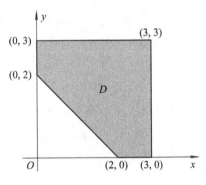

图 13.5

分布函数$F(x, y) = P\{X \leqslant x, Y \leqslant y\} = \iint\limits_{X \leqslant x, Y \leqslant y} f(x, y)\mathrm{d}x\mathrm{d}y$，其计算分以下几种情形：

当$(x, y) \in D_1$，其中$D_1 = \{(x, y) \mid x \leqslant 0$ 或 $y \leqslant 0$ 或 $x + y \leqslant 2\}$时，
$$F(x, y) = 0$$

当$(x, y) \in D_2$，其中$D_2 = \{(x, y) \mid 0 < x \leqslant 2, 0 < y \leqslant 2, x + y > 2\}$时，
$$F(x, y) = \iint\limits_{D_2} \frac{1}{7}\mathrm{d}x\mathrm{d}y = \frac{1}{7}S_{D_2} = \frac{(x + y - 2)^2}{14}$$

当$(x, y) \in D_3$，其中$D_3 = \{(x, y) \mid 0 < x < 2, 2 < y < 3\}$时，
$$F(x, y) = \frac{1}{7}S_{D_3} = \frac{x(x + 2y - 4)}{14}$$

当$(x, y) \in D_4$，其中$D_4 = \{(x, y) \mid 2 < x < 3, 0 < y < 2\}$时，
$$F(x, y) = \frac{1}{7}S_{D_4} = \frac{xy - 2}{7}$$

当$(x, y) \in D_5$，其中$D_5 = \{(x, y) \mid 0 < x < 2, y > 3\}$时，
$$F(x, y) = \frac{1}{7}S_{D_5} = \frac{x(x + 2)}{14}$$

当$(x, y) \in D_6$，其中$D_6 = \{(x, y) \mid x > 3, 0 < y < 2\}$时，

$$F(x,\ y) = \frac{1}{7}S_{D_6} = \frac{y(y+2)}{14}$$

当$(x,\ y) \in D_7$，其中$D_7 = \{(x,\ y) \mid 2 < x < 3, y > 3\}$时，

$$F(x,\ y) = \frac{1}{7}S_{D_7} = \frac{3x-2}{7}$$

当$(x,\ y) \in D_8$，其中$D_8 = \{(x,\ y) \mid x > 3, 2 < y < 3\}$时，

$$F(x,\ y) = \frac{1}{7}S_{D_8} = \frac{3y-2}{7}$$

当$(x,\ y) \in D_9$，其中$D_9 = \{(x,\ y) \mid x \geqslant 3, y \geqslant 3\}$时，

$$F(x,\ y) = \frac{1}{7}S_{D_8} = 1$$

定义 13.5　若二维随机变量(X, Y)的分布密度为

$$f(x,\ y) = \frac{1}{2\pi\sigma_1\sigma_2\ \sqrt{1-\rho^2}}\exp\left\{-\frac{1}{2(1-\rho^2)} \cdot \left[\frac{(x-\mu_1)^2}{\sigma_1^2} - 2\rho\frac{x-\mu_1}{\sigma_1} \cdot \frac{y-\mu_2}{\sigma_2} + \frac{(y-\mu_2)^2}{\sigma_2^2}\right]\right\}$$

$$(-\infty < x < +\infty,\ -\infty < y < +\infty)$$

其中参数μ_1、μ_2、σ_1、σ_2、ρ均为常数，且$\sigma_1 > 0$，$\sigma_2 > 0$，$|\rho| < 1$，则称(X, Y)服从参数为 μ_1, μ_2, σ_1, σ_2 及 ρ 的**二维正态分布**，记作$(X, Y) \sim N(\mu_1,\ \mu_2;\ \sigma_1^2,\ \sigma_2^2;\ \rho)$.

如图 13.6 所示，二维正态分布以$(\mu_1,\ \mu_2)$为中心，在中心附近具有较高的密度，离中心越远，密度越小，这与实际中很多现象相吻合.

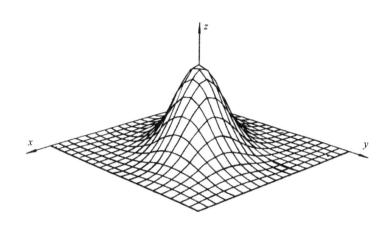

图 13.6

13.2　边　缘　分　布

对于二维随机变量(X, Y)，其分量 X 和 Y 都是随机变量，各自都有概率分布. 记 X 和 Y 的分布函数为 $F_X(x)$ 和 $F_Y(y)$，分别称它们为二维随机变量(X, Y)关于 X 和关于 Y 的**边缘分布函数**(marginal distribution). 边缘分布函数可以由(X, Y)的联合分布函数 $F(x, y)$ 来确定：

$$F_X(x) = P\{X \leqslant x\} = P\{X \leqslant x, Y < +\infty\} = F(x,\ +\infty) \tag{13.7}$$

$$F_Y(y) = P\{Y \leqslant y\} = P\{X < +\infty, Y \leqslant y\} = F(+\infty,\ y) \tag{13.8}$$

对于二维离散型随机变量(X, Y)，设其概率分布为

$$P\{X = x_i, Y = y_j\} = p_{ij} \qquad (i, j = 1, 2, \cdots)$$

则 X 的边缘分布为

$$P\{X = x_i\} = P\{X = x_i, Y = y_1\} + P\{X = x_i, Y = y_2\} + \cdots$$
$$+ P\{X = x_i, Y = y_j\} + \cdots$$
$$= \sum_{j=1}^{\infty} p_{ij} = p_{i\cdot}. \qquad (i = 1, 2, \cdots) \qquad (13.9)$$

且满足 $\sum\limits_{i} p_{i\cdot} = 1$. 同理，$Y$ 的边缘分布为

$$P\{Y = y_j\} = P\{X = x_1, Y = y_j\} + P\{X = x_2, Y = y_j\} + \cdots$$
$$+ P\{X = x_i, Y = y_j\} + \cdots$$
$$= \sum_{i=1}^{\infty} p_{ij} = p_{\cdot j} \qquad (j = 1, 2, \cdots) \qquad (13.10)$$

且满足 $\sum\limits_{j} p_{\cdot j} = 1$.

例 13.5 已知(X, Y) 的概率分布为

X \ Y	−1	0	2
0	0.1	0.2	0
1	0.3	0.05	0.1
2	0.15	0	0.1

求 X 和 Y 的边缘分布.

解 $P\{X = 0\} = P\{X = 0, Y = -1\} + P\{X = 0, Y = 0\} + P\{X = 0, Y = 2\}$
$$= 0.1 + 0.2 + 0 = 0.3$$

同理可求得

$$P\{X = 1\} = 0.3 + 0.05 + 0.1 = 0.45$$
$$P\{X = 2\} = 0.15 + 0 + 0.1 = 0.25$$
$$P\{Y = -1\} = 0.55, \ P\{Y = 0\} = 0.25, \ P\{Y = 2\} = 0.2$$

将 X 和 Y 的边缘分布列入(X, Y) 的联合分布表中，即得

X \ Y	−1	0	2	$p_{i\cdot}$
0	0.1	0.2	0	0.3
1	0.3	0.05	0.1	0.45
2	0.15	0	0.1	0.25
$p_{\cdot j}$	0.55	0.25	0.2	

通过上述表格可以看出，边缘分布 $p_i.$ 和 $p_{.j}$ 分别是联合分布表中第 i 行和第 j 列各联合概率之和.

对于连续型随机变量 (X, Y)，设它的分布密度为 $f(x, y)$，则 X 的边缘分布函数为

$$F_X(x) = F(x, +\infty) = \int_{-\infty}^{x} \left[\int_{-\infty}^{+\infty} f(x, y) dy \right] dx$$

其密度函数为

$$f_X(x) = \int_{-\infty}^{+\infty} f(x, y) dy \qquad (13.11)$$

同理，Y 的密度函数为

$$f_Y(y) = \int_{-\infty}^{+\infty} f(x, y) dx \qquad (13.12)$$

通常，$f_X(x)$ 和 $f_Y(y)$ 分别称为 (X, Y) 关于 X 和 Y 的**边缘密度函数**，简称**边缘密度**.

例 13.6 设随机变量 (X, Y) 的密度函数为

$$f(x, y) = \begin{cases} kxy & (0 \leqslant x \leqslant y \leqslant 1) \\ 0 & （其它） \end{cases}$$

试求参数 k 的值及 X 和 Y 的边缘密度.

解 根据联合密度函数的性质，有

$$\int_{-\infty}^{+\infty} \int_{-\infty}^{+\infty} f(x, y) dx dy = \int_0^1 \int_x^1 kxy \, dy dx = \frac{1}{8} k = 1$$

所以 $k = 8$.

X 的边缘密度函数

$$f_X(x) = \int_{-\infty}^{+\infty} f(x, y) dy$$

当 $0 \leqslant x \leqslant 1$ 时，

$$f_X(x) = \int_x^1 8xy \, dy = 4x(1 - x^2)$$

当 $0 < x$ 或 $x > 1$ 时，$f_X(x) = 0$，故

$$f_X(x) = \begin{cases} 4x(1 - x)^2 & (0 \leqslant x \leqslant 1) \\ 0 & （其它） \end{cases}$$

同理可得

$$f_Y(y) = \begin{cases} 4y^3 & (0 \leqslant y \leqslant 1) \\ 0 & （其它） \end{cases}$$

例 13.7 求二维正态随机变量 $(X, Y) \sim N(\mu_1, \mu_2; \sigma_1^2, \sigma_2^2; \rho)$ 的边缘密度.

解 记 X 和 Y 的边缘密度函数分别为 $f_X(x)$ 和 $f_Y(y)$，由于

$$\frac{(x - \mu_1)^2}{\sigma_1^2} - 2\rho \frac{x - \mu_1}{\sigma_1} \cdot \frac{y - \mu_2}{\sigma_2} + \frac{(y - \mu_2)^2}{\sigma_2^2} = \left(\frac{y - \mu_2}{\sigma_2} - \rho \frac{x - \mu_1}{\sigma_1} \right)^2 + (1 - \rho^2) \left(\frac{x - \mu_1}{\sigma_1} \right)^2$$

所以

$$f_X(x) = \int_{-\infty}^{+\infty} f(x, y) dy = \frac{1}{2\pi \sigma_1 \sigma_2 \sqrt{1 - \rho^2}} e^{-\frac{(x - \mu_1)^2}{2\sigma_1^2}} \int_{-\infty}^{+\infty} e^{-\frac{1}{2(1 - \rho^2)} \left(\frac{y - \mu_2}{\sigma_2} - \rho \frac{x - \mu_1}{\sigma_1} \right)^2} dy$$

令 $t = \frac{1}{\sqrt{1 - \rho^2}} \left(\frac{y - \mu_2}{\sigma_2} - \rho \frac{x - \mu_1}{\sigma_1} \right)$，则 $dt = \frac{dy}{\sigma_2 \sqrt{1 - \rho^2}}$，即 $dy = \sigma_2 \sqrt{1 - \rho^2} dt$，所以

$$f_X(x) = \frac{1}{\sqrt{2\pi}\sigma_1} e^{-\frac{(x-\mu_1)^2}{2\sigma_1^2}} \int_{-\infty}^{+\infty} \frac{1}{\sqrt{2\pi}} e^{-\frac{t^2}{2}} \mathrm{d}t = \frac{1}{\sqrt{2\pi}\sigma_1} e^{-\frac{(x-\mu_1)^2}{2\sigma_1^2}} \qquad (-\infty < x < +\infty)$$

即

$$X \sim N(\mu_1, \sigma_1^2)$$

同理可得

$$f_Y(y) = \frac{1}{\sqrt{2\pi}\sigma_2} e^{-\frac{(y-\mu_2)^2}{2\sigma_2^2}} \qquad (-\infty < y < +\infty)$$

即

$$Y \sim N(\mu_2, \sigma_2^2)$$

不难看出，二维正态分布的边缘分布是一维正态分布，由其二维联合分布可以唯一确定其每个分量的边缘分布；但是已知 X 和 Y 的边缘分布，却并不一定能唯一确定其联合分布.

*13.3 条 件 分 布

第十一章中讨论了事件的条件概率，本节将借助于条件概率的概念来讨论随机变量的条件分布.

定义 13.6 设二维离散型随机变量 (X, Y) 的概率分布和边缘分布分别为

$$P\{X = x_i, Y = y_j\} = p_{ij} \qquad (i, j = 1, 2, \cdots)$$

$$p_{i \cdot} = \sum_{j=1}^{\infty} p_{ij} \quad (i = 1, 2, \cdots), \qquad p_{\cdot j} = \sum_{i=1}^{\infty} p_{ij} \quad (j = 1, 2, \cdots)$$

对于固定的 j，如果 $p_{\cdot j} > 0$，则由事件的条件概率计算公式，有

$$P\{X = x_i \mid Y = y_j\} = \frac{P\{X = x_i, Y = y_j\}}{P\{Y = y_j\}} = \frac{p_{ij}}{p_{\cdot j}} \qquad (i = 1, 2, \cdots) \quad (13.13)$$

称式(13.13)为在 $Y = y_j$ 条件下随机变量 X 的条件概率分布. 同理，对于固定的 i，如果 $p_{i \cdot} > 0$，则称

$$P\{Y = y_j \mid X = x_i\} = \frac{p_{ij}}{p_{i \cdot}} \qquad (j = 1, 2, \cdots) \tag{13.14}$$

为在 $X = x_i$ 条件下随机变量 Y 的条件概率分布.

例 13.8 设二维离散型随机变量 (X, Y) 的概率分布如下：

X \ Y	−1	0	2
0	0.2	0.1	0.3
1	0.1	0.2	0.1

求 Y 在 $x = 0$ 和 $x = 1$ 条件下的条件概率分布.

解 (X, Y) 关于 X 的边缘概率分布为

X	0	1
$p_{i.}$	0.6	0.4

由公式 $P(Y = y_j \mid X = x_i) = \dfrac{p_{ij}}{p_{i.}}$ $(j = 1, 2, \cdots)$ 可得在 $x = 0$ 和 $x = 1$ 条件下 Y 的条件概率分布为

$x = 0$	Y	-1	0	2
	p_k	$\dfrac{1}{3}$	$\dfrac{1}{6}$	$\dfrac{1}{2}$
$x = 1$	Y	-1	0	2
	p_k	$\dfrac{1}{4}$	$\dfrac{1}{2}$	$\dfrac{1}{4}$

类似地, 当 (X, Y) 为二维连续型随机变量时, 对任意的 $x \in \{x \mid f_X(x) > 0\}$, 称

$$f_{Y|X}(y \mid x) = \frac{f(x, y)}{f_X(x)} \tag{13.15}$$

为在 $\{X = x\}$ 条件下随机变量 Y 的条件分布密度; 同理, 对任意的 $y \in \{y \mid f_Y(y) > 0\}$, 称

$$f_{X|Y}(x \mid y) = \frac{f(x, y)}{f_Y(y)} \tag{13.16}$$

为在 $\{Y = y\}$ 条件下随机变量 X 的条件分布密度.

由式 (13.15) 和式 (13.16) 可得密度函数的乘法公式

$$f(x, y) = f_X(x) \cdot f_{Y|X}(y \mid x)$$

它是关于事件的乘法公式的类似推广.

例 13.9 若二维随机变量 (X, Y) 是服从二维正态分布 $N(0, 1; 0, 1; \rho)$ 的随机变量, 试求 $f_{Y|X}(y \mid x)$ 和 $f_{X|Y}(x \mid y)$.

解 因为

$$f(x, y) = \frac{1}{2\pi \sqrt{1 - \rho^2}} \exp \left\{ -\frac{1}{2(1 - \rho^2)} \cdot (x^2 - 2\rho xy + y^2) \right\}$$

根据式 (13.15) 和例 13.7, 有

$$
\begin{aligned}
f_{Y|X}(y \mid x) &= \frac{f(x, y)}{f_X(x)} \\
&= \frac{\dfrac{1}{2\pi \sqrt{1 - \rho^2}} \exp \left\{ -\dfrac{1}{2(1 - \rho^2)} \cdot (x^2 - 2\rho xy + y^2) \right\}}{\dfrac{1}{\sqrt{2\pi}} \exp \left\{ -\dfrac{x^2}{2} \right\}} \\
&= \frac{1}{\sqrt{2\pi} \sqrt{1 - \rho^2}} e^{-\frac{1}{2} \left(\frac{y - \rho x}{\sqrt{1 - \rho^2}} \right)^2}
\end{aligned}
$$

根据对称性, 将 x 与 y 交换, 得到

$$f_{X|Y}(x \mid y) = \frac{f(x, y)}{f_Y(y)} = \frac{1}{\sqrt{2\pi} \sqrt{1 - \rho^2}} e^{-\frac{1}{2} \left(\frac{x - \rho y}{\sqrt{1 - \rho^2}} \right)^2}$$

13.4 随机变量的独立性

在多维随机变量中，各分量的取值有时会相互影响，有时则毫不相干. 例如，父亲的身高 Y 往往会影响孩子的身高 X；但假如让父子二人各掷一颗骰子，则出现的两个点数 X 和 Y 相互间无任何影响. 这种相互之间没有影响的随机变量称为相互独立的随机变量.

在前面章节中给出了两个随机事件相互独立的概念，并指出：随机事件 A、B 相互独立的充要条件是 $P(AB) = P(A)P(B)$. 下面用随机事件 $\{X \leqslant x\}$ 与 $\{Y \leqslant y\}$ 的独立性来定义随机变量 X 与 Y 的独立性.

定义 13.7 设 X、Y 是两个随机变量，如果对于任意的实数 x 和 y，事件 $\{X \leqslant x\}$ 与 $\{Y \leqslant y\}$ 相互独立，即 $P\{X \leqslant x, Y \leqslant y\} = P\{X \leqslant x\}P\{Y \leqslant y\}$，或

$$F(x, y) = F_X(x)F_Y(y) \tag{13.17}$$

则称随机变量 X 与 Y 相互独立.

对于二维连续型随机变量 (X, Y)，有如下等价的结论：

定理 13.1 如果二维连续型随机变量 (X, Y) 的分布密度为 $f(x, y)$，边缘概率密度分别为 $f_X(x)$ 和 $f_Y(y)$，则随机变量 X 与 Y 相互独立的充要条件是

$$f(x, y) = f_X(x)f_Y(y) \tag{13.18}$$

对任意 x，y 均成立.

证 必要性：因为 X 与 Y 相互独立，所以 $F(x, y) = F_X(x)F_Y(y)$，从而

$$f(x, y) = \frac{\partial^2 F(x, y)}{\partial x \partial y} = \frac{\mathrm{d}F_X(x)}{\mathrm{d}x} \frac{\mathrm{d}F_Y(y)}{\mathrm{d}y} = f_X(x)f_Y(y)$$

充分性：因为 $f(x, y) = f_X(x)f_Y(y)$，所以

$$
\begin{aligned}
F(x, y) &= \int_{-\infty}^{x} \int_{-\infty}^{y} f(x, y)\mathrm{d}x\mathrm{d}y = \int_{-\infty}^{x} \int_{-\infty}^{y} f_X(x)f_Y(y)\mathrm{d}x\mathrm{d}y \\
&= \left[\int_{-\infty}^{x} f_X(x)\mathrm{d}x\right]\left[\int_{-\infty}^{x} f_Y(y)\mathrm{d}y\right] \\
&= F_X(x)F_Y(y)
\end{aligned}
$$

因而 X 与 Y 相互独立.

类似地，对于二维离散型随机变量 (X, Y)，X 与 Y 相互独立的充要条件是

$$P\{X = x_i, Y = y_j\} = P\{X = x_i\}P\{Y = y_j\} \qquad (i, j = 1, 2, \cdots)$$

即

$$p_{ij} = p_{i\cdot} \cdot p_{\cdot j} \qquad (i, j = 1, 2, \cdots) \tag{13.19}$$

例 13.10 如果二维随机变量 (X, Y) 的概率分布如下：

(X, Y)	$(1, 1)$	$(1, 2)$	$(1, 3)$	$(2, 1)$	$(2, 2)$	$(2, 3)$
p	$\dfrac{1}{6}$	$\dfrac{1}{9}$	$\dfrac{1}{18}$	$\dfrac{1}{3}$	α	β

那么当 α、β 取什么值时，X 与 Y 才能相互独立？

解 先写出 (X, Y) 联合分布的表格形式，并计算 X 和 Y 的边缘分布.

X \ Y	1	2	3	$p_i.$
1	$\dfrac{1}{6}$	$\dfrac{1}{9}$	$\dfrac{1}{18}$	$\dfrac{1}{3}$
2	$\dfrac{1}{3}$	α	β	$\dfrac{1}{3}+\alpha+\beta$
$p._j$	$\dfrac{1}{2}$	$\dfrac{1}{9}+\alpha$	$\dfrac{1}{18}+\beta$	

若 X 与 Y 相互独立,则对于所有的 i、j,都有 $p_{ij}=p_i.\,p._j$,因此

$$P\{X=1,\,Y=2\}=P\{X=1\}P\{Y=2\}=\frac{1}{3}\left(\frac{1}{9}+\alpha\right)=\frac{1}{9} \qquad (13.20)$$

$$P\{X=1,\,Y=3\}=P\{X=1\}P\{Y=3\}=\frac{1}{3}\left(\frac{1}{18}+\beta\right)=\frac{1}{18} \qquad (13.21)$$

联立式(13.20)和式(13.21)可解得

$$\alpha=\frac{2}{9},\ \beta=\frac{1}{9}$$

即 $\alpha=\dfrac{2}{9}$,$\beta=\dfrac{1}{9}$ 时 X 与 Y 相互独立.

例 13.11 设随机变量 X 与 Y 相互独立,且分别服从参数 $\lambda=2$ 和 $\lambda=1$ 的指数分布,求 $P\{X+Y\leqslant 1\}$.

解 由题意知,X 的分布密度函数为

$$f_X(x)=\begin{cases} 2\mathrm{e}^{-2x} & (x\geqslant 0)\\ 0 & (x<0)\end{cases}$$

Y 的分布密度函数为

$$f_Y(y)=\begin{cases} \mathrm{e}^{-y} & (y\geqslant 0)\\ 0 & (y<0)\end{cases}$$

因为 X 与 Y 相互独立,所以 X 和 Y 的联合密度为

$$f(x,\,y)=f_X(x)f_Y(y)=\begin{cases} 2\mathrm{e}^{-(2x+y)} & (x\geqslant 0,\,y\geqslant 0)\\ 0 & （其它）\end{cases}$$

于是

$$P\{X+Y\leqslant 1\}=\iint\limits_{x+y\leqslant 1} f(x,\,y)\mathrm{d}x\mathrm{d}y=\int_0^1 \mathrm{d}x\int_0^{1-x} 2\mathrm{e}^{-(2x+y)}\,\mathrm{d}y$$

$$=1-2\mathrm{e}^{-1}+\mathrm{e}^{-2}\approx 0.3996$$

例 13.12 设 D 为平面上面积为 A 的有界区域,若二维随机变量 $(X,\,Y)$ 所对应的点落在 D 内面积相等的不同区域中的概率相等,即 $(X,\,Y)$ 在区域 D 上服从均匀分布,其密度函数为

$$f(x,\,y)=\begin{cases} \dfrac{1}{A} & ((x,\,y)\in D)\\ 0 & （其它）\end{cases}$$

今向一个半径为 r 的圆内随机投点,则点落在圆内面积相等的不同区域内的概率相等,即落点坐标 $(X,\,Y)$ 服从区域 D:$x^2+y^2\leqslant r^2$ 上的均匀分布.

(1) 判断 X 与 Y 是否相互独立;

(2) 计算落点 (X, Y) 到原点的距离不超过 a 的概率 $(0 < a < r)$.

解　该圆域的面积为 πr^2, 则 (X, Y) 的联合密度函数为

$$f(x, y) = \begin{cases} \dfrac{1}{\pi r^2} & (x^2 + y^2 \leqslant r^2) \\ 0 & (\text{其它}) \end{cases}$$

(1) 判断 X 与 Y 是否独立, 即判断对于一切的 x、y, 等式 $f(x, y) = f_X(x) f_Y(y)$ 是否成立. 先求边缘分布密度 $f_X(x)$ 和 $f_Y(y)$.

当 $|x| \leqslant r$ 时,

$$f_X(x) = \int_{-\infty}^{+\infty} f(x, y) \mathrm{d}y = \frac{1}{\pi r^2} \int_{-\sqrt{r^2 - x^2}}^{\sqrt{r^2 - x^2}} \mathrm{d}y = \frac{2}{\pi r^2} \sqrt{r^2 - x^2}$$

当 $|x| > r$ 时,

$$f_X(x) = 0$$

综上可得

$$f_X(x) = \begin{cases} \dfrac{2}{\pi r^2} \sqrt{r^2 - x^2} & (|x| \leqslant r) \\ 0 & (\text{其它}) \end{cases}$$

同理, Y 的边缘密度函数为

$$f_Y(y) = \begin{cases} \dfrac{2}{\pi r^2} \sqrt{r^2 - y^2} & (|y| \leqslant r) \\ 0 & (\text{其它}) \end{cases}$$

显然 $f_X(x) f_Y(y) \neq f(x, y)$, 所以 X 与 Y 不独立.

(2) 落点 (X, Y) 与原点的距离为 $\sqrt{X^2 + Y^2}$, 求落点 (X, Y) 到原点的距离不超过 a 的概率, 即

$$P\left\{ \sqrt{X^2 + Y^2} \leqslant a \right\} = P\{X^2 + Y^2 \leqslant a^2\} = \iint\limits_{x^2 + y^2 \leqslant a^2} f(x, y) \mathrm{d}x \mathrm{d}y$$

$$= \frac{1}{\pi r^2} \iint\limits_{x^2 + y^2 \leqslant a^2} \mathrm{d}x \mathrm{d}y = \frac{\pi a^2}{\pi r^2} = \frac{a^2}{r^2}$$

前面已讨论过联合密度与边缘密度的关系: 联合密度决定边缘密度. 对二维正态分布而言, 其二维联合分布可以唯一确定其每个分量的边缘分布, 且边缘分布是一维正态分布. 反过来, 已知边缘密度, 并不能唯一确定联合密度. 譬如两个二维正态分布 $N\left(0, 0; 1, 1; \dfrac{1}{2}\right)$ 和 $N\left(0, 0; 1, 1; \dfrac{1}{3}\right)$, 它们的联合分布不同, 但其边缘分布都是标准正态分布. 引起这一现象的原因是二维联合分布不仅含有每个分量的概率分布信息, 而且还含有两个变量 X 和 Y 之间相互关系的信息. 比如, 在二维正态分布中, 参数 ρ 的值反映了两个变量 X 和 Y 之间相关关系的密切程度.

特别地, 对于二维正态分布 $(X, Y) \sim N(\mu_1, \mu_2; \sigma_1^2, \sigma_2^2; \rho)$, 其边缘分布为

$$f_X(x) = \frac{1}{\sqrt{2\pi} \sigma_1} \mathrm{e}^{-\frac{(x - \mu_1)^2}{2\sigma_1^2}} \qquad (-\infty < x < +\infty)$$

$$f_Y(y) = \frac{1}{\sqrt{2\pi}\sigma_2} \mathrm{e}^{\frac{-(y-\mu_2)^2}{2\sigma_2^2}} \qquad (-\infty < y < +\infty)$$

明显当且仅当 $\rho = 0$ 时，$f(x, y) \equiv f_X(x)f_Y(y)$，即随机变量 X 与 Y 相互独立.

当随机变量 X 和 Y 相互独立时，边缘密度 $f_X(x)$ 和 $f_Y(y)$ 的乘积就是联合密度 $f(x, y)$，即当 X 与 Y 相互独立时，可由边缘密度确定联合密度.

13.5　二维随机变量函数的分布

设二维随机变量 (X, Y) 的概率分布已知，$g(x, y)$ 是一个二元函数，则 $Z = g(X, Y)$ 也是一个随机变量. 下面就离散型和连续型两种情况来讨论 Z 的概率分布.

一、二维离散型随机变量函数的分布

已知二维离散型随机变量 (X, Y) 的概率分布，求函数 $Z = g(X, Y)$ 的概率分布. 先看如下例子.

例 13.13　设 (X, Y) 的联合分布为

X＼Y	0	1	3
-1	$\frac{1}{8}$	0	$\frac{3}{8}$
2	$\frac{2}{8}$	$\frac{2}{8}$	0

求 $Z_1 = X + Y$ 和 $Z_2 = X - Y$ 的概率分布.

解　由 (X, Y) 的分布可得

P	$\frac{1}{8}$	0	$\frac{3}{8}$	$\frac{2}{8}$	$\frac{2}{8}$	0
(X, Y)	$(-1, 0)$	$(-1, 1)$	$(-1, 3)$	$(2, 0)$	$(2, 1)$	$(2, 3)$
$X+Y$	-1	0	2	2	3	5
$X-Y$	-1	-2	-4	2	1	-1

去掉概率为 0 的值，并将相同函数值对应的概率求和，即得

（1）$Z_1 = X + Y$ 的概率分布：

$Z_1 = X + Y$	-1	2	3
P	$\frac{1}{8}$	$\frac{5}{8}$	$\frac{2}{8}$

（2）$Z_2 = X - Y$ 的概率分布：

$Z_2 = X - Y$	-4	-1	1	2
P	$\frac{3}{8}$	$\frac{1}{8}$	$\frac{2}{8}$	$\frac{2}{8}$

一般地，如果(X, Y)的概率分布为

$$P\{X = x_i, Y = y_i\} = p_{ij} \qquad (i, j = 1, 2, \cdots)$$

记$z_k(k = 1, 2, \cdots)$为$Z = g(X, Y)$的所有可能的取值，则Z的概率分布为

$$P\{Z = z_k\} = P\{g(X, Y) = z_k\}$$

$$= \sum_{g(x_i, y_j) = z_k} P\{X = x_i, Y = y_j\} \qquad (k = 1, 2, \cdots) \qquad (13.22)$$

二、二维连续型随机变量函数的分布

设(X, Y)是二维连续型随机变量，$f(x, y)$为其分布密度函数，$g(x, y)$是一个二元连续函数，类似于求一维连续型随机变量函数的分布，求$Z = g(X, Y)$的概率分布的一般方法可以归纳如下：

(1) 求分布函数 $F_Z(z) = P\{Z \leqslant z\} = P\{g(X, Y) \leqslant z\} = P\{(X, Y) \in D_z\}$

$$= \iint_{D_z} f(x, y)\mathrm{d}x\mathrm{d}y$$

其中$D_z = \{(X, Y) \mid g(X, Y) \leqslant z\}$.

(2) 根据$f_Z(z) = F_Z'(z)$求出分布密度函数.

例 13.14 设随机变量X与Y相互独立，其分布密度分别为

$$f_X(x) = \begin{cases} \dfrac{1}{2}\mathrm{e}^{-\frac{x}{2}} & (x \geqslant 0) \\ 0 & (x < 0) \end{cases} \quad \text{和} \quad f_Y(y) = \begin{cases} \dfrac{1}{3}\mathrm{e}^{-\frac{y}{3}} & (y \geqslant 0) \\ 0 & (y < 0) \end{cases}$$

求随机变量$Z = X + Y$的分布密度.

解 由于X与Y相互独立，所以

$$f(x, y) = f_X(x)f_Y(y) = \begin{cases} \dfrac{1}{6}\mathrm{e}^{-\frac{x}{2}}\mathrm{e}^{-\frac{y}{3}} & (x \geqslant 0, y \geqslant 0) \\ 0 & (\text{其它}) \end{cases}$$

当$z \geqslant 0$时，

$$F_Z(z) = P\{Z \leqslant z\} = P\{X + Y \leqslant z\} = \iint_{x+y \leqslant z} f(x, y)\mathrm{d}x\mathrm{d}y = \int_0^z \mathrm{d}x \int_0^{z-x} \frac{1}{6}\mathrm{e}^{-\frac{x}{2}}\mathrm{e}^{-\frac{y}{3}}\,\mathrm{d}y$$

$$= \int_0^z \frac{1}{2}\mathrm{e}^{-\frac{x}{2}}(1 - \mathrm{e}^{-\frac{z-x}{3}})\mathrm{d}x = 1 - 3\mathrm{e}^{-\frac{z}{3}} + 2\mathrm{e}^{-\frac{z}{2}}$$

当$z < 0$时，$F_Z(z) = 0$. 于是

$$f_Z(z) = F_Z'(z) = \begin{cases} \mathrm{e}^{-\frac{z}{3}}(1 - \mathrm{e}^{-\frac{z}{6}}) & (z \geqslant 0) \\ 0 & (z < 0) \end{cases}$$

1. $Z = X + Y$ 的分布

例 13.15 设二维连续型随机变量(X, Y)的联合密度为$f(x, y)$，则$Z = X + Y$的分布密度为

$$f_Z(z) = \int_{-\infty}^{+\infty} f(x, z - x)\mathrm{d}x \qquad (13.23\mathrm{a})$$

或

$$f_Z(z) = \int_{-\infty}^{+\infty} f(z-y, y)\mathrm{d}y \qquad (13.23\mathrm{b})$$

证　如图 13.7 所示，Z 的分布函数为

$$F_Z(z) = P\{Z \leqslant z\} = P\{X+Y \leqslant z\}$$

$$= \iint\limits_{x+y \leqslant z} f(x, y)\mathrm{d}x\mathrm{d}y$$

$$= \int_{-\infty}^{+\infty} \left[\int_{-\infty}^{z-x} f(x, y)\mathrm{d}y \right] \mathrm{d}x$$

$$\xlongequal{\diamondsuit u = y + x} \int_{-\infty}^{+\infty} \mathrm{d}x \int_{-\infty}^{z} f(x, u-x)\mathrm{d}u$$

$$= \int_{-\infty}^{z} \left[\int_{-\infty}^{+\infty} f(x, u-x)\mathrm{d}x \right] \mathrm{d}u$$

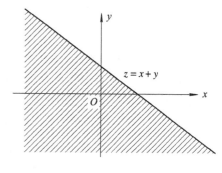

图 13.7

根据分布函数和密度函数的关系，可得式(13.23a)，再由 X 与 Y 的对称性，即得式(13.23b).

若随机变量 X 和 Y 相互独立，则由 $f(x, y) = f_X(x)f_Y(y)$ 得如下公式：

$$f_Z(z) = \int_{-\infty}^{+\infty} f_X(x)f_Y(z-x)\mathrm{d}x \qquad (13.24)$$

$$f_Z(z) = \int_{-\infty}^{+\infty} f_X(z-y)f_Y(y)\mathrm{d}y \qquad (13.25)$$

利用上述公式，可以证明如下重要结论：

定理 13.2　**若随机变量 $X \sim N(\mu_1, \sigma_1^2)$，$Y \sim N(\mu_2, \sigma_2^2)$，且 X 与 Y 相互独立，则**

$$X+Y \sim N(\mu_1 + \mu_2, \sigma_1^2 + \sigma_2^2)$$

证　由于随机变量 X 和 Y 相互独立，所以根据式(13.24)和式(13.25)可得 $Z = X+Y$ 的分布密度

$$f_Z(z) = \int_{-\infty}^{+\infty} \left(\frac{1}{\sqrt{2\pi}\sigma_1} \mathrm{e}^{\frac{-(x-\mu_1)^2}{2\sigma_1^2}} \right) \left(\frac{1}{\sqrt{2\pi}\sigma_2} \mathrm{e}^{\frac{-(z-x-\mu_2)^2}{2\sigma_2^2}} \right) \mathrm{d}x$$

$$= \frac{1}{2\pi\sigma_1\sigma_2} \int_{-\infty}^{+\infty} \mathrm{e}^{\frac{(\sigma_1^2+\sigma_2^2)x^2 + 2(\mu_2\sigma_1^2 - \mu_1\sigma_2^2 - z\sigma_1^2)x + \mu_1^2\sigma_2^2 + (z-\mu_2)^2\sigma_1^2}{-2\sigma_1^2\sigma_2^2}} \mathrm{d}x$$

$$= \frac{1}{2\pi\sigma_1\sigma_2} \int_{-\infty}^{+\infty} \mathrm{e}^{\frac{\left(\sqrt{\sigma_1^2+\sigma_2^2} \cdot x - \frac{\mu_1\sigma_2^2 + z\sigma_1^2 - \mu_2\sigma_1^2}{\sqrt{\sigma_1^2+\sigma_2^2}} \right)^2 - \frac{(\mu_1\sigma_2^2 + z\sigma_1^2 - \mu_2\sigma_1^2)^2}{\sigma_1^2+\sigma_2^2} + \mu_1^2\sigma_2^2 + (z-\mu_2)^2\sigma_1^2}{-2\sigma_1^2\sigma_2^2}} \mathrm{d}x$$

令 $t = \left[\sqrt{\sigma_1^2 + \sigma_2^2} \cdot x - \dfrac{\mu_1\sigma_2^2 + z\sigma_1^2 - \mu_2\sigma_1^2}{\sqrt{\sigma_1^2 + \sigma_2^2}} \right] \dfrac{1}{\sigma_1\sigma_2}$，则有

$$f_Z(z) = \frac{1}{\sqrt{2\pi} \cdot \sqrt{\sigma_1^2 + \sigma_2^2}} \cdot \mathrm{e}^{-\frac{(z-\mu_1-\mu_2)^2}{2(\sigma_1^2+\sigma_2^2)}} \cdot \int_{-\infty}^{+\infty} \frac{1}{\sqrt{2\pi}} \mathrm{e}^{-\frac{t^2}{2}} \mathrm{d}t$$

$$= \frac{1}{\sqrt{2\pi} \cdot \sqrt{\sigma_1^2 + \sigma_2^2}} \cdot \mathrm{e}^{-\frac{(z-\mu_1-\mu_2)^2}{2(\sigma_1^2+\sigma_2^2)}}$$

即 $X+Y \sim N(\mu_1 + \mu_2, \sigma_1^2 + \sigma_2^2)$.

在此基础上，应用数学归纳法可得如下推论：

推论 1 设随机变量 $X_i \sim N(\mu_i, \sigma_i^2)(i = 1, 2, \cdots, n)$，且 $X_1, X_2, \cdots, X_n$ 相互独立，则有

$$\sum_{i=1}^{n} X_i \sim N\left(\sum_{i=1}^{n} \mu_i, \sum_{i=1}^{n} \sigma_i^2\right)$$

进一步，可以得到更一般的结论：

推论 2 有限个相互独立且均服从正态分布的随机变量，其任何非零线性组合均服从正态分布. 即若随机变量 $X_i \sim N(\mu_i, \sigma_i^2)(i = 1, 2, \cdots, n)$，且 $X_1, X_2, \cdots, X_n$ 相互独立，常数 $a_1, a_2, \cdots, a_n$ 不全为零，则有

$$\sum_{i=1}^{n} a_i X_i \sim N\left(\sum_{i=1}^{n} a_i \mu_i, \sum_{i=1}^{n} a_i^2 \sigma_i^2\right)$$

正态分布的这一重要性质在数理统计中经常用到.

例 13.16 设 X、Y 相互独立，且都在 $[0, 1]$ 上服从均匀分布，求 $Z = X + Y$ 的分布.

解 由题设知 X、Y 的分布密度为

$$f_X(x) = \begin{cases} 1 & (x \in [0, 1]) \\ 0 & (\text{其它}) \end{cases}, \quad f_Y(y) = \begin{cases} 1 & (y \in [0, 1]) \\ 0 & (\text{其它}) \end{cases}$$

故由卷积公式有

$$f_Z(z) = \int_{-\infty}^{+\infty} f_X(x) f_Y(z - x) dx = \int_0^1 f_Y(z - x) dx$$

$$\xlongequal{u = z - x} -\int_z^{z-1} f_Y(u) du = \int_{z-1}^{z} f_Y(u) du$$

当 $0 \leqslant z \leqslant 1$ 时，$f_Z(z) = \int_0^z du = z$；当 $1 < z \leqslant 2$ 时，$f_Z(z) = \int_{z-1}^{1} du = 2 - z$；对于其它的 z，$f_Z(z) = 0$. 故

$$f_Z(z) = \begin{cases} z & (0 \leqslant z \leqslant 1) \\ 2 - z & (1 < z \leqslant 2) \\ 0 & (\text{其它}) \end{cases}$$

2. $Z = X^2 + Y^2$ 的分布

设 (X, Y) 是二维连续型随机向量，分布密度为 $f(x, y)$，求 $Z = X^2 + Y^2$ 的分布. 按定义，有

$$F_Z(z) = P\{Z \leqslant z\} = P\{X^2 + Y^2 \leqslant z\}$$

$$= \iint_D f(x, y) dx dy$$

其中 $D = \{(x, y) | x^2 + y^2 \leqslant z\}$，如图 13.8 中的阴影区域所示.

特别地，当 X、Y 相互独立时，有

$$F_Z(z) = \iint_D f_X(x) f_Y(y) dx dy \qquad (13.26)$$

故 $Z = X^2 + Y^2$ 的分布密度为

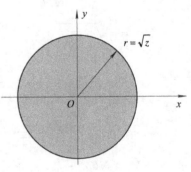

图 13.8

$$f_Z(z) = F'_Z(z) \tag{13.27}$$

例 13.17 设 X、Y 相互独立，且都服从正态分布 $N(0, 1)$，试求 $Z = X^2 + Y^2$ 的分布密度．

解 由式（13.26）有

$$F_Z(z) = P\{Z \leqslant z\} = P\{X^2 + Y^2 \leqslant z\} = \iint_D f(x, y)\mathrm{d}x\mathrm{d}y$$

当 $z > 0$ 时，

$$F_Z(z) = \int_0^{2\pi} \left(\int_0^{\sqrt{z}} \frac{1}{2\pi} \mathrm{e}^{-\frac{r^2}{2}} r \, \mathrm{d}r \right) \mathrm{d}\theta = \frac{1}{2\pi} \int_0^{2\pi} \left(-\mathrm{e}^{-\frac{r^2}{2}} \Big|_0^{\sqrt{z}} \right) \mathrm{d}\theta$$

$$= 1 - \mathrm{e}^{-\frac{z}{2}}$$

当 $z \leqslant 0$ 时，$F_Z(z) = 0$. 故

$$F_Z(z) = \begin{cases} 1 - \mathrm{e}^{-\frac{z}{2}} & (z > 0) \\ 0 & (z \leqslant 0) \end{cases}$$

从而 Z 的分布密度为

$$f_Z(z) = \begin{cases} \dfrac{1}{2} \mathrm{e}^{-\frac{z}{2}} & (z > 0) \\ 0 & (z \leqslant 0) \end{cases}$$

3. $M = \max(X, Y)$ 及 $N = \min(X, Y)$ 的分布

设 X、Y 是两个相互独立的随机变量，它们的分布函数分别为 $F_X(x)$ 和 $F_Y(y)$. 由于 $M = \max(X, Y) \leqslant z$ 等价于 X 和 Y 都小于等于 z，故有

$$P\{M \leqslant z\} = P\{X \leqslant z, Y \leqslant z\}$$

又由于 X 和 Y 相互独立，于是 $M = \max(X, Y)$ 的分布函数为

$$F_{\max}(z) = P\{M \leqslant z\} = P\{X \leqslant z, Y \leqslant z\} = P\{X \leqslant z\}P\{Y \leqslant z\}$$

即

$$F_{\max}(z) = F_X(z)F_Y(z) \tag{13.28}$$

类似地，$N = \min(X, Y)$ 的分布函数为

$$F_{\min}(z) = P\{N \leqslant z\} = 1 - P\{N > z\}$$

$$= 1 - P\{X > z, Y > z\} = 1 - P\{X > z\}P\{Y > z\}$$

即

$$F_{\min}(z) = 1 - [1 - F_X(z)][1 - F_Y(z)] \tag{13.29}$$

以上结论可以推广到 n 个相互独立的随机变量的情形. 设 $X_1, X_2, \cdots, X_n$ 是 n 个相互独立的随机变量，它们的分布函数分别为 $F_{X_i}(x_i)(i = 1, 2, \cdots, n)$，则 $M = \max(X_1, X_2, \cdots, X_n)$ 及 $N = \min(X_1, X_2, \cdots, X_n)$ 的分布函数分别为

$$F_{\max}(z) = F_{X_1}(z)F_{X_2}(z)\cdots F_{X_n}(z)$$

$$F_{\min}(z) = 1 - [1 - F_{X_1}(z)][1 - F_{X_2}(z)]\cdots[1 - F_{X_n}(z)]$$

特别地，当 $X_1, X_2, \cdots, X_n$ 相互独立且具有相同分布函数 $F(x)$ 时，有

$$F_{\max}(z) = [F(z)]^n$$

$$F_{\min}(z) = 1 - [1 - F(z)]^n$$

例 13.18 设系统 L 由两个相互独立的子系统 L_1、L_2 连接而成，连接方式分别为串联、并联，如图 13.9(a)、(b) 所示.

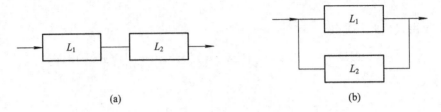

(a)   (b)

图 13.9

设 L_1、L_2 的寿命分别为 X、Y，已知它们的分布密度分别为

$$f_X(x) = \begin{cases} \alpha e^{-\alpha x} & (x > 0) \\ 0 & (x \leqslant 0) \end{cases}, \quad f_Y(y) = \begin{cases} \beta e^{-\beta y} & (y > 0) \\ 0 & (y \leqslant 0) \end{cases}$$

其中 $\alpha > 0$，$\beta > 0$ 且 $\alpha \neq \beta$. 试分别就以上两种连接方式写出 L 的寿命 Z 的分布密度函数.

解 串联情况下：由于当 L_1、L_2 中有一个损坏时，系统 L 就停止工作，所以这时 L 的寿命为 $Z = \min\{X, Y\}$. 由已知可得 X、Y 的分布函数分别为

$$F_X(x) = \begin{cases} 1 - e^{-\alpha x} & (x > 0) \\ 0 & (x \leqslant 0) \end{cases}, \quad F_Y(y) = \begin{cases} 1 - e^{-\beta y} & (y > 0) \\ 0 & (y \leqslant 0) \end{cases}$$

由式(13.29)易知 $Z = \min\{X, Y\}$ 的分布函数为

$$F_{\min}(z) = \begin{cases} 1 - e^{-(\alpha+\beta)z} & (z > 0) \\ 0 & (z \leqslant 0) \end{cases}$$

于是其相应的分布密度为

$$f_{\min}(z) = \begin{cases} (\alpha + \beta) e^{-(\alpha+\beta)z} & (z > 0) \\ 0 & (z \leqslant 0) \end{cases}$$

并联情况下：由于当且仅当 L_1、L_2 都损坏时，系统 L 才停止工作，所以 L 的寿命为 $Z = \max\{X, Y\}$. 由式(13.28)易知 $Z = \max\{X, Y\}$ 的分布函数为

$$F_{\max}(z) = F_X(x)F_Y(y) = \begin{cases} (1 - e^{-\alpha z})(1 - e^{-\beta z}) & (z > 0) \\ 0 & (z \leqslant 0) \end{cases}$$

于是其相应的分布密度为

$$f_{\max}(z) = \begin{cases} \alpha e^{-\alpha z} + \beta e^{-\beta z} - (\alpha + \beta) e^{-(\alpha+\beta)z} & (z > 0) \\ 0 & (z \leqslant 0) \end{cases}$$

本章基本要求及重点、难点分析

一、基本要求

(1) 理解二维随机变量的概念.

(2) 理解并掌握二维随机变量分布函数的概念及性质.

(3) 熟悉常见的二维离散型和连续型随机变量的分布.

(4) 掌握二维随机变量边缘分布密度的求法.

(5) 掌握求二维随机变量函数的分布的方法.

二、重点、难点分析

1. 重点内容

(1) 二维随机变量及其联合分布. 若将二维随机变量 (X, Y) 看成是平面上随机点 (X, Y) 的坐标, 那么分布函数 $F(x, y)$ 就表示随机点 (X, Y) 落在以点 (x, y) 为顶点的左下方的无限矩形区域内的概率.

(2) 使用联合分布函数求相应的边缘分布函数. 求边缘分布是本章的重点, 应牢固掌握其方法. 特别是连续型随机变量求边缘分布的计算公式, 对于联合密度为分段函数的情形, 应注意讨论边缘密度的分段表示.

(3) 随机变量的独立性. 随机变量 X 与 Y 相互独立的充要条件是 $f(x, y) = f_X(x) f_Y(y)$, 这是判断两个随机变量是否相互独立的最为直接的方法. 边缘分布密度求解主要依靠积分完成, 然而当随机变量分两种或更多情况时, 边缘分布密度应该以分段形式展现出来, 并利用 $f(x, y) = f_X(x) f_Y(y)$ 说明随机变量 X 与 Y 相互独立, 而不应该只考虑到其中一段(例如非零部分).

2. 难点分析

(1) 求二维随机变量函数分布的方法. 二维随机变量的函数是一个重要概念. 对二维连续型随机变量 (X, Y) 的函数 $Z = g(X, Y)$, 要了解求 Z 的分布的原理和方法. 按照分布函数定义, 先求得随机变量函数的分布函数

$$F_Z(z) = P\{Z \leqslant z\} = P\{g(X, Y) \leqslant z\} = P\{(X, Y) \in D_z\}$$
$$= \iint\limits_{D_z} f(x, y) \mathrm{d}x \mathrm{d}y \quad \text{(以连续型为例)}$$

再对分布函数求导即得分布密度.

(2) 理解边缘分布和联合分布的关系. 由联合分布一定可以确定边缘分布, 但反过来却不一定, 只有当两个随机变量独立时, 才能由边缘分布确定联合分布.

二维正态分布的边缘分布是一维正态分布, 由其二维联合分布可以唯一确定其每个分量的边缘分布; 但是已知 X 和 Y 的边缘分布, 并不一定能唯一确定联合分布. 在二维正态分布的例子中必须知道参数 ρ 的值, 才能由边缘分布确定联合分布. 引起这一现象的原因是二维联合分布不仅含有每个分量的概率分布信息, 而且还含有两个变量 X 和 Y 之间相互关系的信息. 比如, 在二维正态分布中, 参数 ρ 的值反映了两个变量 X 和 Y 之间相关关系的密切程度.

习　题　十　三

1. 库房中存放有 12 个装备零部件, 已知其中 2 个是次品, 现从库房任意取出 2 个零部件用于机械元件的维修(依次不放回取出), 定义随机变量 X 与 Y 如下:

$$X = \begin{cases} 0 & (\text{第一次取出的是正品}) \\ 1 & (\text{第一次取出的是次品}) \end{cases}$$

$$Y = \begin{cases} 0 & \text{（第二次取出的是正品）} \\ 1 & \text{（第二次取出的是次品）} \end{cases}$$

试写出 X 和 Y 的联合分布律.

2. 盒子里装有 3 个黑球、2 个红球、2 个白球，在其中任取 4 个球. 以 X 表示取到黑球的个数，Y 表示取到红球的个数，求 X 和 Y 的联合分布律.

3. 在第 2 题的基础上，分别求解 $P\{X > Y\}$、$P\{Y = 2X\}$、$P\{X + Y = 3\}$、$P\{X + Y < 3\}$.

4. 已知随机向量 (X, Y) 的联合概率分布为

X \ Y	−1	0	1
−1	0.3	0	0.3
1	0.1	0.2	0.1

(1) 求 X 和 Y 的边缘分布；

(2) 判断 X 与 Y 是否独立.

5. 袋中有大小、重量等完全相同的四个球，分别标有数学 1、2、2、3，现从袋中任取一球，取后不放回，再取第二次. 分别以 X、Y 记第一次和第二次取得球上标有的数字，求 X 和 Y 的联合概率分布.

6. 求第 5 题中 X 和 Y 的边缘分布，并判断 X 与 Y 是否独立.

7. 二维随机变量 (X, Y) 的概率密度函数为

$$f(x, y) = \begin{cases} k(6 - x - y) & (x \in (0, 2), y \in (2, 4)) \\ 0 & \text{（其它）} \end{cases}$$

试求：

(1) k；

(2) $P\{X < 1, Y < 3\}$、$P\{X < 1.5\}$、$P\{X + Y \leqslant 4\}$.

8. 二维随机变量 (X, Y) 的分布函数为

$$F(x, y) = \begin{cases} 1 - e^{-x} - e^{-y} + e^{-x-y} & (x > 0, y > 0) \\ 0 & \text{（其它）} \end{cases}$$

求其边缘分布函数.

9. 二维随机变量 (X, Y) 的密度函数为

$$f(x, y) = \begin{cases} 4.8y(2 - x) & (x \in [0, 1], y \in [0, x]) \\ 0 & \text{（其它）} \end{cases}$$

求其边缘密度函数.

10. 二维随机变量 (X, Y) 的密度函数为

$$f(x, y) = \begin{cases} e^{-y} & (0 < x < y) \\ 0 & \text{（其它）} \end{cases}$$

求其边缘密度函数.

11. 已知随机变量 (X, Y) 在区域 B 上服从均匀分布，其中 B 为 x 轴、y 轴及直线所围成的区域.

（1）求随机变量(X,Y)在B上的分布密度及分布函数；

（2）分别求出关于随机变量X和Y的边缘分布密度；

（3）随机变量X和Y是否相互独立？为什么？

12．设二维随机变量(X,Y)的分布密度为

$$f(x,y)=\begin{cases}cx^2y & (x^2<y<1)\\0 & (其它)\end{cases}$$

（1）确定常数c的值；

（2）X与Y是否相互独立？为什么？

13．在第 12 题基础上，求：

（1）条件分布密度$f_{X|Y}(x\mid y)$，特别地，写出当$Y=\dfrac{1}{2}$时X的条件分布密度；

（2）条件分布密度$f_{Y|X}(y\mid x)$，特别地，写出当$X=\dfrac{1}{3}$，$X=\dfrac{1}{2}$时Y的条件分布密度；

（3）条件概率$P\left\{Y\geqslant\dfrac{1}{4}\,\Big|\,X=\dfrac{1}{2}\right\}$、$P\left\{Y\geqslant\dfrac{3}{4}\,\Big|\,X=\dfrac{1}{2}\right\}$.

14．某商品一周销售量是一随机变量，其密度为

$$\varphi(x)=\begin{cases}\dfrac{1}{100}e^{\frac{-x}{100}} & (x>0)\\0 & (x\leqslant0)\end{cases}$$

且各周销售量相互独立，求两周的平均销售量不少于 100 的概率.

15．设随机变量$X\sim U(0,1)$（均匀分布），$Y\sim E(1)$（指数分布），且它们相互独立，试求$Z=2X-Y$的密度函数$f_Z(z)$.

16．设随机变量X在区间$[0,1]$上服从均匀分布，随机变量Y在区间$[0,3]$上服从均匀分布，而且X与Y独立，求$Z=X+Y$的分布密度函数.

17．设系统L由两个相互独立的子系统L_1、L_2连接而成，当系统L_1损坏时，系统L_2开始工作，如图所示.

设L_1、L_2的寿命分别为X、Y，已知它们的分布密度分别为

$$f_X(x)=\begin{cases}e^{-x} & (x>0)\\0 & (x\leqslant0)\end{cases},\quad f_Y(y)=\begin{cases}3e^{-3y} & (y>0)\\0 & (y\leqslant0)\end{cases}$$

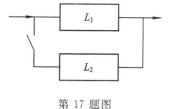

第 17 题图

试就以上连接方式写出L的寿命Z的分布密度函数.

18．设随机变量X与Y独立且均在$(-1,1)$区间上服从均匀分布，求$P\{X+Y<1\}$.

19．设随机变量X与Y相互独立，且都在$[-1,1]$上服从均匀分布，求证：$P\{X^2\geqslant4Y\}=\dfrac{13}{24}$.

20．设二维随机变量(X,Y)的分布密度为

$$f(x,y)=\begin{cases}x+y & (0<x<1,0<y<1)\\0 & (其它)\end{cases}$$

求$Z=X+Y$和$Z=XY$的分布密度函数.

21．设二维随机变量(X,Y)的分布密度为

$$f(x, y) = \begin{cases} \dfrac{1}{2}(x+y)\mathrm{e}^{-(x+y)} & (x > 0, y > 0) \\ 0 & (其它) \end{cases}$$

(1) X、Y 是否相互独立?

(2) 求 $Z = X + Y$ 的分布密度函数.

22. 设二维随机变量 (X, Y) 的分布密度为

$$f(x, y) = \begin{cases} k\mathrm{e}^{-(x+y)} & (0 < x < 1, 0 < y < +\infty) \\ 0 & (其它) \end{cases}$$

试求:

(1) 常数 k;

(2) 边缘密度概率 $f_X(x)$ 与 $f_Y(y)$;

(3) 函数 $U = \max\{X, Y\}$ 的分布函数.

23. 设某种型号的电子元件的寿命(单位:小时)近似服从正态分布 $N(160, 20^2)$,随机地选取 4 只,求其中没有一只寿命小于 180 的概率.

24. 对某电子装置的输出测量了 5 次,得到结果为 X_1、X_2、X_3、X_4、X_5,设它们是相互独立的随机变量且都服从如下分布:

$$f(x) = \begin{cases} \dfrac{x}{4}\mathrm{e}^{-\frac{x^2}{8}} & (x > 0) \\ 0 & (x \leqslant 0) \end{cases}$$

试求:

(1) $Z = \max\{X_1, X_2, X_3, X_4, X_5\}$ 的分布函数;

(2) $P\{Z > 4\}$.

第十四章 随机变量的数字特征

前面章节介绍的随机变量及其分布中，无论分布函数还是分布密度都是从整体描述随机变量的统计特性，但在实际问题中，往往不需要我们去全面地考察随机变量的变化情况，而只需要考察它的某些特征. 如：了解一个班某一门课程的学习情况，只需要知道这个班学生这门课的平均成绩和每个学生的成绩与平均成绩的平均偏离程度. 又如：考察一批元件的质量时，通常关心这批元件的平均寿命和各元件与平均寿命的平均偏离程度. 由此可以看出，类似于"平均值""偏离程度"这些概念虽不能完整地描述随机变量，但却反映了随机变量的某些重要特征，我们称之为数字特征. 它们在理论和实践中都有重要意义. 本章主要讨论随机变量的数学期望、方差、协方差、相关系数和矩.

14.1 数 学 期 望

15世纪末至16世纪初，文艺复兴时期的意大利开始了概率的早期探索，当时意大利的一些数学家率先讨论以掷骰子为代表的机遇性赌博中各种具体情况出现的可能性的计算问题，其中一个就是"赌金分配问题". 1494 年意大利数学家巴乔利（Luca Pacioli，1445—1517 年）在《算术、几何、比与比例概要》一书中提出了这样一个问题：假如在一个赌博中赢 6 次才算赢，赌徒甲已经赢了 5 次，而赌徒乙赢了 2 次，这时中断赌博，问总的赌金应该如何分配？这个问题曾经困扰了数学家们 100 多年，直到 1654 年，法国数学家费马（Pierre de Fermat，1601—1665 年）和帕斯卡（Blaise Pascal，1623—1662 年）的加入，才使问题得以解决. 他们引进了赌博的"值（value）"的概念，它等于赌注乘以获胜的概率. 例如，若两人获胜的概率分别为 $\frac{3}{4}$ 和 $\frac{1}{4}$，总的赌金为 $2a$，则他们的"值"分别为 $\frac{3}{4} \times 2a$ 和 $\frac{1}{4} \times 2a$，总的赌金应该按他们各自的"值"的比例 3：1 进行分配.

1657 年荷兰数学家惠更斯（Christiaan Huygens，1629—1695 年）出版了一本名为《论赌博中的计算》的小册子，该著作仅包含1个公理、14 个命题和 1 个推论以及 5 个练习. 其中关于数学期望的 3 个命题具有重要的理论意义，这是数学期望（expectation）这一概念第一次被提出，可以看作是数学期望定义的命题. 这 3 个命题如下：

命题 1 若在赌博中获得赌金 a 和 b 的概率相等，则数学期望值为 $\frac{a+b}{2}$.

命题 2 若在赌博中获得赌金 a、b 和 c 的概率相等，则数学期望值为 $\frac{a+b+c}{3}$.

命题 3 若在赌博中分别以概率 p 和 $q(p \geqslant 0, q \geqslant 0, p+q=1)$ 获得赌金 a、b，则数学期望值为 $pa + qb$.

将命题 3 推广：若某人在赌博中分别以概率 $p_i(i=1, 2, \cdots, k; p_i \geqslant 0, \sum_{i=1}^{k} p_i = 1)$ 获

得赌金 $a_i(i = 1, 2, \cdots, k)$，则其数学期望为

$$\sum_{i=1}^{k} p_i a_i \tag{14.1}$$

这就是离散型随机变量数学期望定义的雏形.

一、离散型随机变量的数学期望

定义 14.1 设离散型随机变量 X 的分布律为

$$P\{X = x_k\} = p_k \qquad (k = 1, 2, \cdots)$$

如果 $\sum_k x_k p_k$ 绝对收敛，即 $\sum_k |x_k| p_k < \infty$，则称 $\sum_k x_k p_k$ 为 X 的**数学期望**（expectation，简称**期望**，又称均值），记为 $E(X)$，即

$$E(X) = \sum_k x_k p_k \tag{14.2}$$

说明：

(1) $E(X)$ 是一个数，是随机变量 X 全部可能取值的一种加权平均，它从本质上体现了 X 取值的真正平均.

(2) 定义中要求级数 $\sum_k x_k p_k$ 绝对收敛是合理的，因为数学期望不会随诸 x_k 的次序改变而影响其收敛性与和值.

(3) 离散型随机变量的数学期望不一定存在. 例如，X 的分布律为

$$P\left\{X = (-1)^k \frac{2^k}{k}\right\} = \frac{1}{2^k} \qquad (k = 1, 2, \cdots)$$

可以验证 X 的数学期望不存在.

例 14.1 设 X 的分布密度为

X	-1	0	2	3
P	$\dfrac{1}{8}$	$\dfrac{1}{4}$	$\dfrac{3}{8}$	$\dfrac{1}{4}$

求 $E(X)$.

解 根据定义可得

$$E(X) = (-1) \times \frac{1}{8} + 0 \times \frac{1}{4} + 2 \times \frac{3}{8} + 3 \times \frac{1}{4} = \frac{11}{8}$$

例 14.2 一种产品投放市场，每件产品可能发生三种情况：按定价销售出去，打折销售出去，销售不出去而回收. 根据市场分析，这三种情况发生的概率分别为 0.6、0.3、0.1. 若在这三种情况下每件产品的利润分别为 10 元、0 元和 -15 元（即亏损 15 元），问对每件产品厂家可期望获利多少？

解 设 X 表示一件产品的利润（单位：元），则 X 是随机变量，且其分布律为

X	10	0	-15
P	0.6	0.3	0.1

依题意知，所要求的是 X 的数学期望：

$$E(X) = 10 \times 0.6 + 0 \times 0.3 + (-15) \times 0.1 = 4.5(元)$$

　　由以上计算可以看出，虽然任一件产品投放市场都有亏损的风险，但每件产品的期望利润为 4.5 元，是大于零的，即平均每件能获利 4.5 元.

　　例 14.3　对 N 个人进行验血，如逐个化验，则需做 N 次，工作量很大. 为了能减少工作量，统计学家提出了一种方法：现把这 N 个人分组，每组 k 个人的血样混合在一起化验，如为阴性即知这 k 个人均为阴性，此时需做 1 次，工作量大大减少了；如为阳性，则再把这 k 个人的血样逐个化验，此时需做 $k+1$ 次，工作量反而增加了. 假设一个人化验结果为阳性的概率为 p（p 很小），且各人化验结果互相独立，求化验次数的数学期望并说明分组法是否有利.

　　解　设 X 为采用分组法检验，每个人所需的检验次数，则当这 k 个人均为阴性时，$X = \dfrac{1}{k}$，否则，$X = 1 + \dfrac{1}{k}$. 容易得到 X 的分布律为

X	$\dfrac{1}{k}$	$1 + \dfrac{1}{k}$
P	q^k	$1 - q^k$

其中 $q = 1 - p$，所以每个人的平均检验次数，即 X 的数学期望为

$$E(X) = \frac{1}{k} \times q^k + \left(1 + \frac{1}{k}\right) \times (1 - q^k) = 1 - q^k + \frac{1}{k}$$

　　如果采用逐个检验的方法，每个人的检验次数当然为 1，因此当 $1 - q^k + \dfrac{1}{k} < 1$，即 $q > \dfrac{1}{\sqrt[k]{k}}$ 时，用分组法可以减少检验的次数. 当 p 给定时，可以求出 k 使得人均检验次数达到最小.

二、连续型随机变量的数学期望

　　连续型随机变量的可能取值为无穷多个，并且它取到每一个确定值的概率都为 0，因此，不能按照级数求和的方法求得它取值的平均值，但可以借鉴离散型随机变量求期望的思想.

　　设随机变量 X 有密度函数 $f(x)$，对 $(-\infty, +\infty)$ 进行划分，分点为 $x_0 < x_1 < x_2 < \cdots < x_n$，则 X 落在 $[x_i, x_{i+1})$ 中的概率近似地等于 $f(x_i)(x_{i+1} - x_i)$，因此 X 与以概率 $f(x_i)(x_{i+1} - x_i)$ 取值 x_i 的离散型随机变量近似，而这个离散型随机变量的数学期望为

$$\sum_i x_i f(x_i)(x_{i+1} - x_i)$$

该式是积分 $\displaystyle\int_{-\infty}^{+\infty} x f(x) \mathrm{d}x$ 的渐近和式，因此有如下定义：

　　定义 14.2　设连续型随机变量 X 的分布密度为 $f(x)$，若积分 $\displaystyle\int_{-\infty}^{+\infty} x f(x) \mathrm{d}x$ 绝对收敛，即 $\displaystyle\int_{-\infty}^{+\infty} |x| f(x) \mathrm{d}x < +\infty$，则称积分 $\displaystyle\int_{-\infty}^{+\infty} x f(x) \mathrm{d}x$ 的值为 X 的数学期望，记为

$$E(X) = \int_{-\infty}^{+\infty} x f(x) \mathrm{d}x$$

　　注　连续型随机变量的数学期望未必存在. 例如，随机变量的分布密度为

$$\varphi(x) = \frac{1}{\pi(1+x^2)} \qquad (-\infty < x < \infty)$$

按期望的定义, 易计算其绝对积分不收敛, 所以数学期望不存在.

例 14.4 设连续型随机变量 X 的分布密度为

$$f(x) = \begin{cases} 2x & (0 < x < 1) \\ 0 & (其它) \end{cases}$$

求 $E(X)$.

解 根据连续型随机变量数学期望的定义, 得

$$E(X) = \int_{-\infty}^{+\infty} xf(x)\,\mathrm{d}x = \int_0^1 x \cdot 2x\,\mathrm{d}x = \frac{2}{3}$$

例 14.5 设随机变量 X 的分布密度为

$$f(x) = \begin{cases} x & (0 \leqslant x < 1) \\ 2-x & (1 \leqslant x < 2) \\ 0 & (其它) \end{cases}$$

求 $E(X)$.

解 根据连续型随机变量数学期望的定义, 得

$$E(X) = \int_{-\infty}^{+\infty} xf(x)\,\mathrm{d}x = \int_0^1 x^2\,\mathrm{d}x + \int_1^2 (2x - x^2)\,\mathrm{d}x = \frac{1}{3} + \frac{2}{3} = 1$$

例 14.6 有 5 个相互独立工作的电子装置, 它们的寿命 $X_k(k = 1, 2, 3, 4, 5)$ 服从同一指数分布, 其分布密度为

$$f(x) = \begin{cases} \dfrac{1}{\theta}\mathrm{e}^{-\frac{x}{\theta}} & (x > 0,\ \theta > 0) \\ 0 & (x \leqslant 0) \end{cases}$$

(1) 若将 5 个电子装置串联工作组成整机, 求整机寿命 N 的数学期望;

(2) 若将 5 个电子装置并联工作组成整机, 求整机寿命 M 的数学期望.

解 (1) 由于寿命 $X_k(k = 1, 2, 3, 4, 5)$ 服从同一指数分布, 则其分布函数为

$$F(x) = \begin{cases} 1 - \mathrm{e}^{-\frac{x}{\theta}} & (x > 0) \\ 0 & (x \leqslant 0) \end{cases}$$

整机寿命 $N = \min\{X_1, X_2, X_3, X_4, X_5\}$, 其分布函数为

$$F_{\min}(x) = 1 - [1 - F(x)]^5 = \begin{cases} 1 - \mathrm{e}^{-\frac{5x}{\theta}} & (x > 0,\ \theta > 0) \\ 0 & (x \leqslant 0) \end{cases}$$

其分布密度为

$$f_{\min}(x) = \begin{cases} \dfrac{5}{\theta}\mathrm{e}^{-\frac{5x}{\theta}} & (x > 0) \\ 0 & (x \leqslant 0) \end{cases}$$

于是 N 的数学期望为

$$E(N) = \int_{-\infty}^{+\infty} xf_{\min}(x)\,\mathrm{d}x = \int_0^{+\infty} x \cdot \frac{5}{\theta}\mathrm{e}^{-\frac{5x}{\theta}}\,\mathrm{d}x = \frac{\theta}{5}$$

(2) 整机寿命 $N = \max\{X_1, X_2, X_3, X_4, X_5\}$, 其分布函数为

$$F_{\max}(x) = [F(x)]^5 = \begin{cases} (1 - e^{-\frac{x}{\theta}})^5 & (x > 0) \\ 0 & (x \leqslant 0) \end{cases}$$

其分布密度为

$$f_{\max}(x) = \begin{cases} \dfrac{5}{\theta}(1 - e^{-\frac{x}{\theta}})^4 e^{-\frac{x}{\theta}} & (x > 0) \\ 0 & (x \leqslant 0) \end{cases}$$

于是 M 的数学期望为

$$E(M) = \int_{-\infty}^{+\infty} x f_{\max}(x)\mathrm{d}x = \int_0^{+\infty} x \cdot \frac{5}{\theta}(1 - e^{-\frac{x}{\theta}})^4 e^{-\frac{x}{\theta}}\,\mathrm{d}x = \frac{137}{60}\theta$$

我们看到

$$\frac{E(M)}{E(N)} = \frac{\dfrac{137\theta}{60}}{\dfrac{\theta}{5}} \approx 11.4$$

这就是说，5 个电子装置并联工作的平均寿命是串联工作平均寿命的 11.4 倍.

三、随机变量函数的数学期望

实际中，经常需要求随机变量函数的期望，比如对某种商品，市场的需求量是一个随机变量，而销售商品获得的利润是需求量的函数，那么求平均利润的问题就变为求随机变量函数的期望问题.

首先讨论离散型随机变量的情况.

设离散型随机变量 X 的分布律为

$$P\{X = x_k\} = p_k \qquad (k = 1, 2, \cdots)$$

$Y = g(X)$ 是 X 的函数，如何求 Y 的期望？

分析　因为 X 的可能取值为 $x_1, x_2, \cdots$，那么对 Y 来说，它也一定是离散型的，其可能的取值应为 $g(x_1), g(x_2), \cdots$，而

$$P\{Y = g(x_k)\} = P\{X = x_k\} = p_k \qquad (k = 1, 2, \cdots)$$

故

$$E(Y) = \sum_k g(x_k) p_k$$

上述结论实际上提供了一种求离散型随机变量函数的期望的方法.

对连续型随机变量，其函数的期望有类似的结论.

定理 14.1　设 Y 是随机变量 X 的函数：$Y = g(X)$.

(1) X 是离散型随机变量，其分布律为 $P\{X = x_k\} = p_k(k = 1, 2, \cdots)$，若级数 $\sum\limits_{k=1}^{\infty} g(x_k) p_k$ 绝对收敛，则

$$E(Y) = \sum_{k=1}^{\infty} g(x_k) p_k \qquad (14.3)$$

(2) X 是连续型随机变量，其分布密度为 $f(x)$，若 $\int_{-\infty}^{+\infty} g(x) f(x)\mathrm{d}x$ 绝对收敛，则

$$E(Y) = \int_{-\infty}^{+\infty} g(x) f(x) \mathrm{d}x \tag{14.4}$$

定理的重要意义在于：当求 $E(Y)$ 时，不必知道 Y 的分布，而只需知道 X 的分布即可. 对连续型随机变量，定理的证明已经超出了教材的范围，下面只对 $g(x)$ 为严格单调这种特殊情况加以证明.

证 设 X 是连续型随机变量，$g(x)$ 严格单调增且处处可导，则由前面所学函数的分布结论，有

$$f_Y(y) = \begin{cases} f_X[h(y)] |h'(y)| & (\alpha < y < \beta) \\ 0 & (其它) \end{cases}$$

故

$$E(Y) = \int_{-\infty}^{+\infty} y f_Y(y) \mathrm{d}y = \int_{-\infty}^{+\infty} y f_X[h(y)] h'(y) \mathrm{d}y$$

由于 $x = h(y)$，故

$$\mathrm{d}x = h'(y)\mathrm{d}y$$

所以

$$E(Y) = \int_{-\infty}^{+\infty} y f_X[h(y)] h'(y) \mathrm{d}y = \int_{-\infty}^{+\infty} g(x) f_X(x) \mathrm{d}x$$

得证.

对 $g(x)$ 严格单调减的情况可类似证明.

例 14.7 设随机变量 X 的分布律为

X	-1	0	1
P	0.25	0.50	0.25

求 $Y = X^2$ 的数学期望.

解 方法一：先求 Y 的分布律，即

Y	0	1
P	0.50	0.50

则

$$E(Y) = 0 \times 0.50 + 1 \times 0.50 = 0.50$$

方法二：由式(14.3)得

$$E(Y) = (-1)^2 \times 0.25 + 0^2 \times 0.50 + 1^2 \times 0.25 = 0.50$$

例 14.8 设随机变量 X 在 $[0, \pi]$ 上服从均匀分布，求 $E(\sin X)$.

解 由于 X 在 $[0, \pi]$ 上服从均匀分布，则 X 的分布密度为

$$f(x) = \begin{cases} \dfrac{1}{\pi} & (0 \leqslant x \leqslant \pi) \\ 0 & (其它) \end{cases}$$

由式(14.4)得

$$E(\sin X) = \int_{-\infty}^{+\infty} \sin x f(x) \mathrm{d}x = \int_0^{\pi} \sin x \cdot \frac{1}{\pi} \mathrm{d}x = \frac{1}{\pi}(-\cos x) \Big|_0^{\pi} = \frac{2}{\pi}$$

利用随机变量和随机变量函数的期望，可以解决许多实际生活中的问题.

例 14.9 设风速 V 服从 $(0, a)$ 上的均匀分布,即 V 的分布密度为

$$f(v) = \begin{cases} \dfrac{1}{a} & (0 < v < a) \\ 0 & (其它) \end{cases}$$

若飞机机翼受到的正压力 W 是 V 的函数:$W = kv^2 (k > 0$ 为常数),求 W 的数学期望.

解 由式(14.4)有

$$E(W) = \int_{-\infty}^{+\infty} kv^2 f(v) \mathrm{d}v = \int_0^a kv^2 \cdot \frac{1}{a} \mathrm{d}x = \frac{1}{3}ka^2$$

例 14.10 据美国"尼米兹"级核动力航母的维修数据显示,航母的维修费与其服役的年限有关,可用如下函数关系式表示(X 表示服役年限,Y 表示维修费用,单位:亿美元):

$$Y = \begin{cases} 80 & (0 < X \leqslant 20) \\ 130 & (20 < X \leqslant 35) \\ 180 & (35 < X \leqslant 50) \\ 200 & (X > 50) \end{cases}$$

设寿命 X 服从指数分布,其分布密度为

$$f(x) = \begin{cases} \dfrac{1}{40} \mathrm{e}^{-\frac{x}{40}} & (x > 0) \\ 0 & (x \leqslant 0) \end{cases}$$

试估算一艘航母的平均维修费用.

解 由于

$$P\{Y = 80\} = P\{0 < X \leqslant 20\} = \int_0^{20} \frac{1}{40} \mathrm{e}^{-\frac{x}{40}} \mathrm{d}x \approx 0.3935$$

$$P\{Y = 130\} = P\{20 < X \leqslant 35\} = \int_{20}^{35} \frac{1}{40} \mathrm{e}^{-\frac{x}{40}} \mathrm{d}x \approx 0.1896$$

$$P\{Y = 180\} = P\{35 < X \leqslant 50\} = \int_{35}^{50} \frac{1}{40} \mathrm{e}^{-\frac{x}{40}} \mathrm{d}x \approx 0.1304$$

$$P\{Y = 200\} = P\{X > 50\} = \int_{50}^{+\infty} \frac{1}{40} \mathrm{e}^{-\frac{x}{40}} \mathrm{d}x \approx 0.2865$$

因此,一艘航母维修费用 Y 的分布律为

Y	80	130	180	200
P	0.3935	0.1896	0.1304	0.2865

所以

$$E(Y) = 80 \times 0.3935 + 130 \times 0.1896 + 180 \times 0.1304 + 200 \times 0.2865 = 136.9(亿美元)$$

例 14.11 设某种家电的使用寿命 X(单位:年)服从指数分布,其分布密度为

$$f(x) = \begin{cases} \dfrac{1}{10} \mathrm{e}^{-\frac{x}{10}} & (x > 0) \\ 0 & (x \leqslant 0) \end{cases}$$

若某商店对这种家用电器采用先使用后付款的销售方式,并规定:若 $X \leqslant 1$,则需付款 1500 元;若 $1 < X \leqslant 2$,则需付款 2000 元;若 $2 < X \leqslant 3$,则需付款 2500 元;若 $X > 3$,则需付款 3000 元. 试求该商店销售一台这种家电的收费 Y 的数学期望.

解　由题意知，在该商店，一台这种家电的收费 Y 是其使用寿命 X 的函数，且有

$$Y = g(X) = \begin{cases} 1500 & (X \leqslant 1) \\ 2000 & (1 < X \leqslant 2) \\ 2500 & (2 < X \leqslant 3) \\ 3000 & (X > 3) \end{cases}$$

由于

$$P\{X \leqslant 1\} = \int_0^1 \frac{1}{10} e^{-\frac{x}{10}} \, dx = 1 - e^{-0.1} = 0.0952$$

$$P\{1 < X \leqslant 2\} = \int_1^2 \frac{1}{10} e^{-\frac{x}{10}} \, dx = e^{-0.1} - e^{-0.2} = 0.0861$$

$$P\{2 < X \leqslant 3\} = \int_2^3 \frac{1}{10} e^{-\frac{x}{10}} \, dx = e^{-0.2} - e^{-0.3} = 0.0779$$

$$P\{X > 3\} = \int_3^{+\infty} \frac{1}{10} e^{-\frac{x}{10}} \, dx = e^{-0.3} = 0.7408$$

因此，一台该种家电的收费 Y 的分布律为

Y	1500	2000	2500	3000
P	0.0952	0.0861	0.0779	0.7408

由此易得

$$E(Y) = 2732.15$$

即该商店对这种家电的平均收费为每台 2732.15 元.

通过此例可以看出，连续型随机变量的函数不一定是连续型随机变量，而有可能是离散型随机变量.

定理 14.1 可以推广到两个随机变量函数的情形：

定理 14.2　设 $Z = g(X, Y)$ 是二维随机变量 (X, Y) 的函数 (g 是连续函数).

(1) 若 (X, Y) 是离散型随机变量，其分布律为

$$P\{X = x_i, Y = y_j\} = p_{ij} \qquad (i, j = 1, 2, \cdots)$$

若级数 $\sum_{j=1}^{\infty} \sum_{i=1}^{\infty} g(x_i, y_j) p_{ij}$ 绝对收敛，则

$$E(Z) = E(g(x, y)) = \sum_{j=1}^{\infty} \sum_{i=1}^{\infty} g(x_i, y_j) p_{ij} \tag{14.5}$$

(2) 若 (X, Y) 是连续型随机变量，其分布密度为 $f(x, y)$，若 $\int_{-\infty}^{+\infty} \int_{-\infty}^{+\infty} g(x, y) f(x, y)$ $dxdy$ 绝对收敛，则

$$E(Z) = E(g(x, y)) = \int_{-\infty}^{+\infty} \int_{-\infty}^{+\infty} g(x, y) f(x, y) dxdy \tag{14.6}$$

例 14.12　设二维离散型随机变量 (X, Y) 的分布律为

X ＼ Y	0	1	2
0	0.1	0.25	0.15
1	0.15	0.2	0.15

求随机变量 $Z = X + Y$ 和 $Z = XY$ 的数学期望.

解　为便于使用,先将 (X, Y) 的分布律改为

(X, Y)	$(0, 0)$	$(1, 0)$	$(0, 1)$	$(1, 1)$	$(0, 2)$	$(1, 2)$
P	0.1	0.15	0.25	0.2	0.15	0.15

由式(14.5)得

$$E(Z) = E(X + Y) = (0 + 0) \times 0.1 + (1 + 0) \times 0.15 + (0 + 1) \times 0.25$$
$$+ (1 + 1) \times 0.2 + (0 + 2) \times 0.15 + (1 + 2) \times 0.15 = 1.55$$

$$E(Z) = E(XY) = (0 \times 0) \times 0.1 + (1 \times 0) \times 0.15 + (0 \times 1) \times 0.25$$
$$+ (1 \times 1) \times 0.2 + (0 \times 2) \times 0.15 + (1 \times 2) \times 0.15 = 0.5$$

例 14.13　设二维随机变量 (X, Y) 的分布密度为

$$f(x, y) = \begin{cases} x + y & (0 \leqslant x \leqslant 1, 0 \leqslant y \leqslant 1) \\ 0 & (其它) \end{cases}$$

试求 $X^2 Y$ 的数学期望.

解　由式(14.6)可得

$$E(X^2 Y) = \int_{-\infty}^{+\infty} \int_{-\infty}^{+\infty} x^2 y f(x, y) \mathrm{d}x \mathrm{d}y = \int_0^1 \int_0^1 x^2 y (x + y) \mathrm{d}x \mathrm{d}y = \frac{17}{72}$$

例 14.14　设某商店经营一种商品,每周的进货量 X 和顾客对该种商品的需求量 Y 是两个相互独立的随机变量,均服从 $[10, 20]$ 上的均匀分布,此商店每售出一个单位的商品可获利 1000 元,若需求量超过进货量,可从其它商店调剂供应,此时售出的每单位商品仅获利 500 元,求此商店经销这种商品每周获利的期望.

解　设此商店经销该商品每周可获利 Z 元,依题意有

$$Z = \begin{cases} 1000Y & (Y \leqslant X) \\ 1000X + 500(Y - X) & (Y > X) \end{cases}$$

而 (X, Y) 的联合分布密度为

$$f(x, y) = \begin{cases} \dfrac{1}{100} & (10 \leqslant x \leqslant 20, 10 \leqslant y \leqslant 20) \\ 0 & (其它) \end{cases}$$

所以

$$E(Z) = \int_{-\infty}^{+\infty} \int_{-\infty}^{+\infty} z \cdot f(x, y) \mathrm{d}x \mathrm{d}y$$
$$= \int_{10}^{20} \int_{10}^{x} 1000 y \times \frac{1}{100} \mathrm{d}x \mathrm{d}y + \int_{10}^{20} \int_{x}^{20} 500(x + y) \times \frac{1}{100} \mathrm{d}x \mathrm{d}y$$
$$= \int_{10}^{20} \mathrm{d}x \int_{10}^{x} 10 y \, \mathrm{d}y + \int_{10}^{20} \mathrm{d}x \int_{x}^{20} 5(x + y) \mathrm{d}y$$
$$= \frac{20\,000}{3} + 7500$$
$$\approx 14\,167$$

故该商店经销这种商品每周期望获利 14 167 元.

四、数学期望的性质

数学期望具有以下几个重要的性质(设下面所遇见的随机变量的数学期望都存在):

(1) 若 C 为常数, 则 $E(C) = C$.

(2) 设 X 是一个随机变量, C 为常数, 则 $E(CX) = CE(X)$.

(3) 设 X、Y 是两个随机变量, 则

$$E(X \pm Y) = E(X) \pm E(Y)$$

(4) 当 X 与 Y 相互独立时, $E(XY) = E(X)E(Y)$.

证 由数学期望的定义可知, 性质(1)、(2) 是明显的, 下面仅证明性质(3) 和性质(4). 这里就连续型的情形给出证明, 离散型的证明与此类似, 故从略.

设 (X, Y) 的分布密度为 $f(x, y)$, 其边缘分布密度为 $f(x)$、$f(y)$, 则

$$E(X \pm Y) = \int_{-\infty}^{+\infty} \int_{-\infty}^{+\infty} (x \pm y) f(x, y) \mathrm{d}x \mathrm{d}y$$

$$= \int_{-\infty}^{+\infty} \int_{-\infty}^{+\infty} x f(x, y) \mathrm{d}x \mathrm{d}y \pm \int_{-\infty}^{+\infty} \int_{-\infty}^{+\infty} y f(x, y) \mathrm{d}x \mathrm{d}y$$

$$= \int_{-\infty}^{+\infty} x \left[\int_{-\infty}^{+\infty} f(x, y) \mathrm{d}y \right] \mathrm{d}x \pm \int_{-\infty}^{+\infty} y \left[\int_{-\infty}^{+\infty} f(x, y) \mathrm{d}x \right] \mathrm{d}y$$

$$= \int_{-\infty}^{+\infty} x f(x) \mathrm{d}x \pm \int_{-\infty}^{+\infty} y f(y) \mathrm{d}y$$

所以 $E(X \pm Y) = E(X) \pm E(Y)$, 性质(3) 得证.

若 X 与 Y 相互独立, 则 $f(x, y) = f(x)f(y)$, 从而

$$E(XY) = \int_{-\infty}^{+\infty} \int_{-\infty}^{+\infty} xy f(x, y) \mathrm{d}x \mathrm{d}y = \int_{-\infty}^{+\infty} \int_{-\infty}^{+\infty} xy f(x) f(y) \mathrm{d}x \mathrm{d}y$$

$$= \int_{-\infty}^{+\infty} x f(x) \mathrm{d}x \int_{-\infty}^{+\infty} y f(y) \mathrm{d}y = E(X)E(Y)$$

故性质(4) 得证.

熟练掌握数学期望的性质, 对计算随机变量的数学期望大有帮助, 往往可以降低计算的难度和复杂性. 如在计算 X 的数学期望中, 若能将 X 表示成若干个简单随机变量的和: $X = \sum_{i=1}^{n} X_i$, 而每个 X_i 的数学期望容易求出, 则利用数学期望的性质(3) 易求得 $E(X)$.

例 14.15 一民航送客车载 20 位旅客自机场出发, 沿途共有 10 个车站可以停靠, 如果到达一个车站时没有旅客下车就不停车. 假设每位旅客在各个车站下车是等可能的, 并且各旅客在任何一个车站是否下车是相互独立的, 以 X 表示该客车的停车次数, 求 $E(X)$.

解 引入随机变量 $X_i(i = 1, 2, \cdots, 10)$, 第 i 站没有人下车, 取值为 0, 第 i 站有人下车, 取值为 1, 则 $X = X_1 + X_2 + \cdots + X_{10}$, 而

$$P\{X_i = 1\} = 1 - \left(\frac{9}{10}\right)^{20} \qquad (i = 1, 2, \cdots, 10)$$

所以

$$E(X_i) = P\{X_i = 1\} = 1 - \left(\frac{9}{10}\right)^{20} \qquad (i = 1, 2, \cdots, 10)$$

于是

$$E(X) = \sum_{i=1}^{10} E(X_i) = 10\left[1 - \left(\frac{9}{10}\right)^{20}\right] \approx 8.874$$

[阅读材料]

数学家帕斯卡

帕斯卡(Blaise Pascal,1623—1662 年),法国数学家、物理学家、哲学家、散文家.他是一位在科学史上富有传奇色彩的人物,曾被描述为数学史上最伟大的"轶才".18 世纪的大数学家达朗贝尔(D'Alembert)赞誉他的成就是"阿基米德与牛顿两者工作的中间环节."1653 年,他写成了《三角阵算术》,经费马修订后于 1665 年出版,本书给出了概率论的基本原理和有关组合论的某些定理.他与费马共同建立了概率论和组合论的基础,给出了关于概率论问题的系列解法.

数 学 家 费 马

费马(Pierre de Fermat,1601—1665 年),法国数学家.他对解析几何、微积分、数论、概率论都作出了杰出的贡献,被誉为"业余数学家之王".费马同帕斯卡共同建立了概率论的一些基本概念.在数学中以他的名字命名的有费马大定理、费马小定理、费马数、费马原理、费马螺线等.

数 学 家 惠 更 斯

惠更斯(Christiaan Huygens,1629—1695 年),荷兰数学家、物理学家、天文学家.1657 年,他在帕斯卡和费马通信的基础上,写出了关于概率论这门学科中的第一篇正式论文《论赌博中的计算》,他解决了许多概率论方面的有趣难题,还引入了"数学期望"这个重要概念.惠更斯和伽利略、牛顿一样,认为在科学研究中,数学的演绎部分所起的作用比实验部分所起的作用要大.他们都是以数学家的身份去探索自然的,他们期望通过直观或关键性的观察和实验去了解广泛、深刻而清晰且不变的数学原理,然后从这些基本原理中导出新的定律.

14.2 方 差

数学期望类似于"平均值"的概念,但在实用中有时仅仅知道平均值是不够的.比如,考察一批灯泡的质量,我们不但要知道它们的平均寿命,而且还要知道每个灯泡的寿命与平均寿命的差异程度,因为这反映了生产的稳定性.又如,在考察火炮的精度时,我们不但要知道落在目标区域的平均炮弹数,而且要知道弹着点偏离目标的程度.对此有很多衡量的方法,但是最简单、最直观的方法就是用方差来度量,本节主要介绍随机变量的另一个数字特征 —— 方差.

19 世纪后半叶,数学家们引入了几个表示变异或离差的度量,其中一个定义为随机变量与其期望差的平方的期望,然后再开方.1894 年,英国统计学家、现代数理统计的创始人之一 K.皮尔逊(Karl Pearson,1857—1936 年)将其命名为"标准差".1918 年,英国统计学家费歇尔(Ronald Aylmer Fisher,1890—1962 年)引入"方差"这一概念来表示标准差的平方.

下面给出方差的定义.

一、方差的定义

定义 14.3 设 X 是一个随机变量，如果 $E[X - E(X)]^2$ 存在，则称之为 X 的**方差** (variance)，记作 $D(X)$ 或 $\mathrm{Var}(X)$，即

$$D(X) = \mathrm{Var}(X) = E[X - E(X)]^2 \tag{14.7}$$

并称 $\sqrt{D(X)}$ 为 X 的**标准差**，或**均方差**，记为 $\sigma(X)$.

由定义 14.3 可知，如果 X 的取值比较集中，则 $D(X)$ 的值较小，$E(X)$ 的代表性就较好；反之，如果 X 的取值比较分散，则 $D(X)$ 的值较大，$E(X)$ 的代表性就较差. 因此，方差刻画了 X 取值的分散程度. 标准差也是用来描述随机变量取值的集中与分散程度的数字特征. 二者主要的差别在于量纲的不同. 由于标准差与所讨论的随机变量和数学期望有相同的量纲，所以在实际应用中，人们更多是选择标准差.

二、方差的计算

由定义 14.3 可知，随机变量 X 的方差 $D(X)$ 是 X 的一个特定函数 $[X - E(X)]^2$ 的数学期望，因此由定理 14.1 可得

如果 X 是离散型随机变量，其分布律为 $P\{X = x_k\} = p_k (k = 1, 2, \cdots)$，则

$$D(X) = \sum_{k=1}^{\infty} [x_k - E(X)]^2 p_k \tag{14.8}$$

如果 X 是连续型随机变量，其分布密度为 $f(x)$，则

$$D(X) = \int_{-\infty}^{+\infty} [x - E(X)]^2 f(x) \mathrm{d}x \tag{14.9}$$

另外，在计算随机变量的方差时，经常会用到下面的公式：

$$D(X) = E(X^2) - [E(X)]^2 \tag{14.10}$$

公式(14.10)的证明根据定义可得

$$
\begin{aligned}
D(X) &= E[X - E(X)]^2 \\
&= E\{X^2 - 2XE(X) + [E(X)]^2\} \\
&= E(X^2) - 2E(X) \cdot E(X) + [E(X)]^2 \\
&= E(X^2) - [E(X)]^2
\end{aligned}
$$

三、方差的性质

方差有如下几个重要的性质(假设下面所遇到的随机变量的方差都存在)：

(1) 如果 C 是一个常数，则 $D(C) = 0$.

(2) 如果 C 是一个常数，则 $D(CX) = C^2 D(X)$.

(3) 如果随机变量 X 与 Y 相互独立，则 $D(X \pm Y) = D(X) + D(Y)$.

(4) $D(X) = 0$ 的充要条件是 X 以概率 1 取常数，即 $P\{X = C\} = 1$，显然这里 $C = E(X)$.

证 性质(1)是明显的，性质(4)的证明超出本书的范围，下面仅证明性质(2)和性质(3). 利用式(14.10)，得

$$D(CX) = E(CX)^2 - [E(CX)]^2 = C^2 E(X^2) - C^2 [E(X)]^2 = C^2 \{E(X^2) - [E(X)]^2\}$$
$$= C^2 D(X)$$

性质(2)得证.

因为

$$D(X \pm Y) = E[(X \pm Y) - E(X \pm Y)]^2$$
$$= E[X - E(X)]^2 \pm 2E\{[X - E(X)][Y - E(Y)]\} + E[Y - E(Y)]^2$$

由于 X 与 Y 相互独立，$X - E(X)$ 与 $Y - E(Y)$ 也相互独立，所以

$$E\{[X - E(X)][Y - E(Y)]\} = E[X - E(X)] \cdot E[Y - E(Y)] = 0$$

因此 $D(X \pm Y) = D(X) + D(Y)$，性质(3)得证.

例 14.16 设 X 的分布律为

X	-2	-1	0	1	2
P	$\dfrac{1}{8}$	$\dfrac{1}{8}$	$\dfrac{1}{2}$	$\dfrac{1}{8}$	$\dfrac{1}{8}$

计算 $D(X)$.

解 因为

$$E(X) = (-2) \times \frac{1}{8} + (-1) \times \frac{1}{8} + 0 \times \frac{1}{2} + 1 \times \frac{1}{8} + 2 \times \frac{1}{8} = 0$$

$$E(X^2) = (-2)^2 \times \frac{1}{8} + (-1)^2 \times \frac{1}{8} + 0^2 \times \frac{1}{2} + 1^2 \times \frac{1}{8} + 2^2 \times \frac{1}{8} = \frac{5}{4}$$

故

$$D(X) = E(X^2) - [E(X)]^2 = \frac{5}{4}$$

例 14.17 设随机变量 X 的分布密度为

$$f(x) = \begin{cases} 3x^2 & (0 < x < 1) \\ 0 & (\text{其它}) \end{cases}$$

求 $D(X)$.

解 因为

$$E(X) = \int_{-\infty}^{+\infty} x f(x) \,\mathrm{d}x = \int_0^1 3x^3 \,\mathrm{d}x = \frac{3}{4}$$

$$E(X^2) = \int_{-\infty}^{+\infty} x^2 f(x) \,\mathrm{d}x = \int_0^1 3x^4 \,\mathrm{d}x = \frac{3}{5}$$

所以

$$D(X) = E(X^2) - [E(X)]^2 = \frac{3}{5} - \left(\frac{3}{4}\right)^2 = \frac{3}{80}$$

例 14.18 设甲、乙两个射手在同样条件下进行射击，其命中率如下：

X	7	8	9	10
P	0.05	0.05	0.3	0.6

Y	7	8	9	10
P	0.15	0.05	0	0.8

X、Y 分别表示甲、乙两个射手命中的环数. 试问哪一个射手的技术水平好？

解 首先求甲、乙两个射手射击的平均环数，即求 X、Y 的期望：

$$E(X) = 7 \times 0.05 + 8 \times 0.05 + 9 \times 0.3 + 10 \times 0.6 = 9.45(环)$$

$$E(Y) = 7 \times 0.15 + 8 \times 0.05 + 9 \times 0 + 10 \times 0.8 = 9.45(环)$$

由此可知,甲、乙两人射击平均环数相同.

再看甲、乙两人的射击稳定性,即求 X、Y 的方差:

$$E(X^2) = 7^2 \times 0.05 + 8^2 \times 0.05 + 9^2 \times 0.3 + 10^2 \times 0.6 = 89.95$$

$$E(Y^2) = 7^2 \times 0.15 + 8^2 \times 0.05 + 9^2 \times 0 + 10^2 \times 0.8 = 90.55$$

则

$$D(X) = E(X^2) - [E(X)]^2 = 0.6475$$

$$D(Y) = E(Y^2) - [E(Y)]^2 = 1.2475$$

因此乙的射击稳定性较好.

例 14.19 某人有一笔资金,可投入两个项目:房产和商业,其收益都与市场状态有关. 若把未来市场划分为好、中、差三个等级,其发生的概率分别为 0.2、0.7、0.1. 通过调查,该投资者认为投资于房产的收益 X(万元)和投资于商业的收益 Y(万元)的分布分别为

X	11	3	-3
P	0.2	0.7	0.1

Y	6	4	-1
P	0.2	0.7	0.1

请问:该投资者如何投资为好?

解 先考察数学期望(平均收益):

$$E(X) = 11 \times 0.2 + 3 \times 0.7 + (-3) \times 0.1 = 4.0$$

$$E(Y) = 6 \times 0.2 + 4 \times 0.7 + (-1) \times 0.1 = 3.9$$

从平均收益看,投资房产收益大,比投资商业多收益 0.1 万元.

再计算它们各自的方差及标准差:

$$D(X) = (11-4)^2 \times 0.2 + (3-4)^2 \times 0.7 + (-3-4)^2 \times 0.1 = 15.4$$

$$D(Y) = (6-3.9)^2 \times 0.2 + (4-3.9)^2 \times 0.7 + (-1-3.9)^2 \times 0.1 = 3.29$$

$$\sigma(X) = \sqrt{15.4} = 3.92, \sigma(Y) = \sqrt{3.29} = 1.81$$

因为标准差(方差也一样)愈大,收益的波动就愈大,所以风险也大. 从标准差看,投资房产的风险比投资商业的风险大一倍多. 若收益与风险综合权衡,该投资者还是应该选择投资商业为好,虽然平均收益少 0.1 万元,但风险要小一半以上.

14.3　常见分布的数字特征

本节主要介绍几种重要分布的数学期望和方差.

一、0-1 分布

设 X 服从 0-1 分布,即分布律为

X	0	1
p_k	$1-p$	p

于是

$$E(X) = 0 \times (1-p) + 1 \times p = p$$

$$E(X^2) = 0^2 \times (1-p) + 1^2 \times p = p$$

$$D(X) = E(X^2) - [E(X)]^2 = p - p^2 = p(1-p)$$

二、二项分布

设 $X \sim B(n, p)$，即分布律为

$$P\{X = k\} = C_n^k p^k (1-p)^{n-p} \qquad (k = 0, 1, \cdots, n)$$

利用数学期望和方差的定义计算比较复杂，故引进随机变量

$$X_i = \begin{cases} 1 & (\text{第 } i \text{ 次试验事件 } A \text{ 发生}) \\ 0 & (\text{第 } i \text{ 次试验事件 } A \text{ 不发生}) \end{cases} \qquad (i = 1, 2, \cdots, n)$$

则

$$E(X_i) = p, \quad D(X_i) = p(1-p) \qquad (i = 1, 2, \cdots, n)$$

由于 $X = \sum_{i=1}^{n} X_i$，且 $X_1, X_2, \cdots, X_n$ 相互独立，故

$$E(X) = E\left(\sum_{i=1}^{n} X_i\right) = \sum_{i=1}^{n} E(X_i) = np$$

$$D(X) = D\left(\sum_{i=1}^{n} X_i\right) = \sum_{i=1}^{n} D(X_i) = np(1-p)$$

三、泊松分布

设 $X \sim P(\lambda)$，即分布律为

$$P\{X = k\} = \frac{\lambda^k}{k!} e^{-\lambda} \qquad (k = 0, 1, 2, \cdots)$$

则

$$E(X) = \sum_{k=0}^{\infty} k \frac{\lambda^k}{k!} e^{-\lambda} = \sum_{k=1}^{\infty} \frac{\lambda^k}{(k-1)!} e^{-\lambda} = \lambda e^{-\lambda} \sum_{k=1}^{\infty} \frac{\lambda^{k-1}}{(k-1)!} = \lambda$$

$$D(X) = E[X - E(X)]^2 = \sum_{k=1}^{\infty} \frac{(k-1+1)\lambda^k}{(k-1)!} e^{-\lambda} - \lambda^2$$

$$= \lambda^2 \sum_{k=2}^{\infty} \frac{\lambda^{k-2}}{(k-2)!} e^{-\lambda} + \lambda \sum_{k=2}^{\infty} \frac{\lambda^{k-1}}{(k-1)!} e^{-\lambda} - \lambda^2 = \lambda^2 + \lambda - \lambda^2 = \lambda$$

由此可见，泊松分布中参数 λ 既是数学期望又是方差.

四、均匀分布

设 $X \sim U(a, b)$，即分布密度为

$$f(x) = \begin{cases} \dfrac{1}{b-a} & (a < x < b) \\ 0 & (\text{其它}) \end{cases}$$

则

$$E(X) = \int_{-\infty}^{+\infty} x f(x) \, dx = \int_a^b x \frac{1}{b-a} \, dx = \frac{a+b}{2}$$

$$D(X) = E(X^2) - [E(X)]^2 = \int_a^b x^2 \frac{1}{b-a} \mathrm{d}x - \left(\frac{a+b}{2}\right)^2 = \frac{(b-a)^2}{12}$$

五、指数分布

设 $X \sim E(\lambda)$，$\lambda > 0$，即分布密度为

$$f(x) = \begin{cases} \lambda \mathrm{e}^{-\lambda} & (x > 0) \\ 0 & (x \leqslant 0) \end{cases}$$

则

$$E(X) = \int_{-\infty}^{+\infty} x f(x) \mathrm{d}x = \int_0^{+\infty} x \lambda \mathrm{e}^{-\lambda x} \mathrm{d}x = \frac{1}{\lambda}$$

$$D(X) = E(X^2) - [E(X)]^2 = \int_0^{+\infty} x^2 \lambda \mathrm{e}^{-\lambda x} \mathrm{d}x - \left(\frac{1}{\lambda}\right)^2 = \frac{1}{\lambda^2}$$

六、正态分布

设 $X \sim N(\mu, \sigma^2)$，$\sigma > 0$，即分布密度为

$$f(x) = \frac{1}{\sqrt{2\pi}\sigma} \mathrm{e}^{-\frac{(x-\mu)^2}{2\sigma^2}} \qquad (-\infty < x < +\infty)$$

则

$$E(X) = \int_{-\infty}^{+\infty} x f(x) \mathrm{d}x = \int_{-\infty}^{+\infty} x \frac{1}{\sqrt{2\pi}\sigma} \mathrm{e}^{-\frac{(x-\mu)^2}{2\sigma^2}} \mathrm{d}x$$

作变换 $t = \dfrac{x-\mu}{\sigma}$，得

$$E(X) = \int_{-\infty}^{+\infty} \frac{\mu + \sigma t}{\sqrt{2\pi}} \mathrm{e}^{-\frac{t^2}{2}} \mathrm{d}t = \int_{-\infty}^{+\infty} \frac{\mu}{\sqrt{2\pi}} \mathrm{e}^{-\frac{t^2}{2}} \mathrm{d}t + \frac{\sigma}{\sqrt{2\pi}} \int_{-\infty}^{+\infty} t \mathrm{e}^{-\frac{t^2}{2}} \mathrm{d}t$$

$$= \frac{\mu}{\sqrt{2\pi}} \cdot \sqrt{2\pi} + 0 = \mu$$

从而

$$D(X) = E[X - E(X)]^2 = \int_{-\infty}^{+\infty} (x-\mu)^2 \frac{1}{\sqrt{2\pi}\sigma} \mathrm{e}^{-\frac{(x-\mu)^2}{2\sigma^2}} \mathrm{d}x$$

作变换 $t = \dfrac{x-\mu}{\sigma}$，得

$$D(X) = \frac{\sigma^2}{\sqrt{2\pi}} \int_{-\infty}^{+\infty} t^2 \mathrm{e}^{-\frac{t^2}{2}} \mathrm{d}t = \frac{\sigma^2}{\sqrt{2\pi}} \left\{ \left[-t \mathrm{e}^{-\frac{t^2}{2}} \right]_{-\infty}^{+\infty} + \int_{-\infty}^{+\infty} \mathrm{e}^{-\frac{t^2}{2}} \mathrm{d}t \right\} = \frac{\sigma^2}{\sqrt{2\pi}} \cdot \sqrt{2\pi} = \sigma^2$$

这表明正态分布随机变量的两个参数 μ 和 σ^2 就是该随机变量的数学期望和方差，因而正态分布随机变量的分布完全由其数学期望和方差来确定.

*14.4 协 方 差 与 矩

我们知道由二维随机变量 (X, Y) 的分布可以唯一确定其边缘分布，反之则不然. 这表明：二维随机变量是一个整体，它的各个分量除了具有各自的概率特性之外，相互之间还

存在着联系. 那么如何用数值去刻画这种联系呢? 如果两个随机变量 X 与 Y 相互独立, 则

$$E\{[X-E(X)][Y-E(Y)]\}=0$$

这就意味着如果上式不等于 0, 那么 X 与 Y 不独立, 也就是说二者之间存在着一定的关系. 因此, 有如下定义.

一、定义

定义 14.4　设 X 与 Y 是两个随机变量, 称

$$\text{Cov}(X,Y)=E\{[X-E(X)][Y-E(Y)]\} \tag{14.11}$$

为 X 与 Y 的**协方差**(covariance), 称

$$\rho(X,Y)=\rho_{XY}=\frac{\text{Cov}(X,Y)}{\sqrt{D(X)}\ \sqrt{D(Y)}} \tag{14.12}$$

为 X 与 Y 的**相关系数**(correlation coefficient).

易见,

$$\text{Cov}(X,X)=D(X)$$

$$\rho(X,Y)=\frac{\text{Cov}(X,Y)}{\sqrt{D(X)}\ \sqrt{D(Y)}}=\text{Cov}\left(\frac{X-E(X)}{\sqrt{D(X)}},\frac{Y-E(Y)}{\sqrt{D(Y)}}\right)$$

因此, 形式上可将相关系数视为"标准尺度下的协方差". 显然, 相关系数 $\rho(X,Y)$ 是一个无量纲的量, 不受随机变量的度量单位的影响, 因此能够更好地刻画 X 与 Y 之间的关系, 是 (X,Y) 的一个数字特征.

由定义 14.3 和定义 14.4 容易证明

$$D(X\pm Y)=D(X)+D(Y)\pm 2\,\text{Cov}(X,Y)$$

二、协方差的性质与计算

由定义 14.4 可知, 随机变量 X 与 Y 的协方差 $\text{Cov}(X,Y)$ 是 X 与 Y 的一个特定函数 $[X-E(X)]\cdot[Y-E(Y)]$ 的数学期望, 因此由定理 14.2 可得如下结论:

若 (X,Y) 是离散型随机变量, 其分布律为 $P\{X=x_i,Y=y_j\}=p_{ij}(i,j=1,2,\cdots)$, 则

$$\text{Cov}(X,Y)=\sum_{j=1}^{\infty}\sum_{i=1}^{\infty}\{[x_i-E(X)]\cdot[y_i-E(Y)]\}p_{ij} \tag{14.13}$$

(2) 若 (X,Y) 是连续型随机变量, 其分布密度为 $f(x,y)$, 则

$$\text{Cov}(X,Y)=\int_{-\infty}^{+\infty}\int_{-\infty}^{+\infty}[x-E(X)]\cdot[y-E(Y)]f(x,y)\mathrm{d}x\mathrm{d}y \tag{14.14}$$

另外, 将协方差的定义直接展开可得

$$\begin{aligned}
\text{Cov}(X,Y)&=E\{[X-E(X)][Y-E(Y)]\}\\
&=E[XY-YE(Y)-XE(Y)+E(X)E(Y)]\\
&=E(XY)-2E(X)E(Y)+E(X)E(Y)\\
&=E(XY)-E(X)E(Y)
\end{aligned}$$

即

$$\text{Cov}(X,Y)=E(XY)-E(X)E(Y) \tag{14.15}$$

我们常常利用式(14.15)计算协方差. 关于协方差的计算,还有以下几条有用的性质:

定理 14.3 假设 X、Y、X_1、X_2 为随机变量,a、b 为常数,下面的随机变量的协方差都存在,则

(1) $\mathrm{Cov}(X, Y) = \mathrm{Cov}(Y, X)$;

(2) $\mathrm{Cov}(aX, bY) = ab\mathrm{Cov}(X, Y)$;

(3) $\mathrm{Cov}(X_1 + X_2, Y) = \mathrm{Cov}(X_1, Y) + \mathrm{Cov}(X_2, Y)$;

(4) 如果 X 与 Y 独立,则 $\mathrm{Cov}(X, Y) = 0$.

这些性质的证明较简单,请读者自己完成.

例 14.20 设 (X, Y) 的分布律如下:

X \ Y	0	1
0	$\frac{1}{6}$	$\frac{1}{3}$
1	$\frac{1}{3}$	$\frac{1}{6}$

试求 $\mathrm{Cov}(X, Y)$ 和 ρ_{XY}.

解 由 (X, Y) 的分布律可得 X 的分布律:

X	0	1
P	$\frac{1}{2}$	$\frac{1}{2}$

Y 的分布律:

Y	0	1
P	$\frac{1}{2}$	$\frac{1}{2}$

易算得

$$E(X) = E(Y) = \frac{1}{2},\ E(X^2) = E(Y^2) = \frac{1}{2},\ D(X) = D(Y) = \frac{1}{4}$$

$$E(XY) = 0 \times 0 \times \frac{1}{6} + 0 \times 1 \times \frac{1}{3} + 1 \times 0 \times \frac{1}{3} + 1 \times 1 \times \frac{1}{6} = \frac{1}{6}$$

从而

$$\mathrm{Cov}(X, Y) = E(XY) - E(X)E(Y) = \frac{1}{6} - \frac{1}{2} \times \frac{1}{2} = -\frac{1}{12}$$

$$\rho_{XY} = \frac{\mathrm{Cov}(X, Y)}{\sqrt{D(X)}\ \sqrt{D(Y)}} = -\frac{1}{3}$$

三、相关系数的性质及意义

考虑用 X 的线性函数 $a + bX$ 近似 Y. 不难理解,可以用均方误差

$$e = E\{[Y - (a + bX)]^2\}$$
$$= E(Y^2) + b^2 E(X^2) + a^2 - 2bE(XY) + 2abE(X) - 2aE(Y) \tag{14.16}$$

来衡量用 $a + bX$ 近似 Y 的好坏程度:e 的值越小,表示 $a + bX$ 与 Y 的近似程度越好. 因此,我们考虑取 a、b 使 e 达到最小值,即可求得 Y 的最佳近似 $a + bX$ 中的 a、b. 为此,将 e 分

别关于 a、b 求偏导，并令它们等于零，得

$$\begin{cases} \dfrac{\partial e}{\partial a} = 2a + 2bE(X) - 2E(Y) = 0 \\ \dfrac{\partial e}{\partial b} = 2bE(X^2) - 2E(XY) + 2aE(X) = 0 \end{cases}$$

解得

$$a_0 = E(Y) - E(X)\dfrac{\text{Cov}(X, Y)}{D(X)},\ b_0 = \dfrac{\text{Cov}(X, Y)}{D(X)}$$

将 a_0、b_0 代入式(14.16)，得

$$\min_{a, b} e = E\{[Y - (a + bX)]^2\} = E\{[Y - (a_0 + b_0 X)]^2\} = (1 - \rho_{XY}^2)D(Y) \quad (14.17)$$

由式(14.17)易得如下定理：

定理 14.4 设 ρ_{XY} 为 X 与 Y 的相关系数，则

(1) $|\rho_{XY}| \leqslant 1$；

(2) $|\rho_{XY}| = 1$ 的充要条件是，存在常数 a、b，使得 $P\{Y = a + bX\} = 1$.

证 （1）由式(14.16)易知

$$\min_{a, b} e = E\{[Y - (a_0 + b_0 X)]^2\} = (1 - \rho_{XY}^2)D(Y) \geqslant 0$$

又 $D(Y) \geqslant 0$，因此 $1 - \rho_{XY}^2 \geqslant 0$，亦即 $|\rho_{XY}| \leqslant 1$.

（2）必要性：若 $|\rho_{XY}| = 1$，由式(14.16)得

$$E\{[Y - (a_0 + b_0 X)]^2\} = 0$$

从而

$$0 = E\{[Y - (a_0 + b_0 X)]^2\} = D[Y - (a_0 + b_0 X)] + \{E[Y - (a_0 + b_0 X)]\}^2$$

故

$$D[Y - (a_0 + b_0 X)] = 0$$
$$E[Y - (a_0 + b_0 X)] = 0$$

由方差的性质(4)有

$$P\{Y - (a_0 + b_0 X) = 0\} = 1$$

即

$$P\{Y = a_0 + b_0 X\} = 1$$

充分性：反之，若存在 a^*、b^*，使

$$P\{Y - (a^* + b^* X) = 0\} = 1$$

即

$$P\{Y = a^* + b^* X\} = 1$$

则

$$P\{[Y - (a^* + b^* X)]^2 = 0\} = 1$$

因此

$$E\{[Y - (a^* + b^* X)]^2\} = 1$$

于是

$$0 = E\{[Y - (a^* + b^* X)]^2\} \geqslant \min_{a, b} E\{[Y - (a^* + b^* X)]^2\}$$
$$= E\{[Y - (a_0 + b_0 X)]^2\} = (1 - \rho_{XY})D(Y)$$

从而
$$|\rho_{XY}| = 1$$

由式(14.17)可知,均方误差 e 是 $|\rho_{XY}|$ 的严格单调递减函数,这样 ρ_{XY} 的含义就很明显了：

当 $|\rho_{XY}|$ 较大时, e 较小,表明 X 与 Y 之间的线性关系比较强.特别地,当 $|\rho_{XY}| = 1$ 时,由定理14.4知, X 与 Y 之间以概率1存在着线性关系,这意味着, ρ_{XY} 是一个表征 X 与 Y 之间的线性相关程度的量.当 $|\rho_{XY}|$ 较大时,通常说 X 与 Y 之间的线性相关程度较好;当 $|\rho_{XY}|$ 较小时,通常说 X 与 Y 之间的线性相关程度较差.特别地,当 $\rho_{XY} = 0$ 时, X 与 Y 之间的线性相关程度最差,于是有如下定义：

定义 14.5　若 X 与 Y 的相关系数 $\rho_{XY} = 0$,则称 X 与 Y 不相关.

注意,两个随机变量 X 与 Y 互不相关这个概念是从线性关系出发而得到的,与 X 、 Y 相互独立概念不一样.但是当 X 、 Y 相互独立时, $X - E(X)$ 、 $Y - E(Y)$ 也相互独立,有 $E\{[X - E(X)][Y - E(Y)]\} = 0$,所以,这时

$$\rho_{XY} = \frac{E\{[X - E(X)][Y - E(Y)]\}}{\sqrt{D(X)}\ \sqrt{D(Y)}} = 0$$

即 X 、 Y 相互独立保证 X 、 Y 互不相关.但从下面的例子可以看出： X 、 Y 互不相关并不保证 X 、 Y 相互独立.

例 14.21　已知随机变量 X 的分布密度为

X	-1	0	1
P	$\frac{1}{3}$	$\frac{1}{3}$	$\frac{1}{3}$

而 $Y = X^2$.试证随机变量 X 与 Y 不相互独立而互不相关.

证　X 与 Y 不相互独立是显然的,因为 Y 的值完全由 X 的值所决定.但 $E(XY) = E(X^3) = E(X) = 0$, $E(X)E(Y) = 0$,所以

$$\rho_{XY} = \frac{E\{[X - E(X)][Y - E(Y)]\}}{\sqrt{D(X)}\ \sqrt{D(Y)}}$$

$$\frac{E(XY) - E(X)E(Y)}{\sqrt{D(X)}\ \sqrt{D(Y)}} = 0$$

故 X 、 Y 互不相关.

四、矩

定义 14.6　设 X 、 Y 为随机变量,如果

$$\alpha_k = E(X^k) \qquad (k = 1, 2, \cdots)$$

存在,则称 α_k 为 X 的 k **阶原点矩**(k order origin monent),简称 k **阶矩**.如果

$$\mu_k = E\{[X - E(X)]^k\} \qquad (k = 2, 3, \cdots)$$

存在,则称 μ_k 为 X 的 k **阶中心矩**(k order central monent).如果

$$E(X^k Y^l) \qquad (k, l = 1, 2, \cdots)$$

存在,则称它为 X 和 Y 的 $k + l$ **阶混合矩**.如果

$$c_{kl} = E\{[X - E(X)]^k [Y - E(Y)]^l\} \qquad (k, l = 1, 2, \cdots)$$

存在，则称 c_{kl} 为 X 和 Y 的 $k+l$ **阶混合中心矩**.

注 （1）以上的数字特征都是随机变量函数的数学期望.

（2）随机变量 X 的数学期望是 X 的一阶原点矩，方差为二阶中心矩，协方差是 X 与 Y 的二阶混合中心矩.

例 14.22　设正态随机变量 $X \sim N(\mu, \sigma^2)$，试求 X 的三阶、四阶中心矩.

解　因为 $X \sim N(\mu, \sigma^2)$，即 $E(X) = \mu$，$D(X) = \sigma^2$，则 X 的三阶中心矩为

$$E\{[X - E(X)]^3\} = E[(X - \mu)^3] = \int_{-\infty}^{+\infty} (x - \mu)^3 \frac{1}{\sqrt{2\pi}\sigma} e^{-\frac{(x-\mu)^2}{2\sigma^2}} \, \mathrm{d}x$$

令 $t = \dfrac{x - \mu}{\sigma}$，将其代入上式，得

$$E\{[X - E(X)]^3\} = \int_{-\infty}^{+\infty} \sigma^3 t^3 \frac{1}{\sqrt{2\pi}\sigma} e^{-\frac{t^2}{2}} \, \mathrm{d}t = 0$$

实际上，可以看出，X 的 $2n + 1$ 阶中心矩均为 $0(n = 0, 1, 2)$. 而 X 的四阶中心矩为

$$E\{[X - E(X)]^4\} = E[(X - \mu)^4] = \int_{-\infty}^{+\infty} (x - \mu)^4 \frac{1}{\sqrt{2\pi}\sigma} e^{-\frac{(x-\mu)^2}{2\sigma^2}} \, \mathrm{d}x$$

令 $t = \dfrac{x - \mu}{\sigma}$，将其代入上式，得

$$\begin{aligned}
E\{[X - E(X)]^4\} &= \int_{-\infty}^{+\infty} \sigma^4 t^4 \frac{1}{\sqrt{2\pi}\sigma} e^{-\frac{t^2}{2}} \, \mathrm{d}t \\
&= \sigma^4 \left[-\frac{t^3}{\sqrt{2\pi}} e^{-\frac{t^2}{2}} \Big|_{-\infty}^{+\infty} + 3 \int_{-\infty}^{+\infty} t^2 \frac{1}{\sqrt{2\pi}} e^{-\frac{t^2}{2}} \, \mathrm{d}t \right] = 3\sigma^4
\end{aligned}$$

利用随机变量的三阶矩与四阶矩可进一步定义描述分布形状的数字特征：峰度和偏度.

函数

$$\mu(X) = \frac{E\{[X - E(X)]^4\}}{D^2(X)} - 3$$

通常称为随机变量 X 的分布曲线的峰度系数，简称峰度. 峰度系数用于描述分布形状的陡峭性特征. 从例 14.22 可见，正态分布的峰度系数为 0，峰度实际上是把正态分布的陡峭性作为判别其它分布的陡峭形状特征的标准. 对于任意的随机变量 X：当 $\mu(X) = 0$ 时，称为零峰度，说明标准化后的分布形状的平坦程度与标准正态分布的相当；当 $\mu(X) > 0$ 时，称为高峰度，说明标准化后的分布形状比标准正态分布的更陡峭；当 $\mu(X) < 0$ 时，称为低峰度，说明标准化后的分布形状比标准正态分布的更平坦.

函数

$$\beta(X) = \frac{E\{[X - E(X)]^3\}}{[D(X)]^{\frac{3}{2}}}$$

通常称为随机变量 X 的分布曲线的偏度系数，简称偏度. 当 $\beta(X) > 0$ 时，分布为正偏或右偏；当 $\beta(X) < 0$ 时，分布为负偏或左偏；当 $\beta(X) = 0$ 时，分布关于其均值 $E(X) = \mu$ 是对称的，所以正态分布的偏度系数为 0.

本章基本要求及重点、难点分析

一、基本要求

（1）理解数学期望、方差的概念及应用．

（2）掌握根据分布或联合分布求数学期望、方差的方法．

（3）掌握随机变量函数求期望的方法．

（4）熟悉常见分布的数学期望．

（5）会用数学期望和方差解决实际问题．

（6）了解协方差、相关系数和矩的概念．

二、重点、难点分析

1. 重点内容

（1）数学期望和方差是概率论的重要内容之一，应重点掌握．要从本质上理解这两个概念．数学期望是随机变量的一个重要的数字特征，是以概率作为加权数的加权平均，不同于普通的算术平均，它刻画了随机变量的理论平均值，反映了随机变量的概率分布的"中心位置"．方差是随机变量的又一个重要的数字特征，它刻画了随机变量与其均值的平均偏离程度．实际中，我们经常需要同时关注这两个数字特征．

（2）在数学期望的概念中还要注意级数的绝对收敛这一前提条件，这一条件保证了数学期望的存在性和唯一性，因为有的随机变量的数学期望是不存在的，并且数学期望与分布律的取值的顺序是无关的．

（3）数学期望的计算方法是计算随机变量函数的数学期望的基础，同时也是计算其它数字特征的基础，应重点掌握．方差、协方差和矩都可以看成某个特定函数的数学期望．

（4）数学期望和方差的应用也是本章的一个重点，实际中，许多问题经常会归结为求均值和偏离程度．只有从本质上理解数学期望和方差的含义，才能使用它们更好地解决实际问题．

2. 难点分析

（1）数学期望和方差概念的理解是本章的难点之一，尤其是数学期望与算术平均值的不同之处．算术平均值实际上是一种特殊的加权平均，即加权数都相等的加权平均．数学期望是理论上的平均值，在实际中往往是通过试验获得的．

（2）利用数学期望和方差的性质来综合解决一些问题是本章的难点之一．利用性质在某些场合可以大大降低计算的难度和复杂性，因此要熟练理解和掌握这些性质．

（3）数学期望和方差的应用是本章的一个难点．利用概念进行计算比较容易掌握，然而在实际问题的解决中往往存在困难，这就是"学"与"用"脱节的一种现象．为了达到学以致用的目的，适当增加实际问题的例子，通过对具体问题的分析克服这一难点．

（4）矩的理解也是本章的一个难点．矩刻画的是随机变量的分布形态，一阶原点矩就是随机变量的数学期望、二阶中心矩就是随机变量的方差，然而高阶矩比较抽象，不容易理解，需要借助于常见分布的密度函数的图形加以理解.

习 题 十 四

1. 设 X 的分布律为

X	-2	0	2
P	0.3	0.4	0.3

求 $E(X)$、$E(X^2)$、$E(3X^2+5)$.

2. 一箱产品中有 12 件正品，3 件次品. 从该箱中任取 5 件产品，以 X 表示取出的 5 件产品中的次品数，求 X 的数学期望.

3. 袋中有 m 个白球，n 个黑球. 从袋中随机一个一个地摸球（采取有放回方式摸球），直至摸到白球为止，求摸球次数 X 的数学期望 $E(X)$.

4. 设随机变量 X 的分布密度为

$$f(x) = \frac{1}{2}e^{-|x|} \qquad (-\infty < x < +\infty)$$

求 $E(X)$.

5. 设 (X, Y) 服从在 A 上的均匀分布，其中 A 为 x 轴、y 轴及直线 $x+y+1=0$ 所围成的区域. 求：

(1) $E(X)$；

(2) $E(-3X+2Y)$；

(3) $E(XY)$.

6. 某种电子元件的寿命 X（单位：小时）的分布密度为

$$f(x) = \begin{cases} \alpha^2 x e^{-\alpha x} & (x > 0) \\ 0 & (x \leqslant 0) \end{cases}$$

其中，$\alpha > 0$ 为常数. 求这种电子元件的平均寿命.

7. 设随机变量 X 的分布密度为

$$f(x) = \begin{cases} kx^\alpha & (0 < x < 1) \\ 0 & (其它) \end{cases}$$

已知 $E(X) = 0.75$，求 k 及 α 的值.

8. 对球的直径作近似测量，其值均匀分布在区间 $[a, b]$ 上，试求球的体积的数学期望.

9. 一工厂生产某种设备的寿命 X（以年计）服从指数分布，密度函数为

$$f(x) = \begin{cases} \dfrac{1}{4}e^{-\frac{x}{4}} & (x > 0) \\ 0 & (x \leqslant 0) \end{cases}$$

为确保消费者的利益，工厂规定出售的设备若在一年内损坏可以调换. 若售出一台设备，工厂获利 100 元，而调换一台则损失 200 元. 试求工厂出售一台设备盈利的数学期望.

10. 设 X 服从几何分布，其分布律为

$$P\{X = k\} = pq^{k-1} \qquad (k = 1, 2, \cdots, l)$$

求 $D(X)$.

11. 设连续型随机变量 X 在区间 $[1,2]$ 上服从均匀分布,随机变量

$$Y = \begin{cases} 1 & (X > 0) \\ 0 & (X = 0) \\ -1 & (X < 0) \end{cases}$$

求方差 $D(Y)$.

12. 设随机变量 X 的分布函数为

$$F(x) = \begin{cases} 0 & (x < -1) \\ a + b\arcsin x & (-1 \leqslant x \leqslant 1) \\ 1 & (x > 1) \end{cases}$$

试确定常数 a、b,并求 $E(X)$ 和 $D(X)$.

13. 设 (X,Y) 的分布密度为

$$f(x,y) = \begin{cases} 4xy e^{-(x^2+y^2)} & (x > 0, y > 0) \\ 0 & (其它) \end{cases}$$

求 $Z = \sqrt{X^2 + Y^2}$ 的均值.

14. 设 X 与 Y 相互独立,其分布密度分别为

$$f_X(x) = \begin{cases} 2x & (0 \leqslant x \leqslant 1) \\ 0 & (其它) \end{cases}, \quad f_Y(y) = \begin{cases} e^{-(y-5)} & (y > 5) \\ 0 & (其它) \end{cases}$$

求 $E(XY)$.

*15. 设 (X,Y) 的分布密度为

X \ Y	-1	0	1
-1	$\frac{1}{8}$	$\frac{1}{8}$	$\frac{1}{8}$
0	$\frac{1}{8}$	0	$\frac{1}{8}$
1	$\frac{1}{8}$	$\frac{1}{8}$	$\frac{1}{8}$

(1) 求 $\text{Cov}(X,Y)$ 与 ρ_{XY};

(2) 判断 X 与 Y 是否相关,是否独立.

*16. 设 (X,Y) 的分布密度为

$$f(x,y) = \begin{cases} Cxy & (0 \leqslant x \leqslant 1, 0 \leqslant y \leqslant x) \\ 0 & (其它) \end{cases}$$

(1) 求常数 C;

(2) 求 $\text{Cov}(X,Y)$ 与 ρ_{XY};

(3) 判断 X 与 Y 是否相关,是否独立.

*17. 证明:当 X 与 Y 互不相关时,有

(1) $E(XY) = E(X)E(Y)$;

(2) $D(X \pm Y) = D(X) + D(Y)$.

第十五章　极限定理

15.1　大数定律

大数定律主要讨论随机变量序列的极限稳定性, 内容很丰富. 本节介绍几个大数定理, 这些结果在数理统计中常用到.

历史上的第一个大数定律是由雅各布·伯努利(Jacob Bernoulli) 提出来的, 1713 年出版的《猜度术》是雅各布·伯努利一生最有创造力的著作, 这是组合数学和概率论史上的一件大事, 在这部书中提出了概率论中的"伯努利定理", 这是大数定理的最早形式. 后来泊松(Poisson) 又提出了一个条件更宽的陈述, 除此之外, 这方面没有什么进展. 相反, 由于有些数学家过分强调概率论在伦理科学中的作用甚至企图以此来阐明"隐蔽着的神的秩序", 又加上理论工具的不充分和古典概率定义自身的缺陷, 当时欧洲一些正统的数学家往往把它排除在精密科学之外. 契比雪夫是在概率论门庭冷落的年代从事这门学问的. 他一开始就抓住了古典概率论中具有基本意义的问题, 即那些"几乎一定要发生的事件"的规律 —— 大数定律. 1845 年, 契比雪夫(Chebyshev) 在其硕士论文中借助十分初等的工具 —— $\ln(1+x)$ 的麦克劳林展开式, 对雅各布·伯努利大数定律作了精细的分析和严格的证明. 一年之后, 他又发表了《概率论中基本定理的初步证明》一文, 文中给出了泊松形式的大数定律的证明.

一、什么是大数定律

第十章中已经指出, 人们经过长期实践认识到, 虽然个别随机事件在某次试验中可能发生也可能不发生, 但是在大量重复试验中却呈现明显的规律性, 即随着试验次数的增大, 一个随机事件发生的频率在某一固定值附近摆动. 这就是所谓的频率具有稳定性. 同时, 人们通过实践发现大量测量值的算术平均值也具有稳定性. 而这些稳定性如何从理论上给予证明就是本节介绍的大数定律所要回答的问题.

大数定律(law of large number) 就是概率论中描述大量随机现象平均结果稳定性的定理. 大数定律告诉我们, 大量的随机因素的总和作用在一起导致的结果是不依赖于个别随机事件的必然结果, 从而反映了偶然中包含必然性的规律.

二、几个常用的大数定律

这里将介绍三个常用的大数定律: 契比雪夫大数定律、伯努利大数定律、辛钦大数定律. 这三个大数定律的不同之处在于随机变量序列满足的条件不同. 大数定律用于讨论随机变量序列在不同收敛意义下的收敛问题, 下面先讨论依概率收敛. 另外, 在引入大数定律之前, 先证明一个重要的不等式 —— 契比雪夫不等式. 此不等式将被用于大数定律和中心极限定理的论证中.

1. 依概率收敛

定义 15.1 设 X_1, X_2, $\cdots$, X_n, $\cdots$ 是一个随机变量序列, 简记为 $\{X_n\}$, a 为实常数. 若对任意正数 ε, 有

$$\lim_{n \to \infty} P\{|X_n - a| < \varepsilon\} = 1$$

或

$$\lim_{n \to \infty} P\{|X_n - a| \geqslant \varepsilon\} = 0 \tag{15.1}$$

则称 $\{X_n\}$ 依概率收敛于 a, 记作 $X_n \xrightarrow{P} a$.

2. 契比雪夫(Chebyshev) 不等式

契比雪夫不等式 设随机变量 X 存在有限方差 $D(X)$, 则对任意的 $\varepsilon > 0$, 有

$$P\{|X - E(X)| \geqslant \varepsilon\} \leqslant \frac{D(X)}{\varepsilon^2}$$

或

$$P\{|X - E(X)| < \varepsilon\} > 1 - \frac{D(X)}{\varepsilon^2} \tag{15.2}$$

证 以连续型随机变量的情况来证明, 离散型的情况类似可证.

设 X 是连续型随机变量, 其概率密度为 $f(x)$, 则有

$$P\{|X - E(X)| \geqslant \varepsilon\} = \int_{|x - E(X)| \geqslant \varepsilon} f(x) dx \leqslant \int_{|x - E(X)| \geqslant \varepsilon} \frac{|x - E(X)|^2}{\varepsilon^2} f(x) dx$$

$$\leqslant \frac{1}{\varepsilon^2} \int_{-\infty}^{+\infty} [x - E(X)]^2 f(x) dx = \frac{D(X)}{\varepsilon^2}$$

契比雪夫不等式给出了在随机变量 X 的分布未知的情况下, 事件 $\{|X - E(X)| < \varepsilon\}$ 的概率的下限估计. 例如, 在契比雪夫不等式中, 令 $\varepsilon = 3\sqrt{D(X)}$, $4\sqrt{D(X)}$, 可分别得到

$$P\{|X - E(X)| < 3\sqrt{D(X)}\} > 0.8889$$

$$P\{|X - E(X)| < 4\sqrt{D(X)}\} > 0.9375$$

例 15.1 设电站供电网有 10 000 盏电灯, 夜晚每一盏灯开灯的概率都是 0.7, 而假定开、关时间彼此独立, 估计夜晚同时开着的灯数在 6800 ~ 7200 之间的概率.

解 设 X 表示在夜晚同时开着的灯的数目, 它服从参数为 $n = 10\ 000$, $p = 0.7$ 的二项分布. 若要准确计算, 则

$$P\{6800 < X < 7200\} = \sum_{k=6801}^{7199} C_{10\,000}^k \times 0.7^k \times 0.3^{10\,000-k}$$

用契比雪夫不等式估计:

$$E(X) = np = 10\ 000 \times 0.7 = 7000$$

$$D(X) = npq = 10\ 000 \times 0.7 \times 0.3 = 2100$$

$$P\{6800 < X < 7200\} = P\{|X - 7000| < 200\} \geqslant 1 - \frac{2100}{200^2} \approx 0.95$$

可见, 虽然有 10 000 盏灯, 但是只要有供应 7200 盏灯的电力就能够以相当大的概率保证够用. 事实上, 契比雪夫不等式的估计只说明概率大于 0.95, 而这个概率实际约为

0.999 99. 契比雪夫不等式在理论上具有重大意义,但估计的精确度不高.

3. 大数定律

契比雪夫不等式作为一个理论工具,在大数定律证明中,可使证明非常简洁.

定理 15.1(契比雪夫大数定律) 设 X_1,X_2,… 是相互独立的随机变量序列,若每个 X_i 的方差存在,且有共同的上界,即存在一个常数 C,满足 $D(X_i) < C(i = 1,2,…)$,则对任意的 $\varepsilon > 0$,有

$$\lim_{n \to \infty} P\left\{\left|\frac{1}{n}\sum_{i=1}^{n} X_i - \frac{1}{n}\sum_{i=1}^{n} E(X_i)\right| < \varepsilon\right\} = 1 \tag{15.3}$$

证 因 X_1,X_2,… 相互独立,故

$$D\left(\frac{1}{n}\sum_{i=1}^{n} X_i\right) = \frac{1}{n^2}\sum_{i=1}^{n} D(X_i) < \frac{1}{n^2} \cdot nC = \frac{C}{n}$$

又因

$$E\left(\frac{1}{n}\sum_{i=1}^{n} X_i\right) = \frac{1}{n}\sum_{i=1}^{n} E(X_i)$$

由式(15.2)知,对任意的 $\varepsilon > 0$,有

$$P\left\{\left|\frac{1}{n}\sum_{i=1}^{n} X_i - \frac{1}{n}\sum_{i=1}^{n} E(X_i)\right| < \varepsilon\right\} \geqslant 1 - \frac{C}{n\varepsilon^2}$$

而任何事件的概率都不超过 1,即

$$1 - \frac{C}{n\varepsilon^2} \leqslant P\left\{\left|\frac{1}{n}\sum_{i=1}^{n} X_i - \frac{1}{n}\sum_{i=1}^{n} E(X_i)\right| < \varepsilon\right\} \leqslant 1$$

故

$$\lim_{n \to \infty} P\left\{\left|\frac{1}{n}\sum_{i=1}^{n} X_i - \frac{1}{n}\sum_{i=1}^{n} E(X_i)\right| < \varepsilon\right\} = 1$$

契比雪夫大数定律说明:在定理的条件下,当 n 趋于无穷大时,n 个独立随机变量的平均结果依概率收敛到其期望的平均值. 这意味着,经过算术平均以后得到的随机变量 $\frac{1}{n}\sum_{i=1}^{n} X_i$ 将比较紧密地聚集在它的数学期望 $\frac{1}{n}\sum_{i=1}^{n} E(X_i)$ 的附近. 这就是大数定律的含义.

作为契比雪夫大数定律的特殊情况,有如下定理.

定理 15.2(独立同分布下的大数定律) 设 X_1,X_2,… 是独立同分布的随机变量序列,且具有相同的数学期望和方差,即 $E(X_i) = \mu$,$D(X_i) = \sigma^2 (i = 1,2,…)$,则对任意的 $\varepsilon > 0$,有

$$\lim_{n \to \infty} P\left\{\left|\frac{1}{n}\sum_{i=1}^{n} X_i - \mu\right| < \varepsilon\right\} = 1 \tag{15.4}$$

下面给出伯努利大数定律.

定理 15.3(伯努利大数定律) 设 n_A 是 n 次独立重复试验中事件 A 发生的次数,p 是事件 A 在每次试验中发生的概率,则对任意的 $\varepsilon > 0$,有

$$\lim_{n \to \infty} P\left\{\left|\frac{n_A}{n} - p\right| < \varepsilon\right\} = 1 \tag{15.5}$$

或

$$\lim_{n \to \infty} P\left\{ \left| \frac{n_A}{n} - p \right| \geqslant \varepsilon \right\} = 0$$

证　引入随机变量

$$X_k = \begin{cases} 0 & (\text{第 } k \text{ 次试验中 } A \text{ 不发生}) \\ 1 & (\text{第 } k \text{ 次试验中 } A \text{ 发生}) \end{cases} \qquad (k = 1, 2, \cdots, n)$$

显然

$$n_A = \sum_{k=1}^{n} X_k$$

由于 X_k 只依赖于第 k 次试验，而各次试验是独立的，所以随机变量序列 $\{X_n\}$ 是相互独立的；又由于 X_k 服从 $0-1$ 分布，故有

$$E(X_k) = p, \quad D(X_k) = p(1-p) \qquad (k = 1, 2, \cdots)$$

由定理 15.2 有

$$\lim_{n \to \infty} P\left\{ \left| \frac{1}{n} \sum_{k=1}^{n} X_i - p \right| < \varepsilon \right\} = 1$$

即

$$\lim_{n \to \infty} P\left\{ \left| \frac{n_A}{n} - p \right| < \varepsilon \right\} = 1$$

伯努利大数定律表明，事件 A 发生的频率 $\dfrac{n_A}{n}$ 依概率收敛于事件 A 发生的概率 p，即当重复试验次数 n 充分大时，事件 A 发生的频率 $\dfrac{n_A}{n}$ 与事件 A 发生的概率 p 有较大偏差的概率很小. 因此，定律从理论上证明了大量重复独立试验中，事件 A 发生的频率具有稳定性，正因为这种稳定性，概率的概念才有实际意义.

伯努利大数定律还提供了通过试验来确定事件的概率的方法. 由于频率 $\dfrac{n_A}{n}$ 与概率 p 有较大偏差的可能性很小，所以可以通过试验来确定某事件发生的频率，并把它作为相应概率的估计. 因此，在实际应用中，如果试验的次数很大，就可以用事件发生的频率代替事件发生的概率 p. 比如蒲丰投针问题中，当投针次数 n 很大时，用针与线相交的频率 $\dfrac{m}{n}$ 近似针与线相交的概率 p，从而求得 π 的近似值：$\pi \approx \dfrac{2bn}{am}$，其中 b 为针长，a 为线距. 再如，要估计某种产品的不合格率 p，则可以从这种产品中随机抽取 n 件，当 n 很大时，这 n 件产品中的不合格的比例可作为不合格率 p 的估计值.

以上两个大数定律都是以契比雪夫不等式为基础来证明的，所以要求随机变量的方差存在. 但是进一步的研究表明，方差存在这个条件并不是必要的. 下面介绍的辛钦大数定律就表明了这一点.

定理 15.4(辛钦大数定律)　设随机变量序列 $X_1, X_2, \cdots$ 独立同分布，且具有有限的数学期望 $E(X_i) = \mu (i = 1, 2, \cdots)$，则对任意的 $\varepsilon > 0$，有

$$\lim_{n \to \infty} P\left\{ \left| \frac{1}{n} \sum_{k=1}^{n} X_i - \mu \right| < \varepsilon \right\} = 1 \tag{15.6}$$

显然，伯努利大数定律也是辛钦大数定律的特殊情况，辛钦大数定律在实际中应用很

广泛. 辛钦大数定律表明,这一定律使算术平均值的法则有了理论根据. 如要测定某一物理量 a,在相同条件下重复测量 n 次,得观测值 X_1,X_2,$\cdots$,X_n,求得实测值的算术平均值 $\frac{1}{n}\sum_{i=1}^{n}X_i$,根据此定理,当 n 足够大时,取 $\frac{1}{n}\sum_{i=1}^{n}X_i$ 作为 a 的近似值,可以认为所发生的误差是很小的,所以实际上往往用某物体的某一指标值的一系列实测值的算术平均值来作为该指标值的近似值. 另外,辛钦大数定律为寻找随机变量的期望值提供了一条实际可行的途径. 例如,估计某年龄段的平均身高,可随机抽取该年龄段的 n 个人的相应数据,取平均值作为该年龄段的平均身高的一个估计; 又如,估计某地区的平均亩产量,可以用该地区某些有代表性的地块 n 块,计算其每公顷的平均产量,则当 n 较大时,可以用它作为整个地区每公顷的平均产量的一个估计.

例 15.2 已知 X_1,X_2,$\cdots$,X_n,$\cdots$ 相互独立且都服从参数为 2 的指数分布,求当 $n \to \infty$ 时,$Y_n = \frac{1}{n}\sum_{k=1}^{n}X_k^2$ 依概率收敛的极限.

解 显然 $E(X_k) = \frac{1}{2}$,$D(X_k) = \frac{1}{4}$,所以

$$E(X_k^2) = E^2(X_k) + D(X_k) = \frac{1}{4} + \frac{1}{4} = \frac{1}{2} \qquad (k = 1,2,\cdots)$$

由辛钦大数定律,有

$$Y_n = \frac{1}{n}\sum_{k=1}^{n}X_k^2 \xrightarrow{P} E(X_k^2) = \frac{1}{2}$$

最后需要指出的是:不同的大数定律应满足的条件是不同的. 契比雪夫大数定律中虽然只要求 X_1,X_2,$\cdots$,X_n,$\cdots$ 相互独立而不要求其具有相同的分布,但对于方差的要求是一致有界的; 伯努利大数定律不仅要求 X_1,X_2,$\cdots$,X_n,$\cdots$ 独立同分布,而且要求服从同参数的 0-1 分布; 辛钦大数定律并不要求 X_k 的方差存在,但要求 X_1,X_2,$\cdots$,X_n,$\cdots$ 独立同分布. 各大数定律都要求 X_k 的数学期望存在. 如服从柯西(Cauchy)分布,密度函数均为 $f(x) = \frac{1}{\pi(1+x^2)}$ 的相互独立随机变量序列,由于数学期望不存在,因而不满足大数定律.

三、大数定律的应用

例 15.3(蒙特卡洛方法计算定积分(随机投点法)) 设 $f(x)$ 是连续函数,$0 \leqslant f(x) \leqslant 1$,计算积分 $I = \int_0^1 f(x)\mathrm{d}x$.

解 设 (X,Y) 服从正方形 $\{0 \leqslant X \leqslant 1, 0 \leqslant Y \leqslant 1\}$ 上的均匀分布,则可知 X 服从 $[0,1]$ 上的均匀分布,Y 也服从 $[0,1]$ 上的均匀分布,且 X 与 Y 独立,记事件 $A = \{Y \leqslant f(X)\}$,则 A 的概率为

$$p = P\{Y \leqslant f(X)\} = \int_0^1 \int_0^{f(x)} \mathrm{d}x\mathrm{d}y = \int_0^1 f(x)\mathrm{d}x = I$$

即定积分的值 I 就是事件 A 的概率 p. 由伯努利大数定律知,可以用重复试验中 A 出现的频率作为 p 的估值,这种求定积分的方法也称为随机投点法,即将 (X,Y) 看成是向正方形

$\{0 \leqslant X \leqslant 1, 0 \leqslant Y \leqslant 1\}$ 内的随机投点，用随机投点落在区域 $\{y \leqslant f(X)\}$ 中的频率作为定积分的近似值.

下面用蒙特卡洛方法，来得到 A 出现的频率：

（1）用计算机产生 $(0, 1)$ 上均匀分布的 $2n$ 个随机数 x_i、y_i $(i = 1, 2, \cdots, n)$，n 一般都取得很大，如 $n = 10^4$，甚至 $n = 10^5$.

（2）对 n 对数据 $(x_i, y_i)(i = 1, 2, \cdots, n)$，记录满足不等式 $y_i \leqslant f(x_i)$ 的次数（即 A 发生的频数），由此可得事件 A 发生的频率 $\dfrac{n_A}{n}$，则 $I \approx \dfrac{n_A}{n}$.

例如，计算 $I = \displaystyle\int_0^1 \dfrac{1}{\sqrt{2\pi}} e^{-\frac{x^2}{2}} \mathrm{d}x$，其精确值与 $n = 10^4$ 和 $n = 10^5$ 时的模拟值见表 15.1.

表 15.1

精确值	$n = 10^4$	$n = 10^5$
0.341 344	0.340 698	0.341 355

另外，对于一般区间 $[a, b]$ 上的定积分

$$I = \int_a^b g(x)\mathrm{d}x$$

作线性变换 $y = \dfrac{x - a}{b - a}$，即可将其化成 $[0, 1]$ 区间上的定积分. 进一步，若 $c \leqslant g(x) \leqslant d$，可令

$$f(y) = \dfrac{1}{d - c}\{g[a + (b - a)y] - c\}$$

则 $0 \leqslant f(y) \leqslant 1$，此时有

$$I = \int_a^b g(x)\mathrm{d}x = (b - a)(d - c)\int_0^1 f(y)\mathrm{d}y + c(b - a)$$

这说明以上用蒙特卡洛方法计算定积分具有普遍意义.

[阅读材料]　　　　　　　**数 学 家 辛 钦**

辛钦（Aleksandr Yakovlevich Khinchin, 1894—1959 年），前苏联数学家，生于莫斯科附近的康德罗沃.

辛钦是莫斯科概率论学派的创始人之一. 他最早的概率成果是伯努利试验序列的重对数律，它导源于数论，是莫斯科概率论学派的开端，直到现在重对数律仍然是概率论重要研究课题之一. 关于独立随机变量序列，他首先与柯尔莫哥洛夫讨论了随机变量级数的收敛性，他证明了：（1）作为强大数律先声的辛钦弱大数律；（2）随机变量的无穷小三角列的极限分布类与无穷可分分布类相同. 他还研究了分布律的算术问题和大偏差极限问题. 他提出了平稳随机过程理论，这种随机过程在任何一段相同的时间间隔内的随机变化形态都相同. 他提出并证明了严格平稳过程的一般遍历定理；首次给出了宽平稳过程的概念并建立了他的谱理论基础. 他还研究了概率极限理论与统计力学基础的关系，并将概率论方法广泛应用于统计物理学的研究. 他早在 1932 年就发表了排队论的论文.

数学家契比雪夫

契比雪夫(Pafnuty Ljvovich Chebyshev，1821—1894 年)，俄国数学家、力学家. 在概率论方面，他建立了证明极限定理的新方法 —— 矩方法，用十分简明的初等方法证明了一般形式的大数定律，研究了服从正态分布的独立随机变量和函数的收敛条件，证明了独立随机变量和的函数按 $n^{-\frac{1}{2}}$ 方幂渐近展开(n 为独立变量的项数). 他引出的一系列概念和研究题材与方法被俄国的数学家继承和发展，并形成了俄国的概率论学派.

15.2　中心极限定理

概率论极限理论是概率论的重要组成部分，是概率论的其它分支和数理统计的重要基础. 大量的概率现象是由于无数的随机因素共同作用的结果 —— 这些因素每一个都起到一点作用，但都没有起到很大的甚至决定性的作用. 而极限定理告诉我们，这类多随机因素作用的现象必然会收敛于某个正态分布的概率模型. 因此，该定理为人们用正态分布来描述和解决大量的概率问题提供了坚实的理论基础.

人们通常认为，法国数学家棣莫弗(Abraham De Moivre，1667—1754 年) 在 1733 年首次证明了二项分布近似正态分布. 然而，当时还没有正态分布的概念，棣莫弗并不知道自己本质上证明了"中心极限定理". 法国数学家拉普拉斯写了很多论文，推广了棣莫弗的工作. 泊松完善和推广了拉普拉斯关于中心极限定理的证明. "中心极限定理"这一名称的来源有两种说法. 波利亚(G. Polya，1887—1985 年)认为这个定理十分重要，在概率论中具有中心的地位，所以他加上了"中心"这一名称，于 1920 年引入这一术语. 另一种说法是，现代法国概率学派认为极限定理描述了分布函数中心的情况，而不是尾部的情况. 历史上有不少数学家对中心极限定理的研究作出了贡献.

一、问题的产生

大数定律讨论的是随机变量序列的算术平均值 $\dfrac{1}{n}\sum\limits_{k=1}^{n}X_k$ 的渐近性质，本节讨论独立随机变量和 $\sum\limits_{k=1}^{n}X_k$ 的极限分布. 在客观实际中有许多随机现象，它们是由大量相互独立的偶然因素的综合影响所形成的，而每一个因素在总的影响中所起的作用是很小的，但和起来，却对总和有显著影响，这种随机现象往往近似地服从正态分布，这就是中心极限定理的客观背景.

例如，测量某物体的长度，测量中会有许多随机因素影响测量结果，温度对测量仪器的影响，湿度对测量仪器的影响，在操作者方面有测量者观察的角度的影响 …… 这些因素很多，每个因素所产生的测量误差对测量结果的影响都是很微小的，每个因素的出现都是随机的，而且可以看成是相互独立的. 记 Y_n 为这些因素的综合影响产生的测量总误差，Y_n 是上述各因素产生的误差之和，即 $Y_n = \sum\limits_{i=1}^{n}X_i$，这里 n 很大，我们关心的是当 $n \to +\infty$ 时，

Y_n 的分布是什么，即研究随机变量和的分布问题.

一般情况下，和的项数 n 很大，很难求出 Y_n 的分布的确切形式，可以求出近似分布. 我们关心的是当 $n \to +\infty$ 时，随机变量 Y_n 的规律性. 但是有时，$n \to +\infty$ 时，随机变量 Y_n 的取值可能会无穷大. 比如，若 $X_i(i = 1, 2, \cdots)$ 是独立同分布的 0-1 分布的随机变量序列，$\lim\limits_{n \to \infty} \sum\limits_{k=1}^{n} X_k$ 可以取值 $+\infty$，为此我们将随机变量的和标准化，以避免它取值趋向无穷大，即

$$Y_n^* = \frac{\sum\limits_{k=1}^{n} [X_k - E(X_k)]}{\sqrt{D(\sum\limits_{k=1}^{n} X_k)}} = \frac{Y_n - E(Y_n)}{\sqrt{D(Y_n)}}$$

上述即对 Y_n 进行了标准化，只要每个 X_k 的期望与方差均有限，且上式分母不为 0（每个 X_k 非退化），这种标准化总是可行的. 可以证明，满足一定的条件，上述随机变量 Y_n^* 的极限分布是标准正态分布.

概率论中有关论证独立随机变量的和的极限分布是正态分布的一系列定理称为**中心极限定理**（central limit theorem）. 历史上，关于这个论题的第一个结果是由法国数学家棣莫弗在 1733 年研究二项分布的正态近似问题时给出的. 在此后的大约 200 年当中，有关独立随机变量和的极限分布的讨论，一直是概率论研究的一个中心，故称之为中心极限定理. 下面介绍几个常用的中心极限定理. 因为中心极限定理的证明超出本书的范围，故这里不加证明.

二、几个常见的中心极限定理

定理 15.5（林德伯格-列维中心极限定理）　设随机变量 X_1，X_2，$\cdots$，X_n，$\cdots$ 是独立同分布的随机变量序列，有共同的数学期望和方差 $E(X_k) = \mu$，$D(X_k) = \sigma^2 > 0(k = 1, 2, \cdots)$，则随机变量之和 $\sum\limits_{k=1}^{n} X_k$ 的标准化变量

$$Y_n = \frac{\sum\limits_{k=1}^{n} X_k - E(\sum\limits_{k=1}^{n} X_k)}{\sqrt{D(\sum\limits_{k=1}^{n} X_k)}} = \frac{\sum\limits_{k=1}^{n} X_k - n\mu}{\sqrt{n}\sigma}$$

的分布函数 $F_n(x)$ 对于任意 x 满足

$$\lim_{n \to \infty} F_n(x) = \lim_{n \to \infty} P\left\{ \frac{\sum\limits_{k=1}^{n} X_k - n\mu}{\sqrt{n}\sigma} \leqslant x \right\} = \int_{-\infty}^{x} \frac{1}{\sqrt{2\pi}} \mathrm{e}^{-\frac{t^2}{2}} \mathrm{d}t = \Phi(x) \qquad (15.7)$$

上述定理表明：只要相互独立的随机变量序列 X_1，X_2，$\cdots$，X_n，$\cdots$ 服从相同的分布，数学期望和方差存在，则当 n 充分大时，随机变量

$$Y_n = \frac{\sum\limits_{k=1}^{n} X_k - n\mu}{\sqrt{n}\sigma}$$

总以标准正态分布为极限分布，即当 n 充分大时，有

$$Y_n = \frac{\sum\limits_{k=1}^{n} X_k - n\mu}{\sqrt{n}\,\sigma} \sim N(0,1) \tag{15.8}$$

或者说，当 n 充分大时，有

$$\sum_{k=1}^{n} X_k \sim N(n\mu, n\sigma^2) \tag{15.9}$$

如果用 $X_1, X_2, \cdots, X_n$ 表示相互独立的各随机因素，假定它们都服从相同的分布（不论服从什么分布），且都有有限的期望与方差（每个因素的影响有一定限度），则式(15.9)说明，作为总和 $\sum\limits_{k=1}^{n} X_k$ 这个随机变量，当 n 充分大时，便近似地服从正态分布. 例如，进行某种观测时，不可避免地有许多客观的和人为的随机因素影响着观测结果. 这些因素中的每一个都可能使观测的结果产生很小的误差. 所以，实际观测得到的误差可以看作是一个随机变量，它是许多数值微小的独立随机变量的总和，由林德伯格-列维定理知，这个随机变量应该服从正态分布.

将式(15.8)左端改写为 $\dfrac{\dfrac{1}{n}\sum\limits_{k=1}^{n} X_k - \mu}{\sigma/\sqrt{n}} = \dfrac{\overline{X} - \mu}{\sigma/\sqrt{n}}$，则上述结果可写成：

当 n 充分大时，

$$\frac{\overline{X} - \mu}{\sigma/\sqrt{n}} \overset{\text{近似}}{\sim} N(0,1) \quad \text{或} \quad \overline{X} \overset{\text{近似}}{\sim} N\left(\mu, \frac{\sigma^2}{n}\right)$$

这是定理结果的另一种形式，这一结果是数理统计中大样本统计推断的基础.

下面介绍另一个中心极限定理，它是定理 15.5 的一种特殊情况.

定理 15.6（棣莫弗-拉普拉斯中心极限定理） 设随机变量 Y_n 服从参数为 n，$p(0 < p < 1)$ 的二项分布，则对任意实数 x，恒有

$$\lim_{n \to \infty} P\left\{ \frac{Y_n - np}{\sqrt{np(1-p)}} \leqslant x \right\} = \int_{-\infty}^{x} \frac{1}{\sqrt{2\pi}} \mathrm{e}^{-\frac{t^2}{2}} \mathrm{d}t = \Phi(x) \tag{15.10}$$

证 设随机变量 $X_1, X_2, \cdots, X_n$ 相互独立，且都服从 $B(1, p)(0 < p < 1)$，则由二项分布的可加性知 $Y_n = \sum\limits_{k=1}^{n} X_k$.

由于

$$E(X_k) = p, \quad D(X_k) = p(1-p) \quad (k = 1, 2, \cdots)$$

由林德伯格-列维定理可知，对任意实数 x，恒有

$$\lim_{n \to \infty} P\left\{ \frac{\sum\limits_{k=1}^{n} X_k - np}{\sqrt{np(1-p)}} \leqslant x \right\} = \int_{-\infty}^{x} \frac{1}{\sqrt{2\pi}} \mathrm{e}^{-\frac{t^2}{2}} \mathrm{d}t = \Phi(x)$$

亦即

$$\lim_{n \to \infty} P\left\{ \frac{Y_n - np}{\sqrt{np(1-p)}} \leqslant x \right\} = \frac{1}{\sqrt{2\pi}} \int_{-\infty}^{x} \mathrm{e}^{-\frac{t^2}{2}} \mathrm{d}t = \Phi(x)$$

定理表明：正态分布是二项分布的极限分布. 当 n 充分大时，可以利用该定理近似计算

二项分布的概率.

棣莫弗-拉普拉斯极限定理是概率论历史上第一个中心极限定理,它是专门针对二项分布的,因此称为"二项分布的正态近似".第十二章中泊松定理给出了"二项分布的泊松近似".两者相比,一般在 p 较小时,用泊松近似较好,而在 $np > 5$ 和 $n(1-p) > 5$ 时,用正态分布近似较好.

三、中心极限定理的应用

中心极限定理是概率论中最著名的结论之一,它不仅提供了计算独立随机变量之和的近似概率的简单方法,而且有助于解释为什么很多随机现象都可用正态分布来描述这一事实.下面举例说明中心极限定理的应用.

若随机变量序列 $\{X_n\}$ 满足中心极限定理,则当 n 充分大时,对任意的 a、$b(a < b)$,有

$$P\left\{a \leqslant \frac{\sum\limits_{k=1}^{n} X_k - E(\sum\limits_{k=1}^{n} X_k)}{\sqrt{D(\sum\limits_{k=1}^{n} X_k)}} \leqslant b\right\} \approx \Phi(a) - \Phi(b)$$

例 15.4 对敌人的防御地进行 100 次轰炸,每次轰炸命中目标的炸弹数目是一个随机变量,其期望值是 2,方差是 1.69.求在 100 次轰炸中有 180 颗到 220 颗炸弹命中目标的概率.

解 令第 i 次轰炸命中目标的炸弹数为 X_i,100 次轰炸中命中目标炸弹数 $X = \sum\limits_{i=1}^{100} X_i$,由定理 15.5 可知,$X$ 渐近服从正态分布,期望值为 200,方差为 169,标准差为 13.故

$$P\{180 \leqslant X \leqslant 220\} = P\{|X-200| \leqslant 20\} = P\left\{\left|\frac{X-200}{13}\right| \leqslant \frac{20}{13}\right\}$$

$$\approx 2\Phi(1.54) - 1 = 0.876\ 44$$

例 15.5 一生产线生产的产品成箱包装,每箱的重量是一个随机变量,假设每箱平均重 50 千克,标准差为 5 千克.若用最大载重量为 5 吨的卡车承运,利用中心极限定理说明每辆车最多可装多少箱,才能保证不超载的概率大于 0.977.

解 设每辆车最多可装 n 箱,记 $X_i (i=1, 2, \cdots, n)$ 为装运的第 i 箱的重量(千克),则 X_1,X_2,$\cdots$,X_n 相互独立且分布相同,且

$$E(X_i) = 50, D(X_i) = 25 \qquad (i = 1, 2, \cdots, n)$$

于是 n 箱的总重量为

$$T_n = X_1 + X_2 + \cdots + X_n$$

由林德伯格-列维中心极限定理,有

$$P\{T_n \leqslant 5000\} = P\left\{\frac{\sum\limits_{i=1}^{n} X_i - 50n}{\sqrt{25n}} \leqslant \frac{5000 - 50n}{\sqrt{25n}}\right\}$$

$$\approx \Phi\left(\frac{5000 - 50n}{\sqrt{25n}}\right)$$

由题意,令

$$\Phi\left(\frac{5000-50n}{\sqrt{25n}}\right) > 0.977 = \Phi(2)$$

有 $\dfrac{5000-50n}{\sqrt{25n}} > 2$,解得 $n < 98.02$,即每辆车最多可装 98 箱.

例 15.6 某批产品的次品率为 $p = 0.005$,求 10 000 件产品中次品数不大于 70 件的概率.

解 设 X 表示在任意抽取的 10 000 件产品中的次品数,则 X 服从二项分布 $B(10\,000, 0.005)$,所求概率为

$$P\{0 \leqslant X \leqslant 70\} = \sum_{k=0}^{70} C_{10\,000}^k (0.005)^k (0.995)^{10\,000-k}$$

直接计算会很困难. 由于 $n = 10\,000$ 很大,因此利用棣莫弗-拉普拉斯中心极限定理来求它的近似值,即

$$P\{0 \leqslant X \leqslant 70\} = P\left\{\frac{0-np}{\sqrt{np(1-p)}} \leqslant \frac{X-np}{\sqrt{np(1-p)}} \leqslant \frac{70-np}{\sqrt{np(1-p)}}\right\}$$

$$\approx \Phi\left(\frac{70-np}{\sqrt{np(1-p)}}\right) - \Phi\left(\frac{0-np}{\sqrt{np(1-p)}}\right)$$

其中,$p = 0.005$,$np = 50$,$\sqrt{np(1-p)} \approx 7.053$,故

$$P\{0 \leqslant X \leqslant 70\} \approx \Phi\left(\frac{70-50}{7.053}\right) - \Phi\left(\frac{0-50}{7.053}\right)$$

$$= \Phi(2.836) - \Phi(-7.089) = 0.9977$$

例 15.7 某车间有 200 台车床,在生产期间会因检修、调换刀具、变换位置及调换工件等而停车. 设开工率为 0.6,并设每台车床的工作是独立的,且在开工时需电力 1 kW. 问应供应多少瓦电力就能以 99.9% 的概率保证该车间不会因为供电不足而影响生产?

解 将对每台车床的观察作为一次试验,每次试验观察该台车床在某时刻是否工作,工作的概率为 0.6,共进行 200 次试验. 用 X 表示在某时刻工作着的车床数,依题意,有 $X \sim B(200, 0.6)$.

设需 N 台车床工作,由于每台车床在开工时需电力 1 kW,则 N 台车床工作需电力 N kW. 现在的问题是:求满足 $P\{0 \leqslant X \leqslant N\} \geqslant 0.999$ 的最小的 N.

由棣莫弗-拉普拉斯中心极限定理知,当 n 充分大时,$\dfrac{X-np}{\sqrt{np(1-p)}}$ 近似服从 $N(0,1)$,其中 $np = 120$,$np(1-p) = 48$. 故

$$P\{X \leqslant N\} = P\{0 \leqslant X \leqslant N\} \approx \Phi\left(\frac{N-np}{\sqrt{np(1-p)}}\right) - \Phi\left(\frac{0-np}{\sqrt{np(1-p)}}\right)$$

$$\approx \Phi\left(\frac{N-120}{6.93}\right)$$

由 $\Phi\left(\dfrac{N-120}{6.93}\right) \geqslant 0.999$,查正态分布表得 $\Phi(3.1) = 0.999$,故

$$\frac{N-120}{6.93} \geqslant 3.1$$

解得 $N \geqslant 141.5$,故 $N = 142$. 即供应 142 kW 电力就能以 99.9% 的概率保证该车间不会

因供电不足而影响生产.

[阅读材料]   **数 学 家 棣 莫 弗**

　　棣莫弗(Abraham De Moivre，1667—1754 年)，法国数学家. 1711 年，棣莫弗撰写了《抽签的计量》的论文，1718 年将其扩充为《机会的学说》一书，这是概率论的最早著作之一，书中首次定义了独立事件的乘法定理，给出了二项分布公式，讨论了掷骰子和其它赌博的许多问题. 1733 年他又给出了棣莫弗-拉普拉斯极限定理，这是概率论中第二个基本极限定理的原始形式. 棣莫弗在概率论方面的成就，受到了他同时代的科学家的关注和赞誉. 棣莫弗还将概率论应用于保险事业.

本章基本要求及重点、难点分析

一、基本要求

　　(1) 了解依概率收敛的概念，掌握契比雪夫不等式.
　　(2) 理解契比雪夫大数定律及特殊情况、伯努利大数定律、辛钦大数定律的含义.
　　(3) 理解林德伯格-列维中心极限定理、棣莫弗-拉普拉斯中心极限定理的内涵和意义，运用中心极限定理解决相应的概率近似计算问题.

二、重点、难点分析

1. 重点内容

　　(1) 契比雪夫不等式给出了随机变量 X 的分布未知，只知道 $E(X)$ 和 $D(X)$ 的情况下，对事件 $\{|X - E(X)| \leqslant \varepsilon\}$ 概率的下限估计.
　　(2) 人们在长期实践中认识到频率具有稳定性，伯努利大数定律则以严密的数学形式论证了频率的稳定性.
　　(3) 中心极限定理及其应用是重点. 中心极限定理是概率与数理统计之间承前启后的一个重要纽带，是数理统计学的理论基础，它阐明了在什么条件下、原本不属于正态分布的一些随机变量其总和分布渐近服从正态分布. 中心极限定理的内容包含极限，因而称它为极限定理. 又由于它在统计中的重要性，故称它为中心极限定理.

2. 难点分析

　　(1) 证明随机变量序列服从大数定律.
　　(2) 中心极限定理在实际中的应用.

习 题 十 五

　　1. 在每次试验中，事件 A 发生的概率为 0.5，利用契比雪夫不等式估计：在 1000 次试

验中事件 A 发生的次数在 400 次至 600 次之间的概率.

2. 设随机变量 X_1，X_2，$\cdots$，X_n，$\cdots$ 相互独立，且服从相同的分布：$E(X_i) = 0$，$D(X_i) = \sigma^2$，又 $E(X_i^4)$ 存在 $(i = 1, 2, \cdots)$. 试证明：对任意的 $\varepsilon > 0$，有

$$\lim_{n \to \infty} \left(\left| \frac{1}{n} \sum_{i=1}^{n} X_i^2 - \sigma^2 \right| < \varepsilon \right) = 1$$

3. 计算器在进行加法时，将每一加数舍入最靠近它的整数. 设所有舍入误差是独立的，且在 $(-0.5, 0.5)$ 上服从均匀分布.

(1) 若将 1500 个数相加，求误差总和的绝对值超过 15 的概率；

(2) 最多可有几个数相加使得误差总和的绝对值小于 10 的概率不小于 0.90？

4. 假设一条生产线生产的产品合格率是 0.8. 要使一批产品的合格率达到在 76% 与 84% 之间的概率不小于 90%，问这批产品至少要生产多少件？

5. 一加法器同时收到 20 个噪声电压 $V_k (k = 1, 2, \cdots, 20)$，设它们是相互独立的随机变量，且都在区间 $(0, 10)$ 上服从均匀分布. 记 $V = \sum_{k=1}^{20} V_k$，求 $P\{V > 105\}$ 的近似值.

6. 有一批建筑房屋用的木柱，其中 80% 的长度不小于 3 m. 现从这批木柱中随机地取出 100 根，求其中至少有 30 根短于 3 m 的概率.

7. 某药厂断言，该厂生产的某种药品对于医治一种疑难的血液病的治愈率为 0.8. 医院检验员任意抽查 100 个服用此药品的病人，如果其中多于 75 人治愈，就接受这一断言，否则就拒绝这一断言.

(1) 若实际上此药品对这种疾病的治愈率是 0.8，求接受这一断言的概率；

(2) 若实际上此药品对这种疾病的治愈率是 0.7，求接受这一断言的概率.

8. 设每次对敌阵炮击的命中数的数学期望是 0.4，方差为 2.4，试求 1000 次炮击中有 380 颗到 420 颗炮弹命中的概率的近似值.

9. 现有一大批种子，其中良种占 $\frac{1}{6}$，现从中任取 6000 粒种子，试分别用契比雪夫不等式和中心极限定理计算这 6000 粒种子中良种所占的比例与 $\frac{1}{6}$ 之差的绝对值不超过 0.01 的概率.

10. 用棣莫弗-拉普拉斯中心极限定理近似计算从一批废品率为 0.05 的产品中，任取 1000 件，其中有 20 件废品的概率.

11. 抽样检查产品质量时，如果发现次品多于 10 个，则拒绝接受这批产品. 设某批产品的次品率为 10%，问至少应抽多少个产品检查才能保证拒绝接受该产品的概率达到 0.9？

12. 设有 30 个电子器件，它们的使用寿命（单位：小时）T_1，$\cdots$，T_{30} 服从参数 $\lambda = 0.1$ 的指数分布，其使用情况是第一个损坏第二个立即使用，以此类推. 令 T 为 30 个器件使用的总计时间，求 T 超过 350 小时的概率.

13. 第 12 题中的电子器件若每件为 a 元，那么在年计划中一年至少需多少元才能以 95% 的概率保证够用（假定一年有 306 个工作日，每个工作日为 8 小时）.

14. 对于一个学生而言，来参加家长会的家长人数是一个随机变量，设一个学生无家长、1 名家长、2 名家长来参加会议的概率分别为 0.05、0.8、0.15. 若学校共有 400 名学生，设各学生参加会议的家长数相互独立，且服从同一分布. 求：

（1）参加会议的家长数 X 超过 450 的概率；

（2）有 1 名家长来参加会议的学生数不多于 340 的概率.

15. 设有 1000 个人独立行动，每个人能够按时进入掩蔽体的概率为 0.9. 以 95% 概率估计，在一次行动中：

（1）至少有多少人能够进入？

（2）至多有多少人能够进入？

16. 在一个保险公司里有 10 000 人参加保险，每人每年付 12 元保险费，在一年内一个人死亡的概率为 0.006，死亡者的家属可向保险公司领得 1000 元赔偿费. 求：

（1）保险公司没有利润的概率；

（2）保险公司一年的利润不少于 60 000 元的概率.

17. 设某器件的使用寿命（单位：小时）服从指数分布，平均使用寿命为 20 小时，具体使用时是当一器件损坏后立即更换另一新器件，如此继续. 已知每一器件的进价为 a 元，试求在年计中应为此器件作多少元预算，才可以有 95% 的把握一年够用（假定一年工作 2000 小时）.

18. 设随机变量 X 和 Y 的数学期望都是 2，方差分别为 1 和 4，而相关系数为 0.5，试根据契比雪夫不等式给出 $P\{|X-Y| \geqslant 6\}$ 的估计.

19. 某保险公司多年统计资料表明，在索赔户中，被盗索赔户占 20%，以 X 表示在随机抽查的 100 个索赔户中，因被盗向保险公司索赔的户数.

（1）写出 X 的概率分布；

（2）利用中心极限定理，求被盗索赔户不少于 14 户且不多于 30 户的概率近似值.

第四部分　数理统计

　　数理统计学相对于其它数学分支来说是一支比较年轻的数学分支，真正可称其为一门数学学科应追溯到 20 世纪初．该学科以概率论为基础，利用对随机现象的观察所取得的数据资料来研究随机现象．

　　在中国大百科全书中，关于数理统计学的描述是：

　　应用数学的一个分支，主要通过利用概率论建立数学模型，收集所观察系统的数据，进行量化的分析、总结，并进而进行推断和预测，为相关决策提供依据和参考．

　　因此，数理统计学主要是研究怎样去有效地收集、整理和分析带有随机性的数据，以对所考察的问题作出推断或预测的一门学科．在数理统计学中，试验数据是非常关键的．

　　数理统计研究的主要内容可分为：

　　（1）试验设计，即研究如何对随机现象进行观察、试验，以便合理、有效地获取反映整体情况的数据．

　　（2）统计推断，即研究如何对试验数据进行整理、分析，从而推断出随机现象的统计特征．

　　数理统计的应用十分广泛，如：新产品的设计、定型和使用过程中试验数据的处理，工农业生产中产品质量的检查和控制，社会生活领域中的抽样调查和市场预测等多个方面．

第十六章　　样本及抽样分布

本章重点讲述数理统计中涉及的总体、样本、统计量等基本概念以及统计量的分布，为以后的统计推断的学习打下基础．

16.1　总体与样本

一、总体

我们把所考察对象的全体称为总体（也称母体）．比如，为了了解 6 ～ 12 岁儿童的情况，可以把所有 6 ～ 12 岁的儿童作为一个总体；再如，为了调查市场上某种产品的质量，可以将市场上的所有这种产品视为一个总体．在数理统计学中，为了研究问题的方便，我们通常只关心总体的某个数量指标，因此，引入以下概念：

由研究对象的某项数量指标的全体组成的集合称为**总体**（population）．组成总体的每个元素称为**个体**．总体中的个体总数称为**总体的容量**（population size）．

如：1000 只灯泡的寿命是一个总体，每个灯泡的寿命是一个个体，总体的容量为1000．

总体的容量可为有限和无限的．

在数理统计中，我们主要关心数量指标的分布情况，即总体取值的概率规律．比如，1000 只灯泡中，寿命在 1000 ～ 1300 小时的占 85%，在 1300 ～ 1800 小时的占 5%，等等，即灯泡的寿命取值有一定的分布．再如，某个班级学生的数学学习成绩构成一个总体，我们经常所说的 60 ～ 70 分占百分之几，70 ～ 80 分占百分之几，等等，其实就是表达成绩取值的某种分布情况，所以，我们研究的总体 —— 某项数量指标 X，它的取值有一定的分布，即 X 是一个随机变量．**以后对总体的研究，也就是对相应的随机变量 X 的研究**．

二、样本

要对总体的性质有一个了解，最好的方法是对每个个体进行观察，但实际中这样做是不现实的，一是对某些对象的试验是破坏性的，二是需要消耗人力和时间，因此只能从总体中抽取一部分来观察．一般地，把从总体 X 中随机抽取的一部分个体称为总体的一个**随机样本**，记为 $X_1, \cdots, X_n$，抽样后的观察值记为 $x_1, \cdots, x_n$．

特别地，设 $X_1, \cdots, X_n$ 为总体 X 的一个随机样本，若 $X_1, \cdots, X_n$ 相互独立，且每个 X_i 均与总体 X 有相同的分布函数，则称 $X_1, \cdots, X_n$ 为总体 X 的一个**简单随机样本**，简称**样本**（sample）．其观察值 $x_1, \cdots, x_n$ 称为**样本值**．以后研究的样本均指简单随机样本．

由此定义易得：若 $X_1, \cdots, X_n$ 为 X 的一个样本，X 的分布函数为 $F(x)$，则 $X_1, \cdots, X_n$ 的联合分布函数为

$$F^*(x_1, \cdots, x_n) = P\{X_1 \leqslant x_1, \cdots, X_n \leqslant x_n\} = \prod_{i=1}^{n} P\{X_i \leqslant x_i\} = \prod_{i=1}^{n} F(x_i)$$

而联合分布密度为

$$f^*(x_1, \cdots, x_n) = \prod_{i=1}^{n} f(x_i)$$

三、样本的分布

1. 频率分布

实际中，我们经常用频率来表达一个样本的取值分布情况. 设从总体 X 中抽样得到一个样本 $X_1, \cdots, X_n$，其观察值为 $x_1, \cdots, x_n$，对这 n 个值进行整理，即相同的进行合并，得到互不重复的观察值为 $x_1^*, \cdots, x_s^*$，根据频率的概念，可以统计这 s 个结果出现的频率，用频率分布表描述，见表 16.1. 表 16.1 中，m_i 为 x_i^* 出现的频数，$m_1 + m_2 + \cdots + m_s = n$.

表 16.1

	x_1^*	x_2^*	$\cdots$	x_s^*
频率	$\dfrac{m_1}{n}$	$\dfrac{m_2}{n}$	$\cdots$	$\dfrac{m_s}{n}$

例如，16 个学生的身高数据见表 16.2，由此可以得到如表 16.3 所示的身高的频率分布表. 从表 16.3 中可看出这组调查样本关于学生身高的分布特点.

表 16.2

学生编号	1	2	3	4	5	6	7	8
身高 /cm	170	169	167	167	169	171	165	171
学生编号	9	10	11	12	13	14	15	16
身高 /cm	169	170	170	168	166	168	164	173

表 16.3

身高 /cm	164	165	166	167	168	169
频率	0.0625	0.0625	0.0625	0.125	0.125	0.1875
身高 /cm	170	171	173			
频率	0.1875	0.125	0.0625			

频率分布的直观图示：

对于频率分布，可以用柱状图来直观表示. 柱状图，也称条形图，可以运用 MATLAB、SPSS 等软件工具绘出. 下面以 SPSS 软件为例，对表 16.3 中的数据绘制柱状图.

方法与步骤：

① 录入表 16.3 中的数据，形成 SPSS 数据文件，如图 16.1 所示.

② 打开菜单 Graphs → Bar，出现如图 16.2 所示的对话框.

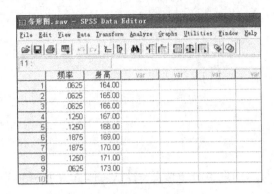

图 16.1

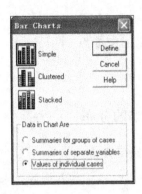

图 16.2

③ 选择"Simple"以及"Values of individual cases"，单击"Define"，出现如图 16.3 所示的对话框.

④ 在图 16.3 中选取频率变量，单击向右箭头按钮，将其送入 Bars Represent 框中；选取身高变量，单击向右箭头按钮，将其送入 Columns 框中. 单击"OK"（确定）按钮，出现如图 16.4 所示的柱状图.

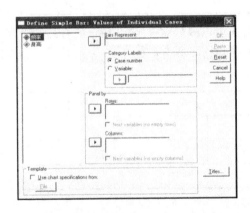

图 16.3

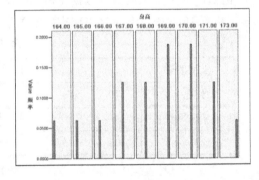

图 16.4

2. 直方图

对于总体的数量指标为连续型的情况，实际中经常用直方图来近似反映总体的分布密度曲线.

设 $x_1, \cdots, x_n$ 是总体 X 的样本观察值，怎样根据 $x_1, \cdots, x_n$ 的值近似表达出总体的分布密度曲线呢？

在总体的分布密度图中，一个区间上的曲边梯形的面积表示该总体 X 在该区间取值的概率，根据频率和概率的关系，对总体观察的样本值，我们可以计算出各个取值区间上分布的频率，并以此区间上的面积等于频率作为概率的近似，作出条形图，从而达到近似分布密度曲线的目的.

例如，图 16.5 所示的直方图是一种条形图，它的走势可以大致反映总体的分布密度曲线.

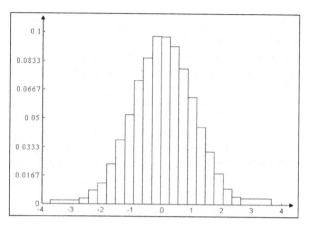

图 16.5

根据前面的分析，作一个直方图可以按以下步骤进行：

（1）将样本值 $x_1,\cdots,x_n$ 进行分组．将包含 $x_1,\cdots,x_n$ 的最小值和最大值的区间划分为 m 个小区间，可以等分，也可以不等分．

（2）统计样本值落在各组中的频数，并计算频率．

（3）以组为底边、各组的频率除以组距为高，画矩形，即得直方图．

下面通过一个例子来具体说明直方图的作法．

例 16.1　以下给出了对某种产品测量误差的 200 个数据，试通过直方图粗略分析测量误差可能服从的分布．

```
16.00  25.00  19.00  20.00  25.00  33.00  24.00  23.00  20.00  24.00  25.00
17.00  15.00  21.00  22.00  26.00  15.00  23.00  22.00  24.00  20.00  14.00
16.00  11.00  14.00  28.00  18.00  13.00  27.00  31.00  25.00  24.00  16.00
19.00  23.00  26.00  17.00  14.00  30.00  21.00  18.00  16.00  20.00  19.00
20.00  22.00  19.00  22.00  20.00  26.00  26.00  13.00  21.00  13.00  11.00
19.00  23.00  18.00  24.00  30.00  13.00  11.00  25.00  15.00  17.00  20.00
22.00  16.00  13.00  12.00  13.00  11.00   9.00  15.00  20.00  21.00  15.00
12.00  17.00  13.00  14.00  12.00  16.00  10.00   8.00  23.00  18.00  11.00
16.00  28.00  13.00  21.00  22.00  12.00   8.00  15.00  21.00  18.00  16.00
16.00  19.00  28.00  19.00  12.00  14.00  19.00  28.00  28.00  28.00  13.00
21.00  28.00  19.00  11.00  15.00  18.00  24.00  18.00  16.00  30.00  19.00
15.00  13.00  22.00  14.00  16.00  24.00  20.00  28.00  20.00  18.00  28.00
14.00  13.00  28.00  29.00  24.00  30.00  14.00  18.00  18.00  18.00   8.00
21.00  16.00  24.00  32.00  16.00  28.00  19.00  15.00  18.00  18.00  10.00
12.00  16.00  26.00  18.00  19.00  33.00   8.00  11.00  18.00  27.00  23.00
11.00  22.00  22.00  13.00  26.00  14.00  22.00  18.00  26.00  18.00  16.00
32.00  27.00  25.00  24.00  17.00  17.00  26.00  38.00  16.00  20.00  28.00
32.00  19.00  23.00  18.00  28.00  15.00  24.00  30.00  29.00  16.00  17.00
19.00  18.00
```

解 根据数据画出直方图.

(1) 从数据中可以看出，其中的最小值为 8，最大值为 38，因此选择分组区间为 $(6，39)$，按长度为 2 进行等分，共分成 16 个组.

(2) 统计样本值落在各组中的频数，并计算频率(见表 16.4).

表 16.4

编号	分组	频数	频率
1	$(6.5，8.5)$	4	0.02
2	$(8.5，10.5)$	3	0.015
3	$(10.5，12.5)$	14	0.07
4	$(12.5，14.5)$	21	0.105
5	$(14.5，16.5)$	27	0.135
6	$(16.5，18.5)$	26	0.13
7	$(18.5，20.5)$	25	0.125
8	$(20.5，22.5)$	18	0.09
9	$(22.5，24.5)$	18	0.09
10	$(24.5，26.5)$	14	0.07
11	$(26.5，28.5)$	16	0.08
12	$(28.5，30.5)$	7	0.035
13	$(30.5，32.5)$	4	0.02
14	$(32.5，34.5)$	2	0.01
15	$(34.5，36.5)$	0	0
16	$(36.5，38.5)$	1	0.005

(3) 以每个组为底边、各组的频率除以组距值 2 为高，画矩形，得直方图，如图 16.6 所示.

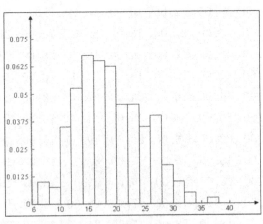

图 16.6

从图中可以看出，其分布大致为正态分布，具有"中间大、两头小"且图形比较对称的特点.

直方图的意义　通过直方图，可以大致近似该总体的分布密度曲线，从而判定出总体可能服从的分布. 之所以可以这样做的原因如下：

对于直方图中的任意一个子区间(x_{i-1}, x_i)，计算该矩形条图的面积：

$$s_i = 组距 \cdot \frac{频率}{组距} = 频率$$

即为样本值落入该子区间的频率. 根据大数定律，当 n 充分大时，该频率近似表示总体 X 落入区间(x_{i-1}, x_i) 的概率，即

$$\int_{x_{i-1}}^{x_i} f(x)\mathrm{d}x$$

由概率论的知识可知，$\int_{x_{i-1}}^{x_i} f(x)\mathrm{d}x$ 即为分布密度曲线在该子区间所夹的曲边梯形的面积. 因此，可用矩形的面积近似表示曲边梯形的面积. 特别地，当 $n \to \infty$，$m \to \infty$ 时，直方图就充分拟合了分布密度曲线.

利用软件画直方图：

运用 MATLAB、SPSS 等软件工具可以很方便地绘制出直方图. 下面重点介绍运用 SPSS 软件的绘图过程和方法.

以例 16.1 为例，说明软件运用过程.

方法与步骤：

① 录入例 16.1 中的数据，形成 SPSS 的数据文件.

② 打开菜单 Graphs → Histogram，出现如图 16.7 所示的对话框.

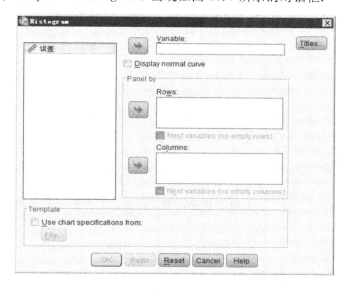

图 16.7

③ 在图 16.7 中选取误差变量，单击向右箭头按钮，将其送入 Variable(变量)框中. 选中"Display normal curve"(显示正态曲线)单选框，单击"OK"(确定)按钮，出现如图 16.8 所示的直方图.

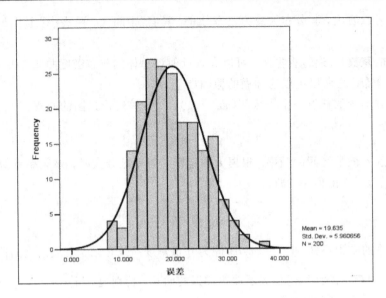

图 16.8

要注意的是，如果划分的区间不同，所得到的直方图就会有所差异.

16.2　统　计　量

一、统计量的概念

在对观测样本进行统计分析和处理时，往往不是使用样本本身，而是针对不同的问题构造样本的适当函数，利用这些样本的函数进行统计推断.

设 X_1，X_2，$\cdots$，X_n 是总体 X 的一个样本，$g(X_1, X_2, \cdots, X_n)$ 是 X_1，X_2，$\cdots$，X_n 的函数且不含任何未知参数，则称 $g(X_1, X_2, \cdots, X_n)$ 是一个**统计量**(statistic). 因为样本是随机变量，所以统计量作为样本的函数也是随机变量，其分布可由样本的分布和统计量的函数形式导出.

设 x_1，x_2，$\cdots$，x_n 是相应于样本 X_1，X_2，$\cdots$，X_n 的样本值，则 $g(x_1, x_2, \cdots, x_n)$ 是统计量 $g(X_1, X_2, \cdots, X_n)$ 的样本观察值.

例如，X_1，X_2，$\cdots$，X_n 是总体 X 的一个样本，μ、σ^2 为未知参数，则 $\dfrac{1}{n}\sum\limits_{i=1}^{n}X_i^2$ 是统计量，而 $\dfrac{1}{n}\sum\limits_{i=1}^{n}(X_i-\mu)^2$、$\sum\limits_{i=1}^{n}X_i\big/\sigma$ 均不是统计量，因为它们含有未知参数 μ 和 σ.

二、常用的统计量

设 X_1，$\cdots$，X_n 是来自总体 X 的一个样本，x_1，$\cdots$，x_n 是样本的观察值，常用的统计量定义如下：

样本均值

$$\overline{X} = \frac{1}{n}\sum_{i=1}^{n}X_i$$

样本方差

$$S^2 = \frac{1}{n-1}\sum_{i=1}^{n}(X_i - \overline{X})^2 = \frac{1}{n-1}\Big(\sum_{i=1}^{n}X_i^2 - n\overline{X}^2\Big)$$

样本标准差

$$S = \sqrt{\frac{1}{n-1}\sum_{i=1}^{n}(X_i - \overline{X})^2}$$

样本 k 阶(原点)矩

$$A_k = \frac{1}{n}\sum_{i=1}^{n}X_i^k \qquad (k = 1, 2, \cdots)$$

样本 k 阶中心矩

$$B_k = \frac{1}{n}\sum_{i=1}^{n}(X_i - \overline{X})^k \qquad (k = 1, 2, \cdots)$$

将样本的观察值 $x_1, \cdots, x_n$ 代入上述统计量,可以得到相应的观察值:

$$\overline{x} = \frac{1}{n}\sum_{i=1}^{n}x_i$$

$$s^2 = \frac{1}{n-1}\sum_{i=1}^{n}(x_i - \overline{x})^2$$

$$s = \sqrt{\frac{1}{n-1}\sum_{i=1}^{n}(x_i - \overline{x})^2}$$

$$a_k = \frac{1}{n}\sum_{i=1}^{n}x_i^k$$

$$b_k = \frac{1}{n}\sum_{i=1}^{n}(x_i - \overline{x})^k$$

以上这些常用的统计量,描述了样本某个方面的特性,也可以称为**样本的数字特征**,它们和总体的相应数字特征有着紧密的联系. 例如,根据辛钦大数定律,样本均值依概率收敛到总体均值,即

$$\overline{X} = \frac{1}{n}\sum_{i=1}^{n}X_i \xrightarrow{p} EX = \mu$$

一般地,若总体 X 的 k 阶原点矩 EX^k 存在,根据辛钦大数定律,当 $n \to \infty$ 时,有

$$A_k = \frac{1}{n}\sum_{i=1}^{n}X_i^k \xrightarrow{p} EX^k \qquad (k = 1, 2, \cdots)$$

更进一步,若 g 为连续函数,则

$$g(A_1, A_2, \cdots, A_k) \xrightarrow{p} g(EX, EX^2, \cdots, EX^k)$$

从上述常用统计量的定义和性质可以看出,这些统计量分别反映了样本的某些方面的特征,如平均值、方差、矩等. 因此,可以通过对杂乱无章的样本数据计算这些统计量,并通过它们对总体的特性进行推断.

例 16.2 以下是随机抽取的 40 名学生的数学考试成绩,试对这些学生的学习情况进行分析.

78	85	66	70	71	89	92	68	75	55	63	72	81	76
83	95	98	77	65	69	72	83	92	88	61	75	72	69
80	50	62	67	71	73	80	66	73	75	45	70		

解　对这些数据进行加工,计算其样本均值和样本方差等,即可了解学生的大致学习情况. 将数据代入,得

$$\bar{x} = \frac{1}{40} \sum_{i=1}^{40} x_i = 73.8$$

$$s^2 = \frac{1}{39} \sum_{i=1}^{40} (x_i - \bar{x})^2 = 131.8051$$

$$s = \sqrt{\frac{1}{39} \sum_{i=1}^{40} (x_i - \bar{x})^2} = 11.4806$$

由此得出:学生的数学学习成绩为中等,并且和平均成绩的平均偏差为 11 分左右.

补充内容(Ⅰ):

(1) 其它常用的统计量.

对样本数据进行统计分析,除了上面提到的这些统计量以外,实际中还有一些经常用到的统计量,如:

最大值

$$\text{Max} = \max(X_1, \cdots, X_n)$$

最小值

$$\text{Min} = \min(X_1, \cdots, X_n)$$

极差

$$R = \text{Max} - \text{Min} = X_{(n)} - X_{(1)}$$

中位数

$$\text{Me} = \begin{cases} X_{(\frac{n+1}{2})} & (n \text{ 为奇数}) \\ \frac{1}{2} \left(X_{(\frac{n}{2})} + X_{(\frac{n}{2}+1)} \right) & (n \text{ 为偶数}) \end{cases}$$

其中:$X_{(1)}, \cdots, X_{(n)}$ 为 $X_1, \cdots, X_n$ 的顺序统计量,即指从总体 X 中抽取一个样本 $X_1, \cdots, X_n$ 的观察值 $x_1, \cdots, x_n$,对这组观察值按照由小到大的顺序重新排列后得到 $x_1^* \leqslant \cdots \leqslant x_n^*$,将 $x_1^*, \cdots, x_n^*$ 视为 $X_{(1)}, \cdots, X_{(n)}$ 的观察值,这样将 $X_1, \cdots, X_n$ 按上述方法由小到大重新排列后得到的新统计量 $X_{(1)}, \cdots, X_{(n)}(X_{(1)} \leqslant \cdots \leqslant X_{(n)})$ 称为 $X_1, \cdots, X_n$ 的顺序统计量.

(2) 运用软件对数据进行分析.

下面以 SPSS 软件为例,介绍如何运用软件对数据进行统计分析,得到这些常见的统计量的值. 选用例 16.2 进行操作.

方法与步骤:

① 录入例 16.2 中的数据,形成 SPSS 数据文件.

② 打开菜单 Analyze → Descriptive Statistic → Frequencies,出现如图 16.9 所示的对话框.

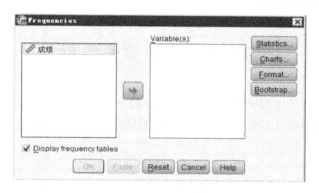

图 16.9

③ 在图 16.9 中选取成绩变量，单击向右箭头按钮，将其送入 Variable(s)（变量）框中．单击"Statistics"（统计）按钮，出现如图 16.10 所示的对话框．

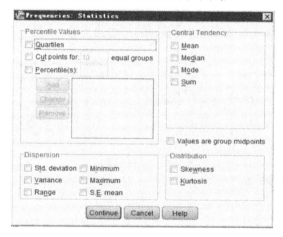

图 16.10

④ 选中希望得到的统计量，如"Mean"（均值）、"Variance"（方差）、"Std. deviation"（标准差）、"Maximum"（最大值）、"Range"（极差）、"Median"（中位数）等，单击"Continue"（继续）按钮，返回如图 16.9 所示的对话框．

⑤ 单击"OK"（确定）按钮，得到如图 16.11 所示的结果．

Statistics

成绩

N	Valid	40
	Missing	0
Mean		73.8000
Median		72.5000
Std. Deviation		11.48064
Variance		131.805
Range		53.00
Minimum		45.00
Maximum		98.00

图 16.11

16.3　三种重要分布

本节介绍来自正态总体的几个常用统计量的分布，也是数理统计中的三种重要的分布，它们在置信区间估计、显著性检验等问题的研究中发挥重要作用.

一、χ^2 分布

设 X_1，X_2，$\cdots$，X_n 是 n 个相互独立的来自标准正态总体 $N(0,1)$ 的样本，则称统计量

$$Y = X_1^2 + X_2^2 + \cdots + X_n^2 \tag{16.1}$$

服从**自由度为 n 的χ^2 分布**(chi-square distribution)，记为 $Y \sim \chi^2(n)$. 自由度 n 表示定义中所含的独立随机变量的个数.

χ^2 分布是德国大地测量学家赫尔默特(Friedrich Robert Helmert) 于 1875 年提出的. 其分布密度为

$$f(x) = \begin{cases} \dfrac{1}{2^{\frac{n}{2}} \Gamma\left(\dfrac{n}{2}\right)} x^{\frac{n}{2}-1} e^{-\frac{x}{2}} & (x \geqslant 0) \\ \\ 0 & (x < 0) \end{cases} \tag{16.2}$$

分布密度曲线图如图 16.12 所示.

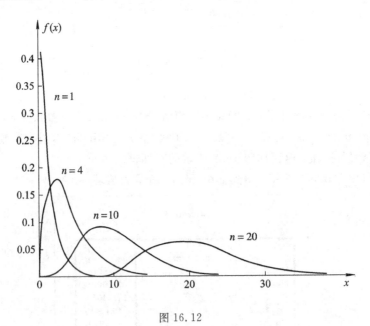

图 16.12

χ^2 分布具有以下性质：

(1) (**可加性**) 若 $X \sim \chi^2(n_1)$，$Y \sim \chi^2(n_2)$，且 X 与 Y 相互独立，则有

$$X + Y \sim \chi^2(n_1 + n_2)$$

(2)（**期望和方差**）若 $X \sim \chi^2(n)$，则 $E(X) = n$，$D(X) = 2n$.

从 χ^2 分布的均值与方差可以看出，随着自由度 n 的增大，χ^2 分布向正无穷方向延伸（因为均值 n 越来越大），分布密度曲线也越来越低阔，而自由度越小，分布密度曲线越偏斜.

χ^2 分布的上侧分位数定义如下：设 $X \sim \chi^2(n)$，给定正数 $\alpha(0 < \alpha < 1)$，称满足

$$P\{X > \chi_\alpha^2(n)\} = \alpha \tag{16.3}$$

的点 $\chi_\alpha^2(n)$ 为 χ^2 分布的**上侧 α 分位数**.

上侧 α 分位数的直观含义如图 16.13 所示.

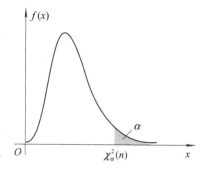

$\chi_\alpha^2(n)$ 的值可通过查附表 2 求得. 例如：$X \sim \chi^2(25)$，则 χ^2 分布的上侧 0.1 分位数 $\chi_{0.1}^2(25)$，即

$$P\{X > \chi_{0.1}^2(25)\} = 0.1$$

查附表 2，得 $\chi_{0.1}^2(25) = 34.382$.

图 16.13

从附表 2 可看出，当 $n > 45$ 时，不能查出分位数的值，这时可借助下面的近似公式. 英国遗传学家 Fisher 曾证明，当 n 充分大时，近似有

$$\chi_\alpha^2(n) \approx \frac{1}{2}(u_\alpha + \sqrt{2n-1})^2$$

其中，u_α 是**标准正态分布的上侧 α 分位数**，即设 $X \sim N(0, 1)$，则 $P\{X > u_\alpha\} = \alpha$，$u_\alpha$ 称为 X 的上侧 α 分位数. u_α 可以通过作相应转换，再查标准正态分布的分布函数表（如附表 1 所示）即可求得.

运用上述近似公式，可以计算当 $n > 45$ 时，χ^2 分布的上侧 α 分位数. 如：

$$\chi_{0.05}^2(50) \approx \frac{1}{2}(u_{0.05} + \sqrt{2 \times 50 - 1})^2 = \frac{1}{2}(1.645 + \sqrt{99})^2 = 67.221$$

二、t 分布

设 $X \sim N(0, 1)$，$Y \sim \chi^2(n)$，且 X 与 Y 相互独立，则称随机变量

$$T = \frac{X}{\sqrt{\dfrac{Y}{n}}} \tag{16.4}$$

服从**自由度为 n 的 t 分布**（t-distribution），记为 $T \sim t(n)$. 其分布密度为

$$f(x) = \frac{\Gamma\left(\dfrac{n+1}{2}\right)}{\sqrt{n\pi}\,\Gamma\left(\dfrac{n}{2}\right)}\left(1 + \frac{x^2}{n}\right)^{-\frac{n+1}{2}} \qquad (-\infty < x < +\infty) \tag{16.5}$$

t 分布又称学生分布，由威廉·戈塞特（William Sealy Gosset）于 1908 年首先发表，当时他还在都柏林的健力士酿酒厂工作. 因为不能以他本人的名义发表，所以论文使用了"学生（Student）"这一笔名. 之后 t 检验以及相关理论经由罗纳德·费希尔（Ronald Aylmer Fisher）发扬光大，他将此分布称为学生分布.

[阅读材料]

<h1 style="text-align:center">数 学 家 戈 塞 特</h1>

戈塞特(William Sealy Gossett，1876—1937 年)，英国数学家. 他是小样本统计理论的开创者. 1905 年，戈塞特对酒厂里大量的小样本数据进行研究，写了第一篇论文《误差法则在酿酒过程中的应用》，1908 年，戈塞特以"学生(Student)"为笔名在《生物计量学》杂志发表了论文《平均数的规律误差》. 这篇论文开创了小样本统计理论的先河，为研究样本分布理论奠定了重要基础，被统计学家誉为统计推断理论发展史上的里程碑.

t 分布密度图形关于 y 轴对称，如图 16.14 所示，且有

$$\lim_{n\to\infty}f(x)=\frac{1}{\sqrt{2\pi}}e^{-\frac{x^2}{2}} \tag{16.6}$$

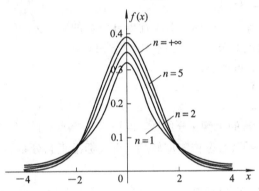

图 16.14

t 分布密度曲线形态与自由度 n 大小有关. 与标准正态分布曲线相比，自由度 n 越小，t 分布密度曲线越平坦，曲线双侧尾部翘得越高；自由度 n 越大，t 分布密度曲线越接近标准正态分布密度曲线，当自由度 n 趋于无穷时，t 分布密度曲线为标准正态分布密度曲线.

类似地，t 分布的上侧分位数定义如下：设给定正数 $\alpha(0<\alpha<1)$，称满足

$$P\{T>t_\alpha(n)\}=\alpha \tag{16.7}$$

的点 $t_\alpha(n)$ 为 t **分布的上侧 α 分位数.**

t 分布的上侧 α 分位数示意图如图 16.15 所示.

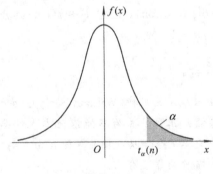

图 16.15

$t_a(n)$ 的值也可通过查表求得. 例如：$T \sim t(10)$，则 t 分布的上侧 0.05 分位数 $t_{0.05}(10)$ 查附表 3，得 $t_{0.05}(10) = 1.812$.

由 t 分布密度图形的对称性（见图 16.16），可以看出

$$t_{1-a}(n) = - t_a(n)$$

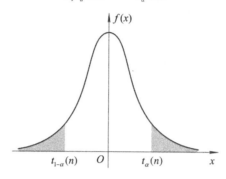

图 16.16

根据式（16.6），当 $n > 45$ 时，近似有

$$t_a(n) \approx u_a$$

其中，u_a 是标准正态分布的上侧 α 分位数.

例如：

$$t_{0.1}(40) = 1.3031$$
$$t_{0.9}(40) = - t_{1-0.9}(40) = - t_{0.1}(40) = - 1.3031$$
$$t_{0.1}(45) \approx u_{0.1} = 1.284$$

三、F 分布

设 $U \sim \chi^2(n_1)$，$V \sim \chi^2(n_2)$，且 U 与 V 相互独立，则称随机变量

$$F = \frac{U/n_1}{V/n_2} \tag{16.8}$$

服从**自由度为**(n_1, n_2) 的 F 分布（F-distribution），记为 $F \sim F(n_1, n_2)$.

F 分布是 1924 年由英国统计学家罗纳德·费希尔提出，并以其姓氏的第一个字母命名的.

[阅读材料]　　　　　　　**数 学 家 费 希 尔**

　　费希尔（Ronald Aylmer Fisher，1890—1962 年），英国统计学家、遗传学家. 费希尔是现代数理统计学的主要奠基人之一，他对现代数理统计的形成和发展作出了巨大的贡献，其重要成就有：20 世纪 20 年代，他系统地发展了正态总体下统计量的抽样分布，这标志着相关、回归和多元分析等分支的初步建立；1912—1925 年，他建立了以最大似然估计为中心的点估计理论；20 世纪 30 年代，他与耶茨合作创立了实验设计，并发展了与这种设计相适应的数据分析方法——方差分析法，它在实际应用中非常重要. 同时，他对假设检验的发展也起过重要作用.

F 分布密度函数为

$$f(x) = \begin{cases} \dfrac{\Gamma\left(\dfrac{n_1+n_2}{2}\right)}{\Gamma\left(\dfrac{n_1}{2}\right)\Gamma\left(\dfrac{n_2}{2}\right)} n_1^{\frac{n_1}{2}} n_2^{\frac{n_2}{2}} \dfrac{x^{\frac{n_1}{2}-1}}{(n_1 x + n_2)^{\frac{n_1+n_2}{2}}} & (x > 0) \\ 0 & (x \leqslant 0) \end{cases} \tag{16.9}$$

F 分布密度曲线如图 16.17 所示.

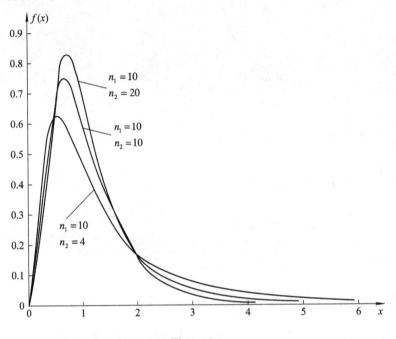

图 16.17

由定义可知，若 $F \sim F(n_1, n_2)$，则 $\dfrac{1}{F} \sim F(n_2, n_1)$.

类似地，F 分布的上侧分位数定义如下：设给定正数 $\alpha(0 < \alpha < 1)$，称满足

$$P\{F > F_\alpha(n_1, n_2)\} = \alpha \tag{16.10}$$

的点 $F_\alpha(n_1, n_2)$ 为 F **分布的上侧 α 分位数**. 图 16.18 给出了 F 分布的上侧 α 分位数示意图，分位数的值可以通过查附表 4 得到，如 $F_{0.05}(10, 9) = 3.14$.

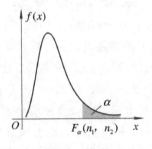

图 16.18

F 分布的上侧 α 分位数具有以下性质：

$$F_{1-\alpha}(n_1, n_2) = \frac{1}{F_\alpha(n_2, n_1)}$$

证　设 $F \sim F(n_1, n_2)$，根据上侧分位数的定义，有

$$1 - \alpha = P\{F > F_{1-\alpha}(n_1, n_2)\} = P\left\{\frac{1}{F} < \frac{1}{F_{1-\alpha}(n_1, n_2)}\right\}$$

$$= 1 - P\left\{\frac{1}{F} \geqslant \frac{1}{F_{1-\alpha}(n_1, n_2)}\right\}$$

于是

$$P\left\{\frac{1}{F} > \frac{1}{F_{1-\alpha}(n_1, n_2)}\right\} = \alpha \qquad (16.11)$$

又因为

$$\frac{1}{F} \sim F(n_2, n_1)$$

故

$$P\left\{\frac{1}{F} > F_\alpha(n_2, n_1)\right\} = \alpha \qquad (16.12)$$

比较式(16.11)和式(16.12)，有

$$F_\alpha(n_2, n_1) = \frac{1}{F_{1-\alpha}(n_1, n_2)}$$

或

$$F_{1-\alpha}(n_1, n_2) = \frac{1}{F_\alpha(n_2, n_1)}$$

利用这个性质，可以计算附表 4 中没有的上侧分位数值. 例如：

$$F_{0.95}(12, 9) = \frac{1}{F_{0.05}(9, 12)} = \frac{1}{2.8} = 0.357$$

16.4　正态总体的抽样分布

统计量的分布称为**抽样分布**.

前面学习了统计量，知道统计量是样本的函数，因此可以根据总体的分布，确定样本分布，从而得出抽样分布.

但在实际中，要精确确定抽样分布是困难的，不过，对正态总体，其抽样分布常常容易确定，因此，以下主要讨论正态总体的抽样分布.

下面首先介绍一个对任何总体都适用的结论.

定理 16.1　设 X(不管为何种分布)的均值为 μ，方差为 σ^2，$X_1, X_2, \cdots, X_n$ 为 X 的一个样本，则

$$E\overline{X} = \mu, \quad D\overline{X} = \frac{\sigma^2}{n}$$

证

$$E\overline{X} = E\left(\frac{1}{n}\sum_{i=1}^{n} X_i\right) = \frac{1}{n}\sum_{i=1}^{n} EX_i = \mu$$

$$DX = \frac{1}{n^2} \sum_{i=1}^{n} DX_i = \frac{\sigma^2}{n}$$

定理 16.1 揭示了样本均值的期望和方差与总体的期望和方差之间的关系.

一、单个正态总体样本均值和样本方差的分布

由定理 16.1 容易得到单个正态总体样本均值的分布.

定理 16.2 设正态总体 $X \sim N(\mu, \sigma^2)$，X_1，X_2，$\cdots$，X_n 是它的一个样本，$\overline{X} = \frac{1}{n} \sum_{i=1}^{n} X_i$ 为样本均值，则 $\overline{X} \sim N\left(\mu, \frac{\sigma^2}{n}\right)$，即

$$\frac{\overline{X} - \mu}{\sqrt{\sigma^2/n}} \sim N(0, 1)$$

证 首先 $\overline{X}$ 为 n 个相互独立的正态变量的线性组合，故也为正态变量，且由定理 16.1 知

$$E\overline{X} = \mu$$
$$D\overline{X} = \frac{\sigma^2}{n}$$

故

$$\overline{X} \sim N\left(\mu, \frac{\sigma^2}{n}\right)$$

将其标准化，有 $\dfrac{\overline{X} - \mu}{\sqrt{\sigma^2/n}} \sim N(0, 1)$.

下面给出正态总体的样本方差服从的分布.

定理 16.3 设正态总体 $X \sim N(\mu, \sigma^2)$，X_1，X_2，$\cdots$，X_n 是它的一个样本，$S^2 = \frac{1}{n-1} \sum_{i=1}^{n} (X_i - \overline{X})^2$ 为样本方差，则

$$\frac{(n-1)S^2}{\sigma^2} \sim \chi^2(n-1)$$

且 $\overline{X}$ 与 S^2 独立.

定理 16.3 的证明过程超出本书要求，故略.

实际中，总体的方差常常是未知的，而定理 16.2 样本均值的分布中含有总体方差，因此需要修改.

定理 16.4 设正态总体 $X \sim N(\mu, \sigma^2)$，X_1，X_2，$\cdots$，X_n 是它的一个样本，$\overline{X} = \frac{1}{n} \sum_{i=1}^{n} X_i$ 和 $S^2 = \frac{1}{n-1} \sum_{i=1}^{n} (X_i - \overline{X})^2$ 分别为样本均值和样本方差，则

$$\frac{\overline{X} - \mu}{S/\sqrt{n}} = \frac{(\overline{X} - \mu)\sqrt{n}}{S} \sim t(n-1)$$

证 由定理 16.2 和定理 16.3 的结论，若 σ^2 未知，且 $\overline{X}$ 与 S^2 相互独立，则根据 t 分布定义构造

$$T = \frac{\dfrac{\overline{X} - \mu}{\sqrt{\sigma^2/n}}}{\sqrt{\dfrac{(n-1)S^2}{\sigma^2} \Big/ (n-1)}} = \frac{\overline{X} - \mu}{S/\sqrt{n}} \sim t(n-1)$$

二、两个正态总体的抽样分布

在后面的统计推断中，还经常用到两个正态总体的样本均值之差所服从的分布.

定理16.5　设 $X \sim N(\mu_1, \sigma_1^2)$，$Y \sim N(\mu_2, \sigma_2^2)$，$\sigma_1^2$、$\sigma_2^2$ 均已知，$X_1, \cdots, X_{n_1}$ 与 $Y_1, \cdots, Y_{n_2}$ 分别为来自 X 和 Y 的一个样本，且两个样本相互独立，设 $\overline{X}$、$\overline{Y}$、S_1^2、S_2^2 分别为 X 和 Y 的样本均值与样本方差，则

$$\frac{(\overline{X} - \overline{Y}) - (\mu_1 - \mu_2)}{\sqrt{\dfrac{\sigma_1^2}{n_1} + \dfrac{\sigma_2^2}{n_2}}} \sim N(0, 1)$$

证　因为 $\overline{X} \sim N\left(\mu_1, \dfrac{\sigma_1^2}{n_1}\right)$，$\overline{Y} \sim N\left(\mu_2, \dfrac{\sigma_2^2}{n_2}\right)$，且 $\overline{X}$ 与 $\overline{Y}$ 相互独立，故

$$\overline{X} - \overline{Y} \sim N\left(\mu_1 - \mu_2, \dfrac{\sigma_1^2}{n_1} + \dfrac{\sigma_2^2}{n_2}\right)$$

即

$$\frac{(\overline{X} - \overline{Y}) - (\mu_1 - \mu_2)}{\sqrt{\dfrac{\sigma_1^2}{n_1} + \dfrac{\sigma_2^2}{n_2}}} \sim N(0, 1)$$

实际中如果 σ_1^2、σ_2^2 是未知的，则要用到下面的抽样分布.

定理16.6　设 $X \sim N(\mu_1, \sigma_1^2)$，$Y \sim N(\mu_2, \sigma_2^2)$，$\sigma_1^2$、$\sigma_2^2$ 均未知，但 $\sigma_1^2 = \sigma_2^2 = \sigma^2$，$X_1, \cdots, X_{n_1}$ 与 $Y_1, \cdots, Y_{n_2}$ 分别为来自 X 和 Y 的一个样本，且两个样本相互独立，设 $\overline{X}$、$\overline{Y}$、S_1^2、S_2^2 分别为 X 和 Y 的样本均值与样本方差，则

$$\frac{(\overline{X} - \overline{Y}) - (\mu_1 - \mu_2)}{S_w\sqrt{\dfrac{1}{n_1} + \dfrac{1}{n_2}}} \sim t(n_1 + n_2 - 2)$$

其中

$$S_w^2 = \frac{(n_1 - 1)S_1^2 + (n_2 - 1)S_2^2}{n_1 + n_2 - 2}$$

证　因为

$$\overline{X} - \overline{Y} \sim N\left(\mu_1 - \mu_2, \dfrac{\sigma^2}{n_1} + \dfrac{\sigma^2}{n_2}\right)$$

即

$$\frac{(\overline{X} - \overline{Y}) - (\mu_1 - \mu_2)}{\sqrt{\dfrac{\sigma^2}{n_1} + \dfrac{\sigma^2}{n_2}}} \sim N(0, 1)$$

由于 σ^2 未知，且有

$$\frac{(n_1 - 1)S_1^2}{\sigma^2} + \frac{(n_2 - 1)S_2^2}{\sigma^2} \sim \chi^2(n_1 + n_2 - 2)$$

$\overline{X}$、$\overline{Y}$ 与 S_1^2、S_2^2 相互独立，则根据 t 分布定义构造

$$T = \frac{\dfrac{(\overline{X} - \overline{Y}) - (\mu_1 - \mu_2)}{\sigma\sqrt{\dfrac{1}{n_1} + \dfrac{1}{n_2}}}}{\sqrt{\left.\dfrac{(n_1 - 1)S_1^2}{\sigma^2} + \dfrac{(n_2 - 1)S_2^2}{\sigma^2}\right/ (n_1 + n_2 - 2)}} \sim t(n_1 + n_2 - 2)$$

故

$$\frac{(\overline{X} - \overline{Y}) - (\mu_1 - \mu_2)}{S_w\sqrt{\dfrac{1}{n_1} + \dfrac{1}{n_2}}} \sim t(n_1 + n_2 - 2)$$

其中

$$S_w^2 = \frac{(n_1 - 1)S_1^2 + (n_2 - 1)S_2^2}{n_1 + n_2 - 2}$$

除了需要研究两个正态总体的样本均值之差服从的分布外，以后还会用到两个正态总体样本方差之比服从的分布.

定理 16.7　设 $X \sim N(\mu_1, \sigma_1^2)$，$Y \sim N(\mu_2, \sigma_2^2)$，$X_1, \cdots, X_{n_1}$ 与 $Y_1, \cdots, Y_{n_2}$ 分别为来自 X 和 Y 的一个样本，且两个样本相互独立，S_1^2、S_2^2 分别为 X 和 Y 的样本方差，则

$$F = \frac{S_1^2}{S_2^2} \cdot \frac{\sigma_2^2}{\sigma_1^2} \sim F(n_1 - 1, n_2 - 1)$$

证　因为

$$\frac{(n_1 - 1)S_1^2}{\sigma_1^2} \sim \chi^2(n_1 - 1)$$

$$\frac{(n_2 - 1)S_2^2}{\sigma_2^2} \sim \chi^2(n_2 - 1)$$

且 S_1^2 与 S_2^2 相互独立，故根据 F 分布的定义，有

$$F = \frac{\left.\dfrac{(n_1 - 1)S_1^2}{\sigma_1^2}\right/ (n_1 - 1)}{\left.\dfrac{(n_2 - 1)S_2^2}{\sigma_2^2}\right/ (n_2 - 1)} = \frac{S_1^2/\sigma_1^2}{S_2^2/\sigma_2^2} = \frac{S_1^2}{S_2^2} \cdot \frac{\sigma_2^2}{\sigma_1^2} \sim F(n_1 - 1, n_2 - 1)$$

例 16.3　设总体 $X \sim N(\mu, \sigma^2)$，$X_1, X_2, \cdots, X_n$ 为 X 的一个样本，$\overline{X}$、S^2 分别为样本均值和样本方差. 若 X_{n+1} 与 $X_1, X_2, \cdots, X_n$ 独立同分布，求统计量 $Y = \dfrac{X_{n+1} - \overline{X}}{S}\sqrt{\dfrac{n}{n+1}}$ 的分布.

解　因为 $X_{n+1} \sim N(\mu, \sigma^2)$，且与 $X_1, X_2, \cdots, X_n$ 独立，故 $X_{n+1} - \overline{X}$ 服从正态分布，且

$$E(X_{n+1} - \overline{X}) = 0$$

$$D(X_{n+1} - \overline{X}) = D(X_{n+1}) + D(\overline{X}) = \sigma^2 + \frac{\sigma^2}{n} = \frac{n+1}{n}\sigma^2$$

故

$$X_{n+1} - \overline{X} \sim N\left(0, \frac{n+1}{n}\sigma^2\right)$$

即

$$\frac{X_{n+1} - \overline{X}}{\sqrt{\frac{n+1}{n}} \cdot \sigma} \sim N(0, 1)$$

又因为

$$\frac{(n-1)S^2}{\sigma^2} \sim \chi^2(n-1)$$

故

$$T = \frac{\dfrac{X_{n+1} - \overline{X}}{\sqrt{\dfrac{n+1}{n}} \cdot \sigma}}{\sqrt{\dfrac{(n-1)S^2}{\sigma^2} \bigg/ (n-1)}} = \frac{X_{n+1} - \overline{X}}{S}\sqrt{\frac{n}{n+1}} \sim t(n-1)$$

例 16.4 在总体 $N(80, 20^2)$ 中随机抽取一容量为 100 的样本,求样本均值与总体均值之差的绝对值大于 3 的概率.

解 因为 $\overline{X} \sim N\left(\mu, \dfrac{\sigma^2}{n}\right)$,即 $\overline{X} \sim N\left(80, \dfrac{20^2}{100}\right)$,故

$$P\{|\overline{X} - 80| > 3\} = P\{\overline{X} < 77\} + P\{\overline{X} > 83\}$$

$$= P\left\{\frac{\overline{X} - 80}{20/\sqrt{100}} < \frac{77 - 80}{20/\sqrt{100}}\right\} + P\left\{\frac{\overline{X} - 80}{20/\sqrt{100}} > \frac{83 - 80}{20/\sqrt{100}}\right\}$$

$$= F_{0,1}\left(\frac{77 - 80}{2}\right) + 1 - F_{0,1}\left(\frac{83 - 80}{2}\right)$$

$$= F_{0,1}(-1.5) + 1 - F_{0,1}(1.5)$$

$$= 2 - 2F_{0,1}(1.5)$$

$$= 2 - 2 \times 0.9332$$

$$= 0.1336$$

补充内容(Ⅱ):

样本均值与总体均值、样本方差与总体方差是不同的概念,但它们之间有非常紧密的联系. 当样本容量 n 趋于无穷时,样本均值收敛到总体均值,样本方差收敛到总体方差. 下面通过对实验的观察来理解相关的结论.

实验一:通过对实验的观察,理解总体均值与样本均值、总体方差与样本方差等概念的区别.

实施过程:运用 MATLAB 软件,从总体中采集一定数量的样本,计算样本均值和样本方差,检验其是否与总体均值和总体方差相等.

例 16.5 设总体服从 $N(10, 1)$ 分布,运用 MATLAB 软件采集到如下 50 个来自这个总体的样本观察值:

10.4906	10.7018	9.7064	9.4132	8.7733	13.0195	11.6093
10.0956	9.9845	8.6725	9.4912	9.0205	8.6677	10.7614
10.6823	9.7041	9.4755	9.5795	9.3491	10.2110	10.9277
9.8391	10.2096	9.7487	10.1069	9.9095	11.5203	9.7351
9.9396	10.0426	9.4336	8.7895	8.0358	8.8510	10.2000
10.4026	9.4522	9.8711	12.6573	10.8312	8.4515	11.6828
12.1623	8.8706	10.0021	9.6154	8.0477	9.4608	10.3111
9.4702						

计算得到这批观察值的样本均值为

$$\bar{x} = \frac{1}{50}\sum_{i=1}^{50} x_i = 9.9597$$

样本方差为

$$s^2 = \frac{1}{49}\sum_{i=1}^{50} (x_i - \bar{x})^2 = 1.1338$$

可见，样本均值并不等于总体均值 10，样本方差也不等于总体方差 1.

再进行一组同样背景下的抽样，样本数据如下：

9.5676	10.2179	10.1756	9.0045	10.7478	11.3317	10.6712
9.8119	10.3410	8.6344	11.8917	9.4328	9.9538	8.6912
11.2912	10.5814	9.2407	12.4299	9.0082	11.8281	10.2807
11.2117	10.8567	9.5796	10.4766	10.3172	9.0750	8.5152
10.3783	9.1972	10.5859	9.5297	9.7610	10.3835	10.9813
8.3471	9.4082	10.3207	11.7409	11.2074	10.1902	10.1943
9.9342	10.7613	9.9400	8.9966	9.4582	9.9035	7.3202
8.6376						

计算得到这批观察值的样本均值为

$$\bar{x} = \frac{1}{50}\sum_{i=1}^{50} x_i = 10.0469$$

样本方差为

$$s^2 = \frac{1}{49}\sum_{i=1}^{50} (x_i - \bar{x})^2 = 1.0494$$

从这个结果中可以看出，不仅这次实验所得的样本均值、样本方差仍不等于总体均值和总体方差，而且与上一次的结果也不相同，这说明样本均值和样本方差是一个随机变量，从这个意义上也可以说明它们与总体均值和总体方差概念的不同之处.

实验二：通过对实验的观察，理解样本均值随着样本容量的增大，越来越逼近总体均值.

实施过程：运用 MATLAB 软件，从总体中采集几组不同容量的样本，观察样本均值是否随着样本容量的增大，与总体均值越来越接近.

例 16.6　设总体服从 $N(5, 4)$ 分布，运用 MATLAB 软件采集容量分别为 10、100、1000、10 000、100 000 的五组数据进行观察，结果见表 16.5.

表 16.5

样本容量 n	总体均值	样本均值	误差
10	5	4.5935	-0.4065
100	5	5.1883	0.1883
1000	5	4.9821	-0.0179
10 000	5	5.0110	0.0110
100 000	5	4.9998	$-2.3865\mathrm{e}-4$

图 16.19 展示了误差绝对值随样本容量的变化情况.

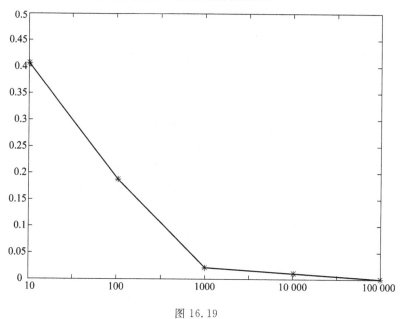

图 16.19

由上述结果可以看出，样本均值随着容量 n 的增大，与总体均值越来越靠近，实际上，当 n 趋近于无穷时，样本均值收敛到总体均值.

本章基本要求及重点、难点分析

一、基本要求

（1）理解总体与个体、简单随机样本（样本）、统计量、抽样分布、上侧分位数等基本概念.

（2）掌握重要的统计量：样本均值、样本方差、样本标准差、样本 k 阶原点矩、样本 k 阶中心矩.

（3）掌握 χ^2 分布、t 分布、F 分布的定义和性质以及上侧分位数的计算.

（4）掌握正态总体的抽样分布.

二、重点、难点分析

1. 重点内容

（1）总体、样本、统计量等基本概念的理解是本章的一个重点，注意从随机变量的角度去理解它们所代表的对象所具有的某种分布特性，同时理解这三个概念之间的关系.

（2）样本均值、样本方差、样本矩等重要统计量是我们实际中进行统计推断的基础，应把它们的定义与后面的抽样分布的学习紧密结合起来，以通过对这些统计量分布的研究，更好地了解该随机变量的分布规律，为全面、整体地把握这些统计量的性质奠定基础.

（3）三种重要分布在后面的学习中非常重要，要求掌握三种分布的定义和性质；其次，分位数的概念和查表方法在区间估计和假设检验中有重要运用，注意理解分位数的含义和直观意义，特别是标准正态分布的上侧分位数与分布函数之间的区别与联系.

（4）正态总体的抽样分布是后面进行统计推断的基础，其结论和证明思想都很重要，需要重点理解并掌握.

2. 难点分析

（1）样本的数字特征（如样本均值、样本方差等）与总体的数字特征（如总体均值、总体方差等）间的不同是理解上的一个难点. 样本的数字特征是刻画样本的平均值、与样本平均值的平均偏差程度等的特征量，是一个随机变量，而总体的数字特征是刻画总体的平均值、与总体均值的平均偏差程度等的特征量，是一个常数，应特别注意它们之间的区别与联系（参见补充内容（Ⅱ））.

（2）正态总体抽样分布中的定理和证明思想是一个难点，其结论在后面章节会进一步用到，对定理的证明充分运用了三种重要分布的构造过程，只要熟练掌握这三种重要分布的定义，就不难理解和运用证明的思想.

习 题 十 六

1. 设总体 X 的一个容量为 12 的样本值为

4.5　2.0　1.0　1.5　3.4　4.5　6.5　5.0　3.5　4.0　3.2　2.7

试分别计算样本均值和样本方差的观察值 $\bar{x}$ 和 s^2.

2. 容量为 10 的样本频数分布如下：

x_i	23.5	26.1	28.2	30.4
m_i	2	3	4	1

求 $\bar{x}$ 和 s^2 的值.

3. 设 $X_1, X_2, \cdots, X_n$ 是参数为 λ 的泊松分布的总体的一个样本，求 $E\bar{X}$ 和 $D\bar{X}$.

4. 设 $X_1, X_2, \cdots, X_n$ 是分布为 $N(\mu, \sigma^2)$ 的正态总体的一个样本，求 $Y = \dfrac{1}{\sigma^2} \sum\limits_{i=1}^{n} (X_i - \mu)^2$ 的概率分布.

5. 设 $X_1, X_2, \cdots, X_{10}$ 为 $N(0, 0.3^2)$ 的一个样本，求 $P\left\{ \sum\limits_{i=1}^{10} X_i^2 > 1.44 \right\}$.

6. 从总体 $N(52,6.3^2)$ 中随机抽取容量为 36 的样本，求样本均值落在 $50.8 \sim 53.8$ 之间的概率.

7. 从总体 $N(20,3)$ 中抽取容量分别为 10、15 的两个独立样本，求两样本均值之差的绝对值大于 0.3 的概率.

8. 设 X_1，X_2，$\cdots$，X_n 是分布为 $N(0,\sigma^2)$ 的正态总体的一个样本，求下列统计量的分布密度：

（1）$Y_1 = \sum\limits_{i=1}^{n} X_i^2$；

（2）$Y_2 = (\sum\limits_{i=1}^{n} X_i)^2$.

9. 已知 $X \sim t(n)$，试证 $X^2 \sim F(1,n)$.

10. 查表求下列分位数：

（1）$u_{0.005}$，$u_{0.95}$；

（2）$\chi_{0.05}^2(10)$，$\chi_{0.05}^2(60)$；

（3）$t_{0.1}(10)$，$t_{0.9}(10)$；

（4）$F_{0.1}(10,20)$，$F_{0.95}(10,20)$.

第十七章　参数估计

统计推断是统计学的重要内容，它的基本问题有两大类：一类是估计问题，一类是假设检验问题．估计问题分为**参数估计**（parameter estimation）和非参数估计．本章主要介绍求参数**点估计**（point estimation）的常用方法，正态总体参数的**区间估计**（interval estimation）以及评判估计量优劣的标准．

17.1　参数的点估计

我们常会遇到这样的问题：已知总体的分布类型，但不知道其中某些参数的真值．例如，已知某城市在单位时间内交通事故发生的次数服从泊松分布 $P(\lambda)$，但其中参数 λ 未知．怎样根据总体的样本 $X_1, X_2, \cdots, X_n$ 来估计总体未知参数的真值，就是参数的点估计问题．

例 17.1　某学校一年级学生的身高 X 服从正态分布 $N(\mu, \sigma^2)$，其中参数 μ 未知．X_1，$X_2, \cdots, X_n$ 是来自总体 X 的一个样本．由于总体均值 $E(X) = \mu$，因此想到用样本均值 $\overline{X}$ 作为 μ 的估计量，记作 $\hat{\mu} = \overline{X}$．若取一组 $x_1, x_2, \cdots, x_n$ 作为相应的样本观察值，则 $\overline{x}$ 称为 μ 的估计值．

例 17.2　某炸药制造厂一天发生着火现象的次数 X 是一个随机变量，假设 X 服从泊松分布 $P(\lambda)$，其中未知参数 $\lambda > 0$．样本值见表 17.1，试用给定的样本值来估计参数 λ 的值．

表 17.1

着火次数 k	0	1	2	3	4	5	6
着火天数 n_k	75	90	54	22	6	2	1

解　由 X 服从参数为 λ 的泊松分布可知

$$\lambda = E(X)$$

我们自然想到用样本均值 $\overline{X}$ 来估计总体均值 $E(X)$．现由已知数据计算得到 $n = 250$ 的样本均值：

$$\overline{x} = \frac{1}{n} \sum_{i=1}^{n} x_i = \frac{1}{250} \sum_{k=0}^{6} k n_k$$

$$= \frac{1}{250}(0 \times 75 + 1 \times 90 + \cdots + 6 \times 1) = 1.22$$

因此，可用 $\overline{x} = 1.22$ 作为参数 λ 的估计值，$\overline{X}$ 作为参数 λ 的估计量．

一般地，设总体 X 的分布中含有未知参数 θ，$X_1, X_2, \cdots, X_n$ 是来自总体 X 的一个样本，构造某个统计量 $\hat{\theta}(X_1, X_2, \cdots, X_n)$ 作为未知参数 θ 的估计，则称 $\hat{\theta}(X_1, X_2, \cdots, X_n)$

为参数 θ 的**点估计量**(point estimator);若样本 X_1,X_2,$\cdots$,X_n 的观测值为 x_1,x_2,$\cdots$,x_n,则称 $\hat{\theta}(x_1, x_2, \cdots, x_n)$ 为参数 θ 的**点估计值**(point estimated value).若总体的分布中含有 $m(m \geqslant 1)$ 个未知参数,则需构造 m 个统计量作为相应 m 个未知参数的点估计量.

如在例 17.2 中,用样本均值来估计总体均值,就有未知参数 λ 的点估计量为

$$\hat{\lambda} = \frac{1}{n} \sum_{i=1}^{n} X_i, \quad n = 250$$

相应的点估计值为

$$\hat{\lambda} = \frac{1}{250} \sum_{i=1}^{250} x_i = 1.22$$

下面介绍两种常用的求未知参数点估计量的方法 —— 矩估计法和最大似然估计法.

一、矩估计法

矩估计法是由英国统计学家皮尔逊(Karl Pearson)在 1894 年提出的求参数点估计的方法.

[阅读材料] **数 学 家 皮 尔 逊**

卡尔·皮尔逊(Karl Pearson,1857—1936 年),英国数学家、哲学家、生物统计学家,对生物统计学、气象学、社会达尔文主义理论和优生学做出了重大贡献.他为现代统计学打下了基础,是现代统计学的创始人之一,被尊称为统计学之父.

19 世纪 90 年代以前,统计理论和方法的发展很不完善,统计资料的搜集、整理和分析都受到很多限制.19 世纪 90 年代初,卡尔·皮尔逊进军生物统计学,开始对生物现象进行数量描述和定量分析,他不断运用统计方法对生物学、遗传学、优生学做出新的贡献.同时,他在先辈们善于赌博机遇的概率论研究的基础上,导入了许多新的概念,把生物统计方法提炼成为一般处理统计资料的通用方法,发展了统计方法论,把概率论与统计学两者融为一炉,许多熟悉的统计名词如标准差、成分分析、总体、多元统计、回归、卡方检验都是由他提出的,特别是在 1900 年,皮尔逊发表了著名的统计量 —— 卡方(χ^2)统计量,用以测定观察值与期望值之间的差异显著性.卡方检验提出后得到了广泛的应用,在现代统计理论中占有重要地位.

1. 矩估计法的基本思想

我们知道总体中的参数往往与总体矩一致,或者是总体矩的函数,例如,总体均值是总体一阶原点矩,总体方差是总体二阶原点矩与一阶原点矩平方之差;同时,由于样本来自总体,样本矩在一定程度上反映了总体矩的特征,根据辛钦大数定律,若总体 X 的 k 阶原点矩 EX^k 存在,在样本容量 $n \to \infty$ 时,样本的 k 阶原点矩依概率收敛到总体的 k 阶原点矩,即

$$A_k = \frac{1}{n} \sum_{i=1}^{n} X_i^k \xrightarrow{p} EX^k \quad (k = 1, 2, \cdots)$$

由此产生了矩估计法.

矩估计法的**基本思想**是用样本的 k 阶原点矩 A_k 估计总体的 k 阶原点矩 EX^k，再利用未知参数与总体矩的关系（其中 EX^k 通常是总体参数或总体参数的函数）求得未知参数的估计量.

有时我们也用样本的 k 阶中心矩 $\dfrac{1}{n}\sum\limits_{i=1}^{n}(X_i-\overline{X})^k$ 去估计总体的 k 阶中心矩 $E[X-E(X)]^k$，并由此得到未知参数的估计量.

2. 矩估计法的具体步骤

假设总体的分布函数已知，记为 $F(x;\theta)$，且有 m 个未知参数 $\theta=(\theta_1,\theta_2,\cdots,\theta_m)$ 需要估计，$X_1,X_2,\cdots,X_n$ 是来自总体的样本.

第一步 令

$$\begin{cases} EX = A_1 \\ EX^2 = A_2 \\ \quad\vdots \\ EX^m = A_m \end{cases} \tag{17.1}$$

其中 $A_k=\dfrac{1}{n}\sum\limits_{i=1}^{n}X_i^k$，$k=1,2,\cdots,m$.

第二步 从包含 m 个未知参数的方程组中解出

$$\begin{cases} \theta_1 = \theta_1(X_1,X_2,\cdots,X_n) \\ \theta_2 = \theta_2(X_1,X_2,\cdots,X_n) \\ \quad\vdots \\ \theta_m = \theta_m(X_1,X_2,\cdots,X_n) \end{cases} \tag{17.2}$$

第三步 把 $\theta_1,\theta_2,\cdots,\theta_m$ 改记为 $\hat{\theta}_1,\hat{\theta}_2,\cdots,\hat{\theta}_m$.

上述方法称为**矩估计法**. 估计量 $\hat{\theta}_1,\hat{\theta}_2,\cdots,\hat{\theta}_m$ 称为未知参数 $\theta_1,\theta_2,\cdots,\theta_m$ 的**矩估计量**，将样本的观察值 $x_1,x_2,\cdots,x_n$ 代入上述的统计量即可得到未知参数的**矩估计值**.

例 17.3 设总体 X 服从未知参数为 p 的两点分布，求参数 p 的矩估计量.

解 设 $X_1,X_2,\cdots,X_n$ 是总体 X 的一个样本，由于

$$EX = p$$

令

$$EX = \frac{1}{n}\sum_{i=1}^{n}X_i$$

故参数 p 的矩估计量为

$$\hat{p} = \frac{1}{n}\sum_{i=1}^{n}X_i$$

例 17.4 设总体 X 服从泊松分布 $P\{X=k\}=\dfrac{\lambda^k \mathrm{e}^{-\lambda}}{k!}$（$k=0,1,2,\cdots$），未知参数 $\lambda>0$，求 λ 的矩估计量.

解 设 $X_1,X_2,\cdots,X_n$ 是总体 X 的一个样本，由于

$$EX = \lambda, \quad DX = \lambda$$

令

$$EX = \frac{1}{n} \sum_{i=1}^{n} X_i \quad \text{或} \quad DX = \frac{1}{n} \sum_{i=1}^{n} (X_i - \overline{X})^2$$

故参数 λ 的矩估计量为

$$\hat{\lambda} = \overline{X} \quad \text{或} \quad \hat{\lambda} = \frac{1}{n} \sum_{i=1}^{n} (X_i - \overline{X})^2$$

由例 17.4 可知,未知参数的矩估计量可以有多个.

例 17.5 设总体 X 服从正态分布 $N(\mu, \sigma^2)$,求未知参数 μ 和 σ^2 的矩估计量.

解 设 $X_1, X_2, \cdots, X_n$ 是来自总体 X 的一个样本,由于

$$\begin{cases} EX = \mu \\ E(X^2) = DX + (EX)^2 = \sigma^2 + \mu^2 \end{cases}$$

令

$$\begin{cases} \mu = \frac{1}{n} \sum_{i=1}^{n} X_i \\ \sigma^2 + \mu^2 = \frac{1}{n} \sum_{i=1}^{n} X_i^2 \end{cases}$$

解得

$$\begin{cases} \mu = \frac{1}{n} \sum_{i=1}^{n} X_i = \overline{X} \\ \sigma^2 = \frac{1}{n} \sum_{i=1}^{n} X_i^2 - \overline{X}^2 = \frac{1}{n} \sum_{i=1}^{n} (X_i - \overline{X})^2 \end{cases}$$

故参数 μ 和 σ^2 的矩估计量为

$$\begin{cases} \hat{\mu} = \overline{X} \\ \hat{\sigma}^2 = \frac{1}{n} \sum_{i=1}^{n} (X_i - \overline{X})^2 \end{cases}$$

例 17.6 设总体 X 的均值 $EX = \mu$,方差 $DX = \sigma^2$,试求未知参数 μ 和 σ^2 的矩估计量.

解 设 $X_1, X_2, \cdots, X_n$ 是来自总体 X 的一个样本,由于

$$\begin{cases} EX = \mu \\ EX^2 = \sigma^2 + \mu^2 \end{cases}$$

令

$$\begin{cases} EX = \frac{1}{n} \sum_{i=1}^{n} X_i \\ EX^2 = \frac{1}{n} \sum_{i=1}^{n} X_i^2 \end{cases}$$

解得

$$\begin{cases} \mu = \frac{1}{n} \sum_{i=1}^{n} X_i = \overline{X} \\ \sigma^2 = \frac{1}{n} \sum_{i=1}^{n} X_i^2 - \overline{X}^2 = \frac{1}{n} \sum_{i=1}^{n} (X_i - \overline{X})^2 \end{cases}$$

故参数 μ 和 σ^2 的矩估计量为

$$\begin{cases} \hat{\mu} = \overline{X} \\ \hat{\sigma}^2 = \dfrac{1}{n}\sum_{i=1}^{n}(X_i - \overline{X})^2 \end{cases}$$

由例 17.6 可知，只要知道总体矩，就可以用矩估计法估计相应的未知参数.

由以上讨论可知，矩估计法简单易行，不需要事先知道总体服从什么分布，只要知道总体存在适当阶的矩，即矩的阶数不小于待估参数的个数，就可进行参数估计. 不过有时做不到，例如服从柯西(Cauchy)分布的总体 X，其密度函数为

$$f(x;\theta) = \frac{1}{\pi[1+(x-\theta)^2]} \qquad (-\infty < x < \infty)$$

由于 $EX = \displaystyle\int_{-\infty}^{+\infty} \frac{x\,\mathrm{d}x}{\pi[1+(x-\theta)^2]}$ 不存在，因此不能用矩估计法来估计参数 θ.

尽管矩估计法简便易行，但它只用到总体数字特征的形式，没有用到总体的具体分布形式，从而损失了一部分有用信息，因此，在很多场合下矩估计法显得有些粗糙. 下面介绍另一种点估计方法 —— **最大似然估计法**.

二、最大似然估计法

最大似然估计法(the method of maximum likelihood) 也称极大似然估计法，是由德国数学家高斯(C. F. Gauss)提出的，而费希尔也发现了该方法，并证明了该方法的一些性质，完善了其理论体系. 下面先通过一个例题来了解最大似然估计法的基本思想.

例 17.7　设袋中装有许多白球和黑球，其数目之比是 $1:3$，现做如下试验：从袋中有放回地抽取三个球，试由试验结果判断黑球占的比例 p 是 $\dfrac{1}{4}$ 还是 $\dfrac{3}{4}$.

解　设 X 是取出三个球中的黑球数，则 X 服从二项分布，其分布律为

X	0	1	2	3
$p\left(x;\dfrac{1}{4}\right)$	$\dfrac{27}{64}$	$\dfrac{27}{64}$	$\dfrac{9}{64}$	$\dfrac{1}{64}$
$p\left(x;\dfrac{3}{4}\right)$	$\dfrac{1}{64}$	$\dfrac{9}{64}$	$\dfrac{27}{64}$	$\dfrac{27}{64}$

由概率分布表可知，当取出的黑球个数 $X=0$ 或 1 时，$p\left(x;\dfrac{1}{4}\right) > p\left(x;\dfrac{3}{4}\right)$，可以认为黑球占的比例是 $\dfrac{1}{4}$；当取出的黑球个数 $X=2$ 或 3 时，$p\left(x;\dfrac{3}{4}\right) > p\left(x;\dfrac{1}{4}\right)$，可以认为黑球占的比例是 $\dfrac{3}{4}$.

例 17.7 求解的**思想方法**是：在已经得到试验结果的情况下，寻找使这个结果出现的可能性最大的那个参数值 p 来推断参数的真值，这实际上就是最大似然估计法估计未知参数的基本思想. 下面仅就离散型随机变量总体和连续型随机变量总体这两种情况作进一步分析.

1. 最大似然估计的基本方法

1）离散型随机变量的最大似然估计法

若总体 X 是离散型随机变量，其分布律为

$$P\{X = x\} = p(x; \theta)$$

其中 $\theta = (\theta_1, \theta_2, \cdots, \theta_m)$ 为待估未知参数. 设 $X_1, X_2, \cdots, X_n$ 是来自总体 X 的一个样本，$x_1, x_2, \cdots, x_n$ 是相应的样本值，则事件 $\{X_1 = x_1, X_2 = x_2, \cdots, X_n = x_n\}$ 的概率为

$$P\{X_1 = x_1, X_2 = x_2, \cdots, X_n = x_n\} = \prod_{i=1}^{n} p(x_i; \theta) \tag{17.3}$$

给定样本值后，由式(17.3)所求得的概率是随 θ 取值的变化而变化的，为参数 θ 的函数，记作 $L(\theta)$，即

$$L(\theta) = \prod_{i=1}^{n} p(x_i; \theta) \tag{17.4}$$

我们称式(17.4)为**似然函数**(likelihood function).

对固定的样本观测值 $x_1, x_2, \cdots, x_n$，若存在 $\hat{\theta}(x_1, x_2, \cdots, x_n)$ 使得似然函数 $L(\theta)$ 取得最大值，则称 $\hat{\theta}(x_1, x_2, \cdots, x_n)$ 为离散型随机变量的总体分布中未知参数 θ 的**最大似然估计值**，相应的统计量 $\hat{\theta}(X_1, X_2, \cdots, X_n)$ 为未知参数 θ 的**最大似然估计量**.

2）连续型随机变量的最大似然估计法

若总体 X 是连续型随机变量，其分布密度函数为 $f(x; \theta)$，其中 $\theta = (\theta_1, \theta_2, \cdots, \theta_m)$ 为待估未知参数. 设 $X_1, X_2, \cdots, X_n$ 是来自总体 X 的一个样本，则 $X_1, X_2, \cdots, X_n$ 的联合密度函数为

$$\prod_{i=1}^{n} f(x_i; \theta) \tag{17.5}$$

设 $x_1, x_2, \cdots, x_n$ 是相应于样本 $X_1, X_2, \cdots, X_n$ 的一个样本值，样本 $X_1, X_2, \cdots, X_n$ 落在点 $x_1, x_2, \cdots, x_n$ 的邻域内（边长分别为 $\mathrm{d}x_1, \mathrm{d}x_2, \cdots, \mathrm{d}x_n$ 的 n 维立方体）的概率近似地为

$$p \approx \prod_{i=1}^{n} f(x_i; \theta)\mathrm{d}x_i \tag{17.6}$$

因其因子 $\prod_{i=1}^{n} \mathrm{d}x_i$ 不随 θ 而变，可知 $\prod_{i=1}^{n} f(x_i; \theta)$ 与 $\prod_{i=1}^{n} f(x_i; \theta)\mathrm{d}x_i$ 同时取得最大值，因此令似然函数

$$L(\theta) = \prod_{i=1}^{n} f(x_i; \theta) \tag{17.7}$$

对固定的样本观测值 $x_1, x_2, \cdots, x_n$，若存在 $\hat{\theta}(x_1, x_2, \cdots, x_n)$ 使得似然函数 $L(\theta)$ 取得最大值，则称 $\hat{\theta}(x_1, x_2, \cdots, x_n)$ 为连续型随机变量的总体分布中未知参数 θ 的**最大似然估计值**，相应的统计量 $\hat{\theta}(X_1, X_2, \cdots, X_n)$ 为未知参数 θ 的**最大似然估计量**.

2. 最大似然估计法的具体步骤

第一步   根据总体分布写出似然函数 $L(\theta)$，其中：离散型总体的似然函数为

$$L(\theta) = \prod_{i=1}^{n} p(x_i; \theta)$$

连续型总体的似然函数为

$$L(\theta) = \prod_{i=1}^{n} f(x_i; \theta)$$

第二步　求似然函数达到最大值时的参数值 $\theta(x_1, x_2, \cdots, x_n)$.

第三步　写出未知参数的估计量 $\hat{\theta} = \theta(X_1, X_2, \cdots, X_n)$ 或估计值 $\hat{\theta} = \theta(x_1, x_2, \cdots, x_n)$.

需要说明两点:

(1) 当 $p(x; \theta)$ 和 $f(x; \theta)$ 关于 θ 可微时, $L(\theta)$ 的最大值点 θ 常由方程

$$\frac{\mathrm{d}}{\mathrm{d}\theta} L(\theta) = 0 \tag{17.8}$$

解得(若 θ 是向量, 则需求偏导函数, 并解方程组).

(2) 由于 $L(\theta)$ 与 $\ln L(\theta)$ 在同一 θ 处取得最值, 因此 θ 的最大似然估计也可以通过方程

$$\frac{\mathrm{d}}{\mathrm{d}\theta} \ln L(\theta) = 0 \tag{17.9}$$

求得(或解方程组求得), 而式(17.9) 的求解往往比较方便. 通常称 $\ln L(\theta)$ 为**对数似然函数**.

例 17.8　设 $X \sim B(1, p)$, p 为未知参数, $x_1, x_2, \cdots, x_n$ 是一个样本值, 求参数 p 的最大似然估计量.

解　由题意可知总体 X 的分布律为

$$P\{X = x\} = p^x (1-p)^{1-x} \qquad (x = 0, 1)$$

似然函数为

$$L(p) = \prod_{i=1}^{n} p^{x_i}(1-p)^{1-x_i} = p^{\sum\limits_{i=1}^{n} x_i}(1-p)^{n-\sum\limits_{i=1}^{n} x_i} \qquad (x_i \text{ 取 } 0 \text{ 或 } 1; i = 1, 2, \cdots, n)$$

对数似然函数为

$$\ln L(p) = \Big(\sum_{i=1}^{n} x_i\Big)\ln p + \Big(n - \sum_{i=1}^{n} x_i\Big)\ln(1-p)$$

令

$$\frac{\mathrm{d}}{\mathrm{d}p}\ln L(p) = \frac{\sum\limits_{i=1}^{n} x_i}{p} + \frac{n - \sum\limits_{i=1}^{n} x_i}{p-1} = 0$$

解得

$$p = \frac{1}{n}\sum_{i=1}^{n} x_i = \bar{x}$$

故 p 的最大似然估计量为

$$\hat{p} = \frac{1}{n}\sum_{i=1}^{n} X_i = \overline{X}$$

例 17.9　设总体 X 服从负指数分布, 其密度函数为

$$f(x) = \begin{cases} \dfrac{1}{\theta}\mathrm{e}^{-\frac{x}{\theta}} & (x > 0) \\[2mm] 0 & (x \leqslant 0) \end{cases}$$

其中未知参数 $\theta > 0$, 求 θ 的最大似然估计量.

解　　由题意可知总体 X 的似然函数为

$$L(\theta) = \prod_{i=1}^{n} f(x_i; \theta) = \prod_{i=1}^{n} \frac{1}{\theta} e^{-\frac{x_i}{\theta}} = \frac{1}{\theta^n} e^{-\frac{1}{\theta} \sum_{i=1}^{n} x_i}$$

对数似然函数为

$$\ln L(\theta) = -n\ln\theta - \frac{1}{\theta} \sum_{i=1}^{n} x_i$$

对 θ 求导

$$\frac{\mathrm{d}[\ln L(\theta)]}{\mathrm{d}\theta} = -\frac{n}{\theta} - \left(\sum_{i=1}^{n} x_i\right)\left(-\frac{1}{\theta^2}\right) = -\frac{n}{\theta} + \frac{1}{\theta^2} \sum_{i=1}^{n} x_i$$

令

$$\frac{\mathrm{d}[\ln L(\theta)]}{\mathrm{d}\theta} = 0$$

解得

$$\theta = \frac{1}{n} \sum_{i=1}^{n} x_i = \bar{x}$$

故 θ 的最大似然估计量为

$$\hat{\theta} = \frac{1}{n} \sum_{i=1}^{n} X_i = \bar{X}$$

例 17.10　　设总体 $X \sim N(\mu, \sigma^2)$，μ 和 σ^2 均未知，$X_1, X_2, \cdots, X_n$ 为 X 的一个样本，$x_1, x_2, \cdots, x_n$ 是一个样本值，求 μ 和 σ^2 的最大似然估计量及相应的估计值.

解　　由题意可知总体 X 的分布密度为

$$f(x; \mu, \sigma^2) = \frac{1}{\sqrt{2\pi}\sigma} e^{-\frac{(x-\mu)^2}{2\sigma^2}} \qquad (x \in \mathbf{R})$$

故似然函数为

$$L(\mu, \sigma^2) = \prod_{i=1}^{n} \frac{1}{\sqrt{2\pi}\sigma} e^{-\frac{(x_i-\mu)^2}{2\sigma^2}} = (2\pi\sigma^2)^{-\frac{n}{2}} e^{-\frac{1}{2\sigma^2} \sum_{i=1}^{n} (x_i-\mu)^2}$$

对数似然函数为

$$\ln L(\mu, \sigma^2) = -\frac{n}{2}(\ln 2\pi + \ln\sigma^2) - \frac{1}{2\sigma^2} \sum_{i=1}^{n} (x_i - \mu)^2$$

分别对 μ、σ^2 求偏导，并令

$$\begin{cases} \dfrac{\partial}{\partial\mu}(\ln L) = \dfrac{1}{\sigma^2} \sum_{i=1}^{n} (x_i - \mu) = 0 \\[3mm] \dfrac{\partial}{\partial\sigma^2}(\ln L) = -\dfrac{n}{2\sigma^2} + \dfrac{1}{2\sigma^4} \sum_{i=1}^{n} (x_i - \mu)^2 = 0 \end{cases}$$

解得

$$\mu = \frac{1}{n} \sum_{i=1}^{n} x_i = \bar{x}, \quad \sigma^2 = \frac{1}{n} \sum_{i=1}^{n} (x_i - \bar{x})^2$$

故 μ 和 σ^2 的最大似然估计量分别为

$$\hat{\mu} = \frac{1}{n} \sum_{i=1}^{n} X_i = \bar{X}, \quad \hat{\sigma}^2 = \frac{1}{n} \sum_{i=1}^{n} (X_i - \bar{X})^2$$

μ 和 σ^2 的最大似然估计值分别为

$$\hat{\mu} = \frac{1}{n} \sum_{i=1}^{n} x_i = \overline{x}, \qquad \hat{\sigma}^2 = \frac{1}{n} \sum_{i=1}^{n} (x_i - \overline{x})^2$$

例 17.11　设 $X \sim U[a, b]$，参数 a、b 未知，$x_1, x_2, \cdots, x_n$ 是一个样本值，求 a 和 b 的最大似然估计量和最大似然估计值.

解　由于 X 的分布密度函数为

$$f(x) = \begin{cases} \dfrac{1}{b-a} & (a \leqslant x \leqslant b) \\ 0 & (\text{其它}) \end{cases}$$

故似然函数为

$$L(a, b) = \begin{cases} \dfrac{1}{(b-a)^n} & (a \leqslant x_1, x_2, \cdots, x_n \leqslant b) \\ 0 & (\text{其它}) \end{cases}$$

因用求驻点的方法不能得到最大似然估计，所以分析似然函数. 记

$$x_{(1)} = \min_{1 \leqslant i \leqslant n} x_i, \quad x_{(n)} = \max_{1 \leqslant i \leqslant n} x_i$$

由 $a \leqslant x_1, x_2, \cdots, x_n \leqslant b$ 可知

$$a \leqslant x_{(1)}, \quad x_{(n)} \leqslant b$$

则对于满足条件 $a \leqslant x_{(1)}, x_{(n)} \leqslant b$ 的任意 a、b，有

$$L(a, b) = \frac{1}{(b-a)^n} \leqslant \frac{1}{(x_{(n)} - x_{(1)})^n}$$

即 $L(a, b)$ 在 $a = x_{(1)}, b = x_{(n)}$ 时取得最大值：

$$L_{\max}(a, b) = \frac{1}{(x_{(n)} - x_{(1)})^n}$$

故 a 和 b 的最大似然估计量分别为

$$\hat{a} = X_{(1)} = \min_{1 \leqslant i \leqslant n} \{X_i\}, \quad \hat{b} = X_{(n)} = \max_{1 \leqslant i \leqslant n} \{X_i\}$$

a 和 b 的最大似然估计值分别为

$$\hat{a} = x_{(1)} = \min_{1 \leqslant i \leqslant n} \{x_i\}, \quad \hat{b} = x_{(n)} = \max_{1 \leqslant i \leqslant n} \{x_i\}$$

3. 最大似然估计量的性质

定理 17.1　设 X 的密度函数为 $f(x; \theta)$（或分布律为 $p(x; \theta)$），若已知 $\hat{\theta}$ 是参数 θ 的最大似然估计量，且 $u = u(\theta)$ 具有单值反函数 $\theta = \theta(u)$，则 $u(\hat{\theta})$ 是 $u(\theta)$ 的最大似然估计量.

本书对该定理不作证明.

如在例 17.10 中 σ^2 的最大似然估计量为 $\hat{\sigma}^2 = \dfrac{1}{n} \sum_{i=1}^{n} (X_i - \overline{X})^2$，而 $\sigma = \sqrt{\sigma^2}$ 具有单值反函数，根据定理 17.1，得标准差 σ 的最大似然估计量为

$$\hat{\sigma} = \sqrt{\hat{\sigma}^2} = \sqrt{\frac{1}{n} \sum_{i=1}^{n} (X_i - \overline{X})^2}$$

17.2　点估计量的评价标准

由 17.1 节的讨论可知，对于同一参数，用不同的估计方法求出的估计量可能不相同，

有时用同一种估计方法也可能得到不同的估计量. 例如, 总体 X 服从未知参数为 λ 的泊松分布, 得到两个不同的矩估计量 $\hat{\lambda} = \overline{X}$ 及 $\hat{\lambda} = \dfrac{1}{n} \sum\limits_{i=1}^{n} (X_i - \overline{X})^2$. 那么采用哪一个估计量比较好呢? 这就涉及用什么样的标准来评价估计量的问题. 本节介绍三个常用的评价标准.

一、无偏性

由于估计量是随机变量, 对于不同的样本值会得到不同的估计值, 我们自然希望估计值能在未知参数的真值附近摆动, 而估计量的数学期望等于未知参数的真值, 这就是无偏性这个标准产生的思想来源.

设 $\hat{\theta}$ 为未知参数 θ 的估计量, 如果满足

$$E\hat{\theta} = \theta \tag{17.10}$$

则称估计量 $\hat{\theta}$ 为未知参数 θ 的**无偏估计量**(unbiased estimator). 若 $E\hat{\theta} \neq \theta$, 则称估计量 $\hat{\theta}$ 为未知参数 θ 的**有偏估计量**(biased estimator), 简称**有偏估计**.

在科学技术中, $E\hat{\theta} - \theta$ 被称为以 $\hat{\theta}$ 作为 θ 估计的**系统误差**. 无偏估计的实际意义就是无系统误差.

例 17.12　设总体 X 服从正态分布 $N(\mu, \sigma^2)$, 且参数 μ、σ^2 均未知, $X_1, X_2, \cdots, X_n$ 是取自总体的一个样本. 问 μ、σ^2 的最大似然估计量 $\hat{\mu} = \overline{X}$, $\hat{\sigma}^2 = \dfrac{1}{n} \sum\limits_{i=1}^{n} (X_i - \overline{X})^2$ 是否为无偏估计量.

解　由题意知, 正态分布参数的最大似然估计量为

$$\hat{\mu} = \overline{X}, \quad \hat{\sigma}^2 = \frac{1}{n} \sum_{i=1}^{n} (X_i - \overline{X})^2$$

由于 $E\hat{\mu} = E\overline{X} = \mu$, 故 $\overline{X}$ 是 μ 的无偏估计量.

又由于

$$E\hat{\sigma}^2 = E\frac{1}{n} \sum_{i=1}^{n} (X_i - \overline{X})^2 = \frac{1}{n} E\left(\sum_{i=1}^{n} X_i^2 - n\overline{X}^2 \right)$$

$$= \frac{1}{n} E\left(\sum_{i=1}^{n} X_i^2 \right) - E\overline{X}^2 = \sigma^2 + \mu^2 - \left(\frac{\sigma^2}{n} + \mu^2 \right)$$

$$= \frac{n-1}{n} \sigma^2 \neq \sigma^2$$

故 $\hat{\sigma}^2 = \dfrac{1}{n} \sum\limits_{i=1}^{n} (X_i - \overline{X})^2$ 是 σ^2 的有偏估计量.

设样本方差

$$S^2 = \frac{1}{n-1} \sum_{i=1}^{n} (X_i - \overline{X})^2$$

由于

$$ES^2 = \frac{n}{n-1} E\hat{\sigma}^2 = \sigma^2$$

故 S^2 是 σ^2 的无偏估计量, 因此通常取 $S^2 = \dfrac{1}{n-1} \sum\limits_{i=1}^{n} (X_i - \overline{X})^2$ 作为方差 σ^2 的估计量, 这

也是将 $S^2 = \dfrac{1}{n-1}\sum_{i=1}^{n}(X_i - \overline{X})^2$ 定义为样本方差的原因.

上述得到 σ^2 的无偏估计量的方法称为**估计量的无偏化**.

二、有效性

设 $\hat{\theta}_1$ 和 $\hat{\theta}_2$ 都是 θ 的无偏估计量,如果满足

$$D\hat{\theta}_1 \leqslant D\hat{\theta}_2 \tag{17.11}$$

则称 $\hat{\theta}_1$ 较 $\hat{\theta}_2$ 有效,或称估计量 $\hat{\theta}_1$ 是比 $\hat{\theta}_2$ **有效的估计量**(efficient estimator).

注 有效性是在无偏性已满足的情况下对估计量的进一步评价. 由于方差是随机变量的取值与其数学期望的偏离程度的度量,所以无偏估计以方差小者为好.

例 17.13 设 X_1,X_2,X_3 是取自总体 X 的一个样本,证明:

$$\hat{\mu}_1 = \frac{1}{5}X_1 + \frac{3}{10}X_2 + \frac{1}{2}X_3$$

$$\hat{\mu}_2 = \frac{1}{3}X_1 + \frac{5}{12}X_2 + \frac{1}{4}X_3$$

$$\hat{\mu}_3 = \frac{1}{3}X_1 + \frac{3}{4}X_2 - \frac{1}{12}X_3$$

都是总体均值 μ 的无偏估计量,并说明哪一个估计量最有效.

证 因为 $EX_i = \mu\ (i = 1, 2, 3)$,所以

$$\begin{aligned}
E\hat{\mu}_1 &= \frac{1}{5}EX_1 + \frac{3}{10}EX_2 + \frac{1}{2}EX_3 \\
&= \left(\frac{1}{5} + \frac{3}{10} + \frac{1}{2}\right)\mu = \mu
\end{aligned}$$

同理

$$E\hat{\mu}_2 = \mu, \quad E\hat{\mu}_3 = \mu$$

故 $\hat{\mu}_1$、$\hat{\mu}_2$、$\hat{\mu}_3$ 都是总体均值 μ 的无偏估计量.

又因为

$$D\hat{\mu}_1 = \frac{1}{25}DX_1 + \frac{9}{100}DX_2 + \frac{1}{4}DX_3 = \frac{19}{50}DX$$

同理

$$D\hat{\mu}_2 = \frac{25}{72}DX, \quad D\hat{\mu}_3 = \frac{49}{72}DX$$

由于

$$D\hat{\mu}_2 < D\hat{\mu}_1, \quad D\hat{\mu}_2 < D\hat{\mu}_3$$

故估计量 $\hat{\mu}_2$ 最有效.

三、相合性

前面讨论的无偏性与有效性都是在样本容量 n 固定的前提下提出的. 我们不仅要求一个估计量是无偏的,且具有较小的方差,还希望当样本容量 n 增大时,估计量的值能稳定于待估参数的真值,这就是所谓的相合性,也称为**一致性**(consistency).

设 $\hat{\theta}=\hat{\theta}(X_1, X_2, \cdots, X_n)$ 是未知参数 θ 的估计量，如果 $\hat{\theta}$ 依概率收敛于 θ，即对任意 $\varepsilon>0$，有

$$\lim_{n\to\infty}P\{|\hat{\theta}-\theta|<\varepsilon\}=1 \quad (\text{或}\lim_{n\to\infty}P\{|\hat{\theta}-\theta|\geqslant\varepsilon\}=0) \tag{17.12}$$

则称 $\hat{\theta}$ 是 θ 的**相合估计量**，也称为**一致估计量**（consistent estimator）.

例 17.14　证明：样本均值 $\overline{X}=\dfrac{1}{n}\sum\limits_{i=1}^{n}X_i$ 是总体均值 μ 的相合估计量.

证　由于

$$E\overline{X}=\mu$$

$$D\overline{X}=\frac{1}{n}\sigma^2$$

对任意 $\varepsilon>0$，由契比雪夫不等式可知

$$P\{|\overline{X}-E\overline{X}|<\varepsilon\}\geqslant 1-\frac{D\overline{X}}{\varepsilon^2}=1-\frac{\sigma^2}{n\cdot\varepsilon^2}$$

因此

$$1-\frac{\sigma^2}{n\cdot\varepsilon^2}\leqslant P\{|\overline{X}-E\overline{X}|<\varepsilon\}\leqslant 1$$

令 $n\to\infty$，便得

$$\lim_{n\to\infty}P\{|\overline{X}-E\overline{X}|<\varepsilon\}=1$$

故样本均值 $\overline{X}=\dfrac{1}{n}\sum\limits_{i=1}^{n}X_i$ 是总体均值 μ 的相合估计量.

一般地，若总体的 k 阶原点矩存在，根据大数定律，样本的 k 阶原点矩依概率收敛于总体的 k 阶原点矩，即样本的 k 阶原点矩是总体 k 阶原点矩的相合估计量.

17.3　参数的区间估计

在参数的点估计中，用点估计值作为参数的真实值，其特点是简单、易于计算. 由于估计量的随机性，参数的估计值与真实值之间总有一定的误差，并且误差范围没有给出，这是点估计的缺陷. 于是，人们希望除了点估计外，还能给出参数的一个范围，并希望知道这个范围包含参数真值的可信程度. 这样的范围通常以区间形式给出，同时也给出此区间包含参数真值的可信程度，这就是**区间估计**.

例如，要估计的某厂电子元器件的寿命往往是一个范围而不必是一个很准确的数，因此，在对这批电子元器件的平均寿命进行估计时，平均寿命的准确值并不是最重要的，人们关注的是所估计的寿命是否能以很高的可信程度处在合格产品的指标范围内. 这里可信程度是很重要的，它涉及使用这些电子元器件的可靠性. 因此，若采用点估计，不一定能达到目的，这就需要引入区间估计.

一、区间估计的基本概念

1. 置信区间的概念
设总体的分布函数为 $F(x；\theta)$，θ 为未知参数，$X_1, X_2, \cdots, X_n$ 是来自总体 X 的样本.

如果存在两个统计量 $\hat{\theta}_1 = \hat{\theta}_1(X_1, X_2, \cdots, X_n)$ 和 $\hat{\theta}_2 = \hat{\theta}_2(X_1, X_2, \cdots, X_n)$，对于给定的 $\alpha(0 < \alpha < 1)$，满足

$$P\{\hat{\theta}_1 < \theta < \hat{\theta}_2\} = 1 - \alpha \tag{17.13}$$

则随机区间 $(\hat{\theta}_1, \hat{\theta}_2)$ 称为参数 θ 的**置信度**为 $1 - \alpha$ 的**双侧置信区间**（confidence interval），$\hat{\theta}_1$ 称为双侧置信区间的**置信下限**（lower confidence limit），$\hat{\theta}_2$ 称为双侧置信区间的**置信上限**（upper confidence limit），$1 - \alpha$ 称为**置信水平**（confidence level），也称置信度、置信概率.

注 （1）$P\{\hat{\theta}_1 < \theta < \hat{\theta}_2\} = 1 - \alpha$ 的意义是，若反复抽样多次（各次得到的样本容量相等，都是 n），每个样本值确定一个区间 $(\hat{\theta}_1, \hat{\theta}_2)$，每个这样的区间要么包含 θ 的真值，要么不包含 θ 的真值，根据伯努利（Bernoulli）大数定律，在这样多的区间中，包含 θ 真值的约占 $1 - \alpha$，不包含 θ 真值的约占 α. 例如，$\alpha = 0.005$，反复抽样 1000 次，则得到的 1000 个区间中不包含 θ 真值的区间仅为 5 次（参看本章后的实验二）.

（2）置信度 $1 - \alpha$ 反映了区间估计的可信（靠）度，$1 - \alpha$ 越大，可靠性越大；而置信区间的长短则反映了区间估计的精确程度，区间 $(\hat{\theta}_1, \hat{\theta}_2)$ 越短，估计的精确度越高. 这两者是相互矛盾的，人们通常采用增加样本容量使二者均得到改善.

（3）当 X 是连续型随机变量时，对于给定的 α，我们总是按要求 $P\{\hat{\theta}_1 < \theta < \hat{\theta}_2\} = 1 - \alpha$ 求出置信区间；而当 X 是离散型随机变量时，对于给定的 α，我们常常找不到区间 $(\hat{\theta}_1, \hat{\theta}_2)$ 使得 $P\{\hat{\theta}_1 < \theta < \hat{\theta}_2\}$ 恰为 $1 - \alpha$，此时取区间 $(\hat{\theta}_1, \hat{\theta}_2)$，使得 $P\{\hat{\theta}_1 < \theta < \hat{\theta}_2\} \geqslant 1 - \alpha$，且尽可能接近 $1 - \alpha$.

由样本 $X_1, X_2, \cdots, X_n$ 确定的统计量 $\hat{\theta}_1 = \hat{\theta}_1(X_1, X_2, \cdots, X_n)$ 和 $\hat{\theta}_2 = \hat{\theta}_2(X_1, X_2, \cdots, X_n)$，若满足

$$P\{\hat{\theta}_1 < \theta\} = 1 - \alpha \tag{17.14}$$

或

$$P\{\theta < \hat{\theta}_2\} = 1 - \alpha \tag{17.15}$$

则称随机区间 $(\hat{\theta}_1, +\infty)$ 和 $(-\infty, \hat{\theta}_2)$ 是 θ 的置信度为 $1 - \alpha$ 的**单侧置信区间**，$\hat{\theta}_1$ 和 $\hat{\theta}_2$ 分别称为**单侧置信下限**和**单侧置信上限**.

2. 双侧置信区间的求法

例 17.15 设某炼铁厂的铁水含碳量在正常情况下服从正态分布，即 $X \sim N(\mu, \sigma^2)$，其中 $\sigma = 0.108$，μ 未知. 现测量五炉铁水，其含碳量（%）分别是 4.28、4.40、4.42、4.35、4.37. 试以置信度为 0.95 对总体均值 μ 作区间估计.

解 由于 $\overline{X}$ 是 μ 的无偏估计量，因此构造统计量

$$U = \frac{\overline{X} - \mu}{\dfrac{\sigma}{\sqrt{n}}} \sim N(0, 1)$$

对于给定的 α（参见图 17.1），有

$$P\left\{ \frac{|\overline{X} - \mu|}{\dfrac{\sigma}{\sqrt{n}}} < u_{\frac{\alpha}{2}} \right\} = 1 - \alpha$$

其中 $u_{\frac{\alpha}{2}}$ 是标准正态分布的上侧分位数. 上式经不等式变形得

$$P\left\{\overline{X} - \frac{\sigma}{\sqrt{n}}u_{\frac{\alpha}{2}} < \mu < \overline{X} + \frac{\sigma}{\sqrt{n}}u_{\frac{\alpha}{2}}\right\} = 1 - \alpha$$

这样得到一个置信度为 $1 - \alpha$ 的置信区间：

$$\left(\overline{X} - \frac{\sigma}{\sqrt{n}}u_{\frac{\alpha}{2}}, \ \overline{X} + \frac{\sigma}{\sqrt{n}}u_{\frac{\alpha}{2}}\right)$$

这里 $\alpha = 0.05$，$\sigma = 0.108$，$n = 5$，由样本值计算得

$$\overline{x} = 4.364$$

查标准正态分布表得

$$u_{\frac{\alpha}{2}} = u_{0.025} = 1.96$$

经计算得 μ 的置信度为 0.95 的置信区间为 $(4.269, 4.459)$.

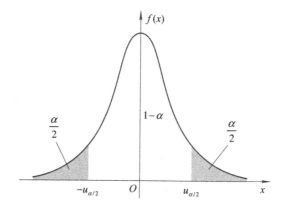

图 17.1

注 $(4.269, 4.459)$ 是一个确定的区间，我们认为它包含了参数真值，这样判断当然也可能犯错误，但犯错误的概率只有 5%.

通过对例 17.15 的讨论，可以看到求未知参数 θ 的双侧置信区间的**一般步骤**如下：

（1）选取 θ 的一个较优的点估计 $\hat{\theta}(X_1, X_2, \cdots, X_n)$.

（2）围绕 $\hat{\theta}$ 寻求一个依赖于样本 $X_1, X_2 \cdots, X_n$ 和 θ 的函数：

$$Z = Z(X_1, X_2, \cdots, X_n; \theta)$$

它包含待估参数 θ，而不包含其它未知参数，并且 Z 的分布已知.

（3）对于给定的置信度 $1 - \alpha$，确定两个常数 a、b，使

$$P\{a < Z < b\} = 1 - \alpha$$

其中，a、b 是 Z 分布的分位点.

（4）从 $a < Z < b$ 得到等价不等式 $\hat{\theta}_1 < \theta < \hat{\theta}_2$，其中：$\hat{\theta}_1 = \hat{\theta}_1(X_1, X_2, \cdots, X_n)$，$\hat{\theta}_2 = \hat{\theta}_2(X_1, X_2, \cdots, X_n)$ 都是统计量，则 $(\hat{\theta}_1, \hat{\theta}_2)$ 就是 θ 的置信度为 $1 - \alpha$ 的置信区间.

区间估计涉及抽样分布，对于一般分布的总体，其抽样分布的计算通常有些困难. 因此，下面将重点介绍正态总体未知参数的区间估计.

二、单个正态总体均值和方差的区间估计

设 $X_1, X_2, \cdots, X_n$ 为来自正态总体 $N(\mu, \sigma^2)$ 的一个样本，给定置信度为 $1 - \alpha$，求 μ

和 σ^2 的置信区间.

1. 均值 μ 的置信区间

1）σ^2 已知，μ 待估

由于要推断总体均值 μ，自然想到它的无偏估计样本均值 $\overline{X}$，由定理 16.2 可知 $\overline{X} \sim N\left(\mu, \dfrac{\sigma^2}{n}\right)$，标准化后可得

$$U = \frac{\overline{X} - \mu}{\dfrac{\sigma}{\sqrt{n}}} \sim N(0, 1)$$

注意到 U 有三个特点：一是样本的函数；二是含且仅含未知参数 μ；三是其分布已知. 由例 17.15 可知，μ 的置信度为 $1-\alpha$ 的置信区间为

$$\left(\overline{X} - \frac{\sigma}{\sqrt{n}} u_{\frac{\alpha}{2}},\ \overline{X} + \frac{\sigma}{\sqrt{n}} u_{\frac{\alpha}{2}}\right) \tag{17.16}$$

可以证明，给定置信度和样本容量后，当分布对称时，由式（17.16）确定的置信区间长度是最短的.

2）σ^2 未知，μ 待估

由于 σ^2 未知，所以不能再用统计量 U 来估计 μ. 由 17.2 节可知，S^2 是 σ^2 的无偏估计量，因此可用 S 代替 U 中的 σ，根据定理 16.4，便得

$$T = \frac{\overline{X} - \mu}{\dfrac{S}{\sqrt{n}}} \sim t(n-1)$$

注意到 T 也具有与 U 类似的三个特点. 对于给定的 α（见图 17.2），有

$$P\{\,|\,T\,| < t_{\frac{\alpha}{2}}(n-1)\,\} = 1-\alpha$$

解不等式得

$$P\left\{\overline{X} - \frac{S}{\sqrt{n}} t_{\frac{\alpha}{2}}(n-1) < \mu < \overline{X} + \frac{S}{\sqrt{n}} t_{\frac{\alpha}{2}}(n-1)\right\} = 1-\alpha$$

所以 μ 的置信度为 $1-\alpha$ 的置信区间为

$$\left(\overline{X} - \frac{S}{\sqrt{n}} t_{\frac{\alpha}{2}}(n-1),\ \overline{X} + \frac{S}{\sqrt{n}} t_{\frac{\alpha}{2}}(n-1)\right) \tag{17.17}$$

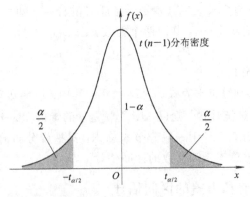

图 17.2

例 17.16 从一批零件中抽取 9 个零件,测得其直径(毫米)分别为 19.7、20.1、19.8、19.9、20.2、20.0、19.9、20.2、20.3. 设零件直径 $X \sim N(\mu, \sigma^2)$,μ 和 σ 都未知. 请对这批零件的平均直径 μ 作置信度为 0.95 的区间估计.

解 由题设可知,用式(17.17) 对 μ 作区间估计. 由样本计算得

$$\bar{x} = 20.01(毫米), \quad s = 0.203(毫米)$$

当 $\alpha = 0.05$ 时,查自由度为 8 的 t 分布表,得

$$t_{0.025}(8) = 2.31$$

由此得

$$\frac{s}{\sqrt{n}} t_{\frac{\alpha}{2}}(n-1) = \frac{0.203}{\sqrt{9}} \times 2.31 = 0.16$$

所以,由式(17.17) 求得 μ 的置信度为 0.95 的置信区间为 $(19.85, 20.17)$.

补充内容(Ⅰ):利用软件求置信区间

利用软件可以很方便地计算未知参数的置信区间.

下面重点介绍运用 MATLAB 软件计算单个正态总体均值 μ 的置信区间的方法. 以例 17.16 为例,说明软件运用过程.

① 在 MATLAB 命令栏中输入下列语句:

r = [19.7, 20.1, 19.8, 19.9, 20.2, 20.0, 19.9, 20.2, 20.3];

[mu, sigma, muci, sigmaci] = normfit(r)

② 运行结果如下:

mu =

      20.0111   均值的估计值

sigma =

      0.2028   标准差的估计值

muci =

      19.8553   均值的置信下限

      20.1670   均值的置信上限

sigmaci =

      0.1370   标准差的置信下限

      0.3884   标准差的置信上限

因此,均值 μ 的置信度为 0.95 的置信区间为 $(19.8553, 20.1670)$.

2. 方差 σ^2 的置信区间

1)μ 已知,σ^2 待估

由于当 μ 已知时,总体方差 σ^2 的无偏估计为

$$\hat{\sigma}^2 = \frac{1}{n} \sum_{i=1}^{n} (X_i - \mu)^2$$

由式(16.1) 可知

$$\frac{n\hat{\sigma}^2}{\sigma^2} = \sum_{i=1}^{n} \frac{(X_i - \mu)^2}{\sigma^2} = \chi^2 \sim \chi^2(n)$$

对于给定的 α(参见图 17.3)，有

$$P\left\{\chi^2_{1-\frac{\alpha}{2}}(n) < \chi^2 < \chi^2_{\frac{\alpha}{2}}(n)\right\} = 1-\alpha$$

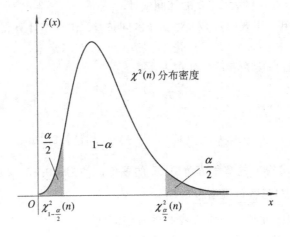

图 17.3

从而

$$P\left\{\frac{\sum_{i=1}^{n}(X_i-\mu)^2}{\chi^2_{\frac{\alpha}{2}}(n)} < \sigma^2 < \frac{\sum_{i=1}^{n}(X_i-\mu)^2}{\chi^2_{1-\frac{\alpha}{2}}(n)}\right\} = 1-\alpha$$

故 σ^2 的置信度为 $1-\alpha$ 的置信区间为

$$\left(\frac{\sum_{i=1}^{n}(X_i-\mu)^2}{\chi^2_{\frac{\alpha}{2}}(n)}, \frac{\sum_{i=1}^{n}(X_i-\mu)^2}{\chi^2_{1-\frac{\alpha}{2}}(n)}\right) \tag{17.18}$$

2）μ 未知，σ^2 待估

由于 S^2 是 σ^2 的无偏估计，根据定理 16.3，有

$$\frac{(n-1)S^2}{\sigma^2} = \frac{\sum_{i=1}^{n}(X_i-\overline{X})^2}{\sigma^2} \sim \chi^2(n-1)$$

采用与 1）同样的方法，可以得到 σ^2 的一个置信度为 $1-\alpha$ 的置信区间：

$$\left(\frac{(n-1)S^2}{\chi^2_{\frac{\alpha}{2}}(n-1)}, \frac{(n-1)S^2}{\chi^2_{1-\frac{\alpha}{2}}(n-1)}\right) \tag{17.19}$$

或

$$\left(\frac{\sum_{i=1}^{n}(X_i-\overline{X})^2}{\chi^2_{\frac{\alpha}{2}}(n-1)}, \frac{\sum_{i=1}^{n}(X_i-\overline{X})^2}{\chi^2_{1-\frac{\alpha}{2}}(n-1)}\right) \tag{17.19}^*$$

进一步还可以得到 σ 的置信度为 $1-\alpha$ 的置信区间：

$$\left(\frac{\sqrt{n-1}S}{\sqrt{\chi^2_{\frac{\alpha}{2}}(n-1)}}, \frac{\sqrt{n-1}S}{\sqrt{\chi^2_{1-\frac{\alpha}{2}}(n-1)}}\right) \tag{17.20}$$

注　当分布不对称时，如 χ^2 分布和 F 分布，所得区间不是最短的，但习惯上仍然取其对称的分位点来确定置信区间.

例 17.17　设一批炮弹的初速度（单位：m/s）$X \sim N(\mu, \sigma^2)$，μ、σ^2 均未知，从中取 9 发炮弹做试验后得样本方差的观察值为 $s^2 = 11$. 试分别确定这批炮弹初速度的方差 σ^2 和标准差 σ 的置信度为 0.90 的置信区间.

解　根据题意可由式(17.19)确定这批炮弹初速度的方差 σ^2，这里 $n = 9$，$\alpha = 0.1$，查表得

$$\chi^2_{\frac{\alpha}{2}}(n-1) = \chi^2_{0.05}(8) = 15.507, \quad \chi^2_{1-\frac{\alpha}{2}}(n-1) = \chi^2_{0.95}(8) = 2.733$$

又已知 $s^2 = 11$，计算得

$$\frac{(n-1)s^2}{\chi^2_{\frac{\alpha}{2}}(n-1)} = \frac{8 \times 11}{15.507} = 5.675$$

$$\frac{(n-1)s^2}{\chi^2_{1-\frac{\alpha}{2}}(n-1)} = \frac{8 \times 11}{2.733} = 32.195$$

故由式(17.19)求得方差 σ^2 的置信区间为 $(5.675, 32.195)$，由式(17.20)求得标准差 σ 的置信区间为 $(2.382, 5.674)$.

三、两个正态总体均值差和方差比的区间估计

实际中常会遇到下面的问题，例如，A、B 两种灯泡的寿命分别服从 $N(\mu_1, \sigma_1^2)$，$N(\mu_2, \sigma_2^2)$，并设两种灯泡的寿命是独立的，希望通过抽样试验进行区间估计来考察两种情况：情况一是考察两种灯泡的寿命哪种较长；情况二是考察两种灯泡的质量稳定性哪种较好. 实际上这可以看成两正态总体的参数区间估计问题. 对于情况一是求 $\mu_1 - \mu_2$ 或 $\mu_2 - \mu_1$ 的置信区间，对于情况二是求 σ_1^2/σ_2^2 或 σ_2^2/σ_1^2 的置信区间. 下面来讨论这两种区间估计.

一般地，设总体 $X \sim N(\mu_1, \sigma_1^2)$，$Y \sim N(\mu_2, \sigma_2^2)$，且 X 与 Y 相互独立，$X_1, X_2, \cdots$，X_{n_1} 为来自 X 的一个样本，$Y_1, Y_2, \cdots, Y_{n_2}$ 为来自 Y 的一个样本，且设 $\overline{X}$、$\overline{Y}$、S_1^2、S_2^2 分别为总体 X 与 Y 的样本均值与样本方差，给定置信度 $1 - \alpha$.

1. 两个正态总体均值差 $\mu_1 - \mu_2$ 的区间估计

1）当 σ_1^2、σ_2^2 已知时，$\mu_1 - \mu_2$ 的置信区间
由定理 16.5 可知

$$U = \frac{(\overline{X} - \overline{Y}) - (\mu_1 - \mu_2)}{\sqrt{\dfrac{\sigma_1^2}{n_1} + \dfrac{\sigma_2^2}{n_2}}} \sim N(0, 1)$$

对给定的置信度 $1 - \alpha$，由

$$P\{|U| \leqslant u_{\frac{\alpha}{2}}\} = 1 - \alpha$$

可得 $\mu_1 - \mu_2$ 的置信度为 $1 - \alpha$ 的置信区间为

$$\left((\overline{X} - \overline{Y}) - u_{\frac{\alpha}{2}} \cdot \sqrt{\frac{\sigma_1^2}{n_1} + \frac{\sigma_2^2}{n_2}}, \ (\overline{X} - \overline{Y}) + u_{\frac{\alpha}{2}} \cdot \sqrt{\frac{\sigma_1^2}{n_1} + \frac{\sigma_2^2}{n_2}} \right) \tag{17.21}$$

请读者自己推导 $\mu_2 - \mu_1$ 的置信度为 $1 - \alpha$ 的置信区间.

2) 当 σ_1^2、σ_2^2 均未知，但 $\sigma_1^2 = \sigma_2^2 = \sigma^2$ 时，$\mu_1 - \mu_2$ 的置信区间

记 $S_w^2 = \dfrac{(n_1 - 1)S_1^2 + (n_2 - 1)S_2^2}{n_1 + n_2 - 2}$，则由定理 16.6 知

$$T = \frac{(\overline{X} - \overline{Y}) - (\mu_1 - \mu_2)}{S_w \sqrt{\dfrac{1}{n_1} + \dfrac{1}{n_2}}} \sim t(n_1 + n_2 - 2)$$

由 t 分布上侧分位数的定义有

$$P\{|T| < t_{\frac{\alpha}{2}}(n_1 + n_2 - 2)\} = 1 - \alpha$$

故 $\mu_1 - \mu_2$ 的置信度为 $1 - \alpha$ 的置信区间为

$$\left((\overline{X} - \overline{Y}) - S_w \sqrt{\frac{1}{n_1} + \frac{1}{n_2}} t_{\frac{\alpha}{2}}(n_1 + n_2 - 2), \ (\overline{X} - \overline{Y}) + S_w \sqrt{\frac{1}{n_1} + \frac{1}{n_2}} t_{\frac{\alpha}{2}}(n_1 + n_2 - 2) \right)$$

$$(17.22)$$

例 17.18　为比较 Ⅰ、Ⅱ 两种型号步枪子弹的枪口速度（单位：m/s），随机地取 Ⅰ 型子弹 10 发，经计算得到枪口平均速度为 $\overline{x}_1 = 500$，标准差为 $s_1 = 1.10$，取 Ⅱ 型子弹 20 发，得到枪口平均速度为 $\overline{x}_2 = 496$，标准差为 $s_2 = 1.20$．假设两总体都可认为近似地服从正态分布，且由生产过程可认为它们的方差相等，求两总体均值差 $\mu_1 - \mu_2$ 的置信度为 0.95 的置信区间.

解　由题意可知两总体的方差相等却未知，因此可利用式 (17.22)．由于

$$1 - \alpha = 0.95$$

$$\frac{\alpha}{2} = 0.025$$

$$n_1 = 10, \ n_2 = 20, \ n_1 + n_2 - 2 = 28$$

$$t_{0.025}(28) = 2.0484$$

$$s_w^2 = \frac{9 \times 1.1^2 + 19 \times 1.2^2}{28} = 1.366$$

所以 $s_w = \sqrt{s_w^2} = 1.1688$，将其代入式 (17.22)，得 $\mu_1 - \mu_2$ 的置信度为 0.95 的置信区间为 $(3.07, 4.93)$.

两个正态总体均值差的置信区间的意义是：若 $\mu_1 - \mu_2$ 的置信区间的下限大于零，则认为 μ_1 比 μ_2 大；若 $\mu_1 - \mu_2$ 的置信区间的上限小于零，则认为 μ_2 比 μ_1 大；若 $\mu_1 - \mu_2$ 的置信区间的上限与下限异号，则认为 μ_1 与 μ_2 在该置信度下没有显著差异，即 $\mu_1 = \mu_2$，或再次进行试验观察，并对试验数据进行分析后做出相应的决策．在例 17.18 中所得置信下限大于零，实际中，我们认为在置信度 0.95 下 μ_1 比 μ_2 大.

2. 两个正态总体方差比 σ_1^2 / σ_2^2 的区间估计

这里仅讨论 μ_1、μ_2 均未知的情形．设 S_1^2、S_2^2 分别是 σ_1^2、σ_2^2 的无偏估计量，由于

$$\frac{(n_1 - 1)S_1^2}{\sigma_1^2} \sim \chi^2(n_1 - 1), \ \frac{(n_2 - 1)S_2^2}{\sigma_2^2} \sim \chi^2(n_2 - 1)$$

且二者相互独立，根据定理 16.7 可知

$$F = \frac{S_1^2/\sigma_1^2}{S_2^2/\sigma_2^2} \sim F(n_1 - 1, n_2 - 1)$$

对给定的 α(参看图 17.4)，有

$$P\{F_{1-\frac{\alpha}{2}}(n_1 - 1, n_2 - 1) < F < F_{\frac{\alpha}{2}}(n_1 - 1, n_2 - 1)\} = 1 - \alpha$$

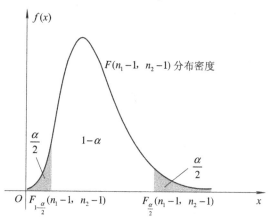

图 17.4

注意到

$$F_{1-\frac{\alpha}{2}}(n_1 - 1, n_2 - 1) = \left[F_{\frac{\alpha}{2}}(n_2 - 1, n_1 - 1) \right]^{-1}$$

故 σ_1^2/σ_2^2 的置信度为 $1 - \alpha$ 的置信区间为

$$\left(\frac{S_1^2/S_2^2}{F_{\frac{\alpha}{2}}(n_1 - 1, n_2 - 1)}, \frac{S_1^2/S_2^2}{F_{1-\frac{\alpha}{2}}(n_1 - 1, n_2 - 1)} \right) \tag{17.23}$$

或

$$\left(\left[F_{\frac{\alpha}{2}}(n_1 - 1, n_2 - 1) \right]^{-1} \frac{S_1^2}{S_2^2}, F_{\frac{\alpha}{2}}(n_2 - 1, n_1 - 1) \frac{S_1^2}{S_2^2} \right) \tag{17.23}^*$$

或

$$\left(F_{1-\frac{\alpha}{2}}(n_2 - 1, n_1 - 1) \frac{S_1^2}{S_2^2}, F_{\frac{\alpha}{2}}(n_2 - 1, n_1 - 1) \frac{S_1^2}{S_2^2} \right) \tag{17.23}^{**}$$

请读者自己推导 σ_2^2/σ_1^2 的置信度为 $1 - \alpha$ 的置信区间.

例 17.19 有化验员独立地为某种聚合物的含氯量用同样的方法分别做了 10 次和 11 次测定，测定值的方差分别为 $s_1^2 = 0.5419$, $s_2^2 = 0.6065$. 设两化验员测定值都服从正态分布，总体方差分别为 σ_1^2、σ_2^2. 试求方差比 σ_1^2/σ_2^2 的置信度为 0.90 的置信区间.

解 根据题意可知

$$1 - \alpha = 0.9, \alpha = 0.1, n_1 = 10, n_2 = 11, s_1^2 = 0.5419, s_2^2 = 0.6065$$

查表得

$$F_{0.05}(9, 10) = 3.02, F_{0.95}(9, 10) = \frac{1}{F_{0.05}(10, 9)} = \frac{1}{3.14}$$

应用式(17.23)可得 σ_1^2/σ_2^2 的置信度为 0.90 的置信区间为

$$\left(\frac{0.5419}{0.6065} \times \frac{1}{3.02}, \frac{0.5419}{0.6065} \times 3.14 \right) = (0.295, 2.806)$$

两个正态总体方差比的置信区间的意义是：若 σ_1^2/σ_2^2 的置信区间的下限大于 1，则可认为在给定置信度下 $\sigma_1^2 > \sigma_2^2$；若 σ_1^2/σ_2^2 的置信区间的上限小于 1，则可认为 $\sigma_1^2 < \sigma_2^2$；若 σ_1^2/σ_2^2 的置信区间包含 1，则可认为 $\sigma_1^2 = \sigma_2^2$，或再次进行试验观察，并对试验数据进行分析后做出相应的决策.

四、单侧置信区间的求法

对于正态总体 $X \sim N(\mu, \sigma^2)$，均值 μ、方差 σ^2 均未知，设 $X_1, X_2, \cdots, X_n$ 是来自总体 X 的一个样本，由于

$$\frac{\overline{X} - \mu}{S/\sqrt{n}} \sim t(n-1)$$

对于给定的 α（参见图 17.5），有

$$P\left\{ \frac{\overline{X} - \mu}{S/\sqrt{n}} < t_\alpha(n-1) \right\} = 1 - \alpha$$

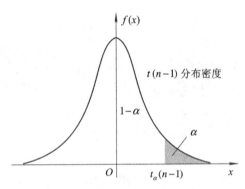

图 17.5

其中 $t_\alpha(n-1)$ 是 t 分布关于 α 的上侧分位数，即

$$P\left\{ \mu > \overline{X} - \frac{S}{\sqrt{n}} t_\alpha(n-1) \right\} = 1 - \alpha$$

这样得到 μ 的一个置信度为 $1-\alpha$ 的单侧置信区间：

$$\left(\overline{X} - \frac{S}{\sqrt{n}} t_\alpha(n-1), +\infty \right) \tag{17.24}$$

μ 的置信度为 $1-\alpha$ 的单侧置信下限为

$$\hat{\mu} = \overline{X} - \frac{S}{\sqrt{n}} t_\alpha(n-1) \tag{17.25}$$

又因

$$\frac{(n-1)S^2}{\sigma^2} \sim \chi^2(n-1)$$

对于给定的 α（参见图 17.6），有

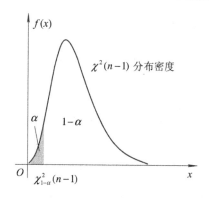

图 17.6

$$P\left\{\frac{(n-1)S^2}{\sigma^2} > \chi_{1-\alpha}^2(n-1)\right\} = 1-\alpha$$

即

$$P\left\{\sigma^2 < \frac{(n-1)S^2}{\chi_{1-\alpha}^2(n-1)}\right\} = 1-\alpha$$

于是得到 σ^2 的一个置信度为 $1-\alpha$ 的单侧置信区间:

$$\left(0, \frac{(n-1)S^2}{\chi_{1-\alpha}^2(n-1)}\right) \tag{17.26}$$

σ^2 的置信度为 $1-\alpha$ 的单侧置信上限为

$$\hat{\sigma}^2 = \frac{(n-1)S^2}{\chi_{1-\alpha}^2(n-1)} \tag{17.27}$$

例 17.20 从一批灯泡中随机抽取 5 只做寿命试验,测得寿命(以小时计)分别为 1050、1100、1120、1250、1280. 设灯泡寿命服从正态分布 $N(\mu, \sigma^2)$,求灯泡寿命 μ 的置信度为 0.95 的单侧置信下限.

解 由题意可知

$$1-\alpha = 0.95, n = 5, \bar{x} = 1160, s^2 = 9950$$

查表得

$$t_\alpha(n-1) = t_{0.05}(4) = 2.1318$$

由式(17.25)得单侧置信下限:

$$\hat{\mu} = \bar{x} - \frac{s}{\sqrt{n}}t_\alpha(n-1) = 1065$$

例 17.20 说明以置信度 0.95 认为该批灯泡的寿命最低为 1065 小时.

*17.4 大样本均值的区间估计

当样本容量 n 很大时(一般要求 $n \geqslant 50$,这时称样本为大样本),若总体 X 不服从正态分布,则由于样本函数的分布不易确定,要讨论总体参数的区间估计往往比较困难. 因此在大样本前提下,可以根据中心极限定理近似地解决这个问题.

一、单个总体均值的区间估计

设总体 X 的均值 $EX = \mu$，方差 $DX = \sigma^2$.

1. σ^2 已知时

由中心极限定理知，$U = \dfrac{\overline{X} - \mu}{\sigma/\sqrt{n}}$ 近似地服从 $N(0, 1)$. 对于给定的置信度 $1 - \alpha$，由

$$P\left\{ \frac{|\overline{X} - \mu|}{\sigma/\sqrt{n}} < u_{\frac{\alpha}{2}} \right\} \approx 1 - \alpha$$

其中 $u_{\frac{\alpha}{2}}$ 是标准正态分布的上侧分位数，可得 μ 的置信度为 $1 - \alpha$ 的近似的置信区间：

$$\left(\overline{X} - u_{\frac{\alpha}{2}} \frac{\sigma}{\sqrt{n}}, \ \overline{X} + u_{\frac{\alpha}{2}} \frac{\sigma}{\sqrt{n}} \right) \tag{17.28}$$

2. σ^2 未知时

由于 n 很大，因此 $\sigma \approx S$，故 $U = \dfrac{\overline{X} - \mu}{S/\sqrt{n}}$ 也近似服从 $N(0, 1)$ 分布. 对于给定的置信度 $1 - \alpha$，由

$$P\left\{ \frac{|\overline{X} - \mu|}{S/\sqrt{n}} < u_{\frac{\alpha}{2}} \right\} \approx 1 - \alpha$$

可得 μ 的置信度为 $1 - \alpha$ 的近似的置信区间：

$$\left(\overline{X} - u_{\frac{\alpha}{2}} \frac{S}{\sqrt{n}}, \ \overline{X} + u_{\frac{\alpha}{2}} \frac{S}{\sqrt{n}} \right) \tag{17.29}$$

例 17.21　设来自一大批产品的 100 个样品中，有一级品 60 个，求这批产品的一级品率 p 的置信度为 0.95 的置信区间.

解　设总体 X 服从参数为 p 的 $0-1$ 分布，因此 X 的分布律为

$$f(x; p) = p^x (1-p)^{1-x} \qquad (x = 0, 1)$$

又因为 $EX = p$，$DX = p(1-p)$，即 μ 和 σ^2 均未知，由式(17.29)可得，p 的置信度为 $1 - \alpha$ 的近似的置信区间：

$$\left(\overline{X} - u_{\frac{\alpha}{2}} \frac{S}{\sqrt{n}}, \ \overline{X} + u_{\frac{\alpha}{2}} \frac{S}{\sqrt{n}} \right)$$

其中

$$n = 100, \quad \overline{x} = 0.6, \quad s^2 = 0.24$$

$$1 - \alpha = 0.95, \quad \frac{\alpha}{2} = 0.025, \quad u_{\frac{\alpha}{2}} = 1.96$$

计算得 p 的置信度为 0.95 的近似的置信区间为 $(0.504, 0.696)$.

二、两个总体均值差的区间估计

下面讨论两个总体都为大样本情况下(n_1 和 n_2 都大于 50)σ_1^2 和 σ_2^2 均未知时，$\mu_1 - \mu_2$ 的置信区间的区间估计.

当 n_1 和 n_2 很大时，$U = \dfrac{(\overline{X} - \overline{Y}) - (\mu_1 - \mu_2)}{\sqrt{\dfrac{\sigma_1^2}{n} + \dfrac{\sigma_2^2}{n}}}$ 近似地服从标准正态分布 $N(0,1)$，用

无偏估计 S_1^2 和 S_2^2 分别代替 σ_1^2 和 σ_2^2，得 $\mu_1 - \mu_2$ 的置信度为 $1 - \alpha$ 的近似置信区间：

$$\left((\overline{X} - \overline{Y}) - u_{\frac{\alpha}{2}} \cdot \sqrt{\frac{S_1^2}{n_1} + \frac{S_2^2}{n_2}}, \ (\overline{X} - \overline{Y}) + u_{\frac{\alpha}{2}} \cdot \sqrt{\frac{S_1^2}{n_1} + \frac{S_2^2}{n_2}} \right) \tag{17.30}$$

各情形参数区间估计见表 17.2 和表 17.3.

表 17.2

待估参数	其它参数	所用函数及其分布	双侧置信区间上、下限	单侧置信上限	单侧置信下限
μ	σ^2 已知	$\dfrac{\overline{X} - \mu}{\sigma / \sqrt{n}} \sim N(0,1)$	$\overline{X} - \dfrac{\sigma}{\sqrt{n}} u_{\frac{\alpha}{2}}, \ \overline{X} + \dfrac{\sigma}{\sqrt{n}} u_{\frac{\alpha}{2}}$	$\overline{X} + u_\alpha \cdot \sigma / \sqrt{n}$	$\overline{X} - u_\alpha \cdot \sigma / \sqrt{n}$
	σ^2 未知	$\dfrac{\overline{X} - \mu}{S / \sqrt{n}} \sim t(n-1)$	$\overline{X} - \dfrac{S}{\sqrt{n}} t_{\frac{\alpha}{2}}(n-1),$ $\overline{X} + \dfrac{S}{\sqrt{n}} t_{\frac{\alpha}{2}}(n-1)$	$\overline{X} + t_\alpha(n-1) \cdot \dfrac{S}{\sqrt{n}}$	$\overline{X} - t_\alpha(n-1) \cdot \dfrac{S}{\sqrt{n}}$
σ^2	μ 已知	$\sum\limits_{i=1}^{n} \dfrac{(X_i - \mu)^2}{\sigma^2} \sim \chi^2(n)$	$\dfrac{\sum\limits_{i=1}^{n}(X_i - \mu)^2}{\chi_{\frac{\alpha}{2}}^2(n)}, \ \dfrac{\sum\limits_{i=1}^{n}(X_i - \mu)^2}{\chi_{1-\frac{\alpha}{2}}^2(n)}$	$\dfrac{\sum\limits_{i=1}^{n}(X_i - \mu)^2}{\chi_{1-\alpha}^2(n)}$	$\dfrac{\sum\limits_{i=1}^{n}(X_i - \mu)^2}{\chi_{\alpha}^2(n)}$
	μ 未知	$\dfrac{(n-1)S^2}{\sigma^2} \sim \chi^2(n-1)$	$\dfrac{(n-1)S^2}{\chi_{\frac{\alpha}{2}}^2(n-1)}, \ \dfrac{(n-1)S^2}{\chi_{1-\frac{\alpha}{2}}^2(n-1)}$	$\dfrac{(n-1)S^2}{\chi_{1-\alpha}^2(n-1)}$	$\dfrac{(n-1)S^2}{\chi_{\alpha}^2(n-1)}$

表 17.3

待估参数	其它参数	所用函数及其分布	双侧置信区间上、下限	单侧置信上限	单侧置信下限
$\mu_1 - \mu_2$	σ_1^2、σ_2^2 均已知	$\dfrac{(\overline{X} - \overline{Y}) - (\mu_1 - \mu_2)}{\sqrt{\dfrac{\sigma_1^2}{n_1} + \dfrac{\sigma_2^2}{n_2}}}$ $\sim N(0,1)$	$(\overline{X} - \overline{Y}) \mp$ $u_{\frac{\alpha}{2}} \cdot \sqrt{\dfrac{\sigma_1^2}{n_1} + \dfrac{\sigma_2^2}{n_2}}$	$(\overline{X} - \overline{Y}) +$ $u_\alpha \cdot \sqrt{\dfrac{\sigma_1^2}{n_1} + \dfrac{\sigma_2^2}{n_2}}$	$(\overline{X} - \overline{Y}) -$ $u_\alpha \cdot \sqrt{\dfrac{\sigma_1^2}{n_1} + \dfrac{\sigma_2^2}{n_2}}$
	$\sigma_1^2 = \sigma_2^2$, 但未知	$\dfrac{(\overline{X} - \overline{Y}) - (\mu_1 - \mu_2)}{S_w \sqrt{\dfrac{1}{n_1} + \dfrac{1}{n_2}}}$ $\sim t(n_1 + n_2 - 2)$	$(\overline{X} - \overline{Y}) \mp$ $S_w \sqrt{\dfrac{1}{n_1} + \dfrac{1}{n_2}} \cdot$ $t_{\frac{\alpha}{2}}(n_1 + n_2 - 2)$	$(\overline{X} - \overline{Y}) +$ $S_w \sqrt{\dfrac{1}{n_1} + \dfrac{1}{n_2}} \cdot$ $t_\alpha(n_1 + n_2 - 2)$	$(\overline{X} - \overline{Y}) -$ $S_w \sqrt{\dfrac{1}{n_1} + \dfrac{1}{n_2}} \cdot$ $t_\alpha(n_1 + n_2 - 2)$
$\dfrac{\sigma_1^2}{\sigma_2^2}$	μ_1、μ_2 均未知	$\dfrac{S_1^2 / \sigma_1^2}{S_2^2 / \sigma_2^2} \sim F(n_1 - 1,$ $n_2 - 1)$	$F_{1-\frac{\alpha}{2}}(n_2 - 1, n_1 - 1) \dfrac{S_1^2}{S_2^2},$ $F_{\frac{\alpha}{2}}(n_2 - 1, n_1 - 1) \dfrac{S_1^2}{S_2^2}$	$F_\alpha(n_2 - 1, n_1 - 1)$ $\cdot \dfrac{S_1^2}{S_2^2}$	$F_{1-\alpha}(n_2 - 1, n_1 - 1)$ $\cdot \dfrac{S_1^2}{S_2^2}$

补充内容(Ⅱ)：

实验一：通过对实验的观察，理解点估计的相合性，随着样本容量 n 的增大，估计量的值稳定于待估参数.

实施过程：运用 MATLAB 软件，从总体中采集一定数量的样本，计算样本方差，观察

随着样本容量 n 的增大，样本方差稳定于待估参数的真值.

例 17.22 设总体服从 $N(10,4)$ 分布，运用 MATLAB 软件采集到样本容量分别为 10、100、1000、10 000、100 000、1 000 000 的六组数据计算样本方差并观察，结果见表 17.4.

表 17.4

样本容量	总体方差	样本方差	绝对误差
10	4	3.348 534	0.6515
100	4	3.544 559	0.4554
1000	4	3.860 832	0.1392
10 000	4	4.037 286	0.0373
100 000	4	4.016 818	0.0168
1 000 000	4	3.9992	0.0008

从表 17.4 可以看出：随着样本容量 n 的增加，估计量样本方差的值逐渐稳定于未知参数的真值，这就是估计量的相合性.

实验二：在给定置信度的情况下，利用样本对总体未知参数进行区间估计. 通过对实验的观察，理解区间估计的上、下限也是随机变量，并且估计区间包含未知参数真值的次数以给定的置信度来决定.

实施过程：运用 MATLAB 软件，从总体中采集一定数量的样本，计算未知参数的估计区间，观察随着样本值的变化，置信区间上、下限的变化；同时观察估计区间包含未知参数真值的次数.

例 17.23 设总体服从 $N(10,4)$ 分布，运用 MATLAB 软件采集 20 次样本容量为 10 的数据，置信度为 0.95，计算总体均值的估计区间并观察，结果见表 17.5.

表 17.5

实验次数	置信区间上限	置信区间下限	实验次数	置信区间上限	置信区间下限
第 1 次	9.4257	12.0147	第 11 次	8.3383	10.9944
第 2 次	9.3074	11.4549	第 12 次	8.5488	12.0566
第 3 次	8.4234	11.7645	第 13 次	7.7752	10.9959
第 4 次	9.1747	11.1597	第 14 次	8.5314	11.6959
第 5 次	9.5926	11.4344	第 15 次	9.5355	12.5586
第 6 次	9.4940	12.1506	第 16 次	8.4128	11.0967
第 7 次	9.8990	10.9382	第 17 次	8.2335	11.4619
第 8 次	7.7710	11.4259	第 18 次	9.2636	11.4126
第 9 次	7.8424	10.9662	第 19 次	7.4944	9.6220
第 10 次	9.7148	11.6241	第 20 次	8.3482	11.7529

从表 17.5 可以看出：

（1）固定样本容量，随着样本值的变化，参数 μ 的置信区间的上限和下限也在变化，这表明置信区间的上、下限也都是随机变量.

（2）在 20 次实验中未包含参数真值的实验次数为 1 次（第 19 次），比例为 0.05. 下面进一步给出实验次数增加时统计出的未包含真值的实验次数，见表 17.6.

表 17.6

实验次数	1000	1000	10 000	10 000	100 000	100 000
未包含真值的次数	55	58	500	512	4996	5002
未包含真值的比例	0.055	0.058	0.05	0.051	0.0499	0.050

实验结果表明估计区间包含未知参数真值的次数以给定的置信度来决定.

本章基本要求及重点、难点分析

一、基本要求

（1）理解点估计的概念，掌握求点估计的矩估计法和最大似然估计法.

（2）理解无偏性、有效性、相合性，掌握判别估计量无偏性和有效性的方法，了解相合性的判别方法.

（3）理解区间估计的概念，掌握单个正态总体的均值与方差的置信区间的求法.

（4）掌握两个正态总体的均值差与方差比的置信区间的求法.

（5）了解非正态总体大样本均值的区间估计.

二、重点、难点分析

1. 重点内容

（1）点估计是求未知参数近似值的一种常用统计方法. 矩估计法和最大似然估计法是两个重要的点估计方法，要求重点掌握. 矩估计法是充分应用总体参数与总体矩的函数关系、样本矩与总体矩之间的近似关系，利用样本矩来估计总体参数的估计方法，运用过程中应注意估计量的不唯一性. 最大似然估计法是非常重要的点估计方法，该方法利用概率最大化的思想原理，对未知参数进行估计.

（2）由于估计方法的不同，有时同一参数的点估计量也可不同，因此需对估计量的优良性进行判别和比较. 常用的判别标准有无偏性、有效性、相合性. 要求理解估计量的无偏性、有效性概念，熟练掌握判别估计量无偏性和有效性的方法.

（3）与参数点估计不同，区间估计是在给定置信度的前提下估计未知参数的方法，要求理解置信度、区间估计的概念，会求单个正态总体的均值与方差的置信区间，会求两个正态总体的均值差与方差比的置信区间.

2. 难点分析

（1）最大似然估计的概念是本章学习的难点之一．最大似然估计基于这样的数学思想：选择未知参数的取值，使给定样本出现的概率最大，即"似然程度"最大．掌握该原理能帮助读者理解最大似然估计的概念，并掌握求解最大似然估计量的方法．

（2）注意理解无偏性和相合（一致）性用于评价估计量优良性的含义．由于未知参数估计量是随机变量，因此我们希望给定样本容量时，未知参数估计量的均值能与未知参数相等而不产生偏差，满足这个性质的估计量具有无偏性；如果样本容量不断增大，我们还希望估计量的值与未知参数值越来越"接近"，因此利用极限思想来解决这一问题，就产生了相合性这一评价标准．

（3）理解估计区间的随机性是本章的难点之一．由于所求区间估计是指该区间是以一定概率包含了参数真值，这个概率称为置信度，由此，区间的上限和下限也都是随机变量，由它们构成未知参数的估计区间，就是置信区间．正确理解置信度和置信区间可进一步帮助读者掌握区间估计的计算方法（参见补充内容）．

习　题　十　七

1. 设总体 X 服从几何分布，$P(X=k)=p(1-p)^{k-1}(k=1,2,\cdots)$，求参数 p 的矩估计和最大似然估计．

2. 设 $X_1, X_2, \cdots, X_n$ 是服从 $[0, \theta]$ 上均匀分布的总体中抽出的样本，求 θ 的矩估计和最大似然估计．

3. 设总体 X 的分布密度函数为

$$f(x)=\begin{cases} \lambda e^{-\lambda(x-\mu)} & (x \geqslant \mu) \\ 0 & (x < \mu) \end{cases}$$

其中 $\lambda > 0$ 和 μ 都是参数．

（1）设 λ 已知，求 μ 的最大似然估计 $\hat{\mu}$；

（2）设 μ 已知，求 λ 的矩估计 $\hat{\lambda}$．

4. 设总体 X 的分布密度函数为

$$f(x; \theta)=\begin{cases} \theta x^{\theta-1} & (0 < x < 1) \\ 0 & (x \leqslant 0 \text{ 或 } x \geqslant 1) \end{cases}$$

其中 $\theta > 0$，求参数 θ 的最大似然估计值．

5. 设总体 X 的分布密度函数为

$$f(x; \lambda)=\begin{cases} \lambda \alpha x^{\alpha-1} e^{-\lambda x^{\alpha}} & (x > 0) \\ 0 & (x \leqslant 0) \end{cases}$$

其中 $\lambda > 0$ 为未知参数，α 为已知常数，求 λ 的最大似然估计．

6. 设 $X_1, X_2, \cdots, X_n$ 是从某总体中抽出的样本，证明样本均值是总体均值的无偏估计；样本方差是总体方差的无偏估计．

7. 灯泡厂从某日生产的一批灯泡中抽取 10 个灯泡进行寿命试验,得到灯泡寿命(单位:小时)数据如下:1050,1100,1080,1120,1200,1250,1040,1130,1300,1200. 设灯泡寿命总体服从正态分布 $N(\mu, \sigma^2)$,求该日生产的整批灯泡的平均寿命及寿命方差的无偏估计值.

8. 设总体 X 的样本 $X_1, X_2, \cdots, X_n$,证明当 $D(X) \neq 0$ 时,$\overline{X}_k$ 比 $\overline{X}_{k-1}$ 有效,这里 $\overline{X}_k = \dfrac{1}{k} \sum\limits_{i=1}^{k} X_i$,$k \leqslant n$.

9. 设 $X_1, X_2, \cdots, X_{2n}$ 为来自总体 $N(\mu, \sigma^2)$ 的简单随机样本,现有未知参数 μ 的两个估计量,$T_1 = \overline{X}$,$T_2 = \dfrac{1}{n} \sum\limits_{i=1}^{n} X_{2i}$,问 T_1、T_2 是否为 μ 的无偏估计?若是 μ 的无偏估计,哪一个更有效?

10. 设总体 X 的分布密度函数为

$$f(x) = \begin{cases} \dfrac{1}{\theta} e^{-\frac{x}{\theta}} & (x > 0) \\ 0 & (x \leqslant 0) \end{cases}$$

其中 $\theta > 0$,为常数. 问:$\hat{\theta} = \overline{X}$ 与 $\hat{\theta}_1 = n \cdot \min\limits_{1 \leqslant i \leqslant n}\{X_i\}$ 哪个估计量更有效?

11. 设总体 X,且 $EX = \mu$,$DX = \sigma^2$,$X_1, X_2, \cdots, X_n$ 为总体 X 的样本.

(1) 设 $c_i \neq \dfrac{1}{n} (i = 1, 2, \cdots, n)$,$\sum\limits_{i=1}^{n} c_i = 1$,证明:$\hat{\mu}_1 = \sum\limits_{i=1}^{n} c_i X_i$ 是 μ 的无偏估计,称之为 μ 的线性无偏估计类.

(2) 证明:$\hat{\mu} = \overline{X}$ 比 $\hat{\mu}_1 = \sum\limits_{i=1}^{n} c_i X_i$ 更有效.

12. 试证:设总体 $X \sim N(0, 1)$,则样本方差 $S^2 = \dfrac{1}{n-1} \sum\limits_{i=1}^{n} (X_i - \overline{X})^2$ 是总体方差 σ^2 的相合估计.

13. 设某学校男生身高(单位:cm)的总体 $X \sim N(\mu, 16)$,若要使其平均身高置信度为 0.95 的置信区间长度小于 1.2,问至少应抽查多少名学生的身高?

14. 设某种清漆的 9 个样品,其干燥时间(以小时计)分别为 6.0,5.7,5.8,6.5,7.0,6.3,5.6,6.1,5.0. 设干燥时间总体服从正态分布 $N(\mu, \sigma^2)$,求 μ 的置信度为 0.95 的置信区间.

15. 某工厂生产滚珠,从某日生产的产品中随机抽取 9 个,测得直径(单位:mm)分别为 14.6,14.7,15.1,14.9,14.8,15.0,15.1,15.2,14.8. 设滚珠直径服从正态分布,求下列情形下直径的均值对应于置信度为 0.95 的置信区间.

(1) 由经验已知标准差为 0.15 mm;

(2) 标准差未知.

16. 测得 16 个零件的长度(单位:mm)如下:

　　　　12.15,12.12,12.01,12.08,12.09,12.16,12.03,12.01

　　　　12.06,12.13,12.07,12.11,12.08,12.01,12.03,12.06

设零件长度服从正态分布,求零件长度的标准差对应于置信度为 0.99 的置信区间.

(1) 已知均值为 12.08 mm;

(2) 均值未知.

17. 某厂生产的电子元件,其电阻值(单位:Ω)服从正态分布 $N(\mu, \sigma^2)$,μ、σ^2 均未知,现从中抽查20个电阻,测得其样本电阻均值为 3.0 Ω,样本标准差 $s = 0.11$ Ω,试求电阻标准差的置信度为 0.95 的置信区间.

18. 进行 30 次独立测试,测得零件加工时间(单位:s)的样本均值 $\bar{x} = 5.5$ s,样本标准差 $\sigma = 1.7$ s. 设零件加工时间服从正态分布,求零件加工时间的均值及标准差对应于置信度为 0.95 的置信区间.

19. 已知某种材料的抗压强度,现随机地抽取 10 个试件进行抗压测试,测得数据如下:482,493,457,471,510,446,435,418,394,469. 设抗压强度服从正态分布 $N(\mu, \sigma^2)$.

(1) 求平均抗压强度 μ 的 95% 的置信区间;

(2) 若已知 $\sigma = 30$,求平均抗压强度 μ 的 95% 的置信区间;

(3) 求 σ^2 的 95% 的置信区间;

(4) 求 σ 的 95% 的置信区间.

20. 对某农作物 A、B 两个品种分别计算了如下 8 个地区的亩产量:

$$品种 A:86,87,56,93,84,93,75,79$$
$$品种 B:80,79,58,91,77,82,76,66$$

假定两个品种的亩产量分别服从正态分布,且方差相等. 试求平均亩产量之差的置信度为 0.95 的置信区间.

21. 两正态总体 $N(\mu_1, \sigma_1^2)$ 及 $N(\mu_2, \sigma_2^2)$ 的参数未知,依次取容量为 $n_1 = 10$,$n_2 = 11$ 的样本,测得样本方差分别为 $s_1^2 = 0.34$,$s_2^2 = 0.29$,求两总体方差比 σ_1^2/σ_2^2 的置信度为 0.90 的置信区间.

22. 两批导线,从第一批中抽取 4 根,从第二批中抽取 5 根,测得其电阻(单位:Ω)如下:

$$第一批导线:0.143,0.142,0.143,0.1373$$
$$第二批导线:0.140,0.142,0.136,0.138,0.140$$

设两批导线的电阻分别服从正态分布 $N(\mu_1, \sigma_1^2)$ 及 $N(\mu_2, \sigma_2^2)$,其中 μ_1、μ_2 及 σ_1、σ_2 都是未知参数,求这两批导线电阻的均值差(假定 $\sigma_1 = \sigma_2$)及方差比对应于置信度为 0.95 的置信区间.

23. 试求:

(1) 14 题中 μ 的置信度为 0.95 的单侧置信上限;

(2) 22 题中 $\mu_1 - \mu_2$ 的置信度为 0.95 的单侧置信下限.

第十八章　假　设　检　验

假设检验(hypothesis testing)是统计推断的重要组成部分，是一种利用样本信息对总体的某种假设进行判断的方法. 它分为参数假设检验和非参数假设检验. 对总体分布中未知参数的假设检验称为**参数假设检验**(parameter hypothesis testing)；对总体分布函数形式或总体分布性质的假设检验称为**非参数假设检验**(non-parameter hypothesis testing).

18.1　假设检验思想概述

一、问题的提出

例 18.1　某咨询公司根据过去资料分析了国内旅游者的旅游费，发现参加 10 日游的游客旅游费用(包括车费、住宿费、膳食费以及购买纪念品等方面的费用)服从均值为 1010(元)、标准差为 205(元)的正态分布. 今年对 400 位这类游客的调查显示，平均每位游客的旅游 费用是 1250(元). 问与过去相比，今年这类游客的旅游费用是否有显著的变化？

例 18.2　某厂生产的电子元件的寿命 X(以小时计)服从正态分布 $N(\mu, \sigma^2)$，μ、σ^2 均未知，现测得 16 只元件的寿命如下：

$$159 \quad 280 \quad 101 \quad 212 \quad 224 \quad 379 \quad 179 \quad 264$$
$$222 \quad 362 \quad 168 \quad 250 \quad 149 \quad 260 \quad 485 \quad 170$$

问是否有理由认为元件的平均寿命大于 225(小时)？

例 18.3　某研究所推出一种感冒特效新药，为证明其疗效，选择了 200 名感冒患病志愿者，将他们分为两组，一组不服药，另一组服药，观察数天后，治愈情况如表 18.1 所示. 问新药是否有明显的疗效？

表 18.1　200 名感冒患病志愿者数天后治愈情况

	痊愈者	未痊愈者	合计
未服药者	48	52	100
服药者	56	44	100
合计	104	96	200

这样的例子举不胜举，例中所提出的问题都可以看成假设检验问题，其中例 18.1、例 18.2 是对总体分布中未知参数的假设检验，称为参数假设检验，例 18.3 是对总体分布性质的假设检验，称为非参数假设检验，它们都可用假设检验的方法进行推断.

二、假设检验的基本原理和相关概念

下面以例 18.1 中的问题为例来说明人们是如何进行分析推断的.

设 X（单位：元）表示例 18.1 中今年参加 10 日游的任意一位游客的旅游费用，根据题意，$X \sim N(\mu, \sigma^2)$. 假定 $\sigma = 205$ 不变（长期实践表明标准差比较稳定），这时例中问题可以描述为：总体 X 的均值 μ 与 $\mu_0 = 1010$ 比较有无显著差异？对此提出两种假设：一是 μ 与 $\mu_0 = 1010$ 无显著差异，用符号"$H_0: \mu = \mu_0$"表示；二是 μ 与 $\mu_0 = 1010$ 有显著差异，用符号"$H_1: \mu \neq \mu_0$"表示. 这里 H_0 称为**原假设**（null hypothesis），H_1 称为**备择假设**（alternative hypothesis）或**对立假设**（opposite hypothesis）.

假设检验的中心内容就是如何利用样本数据对统计假设做出判断. 这需要制定一个规则，按照这一规则，对每组样本观察值决定它是接受 H_0 还是拒绝 H_0，每一个这样的规则就称为一个检验.

设 $X_1, X_2, \cdots, X_n (n = 400)$ 是来自 X 的一个样本，样本观察值为 $x_1, x_2, \cdots, x_n$. 下面根据观察值来判断是接受 H_0 还是拒绝 H_0 的问题.

在 H_0 成立的情况下，由于样本均值 $\overline{X}$ 是 μ 的无偏估计量，因而通常情况下 $|\bar{x} - \mu_0|$ 很小. 若 $|\bar{x} - \mu_0|$ 过分大，我们就怀疑 H_0 的正确性而拒绝 H_0. 换句话说，即使在 H_0 成立的条件下，只要得出了 $|\bar{x} - \mu_0| > C$（其中 C 为大于 0 的待定正数）的结论就拒绝 H_0，此时我们就犯了一类错误. 我们希望控制犯此类错误的概率在给定的范围内，比如说小于或等于给定的一个很小的正数 α，即适当选择常数 C，满足：

$$P\{|\overline{X} - \mu_0| > C \,|\, H_0 \text{ 成立}\} \leqslant \alpha$$

由 $\overline{X} \sim N(\mu, \sigma^2/n)$ 可知，当 H_0 成立时，有

$$U = \frac{\overline{X} - \mu_0}{\sigma/\sqrt{n}} \sim N(0, 1)$$

再由标准正态分布的上 α 分位数定义得

$$P\left\{\left|\frac{\overline{X} - \mu_0}{\sigma/\sqrt{n}}\right| > u_{\alpha/2}\right\} = \alpha$$

可见，当 $C = u_{\alpha/2} \dfrac{\sigma}{\sqrt{n}}$ 时，有

$$P\{|\overline{X} - \mu_0| > C \,|\, H_0 \text{ 成立}\} = P\{|U| > u_{\alpha/2}\} = \alpha$$

这样，当样本观察值 $x_1, x_2, \cdots, x_n$ 满足 $|u| = \left|\dfrac{\bar{x} - \mu_0}{\sigma/\sqrt{n}}\right| > u_{\alpha/2}$ 时就拒绝 H_0，接受 H_1；否则，就接受 H_0. 这就是此类问题的一个检验规则.

对例 18.1，取 $\alpha = 0.05$，查表得 $u_{\alpha/2} = u_{0.025} = 1.96$，已知 $n = 400$，$\sigma = 205$，$\bar{x} = 1250$，有

$$|u| = \left|\frac{\bar{x} - \mu_0}{\sigma/\sqrt{n}}\right| = \frac{1250 - 1010}{205}\sqrt{400} = 21.95 > u_{\alpha/2} = 1.96$$

所以拒绝 H_0，接受 H_1，即认为今年参加 10 日游的游客其旅游费用较过去有显著的变化.

我们称 α 为**显著性水平**（level of significance）. 对于实际问题应根据不同的需要和侧重，指定不同的显著性水平. 但为了制表方便，通常选取 α 为 0.01，0.05，0.10 等. 称 $U =$

$\dfrac{\overline{X}-\mu_0}{\sigma_0/\sqrt{n}}$ 为检验统计量(test statistic). 称 $\{|U|>u_{\alpha/2}\}$ 为 H_0 的**拒绝域**(rejection region),用 K_0 表示. 称 $\{|U|\leqslant u_{\alpha/2}\}$ 为 H_0 的**接受域**(acceptance region),用 $\overline{K}_0$ 表示.

　　对于一个假设检验问题,关键在于适当选择检验统计量和拒绝域 K_0 的形式.

　　需要说明的是:形如例18.1中的备择假设 H_1,表示 μ 可能大于 μ_0,也可能小于 μ_0,称为**双边备择假设**,相应的假设检验问题称为**双边假设检验问题**. 而在例18.2中,要判断元件的平均寿命 μ 是否大于225,为此提出假设:

$$H_0:\mu\leqslant\mu_0;\qquad H_1:\mu>\mu_0$$

其中 $\mu_0=225$.

　　此种形式的假设检验问题称为**右边检验问题**. 可以证明这类问题与假设检验:

$$H_0:\mu=\mu_0;\qquad H_1:\mu>\mu_0$$

在同一显著性水平 α 下具有相同的拒绝域,以后我们就采用上述这种形式来表示右边检验问题.

　　类似地,有时我们需假设检验:

$$H_0:\mu\geqslant\mu_0;\qquad H_1:\mu<\mu_0$$

或

$$H_0:\mu=\mu_0;\qquad H_1:\mu<\mu_0$$

称之为**左边检验问题**. 右边检验问题和左边检验问题统称为**单边检验问题**.

三、检验中的两类错误

　　前面已说到检验可能犯错误,所谓犯错误,就是检验的结论与实际情况不符. 这里有两种情况:一是实际情况是 H_0 成立,而检验的结果表明 H_0 不成立,拒绝了 H_0,这时称该检验犯了**第一类错误**(type Ⅰ error)或"弃真"的错误;二是实际情况是 H_0 不成立,H_1 成立,而检验的结果表明 H_0 成立,接受了 H_0,这时称该检验犯了**第二类错误**(type Ⅱ error)或"取伪"的错误.

　　通过例18.1的分析可知,一个检验本质上就是确定一个拒绝域 K_0. 所谓拒绝 H_0,就是通过构造检验统计量进行计算,得出样本观察值落在 K_0 内的结论. 所以,犯第一类错误的概率就是在 H_0 成立的条件下样本观察值落在 K_0 内的概率,也即显著性水平 α 的定义:

$$P\{拒绝\ H_0\,|\,H_0\ 为真\}=\alpha$$

同样,接受 H_0,是指样本点落在接受域 $\overline{K}_0$ 中,因此犯第二类错误的概率是

$$P\{接受\ H_0\,|\,H_0\ 不真\}=\beta$$

当 H_1 中包含的参数不止一个时,一般 β 的具体计算是较困难的.

补充内容(Ⅰ):

下面通过一个具体的例子来加深对两类错误概念的理解.

　　例18.4　设总体 $X\sim N(\mu,\sigma_0^2)$,σ_0^2 已知,样本容量为 n,计算假设检验:

$$H_0:\mu=\mu_0;\qquad H_1:\mu=\mu_1>\mu_0$$

中犯两类错误的概率.

解 在 H_0 成立的情况下 $\bar{x} - \mu_0$ 通常应该很小，而在 H_1 成立的情况下 $\bar{x} - \mu_0$ 往往偏大. 因此，若 $\bar{x} - \mu_0$ 过分大，我们就怀疑 H_0 的正确性而拒绝 H_0. 换句话说，即使在 H_0 成立的条件下，只要得出了 $\bar{x} - \mu_0 > C$（其中 C 为大于 0 的待定正数）的结论就拒绝 H_0，这就是我们说的犯第一类错误.

取检验统计量 $U = \dfrac{\bar{X} - \mu_0}{\sigma_0 / \sqrt{n}}$，当 H_0 成立时，有

$$U = \frac{\bar{X} - \mu_0}{\sigma_0 / \sqrt{n}} \sim N(0,\ 1)$$

给定显著性水平 α，则犯第一类错误的概率为

$$P\{\bar{X} - \mu_0 > C \mid \mu = \mu_0\} = P\{U > u_\alpha\} = \alpha$$

其中 $C = u_\alpha \dfrac{\sigma_0}{\sqrt{n}}$. 通过控制犯第一类错误的概率得检验的拒绝域：

$$U = \frac{\bar{X} - \mu_0}{\sigma_0 / \sqrt{n}} > u_\alpha$$

而在 H_0 不真，即 H_1 成立时 $\bar{X} \sim N(\mu_1,\ \sigma_0^2 / n)$，从而犯第二类错误的概率为

$$\beta = P\{\text{接受}\ H_0 \mid H_0\ \text{不真}\} = P\{U \leqslant u_\alpha \mid \mu = \mu_1\}$$

$$= P\left\{\bar{X} - \mu_0 \leqslant u_\alpha \frac{\sigma_0}{\sqrt{n}} \,\middle|\, \mu = \mu_1\right\}$$

$$= P\left\{\bar{X} \leqslant u_\alpha \frac{\sigma_0}{\sqrt{n}} + \mu_0 \,\middle|\, \mu = \mu_1\right\}$$

$$= P\left\{\frac{\bar{X} - \mu_1}{\sigma_0 / \sqrt{n}} \leqslant u_\alpha - \frac{\mu_1 - \mu_0}{\sigma_0 / \sqrt{n}} \,\middle|\, \mu = \mu_1\right\}$$

$$= F_{0,1}\left(u_\alpha - \frac{\mu_1 - \mu_0}{\sigma_0 / \sqrt{n}}\right)$$

其中 $F_{0,1}(x)$ 为标准正态分布函数.

上述两类错误的概率可用图 18.1 中的阴影面积表示，图中 $L = u_\alpha \dfrac{\sigma_0}{\sqrt{n}} + \mu_0$，其中 α 表示 L 右端的阴影面积，β 表示 L 左端的阴影面积. 由图 18.1 可以看出，若要第一类错误概率变小，则 u_α 变大，从而第二类错误的概率 $\beta = F_{0,1}\left(u_\alpha - \dfrac{\mu_1 - \mu_0}{\sigma_0 / \sqrt{n}}\right)$ 也随之变大.

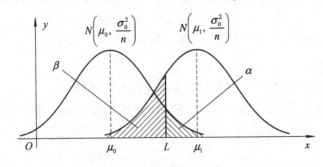

图 18.1

设计一个检验，当然最理想的是犯两类错误的概率都尽可能的小. 可以证明，在样本容量 n 一定的情况下，要使两者都达到最小是不可能的. 考虑到 H_0 的提出既然是慎重的，否定它也要慎重. 因此，在设计检验时，一般采取控制第一类错误的概率在某一显著性水平 α 内，对于固定的 n，使第二类错误尽可能的小，并以此来建立评价检验是否最优的标准.

四、假设检验的基本步骤

根据以上分析可得处理参数假设检验问题的步骤如下：

1. 设立统计假设

统计假设是关于总体状况的一种陈述，一般包含两个假设：一个称为原假设，也称零假设，记为 H_0；另一个称为备择假设，也称对立假设，记为 H_1，表示在拒绝原假设后可提供的假设. 在假设检验中，若肯定了原假设就等于否定了备择假设；若肯定了备择假设就等于否定了原假设. 从形式上看，原假设与备择假设的内容可以互换，但原假设与备择假设的提出却不是任意的. 因为假设检验就是通过控制犯第一类错误的概率来得到检验的拒绝域，实际上也可看成是依据"小概率事件在一次试验中几乎不可能发生"的推断原理. 根据这一原理，对于一个假设检验问题，在 H_0 为真时构造一个小概率事件，若这个小概率事件在一次试验中发生了，我们就拒绝 H_0. 所以，原假设应是不太容易否定的事实. 如果抽样结果没有使小概率事件发生，也就是不能充分说明备择假设成立，则不能拒绝原假设而接受备择假设. 因此，原假设与备择假设的选择取决于我们对问题的态度，把不能轻易接受的结论作为备择假设，需要有充分的理由才能否定的结论作为原假设. 如对例 18.3，除非我们有充分的理由才能相信新药有效，否则就认为新药无效，即新药无效是不太容易否定的事实，故对此问题提出假设检验：

$$H_0：新药无效；\qquad H_1：新药有效$$

2. 提出拒绝域形式

根据统计假设，提出拒绝域形式. 拒绝域 K_0 的形式一般反映了 H_1 的结论，如例 18.1 中 $H_1：\mu \neq \mu_0$，表示总体均值 μ 与 μ_0 有显著差异，那么拒绝域形式为 $\{|\overline{X} - \mu_0| > C\}$. 若 $H_1：\mu > \mu_0$，表示总体均值 μ 大于 μ_0，则选择拒绝域 K_0 形式为 $\{\overline{X} - \mu_0 > C\}$；类似地，若 $H_1：\mu < \mu_0$，则选择拒绝域 K_0 形式为 $\{\overline{X} - \mu_0 < C\}$.

3. 选择检验统计量

在 H_0 成立的情况下选择检验统计量 $W = W(X_1, X_2, \cdots, X_n)$，要求其精确分布或极限分布是已知的，并且不含未知参数，用于确定拒绝域中的待定常数来判断是否拒绝 H_0.

4. 给出显著性水平 α，确定拒绝域 K_0

通过控制犯第一类错误的概率 α 来确定拒绝域中的待定常数，从而得到拒绝域 K_0，满足：

$$P\{W(X_1, X_2, \cdots, X_n) \in K_0 \,|\, H_0 \text{ 成立}\} \leqslant \alpha$$

5. 判断或决策

根据样本观察值 $x_1, x_2, \cdots, x_n$，计算检验统计量的样本值 $w = W(x_1, x_2, \cdots, x_n)$.

若 $w \in K_0$，则拒绝 H_0，接受 H_1，否则接受 H_0.

18.2　正态总体参数检验

对于正态总体，其参数无非是两个：期望 μ 和方差 σ^2，如果加上两总体的参数比较，概括起来，对参数的假设检验一般有如下四种情形：

（i）对 μ；

（ii）对 σ^2；

（iii）对 $\mu_1 - \mu_2$；

（iv）对 σ_1^2 / σ_2^2.

其中，情形（i）、（iii）又分为 σ^2（或 σ_1^2、σ_2^2）已知和未知两种情况. 如前所述，设计一个检验，关键是构造一个统计量 $W = W(X_1, X_2, \cdots, X_n)$，它需满足的一个必要条件是在 H_0 成立时，分布为已知并且不含未知参数. 下面分别讨论这几种假设检验问题的具体方法.

一、单个正态总体均值 μ 的检验

1. σ^2 已知时，关于 μ 的检验（u 检验法）

设总体 $X \sim N(\mu, \sigma^2)$，σ^2 已知，$X_1, X_2, \cdots, X_n$ 是来自总体 X 的样本，给定显著性水平 α.

（1）检验假设：
$$H_0: \mu = \mu_0; \qquad H_1: \mu \neq \mu_0 \tag{18.1}$$
由 18.1 节的讨论知，该问题使用的检验统计量为
$$U = \frac{\overline{X} - \mu_0}{\sigma / \sqrt{n}} \tag{18.2}$$
当 H_0 成立时，$U \sim N(0, 1)$.

其拒绝域为
$$|U| = \frac{|\overline{X} - \mu_0|}{\sigma / \sqrt{n}} > u_{\alpha/2} \tag{18.3}$$

计算检验统计量的样本值 u，若满足 $|u| = \dfrac{|\overline{x} - \mu_0|}{\sigma / \sqrt{n}} > u_{\alpha/2}$，则拒绝 H_0，即认为总体均值 μ 与 μ_0 有显著差异；若 $|u| = \dfrac{|\overline{x} - \mu_0|}{\sigma / \sqrt{n}} \leqslant u_{\alpha/2}$，则接受 H_0，即认为总体均值 μ 与 μ_0 无显著差异.

（2）检验假设：
$$H_0: \mu = \mu_0; \qquad H_1: \mu > \mu_0 \qquad （右边检验问题） \tag{18.4}$$
根据统计假设，提出拒绝域形式 $\{\overline{X} - \mu_0 > C\}$.

取检验统计量为
$$U = \frac{\overline{X} - \mu_0}{\sigma / \sqrt{n}}$$

当 H_0 成立时，$U \sim N(0, 1)$. 通过控制犯第一类错误的概率构造检验的拒绝域，满足：

$$P\{\overline{X} - \mu_0 > C \mid H_0 \text{ 成立}\} \leqslant \alpha$$

由标准正态分布的上 α 分位数定义得

$$P\left\{\frac{\overline{X} - \mu_0}{\sigma/\sqrt{n}} > u_\alpha\right\} = \alpha$$

可见，当 $C = u_\alpha \dfrac{\sigma}{\sqrt{n}}$ 时，有

$$P\{\overline{X} - \mu_0 > C \mid H_0 \text{ 成立}\} = P\{U > u_\alpha\} = \alpha$$

故此假设检验问题的拒绝域为

$$U = \frac{\overline{X} - \mu_0}{\sigma/\sqrt{n}} > u_\alpha \tag{18.5}$$

若观察值满足 $\dfrac{\overline{x} - \mu_0}{\sigma/\sqrt{n}} > u_\alpha$，则拒绝 H_0，否则接受 H_0.

（3）检验假设：

$$H_0: \mu = \mu_0; \quad H_1: \mu < \mu_0 \quad \text{（左边检验问题）} \tag{18.6}$$

与右边检验问题类似，左边检验问题的拒绝域为

$$U = \frac{\overline{X} - \mu_0}{\sigma/\sqrt{n}} < -u_\alpha \tag{18.7}$$

若观察值满足 $\dfrac{\overline{x} - \mu_0}{\sigma/\sqrt{n}} < -u_\alpha$，则拒绝 H_0，否则接受 H_0.

以后可直接应用这些结论进行检验.

例 18.5 一台包装机包装洗衣粉，额定标准重量为 500 g，根据以往经验，包装机的实际装袋重量服从正态分布 $N(\mu, \sigma^2)$，其中 $\sigma = 15$ g，为检验包装机工作是否正常，随机抽取 9 袋，称得洗衣粉净重（单位：g）数据如下：

$$497 \quad 506 \quad 518 \quad 524 \quad 488 \quad 517 \quad 510 \quad 515 \quad 516$$

若取显著性水平 $\alpha = 0.01$，问这台包装机工作是否正常？

分析 所谓包装机工作正常，即包装机包装洗衣粉的份量的期望值应为额定份量 500 g，因此要检验包装机工作是否正常，用参数表示就是 $\mu = 500$ 是否成立. 我们根据以往的经验认为，在没有特殊情况下，包装机工作应该是正常的，由此提出原假设和备择假设：

$$H_0: \mu = 500; \quad H_0: \mu \neq 500$$

解 （1）提出假设（如上）；

（2）此检验问题的拒绝域为

$$|U| = \frac{|\overline{X} - \mu_0|}{\sigma/\sqrt{n}} > u_{\alpha/2}$$

现 $u_{\alpha/2} = 2.575$，计算 U 的观察值：

$$|u| = \frac{\left|\dfrac{1}{9} \times (497 + 506 + 518 + 524 + 488 + 517 + 510 + 515 + 516) - 500\right|}{15/\sqrt{9}}$$

$$= 2.02$$

因为 $|u| \leqslant u_{\alpha/2}$，故接受 H_0，即认为包装机工作正常.

例 18.6 某厂生产的固体燃料推进器的燃烧率服从正态分布 $N(\mu, \sigma^2)$，$\mu = 40\ \text{cm/s}$，$\sigma = 2\ \text{cm/s}$，现用新方法生产了一批推进器，从中随机取 $n = 25$ 只，测得燃烧率的样本均值为 $\bar{x} = 41.25\ \text{cm/s}$，设在新方法下总体均方差仍为 $2\ \text{cm/s}$，问这批推进器的燃烧率是否较以往生产的推进器的燃烧率有显著的提高?取显著性水平 $\alpha = 0.05$.

解 按题意需检验假设：
$$H_0: \mu \leqslant \mu_0 = 40; \qquad H_1: \mu > \mu_0$$
根据前面的结论，该问题的拒绝域等同于
$$H_0: \mu = \mu_0 = 40; \qquad H_1: \mu > \mu_0$$
这是一个右边检验问题，其拒绝域为
$$U = \frac{\bar{X} - \mu_0}{\sigma/\sqrt{n}} > u_{0.05} = 1.645$$
而现在观察值 $\bar{x} = 41.25$，$n = 25$，计算检验统计量的样本值：
$$u = \frac{\bar{x} - \mu_0}{\sigma/\sqrt{n}} = \frac{41.2540 - 40}{2/\sqrt{25}} = 3.125 > 1.645$$
可见 u 的值落在拒绝域内，所以在显著性水平 $\alpha = 0.05$ 下拒绝 H_0，即认为新方法生产的这批推进器的燃烧率较以往生产的推进器的燃烧率有显著的提高.

2. σ^2 未知时，关于 μ 的检验(t 检验法)

设总体 $X \sim N(\mu, \sigma^2)$，σ^2 未知，$X_1, X_2, \cdots, X_n$ 是来自总体 X 的样本，给定显著性水平 α.

(1) 检验假设：
$$H_0: \mu = \mu_0; \qquad H_1: \mu \neq \mu_0$$
根据统计假设，提出拒绝域形式 $\{|\bar{X} - \mu_0| > C\}$.

由于 σ^2 未知，故不能用 $\dfrac{\bar{X} - \mu_0}{\sigma/\sqrt{n}}$ 作为检验统计量. 注意到 S^2 是 σ^2 的无偏估计量，故用 S 来代替 σ，取检验统计量为
$$T = \frac{\bar{X} - \mu_0}{S/\sqrt{n}} \tag{18.8}$$
当 H_0 成立时，$T \sim t(n-1)$.

通过控制犯第一类错误的概率得假设检验的拒绝域：
$$|T| = \frac{|\bar{X} - \mu_0|}{S/\sqrt{n}} > t_{\alpha/2}(n-1) \tag{18.9}$$
若观察值满足 $|t| = \dfrac{|\bar{x} - \mu_0|}{s/\sqrt{n}} > t_{\alpha/2}(n-1)$，则拒绝 H_0，否则接受 H_0.

(2) 右边检验问题：
$$H_0: \mu = \mu_0; \qquad H_1: \mu > \mu_0$$
其拒绝域为
$$T = \frac{\bar{X} - \mu_0}{S/\sqrt{n}} > t_\alpha(n-1) \tag{18.10}$$

（3）左边检验问题：

$$H_0: \mu = \mu_0; \qquad H_1: \mu < \mu_0$$

其拒绝域为

$$T = \frac{\overline{X} - \mu_0}{S/\sqrt{n}} < - t_\alpha(n-1) \tag{18.11}$$

例 18.7　在显著性水平 $\alpha = 0.05$ 下求解例 18.2.

解　按题意，需要有充分理由才能相信元件的平均寿命大于 225 小时，为此提出统计假设：

$$H_0: \mu \leqslant \mu_0 = 225; \qquad H_1: \mu > \mu_0 = 225$$

此检验问题的拒绝域为

$$T = \frac{\overline{X} - \mu_0}{S/\sqrt{n}} > t_\alpha(n-1)$$

现 $n = 16$，$t_{0.05}(16-1) = t_{0.05}(15) = 1.7531$，又算得

$$\overline{x} = 241.5, \quad s = 98.7259$$

$$t = \frac{\overline{x} - \mu_0}{s/\sqrt{n}} = 0.6685 < 1.7531$$

可见 t 不落在拒绝域内，故接受 H_0，即认为元件的平均寿命不大于 225 小时.

补充内容(Ⅱ)：

用 SPSS 软件对单个正态总体均值进行 t 检验的方法与步骤：

① 录入例 18.2 中的数据，形成 SPSS 的数据文件.

② 打开菜单 Analyze → Compare Means → One-Sample T Test，出现如图 18.2 所示的对话框.

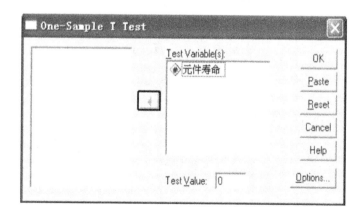

图 18.2

③ 在"Test Value"框中输入 225，单击"OK"按钮进行统计分析，出现如图 18.3 所示的结果.

④ 对求解结果进行分析解释. 从 One-Sample Statistics 表中可知该问题的样本数为 16，样本均值为 241.5，样本标准差为 98.725 88，样本均值标准误差为 24.681 47. 同理，在 One-Sample Test 中，t 统计量的观测值为 0.669，自由度为 15，t 统计量的观测值的双侧

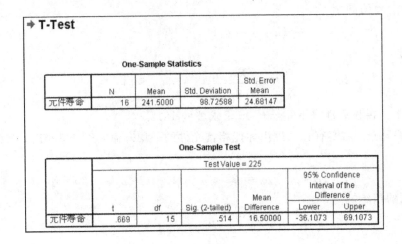

图 18.3

概率 P 值为 0.514，由于 $P/2 \geqslant \alpha = 0.05$，表明 t 统计量的观测值落在接受域内，故接受 H_0，样本均值与检验值的差为 16.5，总体均值与原假设值差的 95% 的置信区间为 $(-36.1073, 69.1073)$.

二、两个正态总体均值差 $\mu_1 - \mu_2$ 的检验

设有两个正态总体 $X \sim N(\mu_1, \sigma_1^2)$，$Y \sim N(\mu_2, \sigma_2^2)$，$X_1, X_2, \cdots, X_{n_1}$ 和 $Y_1, Y_2, \cdots,$ Y_{n_2} 分别是来自总体 X 和 Y 的样本，其均值分别记为 $\overline{X}$ 和 $\overline{Y}$，样本方差分别记为 S_1^2 和 S_2^2，给定显著性水平 α.

1. σ_1^2、σ_2^2 已知时，$\mu_1 - \mu_2$ 的检验（u 检验法）

（1）检验假设：

$$H_0: \mu_1 - \mu_2 = 0; \qquad H_1: \mu_1 - \mu_2 \neq 0 \qquad\qquad (18.12)$$

即

$$H_0: \mu_1 = \mu_2; \qquad H_1: \mu_1 \neq \mu_2$$

根据统计假设，提出拒绝域形式 $\{|\overline{X} - \overline{Y}| > C\}$.

由于

$$\overline{X} \sim N\left(\mu_1, \frac{\sigma_1^2}{n_1}\right), \quad \overline{Y} \sim N\left(\mu_2, \frac{\sigma_2^2}{n_2}\right)$$

故

$$\overline{X} - \overline{Y} \sim N\left(\mu_1 - \mu_2, \frac{\sigma_1^2}{n_1} + \frac{\sigma_2^2}{n_2}\right)$$

当 H_0 为真时，

$$\frac{\overline{X} - \overline{Y}}{\sqrt{\dfrac{\sigma_1^2}{n_1} + \dfrac{\sigma_2^2}{n_2}}} \sim N(0, 1)$$

故取检验统计量为

$$U = \frac{\overline{X} - \overline{Y}}{\sqrt{\dfrac{\sigma_1^2}{n_1} + \dfrac{\sigma_2^2}{n_2}}} \tag{18.13}$$

给定显著性水平 α，则犯第一类错误的概率为

$$P\{\text{拒绝 } H_0 \mid H_0 \text{ 为真}\} = P\left\{\frac{\left|\overline{X} - \overline{Y}\right|}{\sqrt{\dfrac{\sigma_1^2}{n_1} + \dfrac{\sigma_2^2}{n_2}}} > u_{\alpha/2}\right\} = \alpha$$

通过控制犯第一类错误的概率得检验的拒绝域：

$$\frac{\left|\overline{X} - \overline{Y}\right|}{\sqrt{\dfrac{\sigma_1^2}{n_1} + \dfrac{\sigma_2^2}{n_2}}} > u_{\alpha/2} \tag{18.14}$$

若观察值满足 $\dfrac{\left|\overline{x} - \overline{y}\right|}{\sqrt{\dfrac{\sigma_1^2}{n_1} + \dfrac{\sigma_2^2}{n_2}}} > u_{\alpha/2}$，则拒绝 H_0，否则接受 H_0.

（2）右边检验问题：

$$H_0: \mu_1 - \mu_2 = 0; \qquad H_1: \mu_1 - \mu_2 > 0 \tag{18.15}$$

即

$$H_0: \mu_1 = \mu_2; \qquad H_1: \mu_1 > \mu_2$$

取检验统计量为

$$U = \frac{\overline{X} - \overline{Y}}{\sqrt{\dfrac{\sigma_1^2}{n_1} + \dfrac{\sigma_2^2}{n_2}}}$$

通过控制犯第一类错误的概率得检验的拒绝域：

$$U = \frac{\overline{X} - \overline{Y}}{\sqrt{\dfrac{\sigma_1^2}{n_1} + \dfrac{\sigma_2^2}{n_2}}} > u_{\alpha} \tag{18.16}$$

（3）左边检验问题：

$$H_0: \mu_1 - \mu_2 = 0; \qquad H_1: \mu_1 - \mu_2 < 0 \tag{18.17}$$

即

$$H_0: \mu_1 = \mu_2; \qquad H_1: \mu_1 < \mu_2$$

其拒绝域为

$$U = \frac{\overline{X} - \overline{Y}}{\sqrt{\dfrac{\sigma_1^2}{n_1} + \dfrac{\sigma_2^2}{n_2}}} < -u_{\alpha} \tag{18.18}$$

2. σ_1^2、σ_2^2 未知，但 $\sigma_1^2 = \sigma_2^2 = \sigma^2$ 时，$\mu_1 - \mu_2$ 的检验（t 检验法）

（1）检验假设：

$$H_0: \mu_1 = \mu_2; \qquad H_1: \mu_1 \neq \mu_2$$

取检验统计量为

$$T = \frac{\overline{X} - \overline{Y}}{S_w \sqrt{\frac{1}{n_1} + \frac{1}{n_2}}} \quad (18.19)$$

其中 $S_w^2 = \frac{(n_1 - 1)S_1^2 + (n_2 - 1)S_2^2}{n_1 + n_2 - 2}$, $S_w = \sqrt{S_w^2}$.

当 H_0 为真时, $T \sim t(n_1 + n_2 - 2)$.

给定显著性水平 α, 则犯第一类错误的概率为

$$P\{\text{拒绝 } H_0 \mid H_0 \text{ 为真}\} = P\left\{ \left| \frac{\overline{X} - \overline{Y}}{S_w \sqrt{\frac{1}{n_1} + \frac{1}{n_2}}} \right| > t_{\alpha/2}(n_1 + n_2 - 2) \right\} = \alpha$$

通过控制犯第一类错误的概率得检验的拒绝域:

$$\left| \frac{\overline{X} - \overline{Y}}{S_w \sqrt{\frac{1}{n_1} + \frac{1}{n_2}}} \right| > t_{\alpha/2}(n_1 + n_2 - 2) \quad (18.20)$$

若观察值满足 $\left| \dfrac{\overline{x} - \overline{y}}{s_w \sqrt{\frac{1}{n_1} + \frac{1}{n_2}}} \right| > t_{\alpha/2}(n_1 + n_2 - 2)$, 则拒绝 H_0, 否则接受 H_0.

(2) 右边检验问题:

$$H_0: \mu_1 = \mu_2; \qquad H_1: \mu_1 > \mu_2$$

其拒绝域为

$$T = \frac{\overline{X} - \overline{Y}}{S_w \sqrt{\frac{1}{n_1} + \frac{1}{n_2}}} > t_{\alpha}(n_1 + n_2 - 2) \quad (18.21)$$

(3) 左边检验问题:

$$H_0: \mu_1 = \mu_2; \qquad H_1: \mu_1 < \mu_2$$

其拒绝域为

$$T = \frac{\overline{X} - \overline{Y}}{S_w \sqrt{\frac{1}{n_1} + \frac{1}{n_2}}} < - t_{\alpha}(n_1 + n_2 - 2) \quad (18.22)$$

例 18.8 设有甲、乙两种零件, 彼此可以借用, 但乙种零件比甲种零件制造简单, 造价低, 经过试验获得如下抗压强度(单位: kg/cm^2):

甲种零件: 88　87　92　90　91

乙种零件: 89　89　90　94　88

根据经验抗压强度服从正态分布, 且两个总体方差相等, 问两种零件的抗压强度有无显著差异?($\alpha = 0.025$)

解 按题意希望乙种零件的抗压强度不低于甲种零件的抗压强度, 否则虽然甲种零件制造复杂, 造价较高, 但为了保证质量, 也宁可使用甲种零件. 设甲、乙两种零件的平均抗压强度分别为 μ_1 和 μ_2, 现提出统计假设:

$$H_0: \mu_1 = \mu_2; \qquad H_1: \mu_1 > \mu_2$$

其拒绝域为

$$T = \frac{\overline{X} - \overline{Y}}{S_w \sqrt{\dfrac{1}{n_1} + \dfrac{1}{n_2}}} > t_\alpha(n_1 + n_2 - 2)$$

现 $\alpha = 0.025$，$n_1 + n_2 - 2 = 8$，查表得 $t_\alpha(n_1 + n_2 - 2) = t_{0.025}(8) = 2.306$.

又由观察值计算得 $\overline{x} = 89.6$，$\overline{y} = 90.0$，$s_1^2 = 4.3$，$s_2^2 = 5.5$，$s_w^2 = 4.9$，故

$$t = \frac{\overline{x} - \overline{y}}{s_w \sqrt{\dfrac{1}{n_1} + \dfrac{1}{n_2}}} = \frac{89.6 - 90}{2.214 \times \sqrt{\dfrac{1}{5} + \dfrac{1}{5}}} = -0.2857 < 2.306$$

从而接受假设 H_0，即认为甲种零件不比乙种零件的抗压强度高，所以可用乙种零件.

补充内容(Ⅲ)：

用 SPSS 软件对两个正态总体均值差 $\mu_1 - \mu_2$ 进行 t 检验的方法与步骤：

① 录入例 18.8 中的数据，形成 SPSS 的数据文件，如图 18.4 所示.

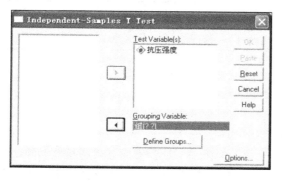

图 18.4

② 打开菜单 Analyze → Compare Means → Independent-Samples T Test，出现如图 18.5 所示的对话框. 其中：

Test Variable[s] 框：待分析的样本；

Grouping Variable 框：组别；

Define Groups：定义要检验的两组的代码.

将抗压强度送入 Test Variable[s] 框中，单击"Define Groups" 按钮，在弹出的窗口中分别输入 Group1 和 Group2 的代码 1 和 2，然后单击"Continue" 按钮，如图 18.6 所示.

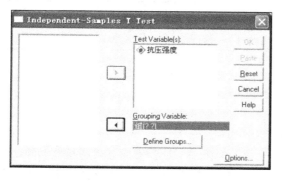

图 18.5

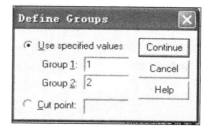

图 18.6

在 Independent-Samples T Test 窗口中单击"OK"按钮进行统计分析，出现如图 18.7 所示的结果.

T-Test

Group Statistics

	Group	N	Mean	Std. Deviation	Std. Error Mean
SLA	1.00	5	89.6000	2.07364	.92736
	2.00	5	90.0000	2.34521	1.04881

Independent Samples Test

		Levene's Test for Equality of Variances		t-test for Equality of Means					95% Confidence Interval of the Difference	
		F	Sig.	t	df	Sig. (2-tailed)	Mean Difference	Std. Error Difference	Lower	Upper
SLA	Equal variances assumed	.010	.921	-.286	8	.782	-.40000	1.40000	-3.62841	2.82841
	Equal variances not assumed			-.286	7.882	.782	-.40000	1.40000	-3.63685	2.83685

图 18.7

③ 对求解结果进行分析解释. 从 Group Statistics 表中可知：该问题的第一组样本数为 5，样本均值为 89.6，样本标准差为 2.07364，样本均值标准误差为 0.92736；第二组样本数为 5，样本均值为 90，样本标准差为 2.345 21，样本均值标准误差为 1.048 81. Independent-Samples Test 表分为两种情况：等方差假设和异方差假设，此例中两总体方差齐性，故应看第一行，即等方差假设的结果. t 统计量的观测值为 -0.286，自由度为 8，t 统计量观测值的双侧概率 P 值为 0.782，因为 $P/2 \geqslant \alpha = 0.025$，表明 t 统计量的观测值落在接受域内，故接受 H_0. 两样本均值差为 -0.4，均值差 95% 的置信区间为 $(-3.628\ 41, 2.828\ 41)$.

3. σ_1^2、σ_2^2 未知，但 $n_1 = n_2 = n$ 时，$\mu_1 - \mu_2$ 的检验（配对检验法）

例 18.9　有两台光谱仪 I_x、I_y，用于测量材料中某种金属的含量，为鉴定它们的测量结果有无显著差异，制备了 9 件试块（它们的成分、金属含量、均匀性等各不相同），现在分别用这两台仪器对每一试块测量一次，得到如下 9 对观察值：

X	0.20	0.30	0.40	0.50	0.60	0.70	0.80	0.90	1.00
Y	0.10	0.21	0.52	0.32	0.78	0.59	0.68	0.77	0.89

设 X、Y 分别服从正态分布 $N(\mu_1, \sigma_1^2)$、$N(\mu_2, \sigma_2^2)$，其中 σ_1^2、σ_2^2 均为未知. 问能否认为这两台仪器的测量结果有显著差异？（$\alpha = 0.01$）

分析　按题意提出统计假设：

$$H_0: \mu_1 = \mu_2; \qquad H_1: \mu_1 \neq \mu_2$$

这是对同一试验对象（9 件试块）在完全相同的条件下进行不同方式的检验，可以考虑使用配对检验法，即将这些成对样本数据，取每对测量值的差为新的统计对象. 设对应的总体为 Z，则 $Z = X - Y$ 仍服从正态分布，然后运用正态总体单样本均值 t 检验法得到结

果. 令

$$Z_i = X_i - Y_i \quad (i = 1, 2, \cdots, n)$$

$$\overline{Z} = \frac{1}{n} \sum_{i=1}^{n} Z_i$$

$$S^2 = \frac{1}{n-1} \sum_{i=1}^{n} (Z_i - \overline{Z})^2$$

这时假设可以改为判断 Z 的均值 $\mu_Z = \mu_1 - \mu_2$ 是否为 0，即

$$H_0: \mu_Z = 0; \qquad H_1: \mu_Z \neq 0$$

由于当 $\mu_1 = \mu_2$ 时，$Z \sim N(0, \sigma_1^2 + \sigma_2^2)$，则

$$\overline{Z} \sim N\left(0, \frac{\sigma_1^2 + \sigma_2^2}{n}\right), \qquad \frac{(n-1)S^2}{\sigma_1^2 + \sigma_2^2} \sim \chi^2(n-1)$$

且 $\overline{Z}$ 与 S^2 独立，故取检验统计量为

$$T = \frac{\overline{Z} \Big/ \sqrt{\dfrac{\sigma_1^2 + \sigma_2^2}{n}}}{\sqrt{\dfrac{(n-1)S^2}{\sigma_1^2 + \sigma_2^2} \cdot \dfrac{1}{n-1}}} = \frac{\overline{Z}}{S/\sqrt{n}} \tag{18.23}$$

当 H_0 成立时，$T \sim t(n-1)$.

通过控制犯第一类错误的概率得假设检验的拒绝域：

$$|T| = \frac{|\overline{Z}|}{S/\sqrt{n}} > t_{\alpha/2}(n-1) \tag{18.24}$$

利用此结论求解例 18.9.

解 (1) 设 $Z = X - Y$，Z 的均值为 μ_Z，按题意提出统计假设：

$$H_0: \mu_Z = 0; \qquad H_1: \mu_Z \neq 0$$

其拒绝域为 $|T| = \dfrac{|\overline{Z}|}{S/\sqrt{n}} > t_{\alpha/2}(n-1)$.

现 $\alpha = 0.01$，$n = 9$，故 $t_{\alpha/2}(n-1) = t_{0.005}(8) = 3.3554$.

又由试验结果算得 $\overline{z} = 0.06$，$s = 0.1227$，由此得

$$|t| = \frac{|\overline{z}|}{s/\sqrt{n}} = \frac{0.06}{0.1227/\sqrt{9}} = 1.467 < 3.3554$$

因此接受 H_0，认为两台仪器的测量结果并无显著差异.

(2) 右边检验问题：

$$H_0: \mu_1 = \mu_2; \qquad H_1: \mu_1 > \mu_2$$

其拒绝域为

$$T = \frac{\overline{Z}}{S/\sqrt{n}} > t_\alpha(n-1) \tag{18.25}$$

(3) 左边检验问题：

$$H_0: \mu_1 = \mu_2; \qquad H_1: \mu_1 < \mu_2$$

其拒绝域为

$$T = \frac{\overline{Z}}{S/\sqrt{n}} < -t_\alpha(n-1) \tag{18.26}$$

补充内容(IV)：

用 SPSS 软件对两个正态总体均值差 $\mu_1 - \mu_2$ 进行配对检验的方法与步骤：

① 录入例 18.9 中的数据，形成 SPSS 的数据文件，如图 18.8 所示.

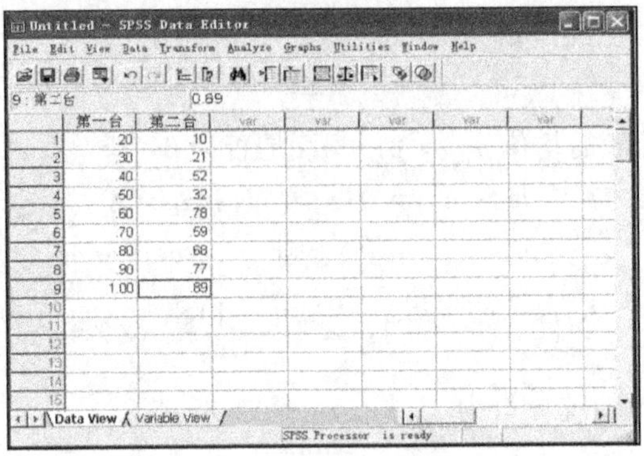

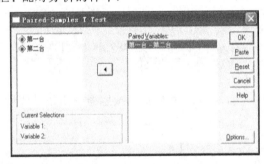

图 18.8

② 打开菜单 Analyze → Compare Means → Paired-Samples T Test，出现如图 18.9 所示的对话框. 其中：

Paired Variables 框：配对分析的样本.

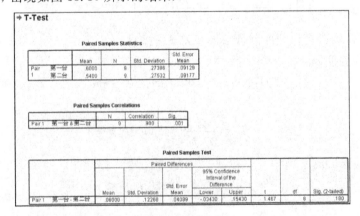

图 18.9

同时选中变量"第一台"和"第二台"，使之进入"Paired Variables"框，单击"OK"按钮进行统计分析，出现如图 18.10 所示的结果.

T-Test

Paired Samples Statistics

		Mean	N	Std. Deviation	Std. Error Mean
Pair 1	第一台	.6000	9	.27386	.09129
	第二台	.5400	9	.27532	.09177

Paired Samples Correlations

		N	Correlation	Sig.
Pair 1	第一台 & 第二台	9	.900	.001

Paired Samples Test

		Paired Differences					t	df	Sig. (2-tailed)
		Mean	Std. Deviation	Std. Error Mean	95% Confidence Interval of the Difference Lower	Upper			
Pair 1	第一台 - 第二台	.06000	.12268	.04089	-.03430	.15430	1.467	8	.180

图 18.10

③ 对求解结果进行分析解释. 从 Paired Samples Statistics 表中可知：该问题的第一台仪器的样本均值为 0.6，样本数为 9，样本标准差为 0.273 86，样本均值标准误差为 0.091 29；第二台仪器的样本均值为 0.54，样本数为 9，样本标准差为 0.275 32，样本均值标准误差为 0.091 77. 从 Paired Samples Correlations 表中可知配对样本的相关系数为 0.9. 同理，在 Paired Samples Test 中可知配对样本差数的均值为 0.06，标准差为 0.122 68，均值标准误差为 0.040 89，95％ 的置信区间为（— 0.034 30，0.154 30）. t 统计量的观测值为 1.467，自由度为 8，t 统计量观测值的双侧概率 P 值为 0.180，因 $P \geqslant \alpha = 0.01$，表明 t 统计量的观测值落在接受域中，故接受 H_0.

三、单个正态总体方差 σ^2 的检验

设总体 $X \sim N(\mu, \sigma^2)$，要对参数 σ^2 进行检验，这里 μ 往往是未知的. $X_1, X_2, \cdots, X_n$ 是来自总体 X 的样本，给定显著性水平 α.

（1）检验假设：
$$H_0: \sigma^2 = \sigma_0^2; \qquad H_1: \sigma^2 \neq \sigma_0^2 \tag{18.27}$$

由于 S^2 是 σ^2 的无偏估计量，当 H_0 为真时，比值 S^2/σ_0^2 一般不应过分大于 1 或过分小于 1，而应在 1 附近.

又知当 H_0 为真时，$\dfrac{(n-1)S^2}{\sigma_0^2} \sim \chi^2(n-1)$.

故取 $\chi^2 = \dfrac{(n-1)S^2}{\sigma_0^2}$ 为检验统计量. 当 $\dfrac{(n-1)S^2}{\sigma_0^2}$ 过分大或过分小时，就怀疑 H_0 的正确性，即只要得出 $\dfrac{(n-1)S^2}{\sigma_0^2} < K_1$ 或 $\dfrac{(n-1)S^2}{\sigma_0^2} > K_2$（$K_1$、$K_2$ 为大于 0 的待定正数）的结论，就拒绝 H_0.

根据显著性水平 α，由图 18.11 构造犯第一类错误的概率：

$P\{$拒绝 $H_0 \,|\, H_0$ 为真$\}$

$= P\left\{\left(\dfrac{(n-1)S^2}{\sigma_0^2} < \chi_{1-\alpha/2}^2(n-1)\right) \bigcup \left(\dfrac{(n-1)S^2}{\sigma_0^2} > \chi_{\alpha/2}^2(n-1)\right)\right\}$

$= \alpha$

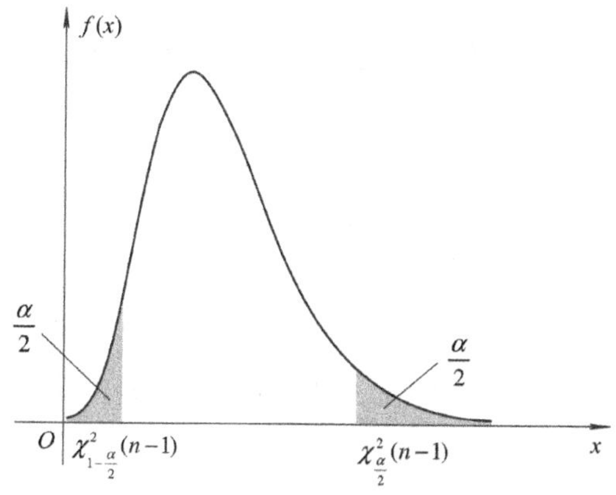

图 18.11

通过控制犯第一类错误的概率得检验的拒绝域：

$$\frac{(n-1)S^2}{\sigma_0^2} < \chi_{1-\alpha/2}^2(n-1) \quad \text{或} \quad \frac{(n-1)S^2}{\sigma_0^2} > \chi_{\alpha/2}^2(n-1) \qquad (18.28)$$

若观察值满足 $\frac{(n-1)s^2}{\sigma_0^2} < \chi_{1-\alpha/2}^2(n-1)$ 或 $\frac{(n-1)s^2}{\sigma_0^2} > \chi_{\alpha/2}^2(n-1)$，则拒绝 H_0，否则接受 H_0.

(2) 右边检验问题：

$$H_0: \sigma^2 = \sigma_0^2; \qquad H_1: \sigma^2 > \sigma_0^2 \qquad (18.29)$$

根据统计假设，提出拒绝域形式为 $\frac{(n-1)S^2}{\sigma_0^2} > K_1$.

通过控制犯第一类错误的概率不超过 α，得 $K_1 = \chi_\alpha^2(n-1)$，因此拒绝域为

$$\frac{(n-1)S^2}{\sigma_0^2} > \chi_\alpha^2(n-1) \qquad (18.30)$$

(3) 左边检验问题：

$$H_0: \sigma^2 = \sigma_0^2; \qquad H_1: \sigma^2 < \sigma_0^2 \qquad (18.31)$$

其拒绝域为

$$\frac{(n-1)S^2}{\sigma_0^2} < \chi_{1-\alpha}^2(n-1) \qquad (18.32)$$

例 18.10 某厂生产的某型号的电池，其寿命长期以来服从方差 $\sigma_0^2 = 5000(\text{小时}^2)$ 的正态分布，现有一批该型号电池，从它的生产情况来看，寿命的波动性有所改变，现随机取 26 只电池，测得其寿命的样本方差 $s^2 = 9200(\text{小时}^2)$，问根据这一数据能否推断这批电池的寿命波动性较以往有显著变化？$(\alpha = 0.02)$

解 按题意提出统计假设：

$$H_0: \sigma^2 = 5000; \qquad H_1: \sigma^2 \neq 5000$$

其拒绝域为

$$\frac{(n-1)S^2}{\sigma_0^2} < \chi_{1-\alpha/2}^2(n-1) \quad \text{或} \quad \frac{(n-1)S^2}{\sigma_0^2} > \chi_{\alpha/2}^2(n-1)$$

现 $n = 26$，$\alpha = 0.02$，$\sigma_0^2 = 5000$，$\chi_{\alpha/2}^2(n-1) = \chi_{0.01}^2(25) = 44.314$，$\chi_{1-\alpha/2}^2(n-1) = \chi_{0.99}^2(25) = 11.524$.

由样本值算得 $s^2 = 9200$，$\chi^2 = \frac{(n-1)S^2}{\sigma_0^2} = 46 > 44.314$，所以拒绝 H_0，即认为这批电池的寿命波动性较以往有显著变化.

例 18.11 用机器包装食盐，假设每袋盐的净重服从正态分布. 规定每袋盐的标准重量为 1 kg，标准差不得超过 0.02 kg. 某天开工后，为检验机器是否正常，从装好的食盐中随机地取 9 袋，测得净重如下：

  0.994 1.014 1.02 0.95 1.03 0.968 0.976 1.048 0.982

问这天包装机工作是否正常？$(\alpha = 0.05)$

解　按题意总体 $X \sim N(\mu, \sigma^2)$，μ、σ^2 均未知，需要检验下面两个假设：

$$H_0: \mu = 1; \qquad H_1: \mu \neq 1$$

和

$$H_0^*: \sigma^2 \leqslant 0.02^2; \qquad H_1^*: \sigma^2 > 0.02^2$$

先利用 t 检验，检验均值 μ 是否等于 1，其拒绝域为

$$|T| = \frac{|\overline{X} - \mu_0|}{S/\sqrt{n}} > t_{\alpha/2}(n-1)$$

这里 $\mu_0 = 1$，$n = 9$，$\alpha = 0.05$.

查 t 分布表得 $t_{\alpha/2}(n-1) = t_{0.025}(8) = 2.306$.

又由样本观察值计算得 $\overline{x} = 0.988$，$s = 0.032$，从而

$$|t| = \frac{|0.988 - 1|}{0.032/\sqrt{9}} = 0.1875 < 2.306$$

故接受假设 H_0，即认为 $\mu = 1$.

再利用 χ^2 检验法检验 σ^2 是否超过 0.02^2，其拒绝域为

$$\frac{(n-1)S^2}{\sigma_0^2} > \chi_\alpha^2(n-1)$$

由于 $\chi_\alpha^2(n-1) = \chi_{0.05}^2(8) = 15.507$，$\sigma_0^2 = 0.02^2$，从而

$$\chi^2 = \frac{(n-1)s^2}{\sigma_0^2} = 20.48 > 15.507$$

所以拒绝 H_0^*，即认为 $\sigma^2 > 0.02^2$，包装机工作不正常.

四、两个正态总体方差比 σ_1^2/σ_2^2 的检验

设有两个正态总体 $X \sim N(\mu_1, \sigma_1^2)$，$Y \sim N(\mu_2, \sigma_2^2)$，$X_1, X_2, \cdots, X_{n_1}$ 和 $Y_1, Y_2, \cdots,$ Y_{n_2} 分别是来自总体 X 和 Y 的样本，其样本均值分别记为 $\overline{X}$ 和 $\overline{Y}$，样本方差分别记为 S_1^2 和 S_2^2，给定显著性水平 α.

（1）检验假设：

$$H_0: \sigma_1^2 = \sigma_2^2; \qquad H_1: \sigma_1^2 \neq \sigma_2^2 \tag{18.33}$$

由于 S_1^2、S_2^2 分别是 σ_1^2、σ_2^2 的无偏估计量，当 H_0 为真时，比值 S_1^2/S_2^2 一般不应过分大于 1 或过分小于 1，而应在 1 附近.

又知当 H_0 为真时，$\dfrac{S_1^2/\sigma_1^2}{S_2^2/\sigma_2^2} = \dfrac{S_1^2}{S_2^2} \sim F(n_1-1, n_2-1)$.

故取 $F = S_1^2/S_2^2$ 为检验统计量. 当 S_1^2/S_2^2 过分大或过分小时，就怀疑 H_0 的正确性，即只要得出 $S_1^2/S_2^2 < K_1$ 或 $S_1^2/S_2^2 > K_2$（其中 K_1、K_2 为大于 0 的待定正数）的结论，就拒绝 H_0.

根据显著性水平 α，由图 18.12 构造犯第一类错误的概率：

$$P\{拒绝\ H_0\,|\,H_0\ 为真\}$$

$$= P\left\{\left(\frac{S_1^2}{S_2^2} < F_{1-\alpha/2}(n_1-1,\ n_2-1)\right) \bigcup \left(\frac{S_1^2}{S_2^2} > F_{\alpha/2}(n_1-1,\ n_2-1)\right)\right\}$$

$$= \alpha$$

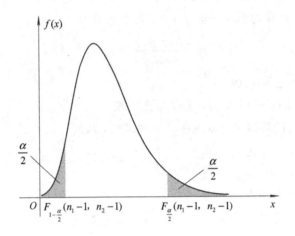

图 18.12

通过控制犯第一类错误的概率得检验的拒绝域：

$$\frac{S_1^2}{S_2^2} < F_{1-\alpha/2}(n_1-1,\ n_2-1) \quad 或 \quad \frac{S_1^2}{S_2^2} > F_{\alpha/2}(n_1-1,\ n_2-1) \tag{18.34}$$

若观察值满足 $\frac{s_1^2}{s_2^2} < F_{1-\alpha/2}(n_1-1,\ n_2-1)$ 或 $\frac{s_1^2}{s_2^2} > F_{\alpha/2}(n_1-1,\ n_2-1)$，则拒绝 H_0，否

则接受 H_0.

（2）右边检验问题：

$$H_0: \sigma_1^2 = \sigma_2^2; \qquad H_1: \sigma_1^2 > \sigma_2^2 \tag{18.35}$$

当 H_0 成立时 S_1^2/S_2^2 不应太大，当 H_1 成立时 S_1^2/S_2^2 往往偏大，故拒绝域为

$$\frac{S_1^2}{S_2^2} > F_\alpha(n_1-1,\ n_2-1) \tag{18.36}$$

（3）左边检验问题：

$$H_0: \sigma_1^2 = \sigma_2^2; \qquad H_1: \sigma_1^2 < \sigma_2^2 \tag{18.37}$$

其拒绝域为

$$\frac{S_1^2}{S_2^2} < F_{1-\alpha}(n_1-1,\ n_2-1) \tag{18.38}$$

例 18.12　甲、乙两台机床加工同一种轴，从这两台机床加工的轴中随机地抽取若干根，测得轴的直径（单位：mm）如下：

机床甲：20.5　19.8　19.7　20.4　20.1　20.0　19.0　19.9

机床乙：19.7　20.8　20.5　19.8　19.4　20.6　19.2

假定两台机床加工轴的直径分别服从正态总体 $N(\mu_1,\ \sigma_1^2)$ 和 $N(\mu_2,\ \sigma_2^2)$，试比较甲、乙两台机床加工精度有无显著差异？$(\alpha = 0.05)$

解　按题意提出统计假设：
$$H_0: \sigma_1^2 = \sigma_2^2; \qquad H_1: \sigma_1^2 \neq \sigma_2^2$$

其拒绝域为

$$\frac{S_1^2}{S_2^2} < F_{1-\alpha/2}(n_1-1, n_2-1) \quad 或 \quad \frac{S_1^2}{S_2^2} > F_{\alpha/2}(n_1-1, n_2-1)$$

已知 $n_1 = 8$，$n_2 = 7$，经计算得 $\bar{x} = 19.925$，$s_1^2 = 0.216$，$\bar{y} = 20.00$，$s_2^2 = 0.397$，故

$$F = \frac{s_1^2}{s_2^2} = \frac{0.216}{0.397} = 0.544.$$

对于 $\alpha = 0.05$，查表得 $F_{\alpha/2}(n_1-1, n_2-1) = F_{0.025}(7, 6) = 5.70$，从而

$$F_{1-\alpha/2}(n_1-1, n_2-1) = \frac{1}{F_{\alpha/2}(n_2-1, n_1-1)} = \frac{1}{F_{0.025}(6, 7)} = 0.195$$

由 $0.195 < F = \dfrac{s_1^2}{s_2^2} < 5.70$ 知，$F = \dfrac{s_1^2}{s_2^2}$ 没有落在拒绝域内，故接受 H_0，即认为两台机床的加工精度无显著差异.

例 18.13　为比较不同季节的新生儿体重的方差，从 1975 年 12 月及 6 月的新生儿中分别随机抽取 6 名及 10 名，测其体重（单位：g）如下：

12 月：3520　2960　2560　2960　3260　3960

　6 月：3220　3220　3760　3020　2920　3740　3060　3080　2940　3060

假定新生儿体重服从正态分布，问新生儿体重的方差是否冬季比夏季小？$(\alpha = 0.05)$

解　以 X、Y 分别表示冬、夏季的新生儿体重，且 $X \sim N(\mu_1, \sigma_1^2)$，$Y \sim N(\mu_2, \sigma_2^2)$. 按题意提出统计假设：
$$H_0: \sigma_1^2 = \sigma_2^2; \qquad H_1: \sigma_1^2 < \sigma_2^2$$

其拒绝域为

$$\frac{S_1^2}{S_2^2} < F_{1-\alpha}(n_1-1, n_2-1)$$

现 $n_1 = 6$，$n_2 = 10$，$\alpha = 0.05$，查 F 分布表得

$$F_{1-\alpha}(n_1-1, n_2-1) = F_{0.95}(5, 9) = \frac{1}{F_{0.05}(9, 5)} = \frac{1}{4.77} = 0.209$$

由样本值计算得 $s_1^2 = 241\,667$，$s_2^2 = 93\,956$，因此

$$F = \frac{s_1^2}{s_2^2} = \frac{241\,667}{93\,956} = 2.572 > 0.209$$

故接受 H_0，即认为新生儿体重的方差冬季不比夏季小.

正态总体均值、方差检验法汇总于表 18.2 中，以便查用.

注意，表 18.2 的"原假设"栏中，右边检验时，如将"＝"换成"≤"，拒绝域不变；左边检验时，如将"＝"换成"≥"，拒绝域不变.

表 18.2

原假设	检验统计量	备择假设 H_1	拒绝域
$\mu = \mu_0$, σ^2 已知	$U = \dfrac{\overline{X} - \mu_0}{\sigma/\sqrt{n}}$	$\mu \neq \mu_0$ $\mu > \mu_0$ $\mu < \mu_0$	$\lvert u \rvert > u_{\alpha/2}$ $u > u_\alpha$ $u < -u_\alpha$
$\mu = \mu_0$, σ^2 未知	$T = \dfrac{\overline{X} - \mu_0}{S/\sqrt{n}}$	$\mu \neq \mu_0$ $\mu > \mu_0$ $\mu < \mu_0$	$\lvert t \rvert > t_{\alpha/2}(n-1)$ $t > t_\alpha(n-1)$ $t < -t_\alpha(n-1)$
$\mu_1 - \mu_2 = 0$, $\sigma_1^2 \text{、} \sigma_2^2$ 已知	$U = \dfrac{\overline{X} - \overline{Y}}{\sqrt{\dfrac{\sigma_1^2}{n_1} + \dfrac{\sigma_2^2}{n_2}}}$	$\mu_1 - \mu_2 \neq 0$ $\mu_1 - \mu_2 > 0$ $\mu_1 - \mu_2 < 0$	$\lvert u \rvert > u_{\alpha/2}$ $u > u_\alpha$ $u < -u_\alpha$
$\mu_1 - \mu_2 = 0$, $\sigma_1^2 \text{、} \sigma_2^2$ 未知, 但 $\sigma_1^2 = \sigma_2^2 = \sigma^2$	$T = \dfrac{\overline{X} - \overline{Y}}{S_w\sqrt{\dfrac{1}{n_1} + \dfrac{1}{n_2}}}$	$\mu_1 - \mu_2 \neq 0$ $\mu_1 - \mu_2 > 0$ $\mu_1 - \mu_2 < 0$	$\lvert t \rvert > t_{\alpha/2}(n_1 + n_2 - 2)$ $t > t_\alpha(n_1 + n_2 - 2)$ $t < -t_\alpha(n_1 + n_2 - 2)$
$\mu_1 - \mu_2 = 0$, $\sigma_1^2 \text{、} \sigma_2^2$ 未知, $n_1 = n_2 = n$	$Z = X - Y$ $T = \dfrac{\overline{Z}}{S/\sqrt{n}}$	$\mu_1 - \mu_2 \neq 0$ $\mu_1 - \mu_2 > 0$ $\mu_1 - \mu_2 < 0$	$\lvert t \rvert > t_{\alpha/2}(n-1)$ $t > t_\alpha(n-1)$ $t < -t_\alpha(n-1)$
$\sigma^2 = \sigma_0^2$	$\chi^2 = \dfrac{(n-1)S^2}{\sigma_0^2}$	$\sigma^2 \neq \sigma_0^2$ $\sigma^2 > \sigma_0^2$ $\sigma^2 < \sigma_0^2$	$\dfrac{(n-1)s^2}{\sigma_0^2} < \chi_{1-\alpha/2}^2(n-1)$ 或 $\dfrac{(n-1)s^2}{\sigma_0^2} > \chi_{\alpha/2}^2(n-1)$ $\dfrac{(n-1)s^2}{\sigma_0^2} > \chi_\alpha^2(n-1)$ $\dfrac{(n-1)s^2}{\sigma_0^2} < \chi_{1-\alpha}^2(n-1)$
$\sigma_1^2 = \sigma_2^2$	$F = \dfrac{S_1^2}{S_2^2}$	$\sigma_1^2 \neq \sigma_2^2$ $\sigma_1^2 > \sigma_2^2$ $\sigma_1^2 < \sigma_2^2$	$\dfrac{s_1^2}{s_2^2} < F_{1-\alpha/2}(n_1 - 1, n_2 - 1)$ 或 $\dfrac{s_1^2}{s_2^2} > F_{\alpha/2}(n_1 - 1, n_2 - 1)$ $\dfrac{s_1^2}{s_2^2} > F_\alpha(n_1 - 1, n_2 - 1)$ $\dfrac{s_1^2}{s_2^2} < F_{1-\alpha}(n_1 - 1, n_2 - 1)$

*18.3　总体分布的假设检验

一、统计假设

设总体 X 的分布函数 $F(x)$ 未知，X_1，X_2，$\cdots$，X_n 是来自 X 的样本，样本观察值为 x_1，x_2，$\cdots$，x_n. $F_0(x)$ 是一个完全已知或类型已知但含有若干未知参数的分布函数，常称为理论分布，一般根据总体的物理意义、样本的经验分布函数、直方图等得到启发而确定. 统计假设如下：

$$H_0 : F(x) = F_0(x) ; \quad H_1 : F(x) \neq F_0(x) \tag{18.39}$$

二、χ^2 检验法

针对 $F_0(x)$ 的不同类型有不同的检验方法，一般采用皮尔逊(K. Pearson) χ^2 检验法，也称为拟合优度 χ^2 检验法，其检验依据来自于下述定理.

定理 18.1　当 n 趋于无穷大且 H_0 为真时(不论 H_0 中的分布为何种分布)，统计量

$$\chi^2 = \sum_{i=1}^{k} \frac{(f_i - np_i)^2}{np_i} \tag{18.40}$$

服从自由度 $k-l-1$ 的 χ^2 分布.

式(18.40)中：f_i 是样本观察值的实际频数；np_i 是当 H_0 为真时的理论频数；k 是对样本所做的分组数；l 是 $F_0(x)$ 中未知参数的个数，若 $F_0(x)$ 中不含未知参数，则 $l=0$.

χ^2 检验法的基本步骤如下：

(1) 从总体中抽取一个大样本，若 $F_0(x)$ 中含有未知参数，则先由样本值求出未知参数 θ_1，θ_2，$\cdots$，θ_l 的极大似然估计 $\hat{\theta}_1$，$\hat{\theta}_2$，$\cdots$，$\hat{\theta}_l$，然后将其代入 $F_0(x)$ 的表达式，得到已知函数 $F_0(x; \hat{\theta}_1, \hat{\theta}_2, \cdots, \hat{\theta}_l)$.

(2) 把样本数据分为 k 组，分点为 a_0，a_1，a_2，$\cdots$，a_k，且满足 $a_0 < a_1 < a_2 < \cdots < a_k$，有时亦可取 $a_0 = -\infty$，$a_k = +\infty$，则样本落在各组的概率为

$$
\begin{aligned}
p_i &= F(a_i) - F(a_{i-1}) \\
&= F_0(a_i; \hat{\theta}_1, \hat{\theta}_2, \cdots, \hat{\theta}_l) - F_0(a_{i-1}; \hat{\theta}_1, \hat{\theta}_2, \cdots, \hat{\theta}_l) \quad (i = 1, 2, \cdots, k)
\end{aligned}
$$

于是可得理论频数 $np_i (i = 1, 2, \cdots, k)$.

(3) 统计样本观察值落在第 i 个区间 $[a_{i-1}, a_i)$ 的实际频数 $f_i (i = 1, 2, \cdots, k)$，把理论和实际频数分布列成如表 18.3 所示的形式.

表 18.3

分　　组	$[a_0, a_1)$	$[a_1, a_2)$	$\cdots$	$[a_{k-1}, a_k)$
理论概率	p_1	p_2	$\cdots$	p_k
理论频数	np_1	np_2	$\cdots$	np_k
实际频数	f_1	f_2	$\cdots$	f_k

（4）建立检验统计量，确定检验的拒绝域.

取 $\chi^2 = \sum_{i=1}^{k} \frac{(f_i - np_i)^2}{np_i}$ 为检验统计量. 在 H_0 为真时 χ^2 不应太大，当 χ^2 过分大时，就怀疑 H_0 的正确性，即只要得出 $\chi^2 > k$（其中 k 为大于 0 的待定正数）的结论，就拒绝 H_0.

根据显著性水平 α 构造犯第一类错误的概率：

$$P\{拒绝\ H_0 \,|\, H_0\ 为真\} = P\left\{\sum_{i=1}^{k} \frac{(f_i - np_i)^2}{np_i} > \chi_\alpha^2(k-l-1)\right\} = \alpha$$

通过控制犯第一类错误的概率得检验的拒绝域：

$$\sum_{i=1}^{k} \frac{(f_i - np_i)^2}{np_i} > \chi_\alpha^2(k-l-1)$$

（5）计算检验统计量的样本值，进行判断或决策.

例 18.14 某消费者协会为了确定市场上消费者对 5 种牌子啤酒的喜好情况，随机抽取了 1000 名啤酒爱好者作为样本进行了如下试验：每个人得到 5 种牌子的啤酒各一瓶，但都未标明牌子. 这 5 瓶啤酒按分别写着 A、B、C、D、E 字母的 5 张纸片随机确定的顺序送给每一个人. 表 18.4 是根据样本资料整理得到的各种牌子啤酒爱好者的频数分布. 试根据这些数据判断消费者对这 5 种牌子啤酒的爱好有无明显差异?（$\alpha = 0.05$）

表 18.4

最喜欢的牌子	人　数
A	210
B	312
C	170
D	85
E	223
合计	1000

解 如果消费者对 5 种牌子啤酒的喜好无明显差异，那么，我们可认为喜好这 5 种牌子啤酒的人数呈均匀分布，即 5 种牌子啤酒爱好者人数各占 20%. 据此提出如下统计假设：

H_0：喜好 5 种牌子啤酒的人数分布均匀；H_1：喜好 5 种牌子啤酒的人数分布不均匀

其拒绝域为

$$\sum_{i=1}^{k} \frac{(f_i - np_i)^2}{np_i} > \chi_\alpha^2(k-l-1)$$

这里 5 种牌子的数据就相当于 5 个分组，并且已知的均匀分布中不含未知参数，即 $l = 0$.
现 $n = 1000$，$k = 5$，$\alpha = 0.05$，查 χ^2 分布表得 $\chi_{0.05}^2(4) = 9.488$.

根据原假设，每种牌子的啤酒爱好者人数的理论频数为 $np_i = 1000 \times 20\% = 200$（$i = 1, 2, \cdots, 5$），$\chi^2$ 的样本值为

$$\chi^2 = \sum_{i=1}^{5} \frac{(f_i - np_i)^2}{np_i}$$
$$= \frac{(210 - 1000 \times 20\%)^2}{1000 \times 20\%} + \frac{(312 - 1000 \times 20\%)^2}{1000 \times 20\%} + \frac{(170 - 1000 \times 20\%)^2}{1000 \times 20\%}$$

$$+ \frac{(85 - 1000 \times 20\%)^2}{1000 \times 20\%} + \frac{(223 - 1000 \times 20\%)^2}{1000 \times 20\%}$$

$$= 136.4 > \chi^2_{0.05}(4) = 9.488$$

可见统计量的样本值落在拒绝域内,从而拒绝 H_0,接受 H_1,即认为消费者对5种牌子啤酒的喜好是有明显差异的.

补充内容(Ⅴ):

用 SPSS 软件对总体分布进行 χ^2 检验的方法与步骤:

① 录入例18.14中的数据,形成 SPSS 的数据文件,如图18.13所示.

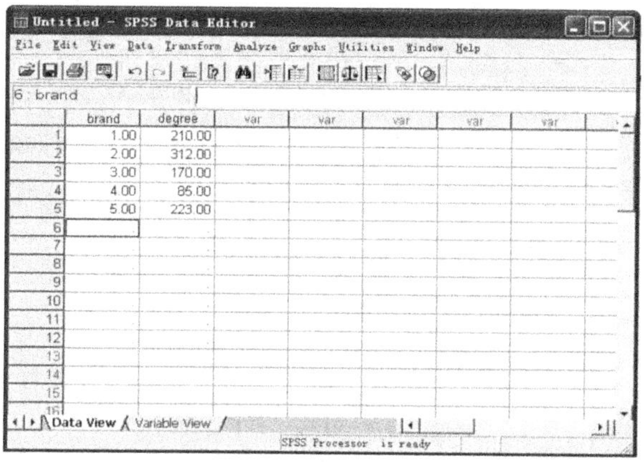

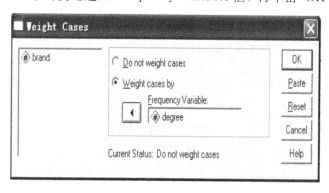

图 18.13

② 打开 Data 菜单,选择 Weight Cases 命令项,弹出 Weight Cases 对话框,如图18.14所示.选中"degree",单击使之进入 Frequency Variable 框,再单击"OK"按钮.

图 18.14

③ 激活 Analyze 菜单,选择 Nonparametric Tests 中的 Chi-Square 命令项,弹出 Chi-Square Test 对话框,如图18.15所示.现欲对5种牌子啤酒的喜好进行分布分析,故在对话框左侧的变量列表中选中"brand",单击使之进入 Test Variable List 框,再单击"OK"按钮.

④ 对求解结果进行分析解释.在结果输出窗口中将看到如图18.16所示的统计数据.运算结果显示喜好每种牌子啤酒的人数的理论频数(Expected)为200,实际频数与理论频数的差值(Residual),卡方值 $\chi^2 = 136.49$,自由度数 $k - l - 1 = 4$,χ^2 统计量观测值的概率

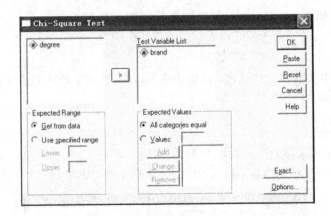

图 18.15

P 值为 0.000，因 $P \leqslant \alpha = 0.05$，故接受 H_1，认为消费者对 5 种牌子啤酒的喜好有明显差异.

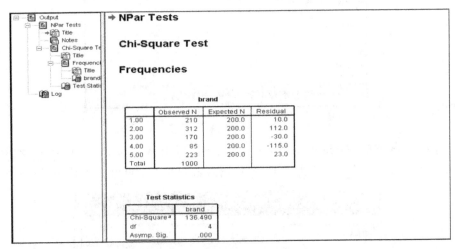

图 18.16

例 18.15 从某高校 99 级本科生中随机抽取 60 名学生，其英语结业考试成绩如下：

93	75	83	93	91	85	84	82	77	76	77	95	94	89	91
88	86	83	96	81	79	97	78	75	67	69	68	83	84	81
75	66	85	70	94	84	83	82	80	78	74	73	76	70	86
76	90	89	71	66	86	73	80	94	79	78	77	63	53	55

试问 99 级本科生的英语结业成绩是否符合正态分布？$(\alpha = 0.10)$

解 设 X 表示 99 级任意一位本科生的英语结业成绩，分布函数为 $F(X)$. 根据题意提出统计假设：

$$H_0 : F(x) = F_0(x); \qquad H_1 : F(x) \neq F_0(x)$$

其中 $F_0(x) \sim N(\mu, \sigma^2)$.

（1）在 H_0 成立的条件下，计算参数 μ、σ^2 的极大似然估计值 $\hat{\mu}$、$\hat{\sigma}^2$. 通过计算得 $\hat{\mu} = 80$，$\hat{\sigma}^2 = 9.6^2$.

(2) 将 X 的取值划分为若干区间,每个区间为一组.

通常按成绩等级分为不及格(60 分以下)、及格(60～70)、中(70～80)、良(80～90)、优(90 分以上),由于一般要求所划分的每个区间所含样本值个数 f_i(即频数)至少是 5,而不及格人数为 2,故需将不及格与及格区间合并,最后得到 4 个区间:$A_1 = (-\infty, 70]$,$A_2 = (70, 80]$,$A_3 = (80, 90]$,$A_4 = (90, +\infty)$.

(3) 在 H_0 成立的条件下,计算样本落入区间 $A_i (i = 1, 2, 3, 4)$ 的概率理论估计值:

$$\hat{p}_1 = F_0(70) - F_0(-\infty) = F_{0,1}((70-80)/9.6) = 0.1492$$

$$\hat{p}_2 = F_0(80) - F_0(70) = F_{0,1}(0) - F_{0,1}(-1.04) = 0.3508$$

$$\hat{p}_3 = F_0(90) - F_0(80) = F_{0,1}((90-80)/9.6) - F_{0,1}(0) = 0.3508$$

$$\hat{p}_4 = 1 - F_0(90) = 1 - F_{0,1}((90-80)/9.6) = 0.1492$$

(4) 选择检验统计量 $\chi^2 = \sum\limits_{i=1}^{4} \dfrac{(f_i - np_i)^2}{np_i}$,确定拒绝域为 $\chi^2 > \chi^2_{0.01}(4-2-1) = 2.706$.

(5) 计算 χ^2 的样本值. 具体计算过程见表 18.5.

表 18.5

i	A_i	f_i	$\hat{p}_i$	$n\hat{p}_i$	$(f_i - np_i)^2/np_i$
1	$(-\infty, 70]$	8	0.1492	8.952	0.1012
2	$(70, 80]$	20	0.3508	21.048	0.0522
3	$(80, 90]$	21	0.3508	21.048	0.0001
4	$(90, +\infty)$	11	0.1492	8.952	0.4685
$\sum$		60	1	60	0.6220

由于 χ^2 的样本值为 0.622,落在接受域内,因而接受 H_0,即认为 99 级本科生的英语结业成绩符合正态分布.

补充内容(Ⅵ):

本章学习了犯第一类错误和犯第二类错误的概念,而且有这样的结论:当犯第一类错误的概率减小时,犯第二类错误的概率就会增大. 随着样本容量的增大,犯两类错误的概率都会减小. 下面通过实验来理解相关的结论.

实验一:通过具体算例的计算,理解犯第一类错误和犯第二类错误概率之间的关系.

例 18.16 某车间用一台包装机包装葡萄糖,包得的袋装糖重量服从正态分布. 机器正常时,其均值 $\mu_0 = 0.5$,标准差 $\sigma_0 = 0.015$. 某天开工后,为检验包装机是否正常,随机地抽取它所包装的袋装糖 9 袋,称得净重如下:

0.497　0.506　0.518　0.524　0.498　0.511　0.529　0.515　0.512

若实际上这一天袋装糖平均重量为 $\mu_1 = 0.498$,分别在显著性水平 $\alpha = 0.1, 0.05, 0.01, 0.005, 0.001$ 下,计算犯第一、二类错误的概率.

解 按题意提出统计假设:

$$H_0: \mu = \mu_0; \qquad H_1: \mu \neq \mu_0$$

此检验问题的拒绝域为

$$|U| = \frac{|\overline{X} - \mu_0|}{\sigma_0/\sqrt{n}} > u_{\alpha/2}$$

由假设检验规则可知，犯第一类错误的概率就是显著性水平 α，而犯第二类错误的概率为

$$\beta = P\{接受\ H_0 | H_0\ 不真\} = P\{|U| \leqslant u_{\alpha/2} | \mu = \mu_1\}$$

$$= P\left\{-u_{\alpha/2}\frac{\sigma}{\sqrt{n}} < \overline{X} - \mu_0 < u_{\alpha/2}\frac{\sigma}{\sqrt{n}}\middle| \mu = \mu_1\right\}$$

$$= P\left\{-u_{\alpha/2} - \frac{\mu_1 - \mu_0}{\sigma/\sqrt{n}} < \frac{\overline{X} - \mu_1}{\sigma/\sqrt{n}} < u_{\alpha/2} - \frac{\mu_1 - \mu_0}{\sigma/\sqrt{n}}\middle| \mu = \mu_1\right\}$$

$$= F_{0,1}\left(u_{\alpha/2} - \frac{\mu_1 - \mu_0}{\sigma/\sqrt{n}}\right) - F_{0,1}\left(-u_{\alpha/2} - \frac{\mu_1 - \mu_0}{\sigma/\sqrt{n}}\right)$$

$$= F_{0,1}\left(u_{\alpha/2} + \frac{0.002}{0.015/\sqrt{n}}\right) - F_{0,1}\left(-u_{\alpha/2} + \frac{0.002}{0.015/\sqrt{n}}\right)$$

将 $n = 9$ 和显著性水平 α 分别代入计算，得犯第二类错误的概率，如表 18.6 所示.

表 18.6

犯第一类错误的概率 α	犯第二类错误的概率 β
0.1	0.8742
0.05	0.9315
0.01	0.9840
0.005	0.9920
0.001	0.9957

可见，当犯第一类错误的概率减小时，犯第二类错误的概率就会增大.

实验二：通过具体算例的计算，理解当犯第一类错误的概率固定时，随着样本容量的增大，犯第二类错误的概率减小.

例 18.17　计算例 18.16 中，在 $\alpha = 0.1$ 条件下 $n = 16, 25, 36, 49$ 时犯第二类错误的概率.

解　按照如上推导的犯第二类错误的概率计算公式，分别代入 $\alpha = 0.1$ 以及 $n = 16, 25, 36, 49$ 得到如表 18.7 所示的结果.

表 18.7

样本容量	犯第二类错误的概率
9	0.8742
16	0.8519
25	0.8261
36	0.7952
49	0.7562

可见，当犯第一类错误的概率固定时，随着样本容量的增大，犯第二类错误的概率减小. 因此，实际中可以通过增大样本容量，使得犯第一类错误和犯第二类错误的概率同时减小.

本章基本要求及重点、难点分析

一、基本要求

（1）理解假设检验的基本概念、基本原理.

（2）理解假设检验可能产生的两类错误，会求犯第一类错误的概率.

（3）熟练掌握单个正态总体均值和方差的假设检验方法.

（4）掌握两个正态总体均值差和方差比的假设检验方法.

（5）了解总体分布的假设检验方法.

二、重点、难点分析

1. 重点内容

对总体中未知参数的假设检验问题是本章的重点内容. 首先正确提出统计假设是掌握假设检验方法的基础，其次分类掌握检验单个正态总体均值和方差、两个正态总体均值差和方差比时正确选择检验统计量是掌握假设检验方法的关键. 选择检验方法的关键依据是检验统计量的选择，主要的检验方法有 u 检验、t 检验、χ^2 检验和 F 检验. 应在理解假设检验的基本原理的基础上，掌握假设检验的基本步骤.

2. 难点分析

（1）掌握未知参数假设检验的基本方法是本章的重点内容，其中选择检验统计量是难点，选择的依据是对参数做估计时相应的统计量，学习过程中可以借鉴这部分内容来理解掌握.

（2）假设检验可能会产生两类错误的计算是难点，具体分为第一类"弃真"错误概率和第二类"取伪"错误概率，应在理解两类错误事件如何发生的基础上建立统计事件并进行概率计算.

习　题　十　八

1. 某化肥厂采用自动流水生产线，装袋记录表明实际包重 $X \sim N(100, 2^2)$，打包机必须定期进行检查，确定机器是否需要调整，以确保所打的包不至过轻或过重. 现随机抽取 9 包，测得数据（单位：kg）如下：

　　　　102　100　105　103　98　99　100　97　105

假定标准差没有变化，问机器是否需要调整？（$\alpha = 0.10$）

2. 要求一种元件的使用寿命不得低于 1000 小时，今从一批这种元件中随机抽取 25 件，测得其寿命的平均值为 950 小时. 已知该种元件寿命服从标准差为 $\sigma = 100$ 小时的正态分布,试在显著性水平 $\alpha = 0.05$ 下确定这批元件是否合格?

3. 设需对某一正态总体的均值进行检验:

$$H_0: \mu = 15; \qquad H_1: \mu < 15$$

已知 $\sigma^2 = 2.5$,取 $\alpha = 0.05$,若要求当 H_1 中的 $\mu \leqslant 13$ 时犯第二类错误的概率不超过 $\beta = 0.05$,求所需样本容量.

4. 某切割机在正常工作时,切割每段金属棒的平均长度为 10.5 cm. 今从一批产品中随机地抽取 15 段,测得其长度(单位:cm)如下:

$$10.4 \quad 10.6 \quad 10.1 \quad 10.4 \quad 10.5 \quad 10.3 \quad 10.3 \quad 10.2$$
$$10.9 \quad 10.6 \quad 10.8 \quad 10.5 \quad 10.7 \quad 10.2 \quad 10.7$$

(1) 设切割的长度服从正态分布,且标准差没有变化,试问该机工作是否正常?($\alpha = 0.05$)

(2) 设切割的长度服从正态分布,问该机切割的金属棒的平均长度有无显著变化?($\alpha = 0.05$)

5. 已知男少年某年龄组优秀游泳运动员的最大耗氧量均值为 53.31 毫升 / 分钟,今从某运动学校同年龄组男游泳运动员中随机抽测 8 名,测得最大耗氧量如下:

$$66.1 \quad 52.3 \quad 51.4 \quad 51.0 \quad 51.0 \quad 47.8 \quad 46.7 \quad 42.1$$

设最大耗氧量服从正态分布 $N(\mu, \sigma^2)$,问该校游泳运动员的最大耗氧量是否低于优秀运动员的最大耗氧量?($\alpha = 0.01$)

6. 某自动机床加工同一种类型的零件. 现从甲、乙两车床加工的零件中各抽验 5 根,测得直径(单位:cm)如下:

$$甲:2.066 \quad 2.063 \quad 2.068 \quad 2.060 \quad 2.067$$
$$乙:2.058 \quad 2.057 \quad 2.063 \quad 2.059 \quad 2.060$$

已知甲、乙两车床加工零件的直径分别服从 $X \sim N(\mu_1, \sigma^2)$ 和 $Y \sim N(\mu_2, \sigma^2)$,试根据抽样结果说明两车床加工零件的平均直径有无显著性差异?($\alpha = 0.05$)

7. 在平炉上进行一项试验以确定改变操作方法的建议是否会增加钢的得率. 试验是在同一平炉进行的,每炼一炉钢时除操作方法外,其它方法都尽可能做到相同. 先用标准方法炼一炉,然后用建议的新方法炼一炉,以后交替进行,各炼 10 炉,其得率如下:

标准方法:78.1 72.4 76.2 74.3 77.4 78.4 76.0 75.5 76.7 77.3

新方法:79.1 81.0 77.3 79.1 80.0 79.1 79.1 77.3 80.2 82.1

设这两个样本相互独立,且分别来自正态总体 $N(\mu_1, \sigma^2)$ 和 $N(\mu_2, \sigma^2)$,问建议的新操作方法能否提高得率?($\alpha = 0.05$)

8. 为了研究游泳锻炼对心肺功能有无积极影响,在某市同年龄组男生中抽测了两类学生的肺活量,一类是经常参加游泳锻炼的学生,抽测 $n_1 = 30$(人),其肺活量指标均值 $\bar{x}_1 = 2980.5$ ml,$s_1 = 320.8$ ml;另一类是不经常参加游泳锻炼的学生,抽测 $n_2 = 40$(人),肺活量 $\bar{x}_2 = 2713.3$ ml,$s_2 = 380.1$ ml.

设这两个样本相互独立,且分别来自正态总体 $N(\mu_1, \sigma^2)$ 和 $N(\mu_2, \sigma^2)$,问参加游泳锻炼的学生的肺活量是否大于不经常参加游泳锻炼的学生的肺活量?($\alpha = 0.005$)

9. 18 名学生按学习成绩大体相近配成 9 对,并用随机分组将他们分为甲、乙两组,由一位教师采用不同的教法执教一年,一年后测得他们的学习成绩如下:

配对号	1	2	3	4	5	6	7	8	9
甲 组	8.7	9.3	8.2	9.0	7.6	8.9	8.1	9.5	8.4
乙 组	7.8	8.2	8.4	8.1	7.9	8.0	8.2	8.1	6.8

设学习成绩服从正态分布 $N(\mu, \sigma^2)$，问两种不同教法的效果是否有显著差异？($\alpha = 0.01$)

10. 某炼铁厂的铁水的含碳量 X 在正常情况下服从正态分布. 现对操作工艺进行某些改进，从中抽取 5 炉铁水测得含碳量百分比的数据如下：

$$4.421 \quad 4.052 \quad 4.357 \quad 4.287 \quad 4.683$$

据此是否可以认为新工艺炼出的铁水含碳量的方差仍为 0.108^2？($\alpha = 0.05$)

11. 某种导线，要求其电阻的标准差不得超过 $0.005\ \Omega$. 今在生产的一批导线中取样品 9 根，测得 $s = 0.007\ \Omega$，设总体为正态分布，问在 $\alpha = 0.05$ 下能否认为这批导线的标准差显著偏大？

12. 已知某设备的供电电源电压为均值 $\mu = 220\ \text{V}$ 的正态分布，该设备要求电压方差不超过 $5\ \text{V}^2$，现检测电源电压 5 次，分别为 223、215、220、224、218，问电源电压方差是否显著偏大？($\alpha = 0.05$)

13. 测定某种溶液中的水分，它的 10 个测定值给出 $s = 0.037\%$，设测定值总为正态分布，总体方差未知. 试在 $\alpha = 0.05$ 下检验假设：

$$H_0: \sigma \geqslant 0.04\%; \qquad H_1: \sigma < 0.04\%$$

14. 设某电子元件的可靠性指标服从正态分布，合格标准之一为标准差 $\sigma_0 = 0.05$. 现检测 15 次，测得指标的平均值 $\bar{x} = 0.95$，指标的标准差 $s = 0.25$. 试在 $\alpha = 0.1$ 下检验假设：

$$H_0: \sigma^2 = 0.05^2; \qquad H_1: \sigma^2 \neq 0.05^2$$

15. 两台机器生产某种部件的重量近似服从正态分布. 分别抽取 60 与 30 个部件进行检测，样本方差分别为 $s_1^2 = 15.46$，$s_2^2 = 9.66$. 试在 $\alpha = 0.05$ 下检验假设：

$$H_0: \sigma_1^2 = \sigma_2^2; \qquad H_1: \sigma_1^2 > \sigma_2^2$$

16. 测得两批电子器件的样本的电阻(Ω)如下：

A 批(x)	0.140	0.138	0.143	0.142	0.144	0.137
B 批(y)	0.135	0.140	0.142	0.136	0.138	0.140

设这两批器件的电阻值总体分布服从 $N(\mu_1, \sigma_1^2)$ 和 $N(\mu_2, \sigma_2^2)$，且两样本独立($\alpha = 0.05$).

(1) 检验假设 $H_0: \sigma_1^2 = \sigma_2^2$；$H_1: \sigma_1^2 > \sigma_2^2$.

(2) 在(1)的基础上检验假设 $H_0^1: \mu_1 = \mu_2$；$H_1^1: \mu_1 \neq \mu_2$.

17. 对两种香烟中尼古丁的含量进行了 6 次测试，得到样本均值与样本方差分别为

$$\bar{x} = 25.5, \quad \bar{y} = 25.67, \quad s_1^2 = 6.25, \quad s_2^2 = 9.22$$

设尼古丁的含量都近似服从正态分布，且方差相等. 取显著性水平 $\alpha = 0.05$ 检验香烟中尼古丁含量的方差有无显著差异.

18. 为了比较甲、乙两人的跳远成绩，抽测 9 次甲、乙的成绩：

甲：5.00　5.20　5.10　4.90　5.15　5.12　5.00　5.05　4.95

乙：5.15　5.16　5.20　5.18　5.10　5.14　5.10　4.95　5.12

设跳远成绩近似服从正态分布,试问两人成绩的稳定程度是否甲不如乙?($\alpha = 0.05$)

*19. 考察某电话交换站一天中电话接错数 X,统计 267 天的记录,各天电话接错次数的频数分布如下:

电话接错数	$0 \sim 2$	3	4	5	6	7	8	9
天数	1	5	11	14	22	43	31	40
电话接错数	10	11	12	13	14	15	$\geqslant 16$	
天数	35	20	18	12	7	6	2	

试检验 X 的分布与泊松分布有无显著差异?($\alpha = 0.05$)

*20. 下面列出 84 个伊特拉斯坎男子头颅的最大宽度(单位:mm):

141　148　132　138　154　142　150　146　155　158　150　140　147　148
144　150　149　145　149　158　143　141　144　144　126　140　144　142
141　140　145　135　147　146　141　136　140　146　142　137　148　154
137　139　143　140　131　143　141　149　148　135　148　152　143　144
141　143　147　146　150　132　142　142　143　153　149　146　149　138
142　149　142　137　134　144　146　147　140　142　140　137　152　145

试检验上述头颅的最大宽度数据是否来自正态总体?($\alpha = 0.1$)

第五部分 积分变换

在工程实践中，为了便于分析和解决问题，常常采用变换的方法，把一些复杂的问题转化为相对比较简单的问题后再进行求解. 例如，数量的乘积和商可以通过对数变换化为加法和减法运算. 再如，解析几何中的直角坐标与极坐标之间的变换，复变函数中的保角变换等都属于这种情况. 所谓积分变换，就是通过积分运算，把一个函数变成另一个函数的变换. 这个积分是一个含参变量的积分，形如：

$$F(\omega) = \int_a^b f(t) K(\omega, t) \mathrm{d}t$$

其中：$K(\omega, t)$ 是一个确定的二元函数，称为积分变换的核；$f(t)$ 称为象原函数；$F(\omega)$ 称为 $f(t)$ 的象函数. 在一定条件下，$f(t)$ 与 $F(\omega)$ 是一一对应且变换式可逆的. 当选取不同的积分域和变换核时，就会得到不同类型的积分变换. 例如：取积分域为 $(-\infty, +\infty)$，变换核 $K(\omega, t) = \mathrm{e}^{-\mathrm{j}\omega t}$ 时，有

$$F(\omega) = \int_{-\infty}^{+\infty} f(t) \mathrm{e}^{-\mathrm{j}\omega t} \mathrm{d}t$$

当积分域为 $(0, +\infty)$，变换核 $K(s, t) = \mathrm{e}^{-st}$ 时，有

$$F(s) = \int_0^{+\infty} f(t) \mathrm{e}^{-st} \mathrm{d}t$$

以上分别称为傅里叶(Fourier)变换和拉普拉斯(Laplace)变换.

积分变换使许多问题的分析及求解得到简化和更具有规律性. 利用积分变换解微分方程时，可以把微分方程的求解问题转化为代数方程的求解问题，然后再取逆变换即可得到微分方程的解. 积分变换的理论和方法在数学以及其它自然科学和各种工程技术领域中均有着广泛的应用，它已成为不可缺少的运算工具. 本书主要从定义、性质及某些应用等方面介绍最常用的两类积分变换：傅里叶(Fourier)变换和拉普拉斯(Laplace)变换.

第十九章　傅里叶(Fourier) 变换

本章从周期函数在区间 $\left[-\dfrac{T}{2},\dfrac{T}{2}\right]$ 上的傅里叶(Fourier) 级数展开式出发，讨论当 $T\rightarrow\infty$ 时它的极限形式，从而得出非周期函数的 Fourier 积分公式. 然后在此基础上定义 Fourier 变换，并阐述它的一些性质和简单的应用.

19.1　Fourier 变换的概念

一、Fourier 级数

在学习 Fourier 级数时，我们已经知道：一个以 T 为周期的函数 $f_T(t)$，如果在 $\left[-\dfrac{T}{2},\dfrac{T}{2}\right]$ 上满足狄利克雷(Dirichlet) 条件，即函数在 $\left[-\dfrac{T}{2},\dfrac{T}{2}\right]$ 上满足：

（1）连续或只有有限个第一类间断点；

（2）至多只有有限个极值点，

那么在 $\left[-\dfrac{T}{2},\dfrac{T}{2}\right]$ 上 $f_T(t)$ 就可以展开成 Fourier 级数. 即在函数 $f_T(t)$ 的连续点处，有

$$f_T(t)=\frac{a_0}{2}+\sum_{n=1}^{\infty}(a_n\cos n\omega t+b_n\sin n\omega t) \tag{19.1}$$

其中：

$$\omega=\frac{2\pi}{T}$$

$$a_0=\frac{2}{T}\int_{-\frac{T}{2}}^{\frac{T}{2}}f_T(t)\,\mathrm{d}t$$

$$a_n=\frac{2}{T}\int_{-\frac{T}{2}}^{\frac{T}{2}}f_T(t)\cos n\omega t\,\mathrm{d}t \qquad (n=1,2,3,4,\cdots)$$

$$b_n=\frac{2}{T}\int_{-\frac{T}{2}}^{\frac{T}{2}}f_T(t)\sin n\omega t\,\mathrm{d}t \qquad (n=1,2,3,4,\cdots)$$

18 世纪，为了解决天文学理论中的许多问题(由于天文现象大都是周期的，而三角函数是周期函数)，三角级数得到了广泛的研究. 1753 年，丹尼尔·伯努利(D. Bernoulli) 首次将弦振动方程的解表示为三角级数的形式. 1759 年，拉格朗日(Lagrange) 在给达朗贝尔 (D'Alembert) 的信中称 $x^{\frac{2}{3}}$ 可以表示为三角级数. 1777 年，欧拉在研究天文学问题时得到

$$f(x)=\frac{a_0}{2}+\sum_{k=1}^{\infty}a_k\cos\left(\frac{k\pi x}{l}\right)$$

并用三角函数的正交性得到了将函数表示成三角级数时的系数，也就是现今教科书中周期

为 $2l$ 的函数的傅里叶级数的系数. 但在当时, 是否任意周期函数都可以表示为三角级数, 在很长一段时间是争论的焦点. 直到 19 世纪, 傅里叶(Fourier)迈出了重要的一步. 他在研究热传导问题的偏微分方程时得到满足初始条件必有

$$f(x) = \sum_{k=1}^{\infty} b_k \sin\left(\frac{k\pi x}{l}\right)$$

的结论. 随后, 他得到了更精确的结论, 即对任意周期为 2π 的函数, 在周期区间 $(-\pi, \pi)$ 上都可以表示为

$$f(x) = \frac{a_0}{2} + \sum_{k=1}^{\infty}(a_k \cos kx + b_k \sin kx) \qquad (x \in (-\pi, \pi))$$

但他当时没有给出一个完全的证明, 也没有说出一个函数可以展开为三角级数所必须满足的条件. 直到 1829 年, 狄利克雷(Dirichlet)在他的论文《关于三角级数的收敛性》中给定并证明了当 $f(x)$ 满足一定条件(即 Dirichlet 条件)时, 其 Fourier 级数是收敛的, 从而傅里叶结论的正确性得到了证明. 时至今日, 傅里叶结论展示了强大的生命力, 并且其影响仍在发展之中.

Fourier 级数表示满足一定条件时, 周期函数可以分解为一系列谐函数(正弦和余弦函数), 在物理上这表示可以把周期性的机械振动分解为一系列谐振动, 把周期性的交变电压或电流分解为一系列谐变电压或电流等. 那么, 非周期的机械振动是否能分解为谐振动? 非周期的交变电压或电流是否能分解为谐变电压或电流? 这些问题从数学上来说, 就是非周期函数是否能分解为谐函数?

式(19.1)称为 Fourier 级数的三角形式, 而工程技术上一般采用复指数形式, 因此下面首先把 Fourier 级数的三角形式转换为复指数形式. 记 $j(j^2=-1)$ 为虚数单位, 利用欧拉公式

$$\cos t = \frac{e^{jt} + e^{-jt}}{2}, \qquad \sin t = \frac{e^{jt} - e^{-jt}}{2j} = -j\frac{e^{jt} - e^{-jt}}{2}$$

此时, 式(19.1)可写为

$$f_T(t) = \frac{a_0}{2} + \sum_{n=1}^{\infty}\left(a_n \frac{e^{jn\omega t} + e^{-jn\omega t}}{2} + b_n \frac{e^{jn\omega t} - e^{-jn\omega t}}{2j}\right)$$
$$= \frac{a_0}{2} + \sum_{n=1}^{\infty}\left(\frac{a_n - jb_n}{2}e^{jn\omega t} + \frac{a_n + jb_n}{2}e^{-jn\omega t}\right)$$

如果令

$$c_0 = \frac{a_0}{2} = \frac{1}{T}\int_{-\frac{T}{2}}^{\frac{T}{2}} f_T(t)\,dt$$

$$c_n = \frac{a_n - jb_n}{2} = \frac{1}{T}\int_{-\frac{T}{2}}^{\frac{T}{2}} f_T(t)(\cos n\omega t - j\sin n\omega t)\,dt$$

$$= \frac{1}{T}\int_{-\frac{T}{2}}^{\frac{T}{2}} f_T(t)e^{-jn\omega t}\,dt \qquad (n = 1, 2, \cdots)$$

$$c_{-n} = \frac{a_n + jb_n}{2} = \frac{1}{T}\int_{-\frac{T}{2}}^{\frac{T}{2}} f_T(t)e^{jn\omega t}\,dt \qquad (n = 1, 2, \cdots)$$

那么上述式子可以合写成一个式子：

$$c_n = \frac{1}{T} \int_{-\frac{T}{2}}^{\frac{T}{2}} f_T(t) \mathrm{e}^{-\mathrm{j}n\omega t} \mathrm{d}t \qquad (n = 0, \pm 1, \cdots)$$

若记

$$\omega_n = n\omega \qquad (n = 0, \pm 1, \cdots)$$

则式(19.1)可写为

$$f_T(t) = \sum_{n=-\infty}^{+\infty} c_n \mathrm{e}^{\mathrm{j}\omega_n t}$$

这就是 Fourier 级数的复指数形式. 或者写为

$$f_T(t) = \frac{1}{T} \sum_{n=-\infty}^{+\infty} \left[\int_{-\frac{T}{2}}^{\frac{T}{2}} f(\tau) \mathrm{e}^{-\mathrm{j}\omega_n \tau} \mathrm{d}\tau \right] \mathrm{e}^{\mathrm{j}\omega_n t} \tag{19.2}$$

二、Fourier 积分

任何一个非周期函数 $f(t)$ 都可以看成是一个由某个周期 T 的函数 $f_T(t)$ 当周期 $T \to \infty$ 时转化而来的，即

$$\lim_{T \to \infty} f_T(t) = f(t)$$

于是，令式(19.2)中的 $T \to \infty$，其结果即可看作是 $f(t)$ 的展开式，即

$$f(t) = \lim_{T \to \infty} \frac{1}{T} \sum_{n=-\infty}^{+\infty} \left[\int_{-\frac{T}{2}}^{\frac{T}{2}} f(\tau) \mathrm{e}^{-\mathrm{j}\omega_n \tau} \mathrm{d}\tau \right] \mathrm{e}^{\mathrm{j}\omega_n t}$$

若令 $\Delta\omega_n = \omega_n - \omega_{n-1}$，则

$$\Delta\omega_n = n\omega - (n-1)\omega = \omega = \frac{2\pi}{T} \quad \text{或} \quad T = \frac{2\pi}{\Delta\omega_n}$$

当 $T \to +\infty$ 时，$\Delta\omega_n \to 0$，所以

$$f(t) = \lim_{\Delta\omega_n \to 0} \frac{1}{2\pi} \sum_{n=-\infty}^{+\infty} \left[\int_{-\frac{T}{2}}^{\frac{T}{2}} f(\tau) \mathrm{e}^{-\mathrm{j}\omega_n \tau} \mathrm{d}\tau \right] \mathrm{e}^{\mathrm{j}\omega_n t} \Delta\omega_n \tag{19.3}$$

当 t 固定时，

$$\frac{1}{2\pi} \int_{-\frac{T}{2}}^{\frac{T}{2}} f(\tau) \mathrm{e}^{-\mathrm{j}\omega_n \tau} \mathrm{d}\tau \mathrm{e}^{\mathrm{j}\omega_n t}$$

是参数 ω_n 的函数，记为 $\Phi_T(\omega_n)$. 此时，可将式(19.3)写成

$$f(t) = \lim_{\Delta\omega_n \to 0} \sum_{n=-\infty}^{+\infty} \Phi_T(\omega_n) \Delta\omega_n$$

显然，当 $\Delta\omega_n \to 0$，即 $T \to +\infty$ 时，有

$$\Phi_T(\omega_n) \to \Phi(\omega_n) = \frac{1}{2\pi} \int_{-\infty}^{+\infty} f(\tau) \mathrm{e}^{-\mathrm{j}\omega_n \tau} \mathrm{d}\tau \mathrm{e}^{\mathrm{j}\omega_n t}$$

从而 $f(t)$ 可以看作是 $\Phi(\omega_n)$ 在 $(-\infty, +\infty)$ 上的积分：

$$f(t) = \int_{-\infty}^{+\infty} \Phi(\omega_n) \mathrm{d}\omega_n$$

即

$$f(t) = \int_{-\infty}^{+\infty} \Phi(\omega) \, \mathrm{d}\omega$$

亦即

$$f(t) = \frac{1}{2\pi} \int_{-\infty}^{+\infty} \left[\int_{-\infty}^{+\infty} f(\tau) \mathrm{e}^{-\mathrm{j}\omega\tau} \, \mathrm{d}\tau \right] \mathrm{e}^{\mathrm{j}\omega t} \, \mathrm{d}\omega$$

这个公式称为函数 $f(t)$ 的 Fourier **积分公式**，也就是在无穷区间 $(-\infty, +\infty)$ 上，非周期函数分解为谐函数的表达式．显然，这个积分公式只是由式(19.3)的右端从形式上推出来的，是不严格的．至于任意一个非周期函数 $f(t)$ 满足什么条件，可以用 Fourier 积分公式来表示，有下面的收敛定理．

定理 19.1(Fourier 积分定理)　设函数 $f(t)$ 在 $(-\infty, +\infty)$ 上满足下列条件：

(1) 函数 $f(t)$ 在任意有限区间 $[a, b]$ 上满足狄利克雷(Dirichlet)条件；

(2) 函数 $f(t)$ 在无限区间 $(-\infty, +\infty)$ 上绝对可积，即广义积分 $\int_{-\infty}^{+\infty} |f(t)| \, \mathrm{d}t$ **收敛**，

则在连续点 t 处有

$$f(t) = \frac{1}{2\pi} \int_{-\infty}^{+\infty} \left[\int_{-\infty}^{+\infty} f(\tau) \mathrm{e}^{-\mathrm{j}\omega\tau} \, \mathrm{d}\tau \right] \mathrm{e}^{\mathrm{j}\omega t} \, \mathrm{d}\omega \tag{19.4}$$

成立，而左端的函数 $f(t)$ 在它的间断点 t 处，应以 $\dfrac{f(t+0) + f(t-0)}{2}$ 来代替．

这个定理的条件是充分的，它的证明要用到较多的数学基础理论，这里从略．

式(19.4)是函数 $f(t)$ 的 Fourier 积分公式的复数形式，利用 Euler 公式可以将它转化为三角形式，因为

$$\begin{aligned}
f(t) &= \frac{1}{2\pi} \int_{-\infty}^{+\infty} \left[\int_{-\infty}^{+\infty} f(\tau) \mathrm{e}^{-\mathrm{j}\omega\tau} \, \mathrm{d}\tau \right] \mathrm{e}^{\mathrm{j}\omega t} \, \mathrm{d}\omega \\
&= \frac{1}{2\pi} \int_{-\infty}^{+\infty} \left[\int_{-\infty}^{+\infty} f(\tau) \mathrm{e}^{\mathrm{j}\omega(t-\tau)} \, \mathrm{d}\tau \right] \mathrm{d}\omega \\
&= \frac{1}{2\pi} \int_{-\infty}^{+\infty} \left[\int_{-\infty}^{+\infty} f(\tau) \cos\omega(t-\tau) \, \mathrm{d}\tau + \mathrm{j} \int_{-\infty}^{+\infty} f(\tau) \sin\omega(t-\tau) \, \mathrm{d}\tau \right] \mathrm{d}\omega
\end{aligned}$$

考虑到积分 $\int_{-\infty}^{+\infty} f(\tau) \sin\omega(t-\tau) \, \mathrm{d}\tau$ 是 ω 的奇函数，则有

$$\int_{-\infty}^{+\infty} \left[\int_{-\infty}^{+\infty} f(\tau) \sin\omega(t-\tau) \, \mathrm{d}\tau \right] \mathrm{d}\omega = 0$$

从而

$$f(t) = \frac{1}{2\pi} \int_{-\infty}^{+\infty} \int_{-\infty}^{+\infty} f(\tau) \cos\omega(t-\tau) \, \mathrm{d}\tau \mathrm{d}\omega \tag{19.5}$$

又考虑到积分 $\int_{-\infty}^{+\infty} f(\tau) \cos\omega(t-\tau) \, \mathrm{d}\tau$ 是关于 ω 的偶函数，式(19.5)又可写成

$$f(t) = \frac{1}{\pi} \int_{0}^{+\infty} \left[\int_{-\infty}^{+\infty} f(\tau) \cos\omega(t-\tau) \, \mathrm{d}\tau \right] \mathrm{d}\omega \tag{19.6}$$

这便是函数 $f(t)$ 的 Fourier 积分公式的三角表达形式．

例 19.1　利用 Fourier 积分公式证明：当函数 $f(t) = \begin{cases} 1 & (|t| < 1) \\ 0 & (\text{其它}) \end{cases}$ 时，

$$\int_0^{+\infty} \frac{\sin\omega\,\cos\omega t}{\omega}\mathrm{d}\omega = \begin{cases} \dfrac{\pi}{2} & (|t| < 1) \\[2mm] \dfrac{\pi}{4} & (|t| = 1) \\[2mm] 0 & (|t| > 1) \end{cases}$$

证　根据 Fourier 积分公式的复数形式即式(19.4)，在连续点 $t \neq \pm 1$ 处，有

$$\begin{aligned} f(t) &= \frac{1}{2\pi} \int_{-\infty}^{+\infty} \left[\int_{-\infty}^{+\infty} f(\tau)\mathrm{e}^{-\mathrm{j}\omega\tau}\,\mathrm{d}\tau \right] \mathrm{e}^{\mathrm{j}\omega t}\,\mathrm{d}\omega \\ &= \frac{1}{2\pi} \int_{-\infty}^{+\infty} \left[\int_{-1}^{+1} (\cos\omega\tau - \mathrm{j}\sin\omega\tau)\mathrm{d}\tau \right] \mathrm{e}^{\mathrm{j}\omega t}\,\mathrm{d}\omega \\ &= \frac{1}{\pi} \int_{-\infty}^{+\infty} \left[\int_0^{+1} \cos\omega\tau\,\mathrm{d}\tau \right] \mathrm{e}^{\mathrm{j}\omega t}\,\mathrm{d}\omega \\ &= \frac{1}{\pi} \int_{-\infty}^{+\infty} \frac{\sin\omega}{\omega} (\cos\omega t + \mathrm{j}\sin\omega t)\mathrm{d}\omega \\ &= \frac{2}{\pi} \int_0^{+\infty} \frac{\sin\omega\,\cos\omega t}{\omega}\mathrm{d}\omega \end{aligned}$$

当 $t = \pm 1$ 为间断点时，$f(t)$ 应以 $\dfrac{f(\pm 1 + 0) + f(\pm 1 - 0)}{2} = \dfrac{1 + 0}{2} = \dfrac{1}{2}$ 代替.

根据上述结果，有

$$\frac{2}{\pi} \int_0^{+\infty} \frac{\sin\omega\,\cos\omega t}{\omega}\,\mathrm{d}\omega = \begin{cases} f(t) & (t \neq \pm 1) \\[2mm] \dfrac{1}{2} & (t = \pm 1) \end{cases}$$

即

$$\int_0^{+\infty} \frac{\sin\omega\,\cos\omega t}{\omega}\,\mathrm{d}\omega = \begin{cases} \dfrac{\pi}{2} & (|t| < 1) \\[2mm] \dfrac{\pi}{4} & (|t| = 1) \\[2mm] 0 & (|t| > 1) \end{cases}$$

据此也可以看出，利用 $f(t)$ 的 Fourier 积分表达式可以推证一些广义积分的结果. 例如这里，当 $t = 0$ 时，有

$$\int_0^{+\infty} \frac{\sin\omega}{\omega}\,\mathrm{d}\omega = \frac{\pi}{2}$$

这就是**狄利克雷**(Dirichlet)**积分公式**. 该积分不能用求原函数的方法直接计算，Fourier 积分为这类积分提供了一种比较有效的方法.

三、Fourier 变换

我们已经知道，若函数 $f(t)$ 满足 Fourier 积分定理的条件，则在 $f(t)$ 的连续点处，有 Fourier 积分公式

$$f(t) = \frac{1}{2\pi} \int_{-\infty}^{+\infty} \left[\int_{-\infty}^{+\infty} f(\tau)\mathrm{e}^{-\mathrm{j}\omega\tau}\,\mathrm{d}\tau \right] \mathrm{e}^{\mathrm{j}\omega t}\,\mathrm{d}\omega$$

设

$$F(\omega) = \int_{-\infty}^{+\infty} f(t)\mathrm{e}^{-\mathrm{j}\omega t}\,\mathrm{d}t \tag{19.7}$$

则

$$f(t) = \frac{1}{2\pi} \int_{-\infty}^{+\infty} F(\omega) e^{j\omega t} \, d\omega \tag{19.8}$$

从以上两式可以看出,$f(t)$ 和 $F(\omega)$ 通过指定的积分运算可以相互表达,为此引入如下定义.

定义 19.1 如果函数 $f(t)$ 在 $(-\infty, +\infty)$ 上任一有限区间满足狄利克雷(Dirichlet)条件,并且在整个实数轴上绝对可积,即 $\int_{-\infty}^{+\infty} |f(t)| \, dt$ 收敛,则称积分 $\int_{-\infty}^{+\infty} f(t) e^{-j\omega t} \, dt$ 所确定的函数为 $f(t)$ 的 Fourier 变换,记为

$$F(\omega) = \mathscr{F}[f(t)] = \int_{-\infty}^{+\infty} f(t) e^{-j\omega t} \, dt \tag{19.9}$$

称 $\frac{1}{2\pi} \int_{-\infty}^{+\infty} F(\omega) e^{j\omega t} \, d\omega$ 为 $F(\omega)$ 的 Fourier 逆变换,记为

$$f(t) = \mathscr{F}^{-1}[F(\omega)] = \frac{1}{2\pi} \int_{-\infty}^{+\infty} F(\omega) e^{j\omega t} \, d\omega \tag{19.10}$$

$F(\omega)$ 称为 $f(t)$ 的象函数,$f(t)$ 称为 $F(\omega)$ 的象原函数,象函数与象原函数构成一个 Fourier 变换对,它们有相同的奇偶性.

傅里叶应用三角级数求解热传导方程,1810 年在他的一篇题为《热在固体中的运动理论》论文中增加了在无穷大物体中热扩散的新分析,由于在这种情形下,傅里叶原来所有的三角级数因具有周期性而不能应用,于是傅里叶代之以如下形式的积分:

$$\pi f(x) = \int_{-\infty}^{+\infty} f(t) dt \int_{0}^{+\infty} \cos q(x - t) dq$$

这就是今天的傅里叶积分公式. 后来,傅里叶将这篇论文的数学部分扩充成为一本书,即《热的解析理论》,并于 1822 年出版.《热的解析理论》记载着傅里叶级数与傅里叶积分的诞生过程,在数学史上被公认为是一部划时代的经典著作.

[阅读材料]   **数 学 家 傅 里 叶**

　　傅里叶(Jean Baptiste Joseph Baron Fourier, 1768—1830 年),法国数学家,是法国分析学派公认的代表. 他认为:"数学分析与自然界本身同样的广阔." 1807 年他开始热传导的数学研究工作,此项目 1812 年荣获巴黎科学院的格兰德(Grand)奖. 他 1822 年出版的名著《热的解析理论》,是一本将数学理论应用于物理学的典范,是数学物理学的一个里程碑. 傅里叶的工作引出了分析学的许多重大问题,从而开辟了分析学的新时代. 他的论著简洁而清晰,具有很强的几何直观和实际的物理意义. 在处理问题时,傅里叶又表现出高超的分析技巧和使用符号的才能. 因此,著名物理学家麦克斯韦(Maxwell)称"傅里叶的论著是一部伟大的数学诗". 恩格斯(Engels)则把傅里叶的数学成就与他所推崇的哲学家黑格尔(Hegel)相提并论,他写道:"傅里叶是一首数学的诗,黑格尔是一首辩证法的诗".

例 19.2 求指数衰减函数 $f(t) = \begin{cases} 0 & (t < 0) \\ e^{-\beta t} & (t \geq 0) \end{cases}$ 的 Fourier 变换及其积分表达式,其

中 $\beta > 0$.

解　根据 Fourier 变换定义，有

$$F(\omega) = \mathscr{F}[f(t)] = \int_{-\infty}^{+\infty} f(t)e^{-j\omega t}\,dt = \int_0^{+\infty} e^{-(\beta+j\omega)t}\,dt = \frac{1}{\beta+j\omega} = \frac{\beta - j\omega}{\beta^2 + \omega^2}$$

这便是指数衰减函数的 Fourier 变换.

根据式(19.10)，并利用奇偶函数的积分性质，可得指数衰减函数的积分表达式

$$f(t) = \mathscr{F}^{-1}[F(\omega)] = \frac{1}{2\pi}\int_{-\infty}^{+\infty} F(\omega)e^{j\omega t}\,d\omega$$

$$= \frac{1}{2\pi}\int_{-\infty}^{+\infty} \frac{\beta - j\omega}{\beta^2 + \omega^2} e^{j\omega t}\,d\omega$$

$$= \frac{1}{\pi}\int_0^{+\infty} \frac{\beta\cos\omega t + \omega\sin\omega t}{\beta^2 + \omega^2}\,d\omega$$

例 19.3　求钟形脉冲函数 $f(t) = Ae^{-\beta t^2}$ 的 Fourier 变换，其中 $A > 0$，$\beta > 0$.

解　根据定义可得

$$F(\omega) = \mathscr{F}[f(t)] = \int_{-\infty}^{+\infty} f(t)e^{-j\omega t}\,dt$$

$$= A\int_{-\infty}^{+\infty} e^{-\beta\left(t^2 + \frac{j\omega}{\beta}t\right)}\,dt = Ae^{-\frac{\omega^2}{4\beta}}\int_{-\infty}^{+\infty} e^{-\beta\left(t + \frac{j\omega}{2\beta}\right)^2}\,dt$$

如果令 $t + \dfrac{j\omega}{2\beta} = s$，则上式为一复变函数的积分，即

$$\int_{-\infty}^{+\infty} e^{-\beta\left(t + \frac{j\omega}{2\beta}\right)^2}\,dt = \int_{-\infty + \frac{j\omega}{2\beta}}^{+\infty + \frac{j\omega}{2\beta}} e^{-\beta s^2}\,ds$$

由于 $e^{-\beta s^2}$ 为复平面 s 上的解析函数，取如图 19.1 所示的闭曲线 l：矩形 $ABCDA$，按柯西积分公式，有

$$\oint_l e^{-\beta s^2}\,ds = 0$$

即

$$\left(\int_{l_{AB}} + \int_{l_{BC}} + \int_{l_{CD}} + \int_{l_{DA}}\right)e^{-\beta s^2}\,ds = 0$$

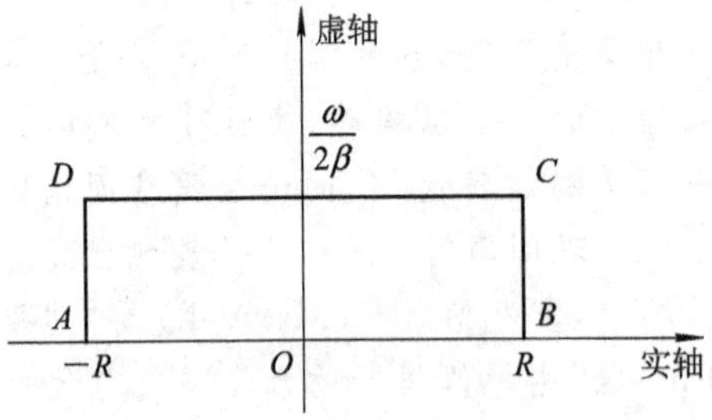

图 19.1

其中，当 $R \to +\infty$ 时，有

$$\int_{l_{AB}} e^{-\beta s^2}\,ds = \int_{-R}^{+R} e^{-\beta t^2}\,dt \to \int_{-\infty}^{+\infty} e^{-\beta t^2}\,dt = \sqrt{\frac{\pi}{\beta}}$$

$$\left| \int_{l_{BC}} \mathrm{e}^{-\beta s^2} \, \mathrm{d}s \right| = \left| \int_R^{R+\frac{\mathrm{j}\omega}{2\beta}} \mathrm{e}^{-\beta s^2} \, \mathrm{d}s \right| = \left| \int_0^{\frac{\omega}{2\beta}} \mathrm{e}^{-\beta(R+\mathrm{j}u)^2} \, \mathrm{d}(R+\mathrm{j}u) \right|$$

$$\leqslant \mathrm{e}^{-\beta R^2} \int_0^{\frac{\omega}{2\beta}} \left| \mathrm{e}^{\beta u^2 - 2R\beta u \mathrm{j}} \right| \, \mathrm{d}u = \mathrm{e}^{-\beta R^2} \int_0^{\frac{\omega}{2\beta}} \mathrm{e}^{\beta u^2} \, \mathrm{d}u \to 0$$

同理，当 $R \to +\infty$ 时，

$$\left| \int_{l_{DA}} \mathrm{e}^{-\beta s^2} \, \mathrm{d}s \right| \to 0$$

由此可知

$$\lim_{R \to +\infty} \int_{l_{CD}} \mathrm{e}^{-\beta s^2} \, \mathrm{d}s + \sqrt{\frac{\pi}{\beta}} = \lim_{R \to +\infty} \left(-\int_{l_{DC}} \mathrm{e}^{-\beta s^2} \, \mathrm{d}s \right) + \sqrt{\frac{\pi}{\beta}} = 0$$

即

$$\int_{-\infty+\frac{\mathrm{j}\omega}{2\beta}}^{+\infty+\frac{\mathrm{j}\omega}{2\beta}} \mathrm{e}^{-\beta s^2} \, \mathrm{d}s = \sqrt{\frac{\pi}{\beta}}$$

所以钟形脉冲函数的 Fourier 变换为

$$F(\omega) = \sqrt{\frac{\pi}{\beta}} A \mathrm{e}^{-\frac{\omega^2}{4\beta}}$$

四、Fourier 变换的物理意义

Fourier 变换和频谱概念有着非常密切的关系. 随着无线电技术和声学的蓬勃发展，频谱理论也相应得到了发展. 通过对频谱的分析，可以了解周期函数和非周期函数的一些性质. 下面分别介绍周期函数的频谱和非周期函数的频谱的基本概念，对于其更进一步的理论和应用，留待有关专业课程再作详细讨论.

1. 周期函数的频谱

在工程技术上，Fourier 级数有非常明确的物理意义. 在式(19.1)中，如果记

$$A_0 = \frac{a_0}{2} = c_0$$

$$A_n = \sqrt{a_n^2 + b_n^2} = 2|c_n| = 2|c_{-n}|$$

$$\cos\varphi_n = \frac{a_n}{A_n}, \ \sin\varphi_n = \frac{b_n}{A_n} \qquad (n = 1, 2, \cdots)$$

$$\varphi_n = \arg c_n = -\arg c_{-n} \qquad (n = 1, 2, \cdots)$$

则式(19.1)可以写成

$$f_T(t) = A_0 + \sum_{n=1}^{\infty} A_n \cos(n\omega t + \varphi_n)$$

该式表明，对任一以 T 为周期的波信号 $f_T(t)$ 都可以分解为一系列简谐波之和，$A_n \cos(n\omega t + \varphi_n)$ 称为 $f_T(t)$ 的**第 n 次谐波**. 其中 $n = 1$ 时的谐波 $A_1 \cos(\omega t + \varphi_1)$ 称为**基波**，其角频率 $\omega = \frac{2\pi}{T}$ 称为**基频**. 振幅 A_n 反映了角频率为 $n\omega$ 的第 n 次谐波在 $f_T(t)$ 中所占的比重；而 φ_n 表示第 n 次谐波沿时间轴移动的大小，称之为相位. 工程技术上，一般把振幅 A_n 称为周期函数 $f_T(t)$ 的**振幅频谱**(简称**频谱**)，描述各次谐波振幅与频率关系的图形称为**振幅频谱图**；

描述各次谐波相位与频率关系的图形称为**相位频谱图**.

周期性矩形波是工程应用中常见的波形，图 19.2 所示的周期性矩形波在一个周期 T 内的表达式为

$$f_T(t) = \begin{cases} -A & \left(-\dfrac{T}{2} \leqslant t < 0\right) \\ A & \left(0 \leqslant t \leqslant \dfrac{T}{2}\right) \end{cases}$$

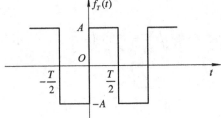

图 19.2

在 $f_T(t)$ 的连续点处，将其展开为 Fourier 级数：

$$f_T(t) = \frac{4A}{\pi}\sin\omega t + \frac{4A}{3\pi}\sin 3\omega t + \frac{4A}{5\pi}\sin 5\omega t + \cdots$$

据此可以作出振幅频谱图，如图 19.3 所示. 类似地，还可作出它的相位频谱图.

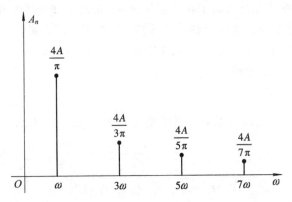

图 19.3

振幅频谱图中每根垂直线称为**谱线**，其所在位置即为该次谐波的角频率，每根谱线的高度即为该次谐波的振幅值. 归纳起来，周期信号的振幅频谱具有以下特点：

（1）频谱图由频率离散的谱线组成，每根谱线代表一个谐波分量. 这样的频谱称为**不连续频谱**或**离散频谱**.

（2）频谱图中的谱线只能在基波频率的整数倍频率上出现.

（3）频谱图中各谱线的高度，一般而言随谐波次数的增高而逐次减少. 当谐波次数无限增高时，谐波分量的振幅趋于无穷小.

上述三个特点分别称为周期信号频谱的离散性、谐波性和收敛性. 这些特点虽是从一些具体信号得出的，但许多周期信号的频谱也都具有这些特点.

2. 非周期函数的频谱

对于非周期函数 $f(t)$，当它满足 Fourier 积分定理中的条件时，$f(t)$ 的 Fourier 变换 $F(\omega)$ 称为 $f(t)$ 的**频谱函数**. 由于频谱函数 $F(\omega)$ 可以看作是以 ω 为自变量的复变函数，故可以表示为

$$F(\omega) = |F(\omega)| e^{j\varphi(\omega)}$$

其中，$|F(\omega)|$ 称为 $f(t)$ 的**振幅频谱**(或简称**频谱**)，$\varphi(\omega)$ 称为 $f(t)$ 的**相角频谱**(或**相位频谱**). 由于 ω 是连续变化的，所以称 $|F(\omega)|$ 为**连续频谱**.

根据振幅频谱和相角频谱的定义，显然有以下结论：

(1) 振幅频谱 $|F(\omega)|$ 是频率 ω 的偶函数；

(2) 相角频谱 $\varphi(\omega)$ 是频率 ω 的奇函数.

证 (1) 因为

$$F(\omega) = \int_{-\infty}^{+\infty} f(t) e^{-j\omega t} \, dt = \int_{-\infty}^{+\infty} f(t)\cos\omega t \, dt - j\int_{-\infty}^{+\infty} f(t)\sin\omega t \, dt$$

所以

$$|F(\omega)| = \sqrt{\left(\int_{-\infty}^{+\infty} f(t)\cos\omega t \, dt\right)^2 + \left(\int_{-\infty}^{+\infty} f(t)\sin\omega t \, dt\right)^2}$$

显然有 $|F(\omega)| = |F(-\omega)|$.

(2) 工程技术上一般定义

$$\varphi(\omega) = \arctan \frac{\int_{-\infty}^{+\infty} f(t)\sin\omega t \, dt}{\int_{-\infty}^{+\infty} f(t)\cos\omega t \, dt}$$

显然 $\varphi(\omega) = -\varphi(-\omega)$，即相角频谱 $\varphi(\omega)$ 是频率 ω 的奇函数.

例 19.4 讨论单个矩形脉冲函数 $f(t) = \begin{cases} A & \left(-\dfrac{\tau}{2} \leqslant t < \dfrac{\tau}{2}\right) \\ 0 & \left(t \geqslant \dfrac{\tau}{2}, t \leqslant -\dfrac{\tau}{2}\right) \end{cases}$ 的频谱特性和相角频谱.

解 单个矩形脉冲函数的图形如图 19.4 所示，则 $f(t)$ 的频谱函数

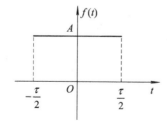

图 19.4

$$F(\omega) = \mathscr{F}[f(t)] = \int_{-\infty}^{+\infty} f(t) e^{-j\omega t} \, dt$$

$$= 2A \int_0^{\frac{\tau}{2}} f(t)\cos\omega t \, dt = 2A \frac{\sin\dfrac{\omega\tau}{2}}{\omega}$$

于是 $f(t)$ 的频谱为

$$\left|F(\omega)\right| = 2A \left| \frac{\sin\dfrac{\omega\tau}{2}}{\omega} \right|$$

显然当 $\omega = \dfrac{2\pi}{\tau}, \dfrac{4\pi}{\tau}, \cdots, \dfrac{2n\pi}{\tau}, \cdots$ 时，$\left|F(\omega)\right| = 0$，又因为

$$F(0) = \lim_{\omega \to 0} F(\omega) = \lim_{\omega \to 0} 2A \frac{\sin\dfrac{\omega\tau}{2}}{\omega} = A\tau$$

所以 $F(0) = A\tau$.

由频谱 $\left|F(\omega)\right|$ 为偶函数可作出 $f(t)$ 的频谱图，如图 19.5 所示.

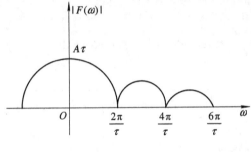

图 19.5

由于此频谱函数 $F(\omega) = 2A \dfrac{\sin\dfrac{\omega\tau}{2}}{\omega}$ 是实数，故相角频谱为

$$\varphi(\omega) = \begin{cases} 0 & \left(\dfrac{4n\pi}{\tau} < \omega < \dfrac{4n\pi + 2\pi}{\tau}\right) \\[4mm] \pi & \left(\dfrac{4n\pi + 2\pi}{\tau} < \omega < \dfrac{4n\pi + 4\pi}{\tau}\right) \end{cases} \quad (n = 0, \pm 1, \pm 2, \cdots)$$

相角频谱图如图 19.6 所示.

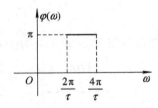

图 19.6

通过以上例子可以看出单个矩形脉冲的频谱所具有的一些特点. 理论分析表明，这些特点对任何非周期信号都适用：

（1）非周期信号频谱 $\left|F(\omega)\right|$ 是连续频谱.

（2）脉冲越窄，频谱越宽；脉冲越宽，频谱越窄.

例 19.5　作出指数衰减函数 $f(t) = \begin{cases} 0 & (t < 0) \\ e^{-\beta t} & (t \geqslant 0) \end{cases}$ $(\beta > 0)$ 的频谱图.

解　根据例 19.2 的结果，可得

$$F(\omega) = \frac{1}{\beta + \mathrm{j}\omega}$$

所以

$$|F(\omega)| = \frac{1}{\sqrt{\beta^2 + \omega^2}}$$

从而可以作出指数衰减函数的频谱图,如图 19.7 所示.

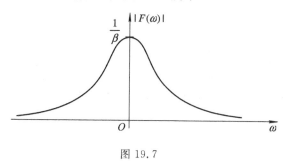

图 19.7

19.2　单位脉冲函数

一、单位脉冲函数的定义

由 Fourier 变换的定义可知,函数 $f(t)$ 要在$(-\infty, +\infty)$上绝对可积,才存在 Fourier 变换,这样的条件是很强的,许多常见的函数如 1、t、$\sin t$ 等都不满足,从而使得这些函数都不能进行 Fourier 变换. 为了扩充 Fourier 变换的概念及其应用范围,下面引入单位脉冲函数,它是一个非常重要的函数. 从物理学上看,单位脉冲函数的提出是十分自然的.

例 19.6　设某电路中原来的电流为 0,在一瞬时(设为 $t = 0$ 时刻),输入一单位电量的电荷,试确定电路上的电流强度 $i = i(t)$.

解　以 $q(t)$ 表示到 t 时刻为止通过导体截面的电荷数(即累积电量),则

$$q(t) = \begin{cases} 0 & (t \leqslant 0) \\ 1 & (t > 0) \end{cases}$$

由于电流强度是电量函数对时间的变化率,即

$$i(t) = \frac{\mathrm{d}q(t)}{\mathrm{d}t} = \lim_{\Delta t \to 0} \frac{q(t + \Delta t) - q(t)}{\Delta t}$$

显然,当 $t \neq 0$ 时,$i(t) = 0$;当 $t = 0$ 时,由于 $q(t)$ 是不连续的,从而在普通导数的意义下,$q(t)$ 在这一点是不能求导数的. 如果我们形式地计算这个导数,则得

$$i(0) = \lim_{\Delta t \to 0} \frac{q(0 + \Delta t) - q(0)}{\Delta t} = \lim_{\Delta t \to 0} \frac{1}{\Delta t} = \infty$$

因此

$$i(t) = \begin{cases} 0 & (t \neq 0) \\ \infty & (t = 0) \end{cases}$$

并且 $q(t) = \displaystyle\int_{-\infty}^{+\infty} i(t)\mathrm{d}t = 1$.

显然，此电路中的电流强度不能用普通意义下的函数来表示. 除此之外，瞬间作用的冲击力、质点的质量等这些集中分布而不是连续分布的物理量也都不能用通常意义下的函数来描述. 为了研究这些物理量，必须引进一个新的函数，即所谓的单位脉冲函数.

定义 19.2 在区间 $(-\infty, +\infty)$ 内具有如下性质的函数称为**单位脉冲函数**:

(1) $\delta(t) = \begin{cases} \infty & (t = 0) \\ 0 & (t \neq 0) \end{cases}$;

(2) $\displaystyle\int_{-\infty}^{+\infty} \delta(t)\mathrm{d}t = 1$.

由定义可见，单位脉冲函数不是一个普通函数：① 它不满足确定的函数值与自变量值的对应关系，如在 $t=0$ 处，$\delta(t) = \infty$ 不确定；② 对普通函数而言，改变函数在一点的函数值，不会影响该函数的积分结果，然而单位脉冲函数在整个数轴上除了 $t=0$ 外处处等于 0，它的积分值却不等于 0.

单位脉冲函数最早是由英国物理学家狄拉克(Dirac)在量子力学中引入的，所以也称为**狄拉克(Dirac) 函数**，简记为 δ 函数. 单位脉冲函数反映了诸如点电荷、点热源、点质量以及冲击力等集中分布的物理量的客观实际. 它是将集中分布的量当作连续分布的量来处理的重要工具.

从定义 19.2 出发，不太容易把握单位脉冲函数的运算性质，工程上通常把它看成是持续时间极短的矩形波. 即可将单位脉冲函数定义为

$$\delta_\varepsilon(t) = \begin{cases} \dfrac{1}{2\varepsilon} & (t \in [-\varepsilon, \varepsilon]) \\ 0 & (t \notin [-\varepsilon, \varepsilon]) \end{cases}$$

当 $\varepsilon \to 0$ 的弱极限.

定义 19.3 对任何一个无穷次可微函数 $f(t)$，若满足：

$$\int_{-\infty}^{+\infty} \delta(t)f(t)\mathrm{d}t = \lim_{\varepsilon \to 0} \int_{-\infty}^{+\infty} \delta_\varepsilon(t)f(t)\mathrm{d}t \tag{19.11}$$

则称 $\delta_\varepsilon(t)$ 弱收敛于函数 $\delta(t)$，记为 $\delta_\varepsilon(t) \underset{\varepsilon \to 0}{\overset{\text{弱}}{\Rightarrow}} \delta(t)$，并称此极限 $\delta(t)$ 为**单位脉冲函数**.

$\delta_\varepsilon(t)$ 的函数图像如图 19.8 所示. 在有些工程书上，将单位脉冲函数用一个长度等于 1 的有向线段来表示(见图 19.9). 这个线段的长度表示单位脉冲函数的积分值，称为单位脉冲函数的**强度**.

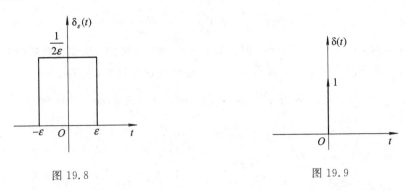

图 19.8   图 19.9

二、单位脉冲函数的性质

关于单位脉冲函数(或其它广义函数)与普通函数乘积的积分运算,仍可形式地进行分部积分和变量代换,在讨论中常需用到下面的引理.

引理 设 $f(t)$ 为单位脉冲函数(或其它广义函数),若对任意在 (a, b) 内连续的函数 $\varphi(t)$,有

$$\int_a^b f(t)\varphi(t)\mathrm{d}t = 0$$

则 $f(t) = 0$,$a < t < b$,$\varphi(t)$ 称为测试函数.

引理的证明略.

1. 筛选性质

对任何一个无穷次可微函数 $f(t)$,有

$$\int_{-\infty}^{+\infty} \delta(t)f(t)\mathrm{d}t = f(0)$$

更一般地,有

$$\int_{-\infty}^{+\infty} \delta(t - t_0)f(t)\mathrm{d}t = f(t_0) \tag{19.12}$$

证 由单位脉冲函数的定义,有

$$\int_{-\infty}^{+\infty} \delta(t)f(t)\mathrm{d}t = \lim_{\varepsilon \to 0} \int_{-\infty}^{+\infty} \delta_\varepsilon(t)f(t)\mathrm{d}t = \lim_{\varepsilon \to 0} \int_{-\varepsilon}^{+\varepsilon} \frac{1}{2\varepsilon}f(t)\mathrm{d}t$$

$$= \lim_{\varepsilon \to 0} \frac{1}{2\varepsilon} 2\varepsilon f(-\varepsilon + 2\varepsilon\theta) \qquad (0 \leqslant \theta \leqslant 1)$$

$$= f(0)$$

而

$$\int_{-\infty}^{+\infty} \delta(t - t_0)f(t)\mathrm{d}t \xrightarrow{u = t - t_0} \int_{-\infty}^{+\infty} \delta(u)f(u + t_0)\mathrm{d}u = f(t_0)$$

2. 加权特性

若函数 $f(t)$ 是一个在 $t = t_0$ 时连续的普通函数,则有

$$f(t)\delta(t - t_0) = f(t_0)\delta(t - t_0)$$

证 对任意测试函数 $\varphi(t)$,有

$$\int_{-\infty}^{+\infty} \varphi(t)[f(t)\delta(t - t_0)]\mathrm{d}t = \int_{-\infty}^{+\infty} [f(t)\varphi(t)]\delta(t - t_0)\mathrm{d}t = f(t_0)\varphi(t_0)$$

而

$$\int_{-\infty}^{+\infty} \varphi(t)[f(t_0)\delta(t - t_0)]\mathrm{d}t = \int_{-\infty}^{+\infty} [f(t_0)\varphi(t)]\delta(t - t_0)\mathrm{d}t = f(t_0)\varphi(t_0)$$

根据引理,由于广义函数 $f(t)\delta(t - t_0)$ 和 $f(t_0)\delta(t - t_0)$ 对测试函数 $\varphi(t)$ 有相同的赋值效果,故两者相等.

3. 偶函数

单位脉冲函数是偶函数,即

$$\delta(-t)=\delta(t)$$

证　对任意在$(-\infty,+\infty)$上无穷次可微的函数$\varphi(t)$，作变换$t=-\tau$，并应用筛选性质，有

$$\begin{aligned}\int_{-\infty}^{+\infty}\varphi(t)\delta(-t)\,\mathrm{d}t&=\int_{+\infty}^{-\infty}\varphi(-\tau)\delta(\tau)(-\mathrm{d}\tau)\\&=\int_{-\infty}^{+\infty}\varphi(-\tau)\delta(\tau)\,\mathrm{d}\tau=\varphi(0)\\&=\int_{-\infty}^{+\infty}\varphi(t)\delta(t)\,\mathrm{d}t\end{aligned}$$

由引理知$\delta(-t)=\delta(t)$，所以单位脉冲函数是偶函数.

4. 单位阶跃函数的导数是单位脉冲函数

单位阶跃函数$\varepsilon(t)$的导数是单位脉冲函数$\delta(t)$，即

$$\frac{\mathrm{d}\varepsilon(t)}{\mathrm{d}t}=\delta(t)$$

其中，$\varepsilon(t)=\begin{cases}0 & (t<0)\\1 & (t>0)\end{cases}$.

证　取任意在$(-\infty,+\infty)$上有连续导数的函数$\varphi(t)$，且$\lim\limits_{t\to\infty}\varphi(t)=0$. 应用分部积分，有

$$\begin{aligned}\int_{-\infty}^{+\infty}\varphi(t)\frac{\mathrm{d}\varepsilon(t)}{\mathrm{d}t}\,\mathrm{d}t&=\varphi(t)\varepsilon(t)\Big|_{-\infty}^{+\infty}-\int_{-\infty}^{+\infty}\varphi'(t)\varepsilon(t)\,\mathrm{d}t\\&=-\int_{0}^{\infty}\varphi'(t)\,\mathrm{d}t=\varphi(0)=\int_{-\infty}^{+\infty}\delta(t)\varphi(t)\,\mathrm{d}t\end{aligned}$$

由引理知$\dfrac{\mathrm{d}\varepsilon(t)}{\mathrm{d}t}=\delta(t)$.

反之，单位脉冲函数$\delta(t)$的积分等于单位阶跃函数$\varepsilon(t)$.

单位脉冲函数的性质4解决了不连续函数在间断点处的求导问题，如图19.10所示的不连续函数$f(t)$可以表示为一个连续可导函数$f_1(t)$与一个适当的加权阶跃函数之和：

$$f(t)=f_1(t)+[f(t_0^+)-f(t_0^-)]\varepsilon(t-t_0)$$

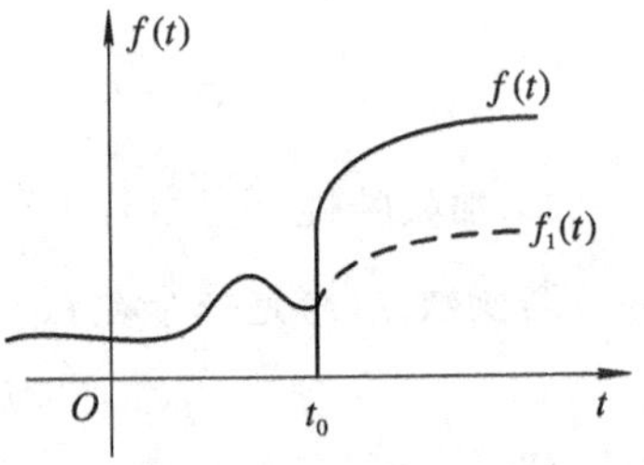

图 19.10

由性质4可得

$$f'(t)=f_1'(t)+[f(t_0^+)-f(t_0^-)]\delta(t-t_0)$$

例 19.7　已知函数$f(t)$的波形如图19.11(a)所示，试求$f'(t)$并画出其波形图.

解

$$f(t)=t[\varepsilon(t)-\varepsilon(t-2)]$$

结合加权性质，得

$$\begin{aligned}f'(t)&=[\varepsilon(t)-\varepsilon(t-2)]+t[\delta(t)-\delta(t-2)]\\&=[\varepsilon(t)-\varepsilon(t-2)]-2\delta(t-2)\end{aligned}$$

$f'(t)$的波形如图 19.11(b) 所示.

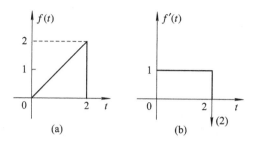

图 19.11

三、单位脉冲函数的 Fourier 变换

利用单位脉冲函数的筛选性质,可以很方便地求出 $\delta(t)$ 函数的 Fourier 变换:

$$F(\omega) = \mathscr{F}[\delta(t)] = \int_{-\infty}^{+\infty} \delta(t) e^{-j\omega t} \, dt = e^{-j\omega t} \big|_{t=0} = 1$$

即单位脉冲函数的 Fourier 变换为常数 1. 根据定义 19.1 可以证明

$$\delta(t) = \mathscr{F}^{-1}[F(\omega)] = \frac{1}{2\pi} \int_{-\infty}^{+\infty} 1 \cdot e^{j\omega t} \, d\omega$$

可见 $\delta(t)$ 与 1 构成一个 Fourier 变换对,从而有积分等式

$$\int_{-\infty}^{+\infty} e^{j\omega t} \, d\omega = 2\pi\delta(t) \tag{19.13}$$

一般地,$\delta(t - t_0)$ 与 $e^{-j\omega t_0}$ 构成一个 Fourier 变换对,且有积分等式

$$\int_{-\infty}^{+\infty} e^{j\omega(t - t_0)} \, d\omega = 2\pi\delta(t - t_0) \tag{19.14}$$

同样,若 $F(\omega) = 2\pi\delta(\omega)$,则由 Fourier 逆变换可得

$$f(t) = \mathscr{F}^{-1}[F(\omega)] = \frac{1}{2\pi} \int_{-\infty}^{+\infty} 2\pi\delta(\omega) e^{j\omega t} \, dt = 1$$

所以,1 和 $2\pi\delta(\omega)$ 也构成一个 Fourier 变换对. 同理,$e^{j\omega_0 t}$ 和 $2\pi\delta(\omega - \omega_0)$ 也构成 Fourier 变换对. 由此可得

$$\int_{-\infty}^{+\infty} e^{-j\omega t} \, dt = 2\pi\delta(\omega) \tag{19.15}$$

$$\int_{-\infty}^{+\infty} e^{-j(\omega - \omega_0)t} \, dt = 2\pi\delta(\omega - \omega_0) \tag{19.16}$$

例 19.8 求正弦函数 $f(t) = \sin\omega_0 t$ 的 Fourier 变换.

解 根据式(19.16),有

$$\int_{-\infty}^{+\infty} e^{-j(\omega - \omega_0)t} \, dt = 2\pi\delta(\omega - \omega_0)$$

则

$$F(\omega) = \mathscr{F}[f(t)] = \int_{-\infty}^{+\infty} e^{-j\omega t} \sin\omega_0 t \, dt = \int_{-\infty}^{+\infty} e^{-j\omega t} \frac{e^{j\omega_0 t} - e^{-j\omega_0 t}}{2j} \, dt = \int_{-\infty}^{+\infty} \frac{e^{-j(\omega - \omega_0)t} - e^{-j(\omega + \omega_0)t}}{2j} \, dt$$

$$= \frac{1}{2j}[2\pi\delta(\omega - \omega_0) - 2\pi\delta(\omega + \omega_0)] = j\pi[\delta(\omega + \omega_0) - \delta(\omega - \omega_0)]$$

所以

$$\mathscr{F}[\sin\omega_0 t] = \mathrm{j}\pi[\delta(\omega+\omega_0)-\delta(\omega-\omega_0)]$$

同理

$$\mathscr{F}[\cos\omega_0 t] = \pi[\delta(\omega-\omega_0)+\delta(\omega+\omega_0)]$$

显然，$\sin\omega_0 t$ 和 $\cos\omega_0 t$ 的频谱在广义 Fourier 变换下仍然是离散的，这与 Fourier 级数展开结论是一致的.

例 19.9 证明：单位阶跃函数 $\varepsilon(t) = \begin{cases} 0 & (t < 0) \\ 1 & (t > 0) \end{cases}$ 的 Fourier 变换为

$$\mathscr{F}[\varepsilon(t)] = \frac{1}{\mathrm{j}\omega} + \pi\delta(\omega)$$

证 事实上，若 $F(\omega) = \dfrac{1}{\mathrm{j}\omega} + \pi\delta(\omega)$，则利用 Fourier 逆变换可得

$$f(t) = \mathscr{F}^{-1}[F(\omega)] = \frac{1}{2\pi}\int_{-\infty}^{+\infty}\left[\frac{1}{\mathrm{j}\omega}+\pi\delta(\omega)\right]\mathrm{e}^{\mathrm{j}\omega t}\,\mathrm{d}\omega$$

$$= \frac{1}{2\pi}\int_{-\infty}^{+\infty}\pi\delta(\omega)\mathrm{e}^{\mathrm{j}\omega t}\,\mathrm{d}\omega + \frac{1}{2\pi}\int_{-\infty}^{+\infty}\frac{1}{\mathrm{j}\omega}\mathrm{e}^{\mathrm{j}\omega t}\,\mathrm{d}\omega$$

$$= \frac{1}{2}\int_{-\infty}^{+\infty}\delta(\omega)\mathrm{e}^{\mathrm{j}\omega t}\,\mathrm{d}\omega + \frac{1}{2\pi}\int_{-\infty}^{+\infty}\frac{\sin\omega t}{\omega}\,\mathrm{d}\omega = \frac{1}{2} + \frac{1}{\pi}\int_{0}^{+\infty}\frac{\sin\omega t}{\omega}\,\mathrm{d}\omega$$

下面讨论积分 $\displaystyle\int_{0}^{+\infty}\frac{\sin\omega t}{\omega}\,\mathrm{d}\omega$.

当 $t > 0$ 时，

$$\int_{0}^{+\infty}\frac{\sin\omega t}{\omega}\,\mathrm{d}\omega = \int_{0}^{+\infty}\frac{\sin\omega t}{\omega t}\mathrm{d}(\omega t) = \frac{\pi}{2}$$

当 $t < 0$ 时，

$$\int_{0}^{+\infty}\frac{\sin\omega t}{\omega}\mathrm{d}\omega = \int_{0}^{+\infty}\frac{\sin\omega t}{\omega t}\mathrm{d}(\omega t) = -\frac{\pi}{2} \quad (只需 t = -x)$$

所以

$$f(t) = \mathscr{F}^{-1}[F(\omega)] = \frac{1}{2\pi}\int_{-\infty}^{+\infty}\left[\frac{1}{\mathrm{j}\omega}+\pi\delta(\omega)\right]\mathrm{e}^{\mathrm{j}\omega t}\,\mathrm{d}\omega$$

$$= \frac{1}{2} + \begin{cases} \dfrac{1}{2} & (t > 0) \\ -\dfrac{1}{2} & (t < 0) \end{cases} = \begin{cases} 1 & (t > 0) \\ 0 & (t < 0) \end{cases} = \varepsilon(t)$$

从而有

$$\mathscr{F}[\varepsilon(t)] = \frac{1}{\mathrm{j}\omega} + \pi\delta(\omega)$$

所以，单位阶跃函数 $\varepsilon(t)$ 和 $\dfrac{1}{\mathrm{j}\omega}+\pi\delta(\omega)$ 构成了一个 Fourier 变换对.

需要指出的是，以上单位脉冲函数的 Fourier 变换是一种广义的 Fourier 变换，所用到的广义积分是按式(19.11)来定义的，而不是普通意义下的积分值. 通过上述讨论，我们可以看出引入 $\delta(t)$ 函数的重要性：它使得在普通意义下的一些不存在的积分有了确定的数值，而且利用单位脉冲函数及其 Fourier 变换可以方便地得到工程技术上许多重要函数的

Fourier 变换，并且使得许多变换的推导大大简化.

19.3　Fourier 变换的性质

本节将介绍 Fourier 变换的几个重要性质，为了叙述方便，假定在这些性质中，凡需要求 Fourier 变换的函数都满足 Fourier 积分定理中的条件. 在证明这些性质时，不再重复这些条件.

一、Fourier 变换的性质

1. 线性性质

设 $F_1(\omega)=\mathscr{F}[f_1(t)]$, $F_2(\omega)=\mathscr{F}[f_2(t)]$, α、β 是常数，则

$$\mathscr{F}[\alpha f_1(t)+\beta f_2(t)]=\alpha F_1(\omega)+\beta F_2(\omega) \tag{19.17}$$

这个性质的作用是很显然的，它表明了函数线性组合的 Fourier 变换等于各函数 Fourier 变换的线性组合. 它的证明只需根据定义就可推出.

同样，Fourier 逆变换亦具有类似的线性性质，即

$$\mathscr{F}^{-1}[\alpha F_1(\omega)+\beta F_2(\omega)]=\alpha f_1(t)+\beta f_2(t) \tag{19.18}$$

2. 位移性质

Fourier 变换具有如下位移性质：

$$\mathscr{F}[f(t\pm t_0)]=\mathrm{e}^{\pm j\omega t_0}\mathscr{F}[f(t)] \tag{19.19}$$

它表明时间函数 $f(t)$ 沿 t 轴向左或向右位移 t_0 的 Fourier 变换等于 $f(t)$ 的 Fourier 变换乘以因子 $\mathrm{e}^{j\omega t_0}$ 或 $\mathrm{e}^{-j\omega t_0}$.

证　由 Fourier 变换的定义可知

$$\mathscr{F}[f(t\pm t_0)]=\int_{-\infty}^{+\infty}f(t\pm t_0)\mathrm{e}^{-j\omega t}\,\mathrm{d}t$$

令 $t\pm t_0=u$，则

$$\begin{aligned}
\mathscr{F}[f(t\pm t_0)]&=\int_{-\infty}^{+\infty}f(t\pm t_0)\mathrm{e}^{-j\omega t}\,\mathrm{d}t\\
&=\int_{-\infty}^{+\infty}f(u)\mathrm{e}^{-j\omega(u\mp t_0)}\,\mathrm{d}u\\
&=\mathrm{e}^{\pm j\omega t_0}\int_{-\infty}^{+\infty}f(u)\mathrm{e}^{-j\omega u}\,\mathrm{d}u\\
&=\mathrm{e}^{\pm j\omega t_0}\mathscr{F}[f(t)]
\end{aligned}$$

同样，Fourier 逆变换具有类似的位移性质，即

$$\mathscr{F}^{-1}[F(\omega\mp\omega_0)]=f(t)\mathrm{e}^{\pm j\omega_0 t} \tag{19.20}$$

它表明频谱函数 $F(\omega)$ 沿 ω 轴向右或向左位移 ω_0 的 Fourier 逆变换等于 $f(t)$ 乘以因子 $\mathrm{e}^{j\omega_0 t}$ 或 $\mathrm{e}^{-j\omega_0 t}$.

例 19.10　求矩形单脉冲函数 $f(t)=\begin{cases}E & (0<t<\tau)\\ 0 & (\text{其它})\end{cases}$ 的频谱函数.

解　根据 Fourier 变换的定义，有

$$F(\omega) = \int_{-\infty}^{+\infty} f(t) \mathrm{e}^{-\mathrm{j}\omega t} \mathrm{d}t = \int_0^{\tau} E \mathrm{e}^{-\mathrm{j}\omega t} \mathrm{d}t$$

$$= -\frac{E}{\mathrm{j}\omega} \mathrm{e}^{-\mathrm{j}\omega t} \Big|_0^{\tau} = \frac{E}{\mathrm{j}\omega} \mathrm{e}^{-\mathrm{j}\frac{\omega\tau}{2}} (\mathrm{e}^{\mathrm{j}\frac{\omega\tau}{2}} - \mathrm{e}^{-\mathrm{j}\frac{\omega\tau}{2}})$$

$$= \frac{2E}{\omega} \mathrm{e}^{-\mathrm{j}\frac{\omega\tau}{2}} \sin \frac{\omega\tau}{2}$$

如果根据例 19.4 的结论:

$$f_1(t) = \begin{cases} E & \left(-\dfrac{\tau}{2} < t < \dfrac{\tau}{2}\right) \\ 0 & (\text{其它}) \end{cases}$$

的频谱函数

$$F_1(\omega) = \frac{2E}{\omega} \sin \frac{\omega\tau}{2}$$

利用位移性质,就可以很方便地得到上述 $F(\omega)$. 因为 $f(t)$ 可以看作是由 $f_1(t)$ 在时间轴上向右平移 $\dfrac{\tau}{2}$ 个单位得到的,所以

$$F(\omega) = \mathscr{F}[f(t)] = \mathscr{F}\left[f_1\left(t - \frac{\tau}{2}\right)\right] = \mathrm{e}^{-\mathrm{j}\omega\frac{\tau}{2}} F_1(\omega)$$

$$= \frac{2E}{\omega} \mathrm{e}^{-\mathrm{j}\frac{\omega\tau}{2}} \sin \frac{\omega\tau}{2}$$

且

$$|F(\omega)| = |F_1(\omega)| = \frac{2E}{\omega} \left|\sin \frac{\omega\tau}{2}\right|$$

两种解法的结果一致.

3. 微分性质

如果函数 $f(t)$ 在 $(-\infty, +\infty)$ 上连续或只有有限个可去间断点,且当 $|t| \to +\infty$ 时,函数 $f(t) \to 0$,则

$$\mathscr{F}[f'(t)] = \mathrm{j}\omega \mathscr{F}[f(t)] \tag{19.21}$$

微分性质表明时域函数导数的频谱函数等于这个函数的频谱函数乘以因子 $\mathrm{j}\omega$.

证 由 Fourier 变换的定义,并利用分部积分,得

$$\mathscr{F}[f'(t)] = \int_{-\infty}^{+\infty} f'(t) \mathrm{e}^{-\mathrm{j}\omega t} \mathrm{d}t = f(t) \mathrm{e}^{-\mathrm{j}\omega t} \Big|_{-\infty}^{+\infty} + \mathrm{j}\omega \int_{-\infty}^{+\infty} f(t) \mathrm{e}^{-\mathrm{j}\omega t} \mathrm{d}t = \mathrm{j}\omega \mathscr{F}[f(t)]$$

推论 如果 $f^{(k)}(t)(k = 1, 2, \cdots, n)$ 在 $(-\infty, +\infty)$ 上连续或只有有限个可去间断点,且当 $|t| \to +\infty$ 时,$f^{(k)}(t) \to 0(k = 1, 2, \cdots, n-1)$,则有

$$\mathscr{F}[f^{(n)}(t)] = (\mathrm{j}\omega)^n \mathscr{F}[f(t)] \tag{19.22}$$

同样,还能得到象函数的导数公式:

设 $\mathscr{F}[f(t)] = F(\omega)$,则

$$\frac{\mathrm{d}^n}{\mathrm{d}\omega^n} F(\omega) = (-\mathrm{j})^n \mathscr{F}[t^n f(t)]$$

特别地,取 $n = 1$,有

$$\mathscr{F}[t f(t)] = \mathrm{j} \frac{\mathrm{d}}{\mathrm{d}\omega} F(\omega)$$

实际中，常用象函数的导数公式来计算 $\mathscr{F}[t^n f(t)]$.

例 19.11　已知函数 $f(t) = \begin{cases} 0 & (t < 0) \\ \mathrm{e}^{-\beta t} & (t \geqslant 0) \end{cases}$ $(\beta > 0)$，试求 $\mathscr{F}[tf(t)]$ 及 $\mathscr{F}[t^2 f(t)]$.

解　由指数衰减函数的频谱可知

$$F(\omega) = \mathscr{F}[f(t)] = \frac{1}{\beta + \mathrm{j}\omega}$$

利用象函数的导数公式，有

$$\mathscr{F}[tf(t)] = \mathrm{j}\frac{\mathrm{d}}{\mathrm{d}\omega}F(\omega) = \frac{1}{(\beta + \mathrm{j}\omega)^2}$$

$$\mathscr{F}[t^2 f(t)] = \mathrm{j}^2\frac{\mathrm{d}^2}{\mathrm{d}\omega^2}F(\omega) = \frac{2}{(\beta + \mathrm{j}\omega)^3}$$

4. 积分性质

如果当 $t \to +\infty$ 时，$g(t) = \displaystyle\int_{-\infty}^{t} f(t)\mathrm{d}t \to 0$，则

$$\mathscr{F}\left[\int_{-\infty}^{t} f(t)\mathrm{d}t\right] = \frac{1}{\mathrm{j}\omega}\mathscr{F}[f(t)] \tag{19.23}$$

证　因为

$$\frac{\mathrm{d}}{\mathrm{d}t}\int_{-\infty}^{t} f(t)\mathrm{d}t = f(t)$$

所以

$$\mathscr{F}\left[\frac{\mathrm{d}}{\mathrm{d}t}\int_{-\infty}^{t} f(t)\mathrm{d}t\right] = \mathscr{F}[f(t)]$$

又由上述微分性质

$$\mathscr{F}\left[\frac{\mathrm{d}}{\mathrm{d}t}\int_{-\infty}^{t} f(t)\mathrm{d}t\right] = \mathrm{j}\omega\,\mathscr{F}\left[\int_{-\infty}^{t} f(t)\mathrm{d}t\right]$$

故

$$\mathscr{F}\left[\int_{-\infty}^{t} f(t)\mathrm{d}t\right] = \frac{1}{\mathrm{j}\omega}\mathscr{F}[f(t)]$$

它表明一个函数积分后的 Fourier 变换等于这个函数 Fourier 变换除以因子 $\mathrm{j}\omega$.

运用 Fourier 变换的线性性质、微分性质以及积分性质，可以将线性常系数微分方程（包括积分方程和微积分方程）转化为代数方程，通过求解代数方程与求解 Fourier 逆变换，即可得到相应的原方程的解.

二、卷积定理

在信号分析中，经常需要研究两个信号 $f_1(t)$、$f_2(t)$ 的乘积 $f(t)$，即 $f(t) = f_1(t)f_2(t)$，对 $f(t)$ 进行 Fourier 变换，会出现如下形式的积分：

$$\int_{-\infty}^{+\infty} F_1(v)F_2(\omega - v)\mathrm{d}v$$

这种形式的积分称为卷积. 下面给出一般情形的定义.

定义 19.4　若已知函数 $f_1(t)$、$f_2(t)$，则积分

$$\int_{-\infty}^{+\infty} f_1(\tau)f_2(t-\tau)\mathrm{d}\tau$$

称为函数 $f_1(t)$ 与 $f_2(t)$ 的**卷积**，记为 $f_1(t) * f_2(t)$，即

$$\int_{-\infty}^{+\infty} f_1(\tau)f_2(t-\tau)\mathrm{d}\tau = f_1(t) * f_2(t) \tag{19.24}$$

卷积具有以下性质：

(1) 交换律，即

$$f_1(t) * f_2(t) = f_2(t) * f_1(t)$$

(2) 结合律，即

$$[f_1(t) * f_2(t)] * f_3(t) = f_1(t) * [f_2(t) * f_3(t)]$$

(3) 分配律，即

$$f_1(t) * [f_2(t) + f_3(t)] = f_1(t) * f_2(t) + f_1(t) * f_3(t)$$

证　这里仅证明(3)，其它留给读者自行证明.

根据卷积的定义，有

$$f_1(t) * [f_2(t) + f_3(t)] = \int_{-\infty}^{+\infty} f_1(\tau)[f_2(t-\tau) + f_3(t-\tau)]\mathrm{d}\tau$$

$$= \int_{-\infty}^{+\infty} f_1(\tau)f_2(t-\tau)\mathrm{d}\tau + \int_{-\infty}^{+\infty} f_1(\tau)f_3(t-\tau)\mathrm{d}\tau$$

$$= f_1(t) * f_2(t) + f_1(t) * f_3(t)$$

例 19.12　若

$$f_1(t) = \begin{cases} 0 & (t < 0) \\ 1 & (t \geqslant 0) \end{cases}, \quad f_2(t) = \begin{cases} 0 & (t < 0) \\ \mathrm{e}^{-t} & (t \geqslant 0) \end{cases}$$

求 $f_1(t) * f_2(t)$.

解　根据卷积的定义，有

$$f_1(t) * f_2(t) = f_2(t) * f_1(t) = \int_{-\infty}^{+\infty} f_2(\tau)f_1(t-\tau)\mathrm{d}\tau$$

$$= \int_0^t f_2(\tau)f_1(t-\tau)\mathrm{d}\tau$$

当 $t \geqslant 0$ 时，有

$$f_2(t) * f_1(t) = \int_{-\infty}^{+\infty} f_2(\tau)f_1(t-\tau)\mathrm{d}\tau = \int_0^t 1 \cdot \mathrm{e}^{-\tau}\mathrm{d}\tau$$

$$= -\mathrm{e}^{-\tau}\big|_0^t = 1 - \mathrm{e}^{-t}$$

可见当 $t < 0$ 时，

$$f_2(\tau) = 0, \quad f_1(t) * f_2(t) = 0$$

所以

$$f_1(t) * f_2(t) = \begin{cases} 0 & (t < 0) \\ 1 - \mathrm{e}^{-t} & (t \geqslant 0) \end{cases}$$

卷积在 Fourier 分析的应用中，有着十分重要的作用，这是由下面的卷积定理决定的.

定理 19.2(卷积定理)　假定函数 $f_1(t)$、$f_2(t)$ 都满足 Fourier 积分定理中的条件，且 $\mathscr{F}[f_1(t)] = F_1(\omega)$，$\mathscr{F}[f_2(t)] = F_2(\omega)$，则

$$\mathscr{F}[f_1(t) * f_2(t)] = F_1(\omega) \cdot F_2(\omega) \tag{19.25}$$

或者

$$\mathscr{F}^{-1}\big[F_1(\omega)\cdot F_2(\omega)\big]=f_1(t)*f_2(t) \tag{19.26}$$

证 按 Fourier 变换的定义,有

$$\mathscr{F}\big[f_1(t)*f_2(t)\big]=\int_{-\infty}^{+\infty}\big[f_1(t)*f_2(t)\big]\mathrm{e}^{-\mathrm{j}\omega t}\,\mathrm{d}t$$

$$=\int_{-\infty}^{+\infty}\bigg[\int_{-\infty}^{+\infty}f_1(\tau)f_2(t-\tau)\mathrm{d}\tau\mathrm{e}^{-\mathrm{j}\omega t}\,\mathrm{d}t\bigg]$$

$$=\int_{-\infty}^{+\infty}\bigg[\int_{-\infty}^{+\infty}f_1(\tau)\mathrm{e}^{-\mathrm{j}\omega\tau}f_2(t-\tau)\mathrm{e}^{-\mathrm{j}\omega(t-\tau)}\,\mathrm{d}\tau\,\mathrm{d}t\bigg]$$

$$=\int_{-\infty}^{+\infty}f_1(\tau)\mathrm{e}^{-\mathrm{j}\omega\tau}\bigg[\int_{-\infty}^{+\infty}f_2(t-\tau)\mathrm{e}^{-\mathrm{j}\omega(t-\tau)}\,\mathrm{d}t\bigg]\mathrm{d}\tau$$

$$=F_1(\omega)\cdot F_2(\omega)$$

这个性质表明,两个函数卷积的 Fourier 变换等于这两个函数的 Fourier 变换的乘积.

定理 19.3(频谱函数卷积定理) 假定函数 $f_1(t)$、$f_2(t)$ 都满足 **Fourier 积分定理**中的条件,且 $\mathscr{F}[f_1(t)]=F_1(\omega)$,$\mathscr{F}[f_2(t)]=F_2(\omega)$,则

$$\mathscr{F}\big[f_1(t)\cdot f_2(t)\big]=\frac{1}{2\pi}F_1(\omega)*F_2(\omega)$$

即两个函数乘积的 Fourier 变换等于这两个函数 Fourier 变换的卷积除以 2π.

不难推证,若 $f_k(t)$ 满足 Fourier 积分定理中的条件,且 $\mathscr{F}[f_k(t)]=F_k(\omega)(k=1,2,\cdots,n)$,则有

$$\mathscr{F}\big[f_1(t)*f_2(t)*\cdots*f_n(t)\big]=F_1(\omega)\cdot F_2(\omega)\cdot\cdots\cdot F_n(\omega)$$

$$\mathscr{F}\big[f_1(t)\cdot f_2(t)\cdot\cdots\cdot f_n(t)\big]=\frac{1}{(2\pi)^{n-1}}F_1(\omega)*F_2(\omega)*\cdots*F_n(\omega)$$

由此可以看出,化卷积运算为乘积运算提供了卷积计算的简便方法,这就使得卷积在线性系统分析中成为特别有用的方法.

19.4 Fourier 变换的应用

对一个系统进行分析和研究,首先要知道该系统的数学模型,也就是要建立该系统特性的数学表达式. 实际中经常遇到线性系统,如 RC、RL 电路等,在许多场合下,它的数学模型可以用一个线性的微分方程、积分方程、微积分方程(这三类方程统称为微分、积分方程)乃至于偏微分方程来描述. 这类系统在振动力学、电工学、无线电技术、自动控制理论或其它学科以及工程技术领域的研究中,都占有重要的地位. 本节将应用 Fourier 变换来求解这类线性方程.

一、Fourier 变换求解微分、积分方程

根据 Fourier 变换的线性性质、微分性质和积分性质,对欲求解的方程两端取 Fourier 变换,将其转化为象函数的代数方程,由这个代数方程求出象函数,然后再取 Fourier 逆变换即可求得原方程的解. 这种解法的示意图见图 19.12. 这是求解此类方程的主要方法.

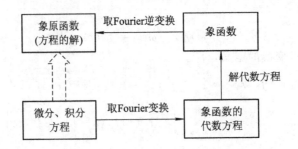

图 19.12

例 19.13 求常系数非齐次线性微分方程:

$$y''(t) - 2y(t) = f(t)$$

解 设 $\mathscr{F}[y(t)] = Y(\omega)$,$\mathscr{F}[f(t)] = F(\omega)$. 利用 Fourier 变换的线性性质和微分性质,对上述微分方程两端取 Fourier 变换,可得

$$(j\omega)^2 Y(\omega) - 2Y(\omega) = F(\omega)$$

所以

$$Y(\omega) = \frac{-F(\omega)}{2 + \omega^2}$$

从而

$$y(t) = \frac{1}{2\pi} \int_{-\infty}^{+\infty} Y(\omega) e^{j\omega t} \, d\omega = -\frac{1}{2\pi} \int_{-\infty}^{+\infty} \frac{F(\omega)}{2 + \omega^2} e^{j\omega t} \, d\omega$$

例 19.14 求解微分、积分方程 $x'(t) - 4 \int_{-\infty}^{t} x(t) \, dt = 1$,其中 $-\infty < t < +\infty$.

解 根据 Fourier 变换的线性性质、微分性质和积分性质,且记

$$\mathscr{F}[x(t)] = X(\omega)$$

对原方程两端取 Fourier 变换,可得

$$j\omega X(\omega) - \frac{4}{j\omega} X(\omega) = 2\pi\delta(\omega)$$

则

$$X(\omega) = -\frac{j\omega 2\pi\delta(\omega)}{\omega^2 + 4}$$

而上式的 Fourier 逆变换为

$$x(t) = \frac{1}{2\pi} \int_{-\infty}^{+\infty} X(\omega) e^{j\omega t} \, d\omega = -\int_{-\infty}^{+\infty} \frac{j\omega\delta(\omega)}{\omega^2 + 4} e^{j\omega t} \, d\omega = 0$$

还可以利用卷积定理来求解某些积分方程.

例 19.15 求解积分方程:

$$g(t) = \delta(t) + \int_{-\infty}^{+\infty} f(\tau) g(t - \tau) \, d\tau$$

其中,$\delta(t)$、$f(t)$ 为已知函数,且 $g(t)$、$\delta(t)$、$f(t)$ 的 Fourier 变换都存在.

解 设

$$\mathscr{F}[g(t)] = G(\omega), \quad \mathscr{F}[f(t)] = F(\omega)$$

由卷积定义知,积分方程右端第二项等于 $f(t) * g(t)$. 因此上述积分方程两边取 Fourier 变换,由卷积定理可得

$$G(\omega) = 1 + F(\omega) \cdot G(\omega)$$

即

$$G(\omega) = \frac{1}{1 - F(\omega)}$$

于是

$$g(t) = \frac{1}{2\pi} \int_{-\infty}^{+\infty} G(\omega) e^{j\omega t} \, d\omega = \frac{1}{2\pi} \int_{-\infty}^{+\infty} \frac{1}{1 - F(\omega)} e^{j\omega t} \, d\omega$$

　　通过上面例题的求解可以看出，对于形如上述未知函数为单变量函数的线性方程，都可以按示意图的三个步骤进行求解．在工程实际中，质点的位移，电路中的电流、电压等物理量一般都是时间 t 的函数，这些物理量的变化规律一般都可以用类似的线性方程来描述，从而也就可以运用 Fourier 变换的方法来求解．

二、Fourier 变换对线性时不变系统分析的实例

　　工程技术上把能够对信号完成某种变换或运算功能的集合体称为系统，如图 19.13 所示．图中符号 $H[\ ]$ 称为算子，表示将输入信号（激励）$x(t)$ 进行某种变换或运算后得到输出信号（响应）$y(t)$．

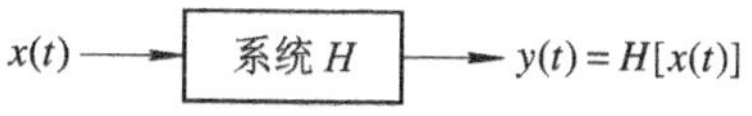

$$x(t) \longrightarrow \boxed{\text{系统 } H} \longrightarrow y(t) = H[x(t)]$$

图 19.13

　　线性时不变系统是同时具有线性和时不变性的系统，关于线性时不变系统的具体概念和一些重要性质，可参见线性系统理论的相关书籍，在此不再详述．线性时不变系统不仅与数字信号处理、模式识别、自动控制等学科彼此交叉、相互渗透，而且也是这些学科的基础理论，许多系统在一定条件下都可以近似地看作是线性时不变系统，因而可利用线性时不变系统理论来进行分析．

　　线性时不变系统的分析方法通常分为两种：一种是直接在时间变量域内对系统进行分析；另一种则是变换域分析方法．变换域分析方法即是通过某种积分变换将系统的微分方程或差分方程转换为代数方程，或将卷积积分运算转换为乘法运算，使求解过程变得简单．利用 Fourier 变换来研究线性时不变系统属于变换域分析方法的一种，其实质是通过 Fourier 变换，将系统模型的时间变量函数变换成以频率 ω 为独立变量的函数，研究系统的频率特征．

　　例 19.16　求如图 19.14 所示 RLC 电路中的电流 $y(t)$．

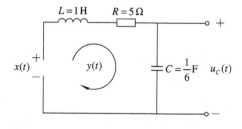

图 19.14

　　解　如图 19.14 所示的 RLC 电路就是一个线性时不变系统，根据 Kirchhoff 定律，有

$$u_L(t) + u_R(t) + u_C(t) = x(t)$$

其中

$$u_R = Ry(t), \ y(t) = C\frac{\mathrm{d}u_C}{\mathrm{d}t}$$

即

$$u_C = \frac{1}{C}\int_{-\infty}^{t} y(\tau)\mathrm{d}\tau$$

而 $u_L = L\dfrac{\mathrm{d}}{\mathrm{d}t}y(t)$，将其代入上式可得

$$\frac{\mathrm{d}y}{\mathrm{d}t} + 5y(t) + 6\int_{-\infty}^{t} y(\tau)\mathrm{d}\tau = x(t)$$

这就是 RLC 串联电路中电流所满足的关系式，它是一个微分、积分方程. 对方程两边同时取 Fourier 变换，且设 $Y(\omega) = \mathscr{F}[y(t)]$，$X(\omega) = \mathscr{F}[x(t)]$，则有

$$\mathrm{j}\omega Y(\omega) + 5Y(\omega) + \frac{6}{\mathrm{j}\omega}Y(\omega) = X(\omega)$$

可以解得

$$Y(\omega) = \frac{\mathrm{j}\omega X(\omega)}{-\omega^2 + 5\mathrm{j}\omega + 6}$$

若已知输入 $x(t)$，便可根据 Fourier 逆变换公式求得电路中的电流：

$$y(t) = \frac{1}{2\pi}\int_{-\infty}^{+\infty} \frac{\mathrm{j}\omega X(\omega)}{-\omega^2 + 5\mathrm{j}\omega + 6}\mathrm{e}^{\mathrm{j}\omega t}\ \mathrm{d}\omega$$

本章基本要求及重点、难点分析

一、基本要求

(1) 了解 Fourier 积分及 Fourier 积分定理，理解频谱的概念，掌握 Fourier 变换的概念.

(2) 了解单位脉冲函数的概念，掌握单位脉冲函数的筛选性质.

(3) 正确理解 Fourier 变换的基本性质，并会利用这些性质求解 Fourier 变换；会用 Fourier 变换求解微分、积分方程.

二、重点、难点分析

1. 重点内容

(1) Fourier 变换的概念. Fourier 变换在电学、力学、自动控制理论等许多工程和科学领域中都有广泛的应用，掌握 Fourier 变换的概念是掌握 Fourier 变换的基本原理，理解 Fourier 变换的性质以及了解 Fourier 变换应用的基础.

(2) 单位脉冲函数的筛选性质. 利用单位脉冲函数的筛选性质可以求解在普通意义下的一些不存在的积分，而且可以很方便地得到工程技术上许多重要函数的 Fourier 变换，并且使得许多变换的推导大大简化. 因此，单位脉冲函数，特别是它的筛选性质对工程计算非常重要.

(3) Fourier 变换的基本性质. 理解 Fourier 变换的基本性质有助于计算一些复杂函数

的 Fourier 变换和掌握应用 Fourier 变换法求解微分、积分方程(组).

2. 难点分析

（1）Fourier 积分的概念是本章学习的一个难点. Fourier 积分的概念是根据周期函数的 Fourier 级数展开式，经过一系列数学逻辑推导得到的，学习过程中应该把握两个关键的步骤：首先是将 Fourier 级数的三角形式表示为复指数形式；其次是把周期函数推广到非周期函数. 这样，再结合学过的一些积分和极限的理论与方法即可比较容易地理解 Fourier 积分概念的由来.

（2）单位脉冲函数的概念也是本章的一个难点. 单位脉冲函数不是以往熟悉的普通意义下的函数，它反映了诸如点电荷、点热源、点质量以及冲击力等这些集中分布的物理量的客观实际，所以可以从这些实际物理量的问题的解决来加深对单位脉冲函数概念的理解.

（3）Fourier 变换的基本性质较多，容易混淆，而这些性质又是计算一些复杂函数的 Fourier 变换，应用 Fourier 变换求解微分、积分方程的基础. 为此，在学习过程中应该从理解的角度去记这些性质，做到每一条性质都可以根据 Fourier 变换的相关概念自行推导出来，避免死记硬背.

（4）一些特殊函数，例如工程实际中遇到的一些不满足 Fourier 积分定理条件的函数，是不能直接计算 Fourier 变换的. 如果要计算 Fourier 变换，可根据象函数与象原函数的关系，利用单位脉冲函数从反面进行讨论. 例如，当无法直接计算 $f(t)$ 的 Fourier 变换时，可退而分析哪个函数的 Fourier 逆变换为 $f(t)$，从而得到 $f(t)$ 的 Fourier 变换.

习　题　十　九

1. 将周期为 2π 的函数 $f(x) = e^{kx}$ $(-\pi < x < \pi)$ 展开成复数形式的 Fourier 级数，其中 $k \neq 0$ 为常数.

2. 求函数

$$f(t) = \begin{cases} 0 & (t < 0,\ t > \tau) \\ A & (0 < t < \tau) \end{cases}$$

的 Fourier 变换.

3. 已知函数 $f(t) = e^{-\beta|t|}$ $(\beta > 0)$.

（1）求 Fourier 变换 $\mathscr{F}[f(t)]$；

（2）试证 $\displaystyle\int_{-\infty}^{+\infty} \frac{\cos\omega t}{\beta^2 + \omega^2}\mathrm{d}t = \frac{\beta}{2\pi}e^{-\beta|t|}$.

4. 已知函数 $f(t) = \begin{cases} 1 - t^2 & (|t| < 1) \\ 0 & (|t| > 1) \end{cases}$，求：

（1）Fourier 变换 $\mathscr{F}[f(t)]$；

（2）$\displaystyle\int_{-\infty}^{+\infty} \frac{t\cos t - \sin t}{t^3}\cos\frac{t}{2}\mathrm{d}t$.

5. 利用 Fourier 变换的性质，求下列函数的 Fourier 变换.

（1）$\varepsilon(t)\sin kt$；

(2) $\varepsilon(t)\cos^2 kt$.

6. 已知 Fourier 变换 $\mathscr{F}[f(t)] = F(\omega)$，利用 Fourier 变换的性质，求下列函数的 Fourier 变换.

(1) $f(kt)$;

(2) $(t-k)f(t)$;

(3) $f(t-k)$;

(4) $e^{jkt}f(t)$（k 是常数）.

7. 已知 Fourier 变换 $\mathscr{F}[f(t)] = \dfrac{1}{\omega^2 + 1}$，利用 Fourier 变换的性质，求下列函数的 Fourier 变换.

(1) $\displaystyle\int_{-\infty}^{t} f(t)\,\mathrm{d}t$;

(2) $te^{-\alpha t}f(t)$（α 是常数）.

8. 设 $\mathscr{F}[f(t)] = \dfrac{1}{j\omega} + \pi\delta(\omega)$，求：

(1) Fourier 变换 $\mathscr{F}[tf(t)]$;

(2) Fourier 变换 $\mathscr{F}[f(t)\sin 2t]$.

9. 求函数 $F(\omega) = 2\cos 3\omega$ 的 Fourier 逆变换.

10. 利用函数 $f_1(t) = f_2(t) = \begin{cases} 1 & (|t| < 1) \\ 0 & (|t| > 1) \end{cases}$，求卷积 $f_1(t) * f_2(t)$.

11. 利用 Fourier 变换证明 $\displaystyle\int_{0}^{+\infty} \dfrac{\mathrm{d}x}{(1+x^2)^2} = \dfrac{\pi}{4}$.

12. 已知函数 $f_1(t) = \begin{cases} 0 & (t < 0) \\ e^{-t} & (t \geqslant 0) \end{cases}$ 与 $f_2(t) = \begin{cases} \cos t & \left(0 \leqslant t < \dfrac{\pi}{2}\right) \\ 0 & \left(t < 0,\, t > \dfrac{\pi}{2}\right) \end{cases}$，求：

(1) $f_1(t) * f_2(t)$;

(2) $\mathscr{F}[f_1(t) * f_2(t)]$.

13. 解积分方程 $\displaystyle\int_{0}^{+\infty} f(x)\sin xt\,\mathrm{d}x = g(t)$，其中 $g(t) = \begin{cases} 1 & (0 \leqslant t < 1) \\ 2 & (1 \leqslant t < 2) \\ 0 & (t \geqslant 2) \end{cases}$.

14. 求解非齐次微分方程 $y''(t) - y(t) = -f(t)$，其中 $f(t)$ 为已知函数.

15. 求解微分、积分方程 $ay'(t) + by(t) + \displaystyle\int_{-\infty}^{t} y(t) = f(t)$ 的解，其中 $-\infty < t < +\infty$，a、b、c 均为常数.

第二十章　　拉普拉斯(Laplace) 变换

拉普拉斯(Laplace) 变换是另外一种常用的积分变换，它在理论上以及各种数学物理问题中都有重要的应用，由于它对象原函数 $f(t)$ 要求的条件比较弱，因此较 Fourier 变换的应用面更广一些. 本章首先介绍 Laplace 变换的基本概念、性质及 Laplace 逆变换的求解方法，然后举例说明它的一些应用.

20.1　Laplace 变换的概念

一、Laplace 变换的定义

在第十九章求一个函数的 Fourier 变换时，要求 $f(t)$ 在 $(-\infty, +\infty)$ 上满足下列条件：

(1) 函数 $f(t)$ 在任一有限区间上满足 Dirichlet 条件；

(2) 函数 $f(t)$ 在无限区间 $(-\infty, +\infty)$ 上绝对可积(即广义积分 $\int_{-\infty}^{+\infty} |f(t)| \, dt$ 收敛).

在许多实际应用中：

(1) 绝对可积的条件要求过强，许多函数即使是很简单的函数(如常数、幂函数、单位阶跃函数、线性函数、正弦函数等) 都不满足这个条件.

(2) 可以进行 Fourier 变换的函数必须在整个数轴上有定义，但在物理、无线电技术等实际应用中，许多以时间 t 作为自变量的函数往往在 $t < 0$ 时是无意义的或者是不需要考虑的.

由此可见，Fourier 变换的应用范围受到相当大的限制. 下面对某些函数 $\varphi(t)$ 进行适当的改造，使其进行 Fourier 变换时克服上述两个缺点.

首先，根据单位阶跃函数 $\varepsilon(t)$ 的特点，乘积 $\varphi(t)\varepsilon(t)$ 可以使积分区间由 $(-\infty, +\infty)$ 换成 $[0, +\infty)$；其次是指数衰减函数 $e^{-\beta t}$($\beta > 0$) 的特点，一般地，通过选取适当的 β，就可以使 $\varphi(t)e^{-\beta t}$ 绝对可积. 因此，对于乘积 $\varphi(t)\varepsilon(t)e^{-\beta t}$，只要 β 选取适当，一般来说，这个函数的 Fourier 变换存在，得

$$G_\beta(\omega) = \mathscr{F}[\varphi(t)\varepsilon(t)e^{-\beta t}] = \int_{-\infty}^{+\infty} \varphi(t)\varepsilon(t)e^{-\beta t} e^{-j\omega t} \, dt$$

$$= \int_0^{+\infty} f(t)e^{-(\beta+j\omega)t} \, dt = \int_0^{+\infty} f(t)e^{-st} \, dt$$

其中，$f(t) = \varphi(t)\varepsilon(t)$，$s = \beta + j\omega$.

若再设

$$F(s) = G_\beta\left(\frac{s-\beta}{j}\right)$$

则得

$$F(s) = \int_0^{+\infty} f(t) e^{-st} \, dt$$

这就导出了一种新的积分变换 ——Laplace 变换.

定义 20.1 设当 $t \geqslant 0$ 时函数 $f(t)$ 有定义，而且广义积分

$$\int_0^{+\infty} f(t) e^{-st} \, dt \quad (s \text{ 是一个复参数})$$

在 s 的某一区域内收敛，则由此积分所确定的函数可写为

$$F(s) = \int_0^{+\infty} f(t) e^{-st} \, dt \tag{20.1}$$

式 (20.1) 称为函数 $f(t)$ 的 Laplace 变换式，记为

$$F(s) = \mathscr{L}[f(t)]$$

$F(s)$ 称为函数 $f(t)$ 的 **Laplace 变换**（或称为**象函数**）. 若 $F(s)$ 是 $f(t)$ 的 Laplace 变换，则称 $f(t)$ 为 $F(s)$ 的 **Laplace 逆变换**（或称为**象原函数**），记为

$$F(s) = \mathscr{L}^{-1}[f(t)]$$

由式 (20.1) 可以看出，$f(t)(t \geqslant 0)$ 的 Laplace 变换，实际上就是 $f(t) \varepsilon(t) e^{-\beta t}$ 的 Fourier 变换.

拉普拉斯变换是以法国数学家和天文学家拉普拉斯 (Pierre-Simon Laplace) 的名字命名的，他在概率论研究工作中使用了类似的变换（现在称为 Z 变换）. 从 1744 年起，欧拉研究了如下形式的积分：

$$z = \int X(x) e^{ax} \, dx, \quad z = \int X(x) x^A \, dx$$

作为微分方程的解，但并未作深入研究. 拉格朗日是欧拉的仰慕者，他在研究概率密度函数时，研究了以下表达形式：

$$\int X(x) e^{-ax} a^x \, dx$$

这些类型的积分在 1782 年引起了拉普拉斯的注意，当时他正延续着欧拉用积分作为微分方程的解的精神. 1785 年，拉普拉斯迈出了关键的一步，即不只是寻找积分形式的解，他开始应用在这个意义上的变换，这种思想后来广为流行. 他用了一个完整的表述：

$$\int x^s \phi(x) \, dx$$

为了寻找微分方程的解，他对整个方程作了如上形式的变换. 拉普拉斯也认识到，傅里叶级数求解微分方程的方法，只能适用于有限的区间，因为这些解决方案是周期性的. 对于无限区间上的问题，拉普拉斯于 1809 年应用他的变换找到了解决方案.

[阅读材料]　　　　　**数 学 家 拉 普 拉 斯**

拉普拉斯 (Pierre-Simon Laplace, 1749—1827 年)，法国数学家、天文学家，法国科学院院士. 他才华横溢，著作如林，在青年时代就发表了一系列的论著. 24 岁当选为法国科学院副院士，科学院在一份报告中曾这样评价他：还没有任何一位像拉普拉斯这样年轻的科学家能在如此众多如此困难的课题上，写出如此大量的论文. 拉普拉斯的研究领域是多方面的，有天体力学、概率论、微分方程、复变函数、势函数理论、代数、测地学等，并有卓越的创见. 他是一位分析学的大师，

他把分析学应用到力学，特别是天体力学，并取得了划时代的成果．他的代表作有《宇宙体系论》、《分析概率论》、《天体力学》等．拉普拉斯不愧是19 世纪初数学界的巨臂泰斗．

二、常用函数的 Laplace 变换公式

根据 Laplace 变换的定义可得几个常用函数的 Laplace 变换公式.

例 20.1　求单位阶跃函数 $\varepsilon(t) = \begin{cases} 0 & (t < 0) \\ 1 & (t > 0) \end{cases}$ 的 Laplace 变换.

解　根据 Laplace 变换的定义，有

$$F(s) = \mathscr{L}[\varepsilon(t)] = \int_0^{+\infty} e^{-st} \, dt$$

这个积分在 $\mathrm{Re}(s) > 0$ 时收敛，而且有

$$\int_0^{+\infty} e^{-st} \, dt = -\frac{1}{s} e^{-st} \Big|_0^{+\infty} = \frac{1}{s}$$

所以

$$\mathscr{L}[\varepsilon(t)] = \frac{1}{s} \qquad (\mathrm{Re}(s) > 0)$$

注　根据 Laplace 变换的定义，常数 1 的 Laplace 变换也为 $\mathscr{L}[1] = \frac{1}{s}$.

例 20.2　求指数函数 $f(t) = e^{kt}$（k 为实数）的 Laplace 变换.

解　根据 Laplace 变换的定义，有

$$F(s) = \mathscr{L}[f(t)] = \int_0^{+\infty} e^{-(s-k)t} \, dt$$

这个积分在 $\mathrm{Re}(s) > k$ 时收敛，而且有

$$\int_0^{+\infty} e^{-(s-k)t} \, dt = \frac{1}{s-k}$$

所以

$$\mathscr{L}[e^{kt}] = \frac{1}{s-k} \qquad (\mathrm{Re}(s) > k)$$

例 20.3　求正弦函数 $f(t) = \sin kt$（k 为实数）的 Laplace 变换.

解　根据 Laplace 变换的定义，有

$$F(s) = \mathscr{L}[f(t)] = \int_0^{+\infty} \sin kt \; e^{-st} \, dt = \frac{e^{-st}}{s^2 + k^2} (-s \cdot \sin kt - k \cos kt) \Big|_0^{+\infty}$$

$$= \frac{k}{s^2 + k^2} \qquad (\mathrm{Re}(s) > 0)$$

同理可得余弦函数 $f(t) = \cos kt$（k 为实数）的 Laplace 变换：

$$\mathscr{L}[\cos kt] = \frac{s}{s^2 + k^2} \qquad (\mathrm{Re}(s) > 0)$$

三、Laplace 变换的存在定理

从前面的例题可以看出，Laplace 变换存在的条件要比 Fourier 变换存在的条件弱很

多，但是对一个函数作 Laplace 变换还是要具备一些条件的．那么，一个函数满足哪些条件时，它的 Laplace 变换才一定存在呢？下面讨论 Laplace 变换的存在问题，首先给出一个定义．

定义 20.2 设函数 $f(t)$ 在实数域 $t \geqslant 0$ 上有定义，若存在两个常数 $M > 0$ 及 $c > 0$，当 $t \rightarrow +\infty$ 时，有

$$|f(t)| \leqslant M e^{ct}$$

成立，即 $f(t)$ 的增长速度不超过指数函数，则称 $f(t)$ 的增长是不超过指数级的，c 为其**增长指数**．

例如：$|\varepsilon(t)| \leqslant 1 \cdot e^{0t}$（此处 $M = 1$，$c = 0$）、$|\cos kt| \leqslant 1 \cdot e^{0t}$（此处 $M = 1$，$c = 0$）等都是增长不超过指数级函数，而 e^{t^3}、$t e^{t^2}$ 等都不是这样的函数．

定理 20.1（Laplace 变换存在定理） 若函数 $f(t)$ 满足下列条件：

(1) 在 $t \geqslant 0$ 的任一有限区间上分段连续；

(2) $f(t)$ 是增长不超过指数级函数，

则 $f(t)$ 的 Laplace 变换：

$$F(s) = \int_0^{+\infty} f(t) e^{-st} \, dt \tag{20.2}$$

在半平面 $\mathrm{Re}(s) > c$ 上一定存在，右端的积分在 $\mathrm{Re}(s) \geqslant c_1 > c$ 上绝对收敛而且一致收敛，并且在 $\mathrm{Re}(s) > c$ 的半平面内，复变函数 $F(s)$ 为解析函数．

证 先证 $F(s)$ 的存在性．

设 $s = \beta + j\omega$，则 $|e^{-st}| = e^{-\beta t}$．

由于 $\mathrm{Re}(s) = \beta > c$，可取 $\varepsilon > 0$ 充分小，使 $\beta - \varepsilon \geqslant c$，即 $\beta - c \geqslant \varepsilon > 0$．

根据条件 (2) 可知，对于任何 t 值 $(0 \leqslant t < +\infty)$，有

$$|f(t) e^{-st}| \leqslant M e^{-(\beta - c)t} \leqslant M e^{-\varepsilon t}$$

从而

$$|F(s)| = \left| \int_0^{+\infty} f(t) e^{-st} \, dt \right| \leqslant \int_0^{+\infty} |f(t) e^{-st}| \, dt \leqslant M \int_0^{+\infty} e^{-(\beta - c)t} \, dt$$

$$\leqslant M \int_0^{+\infty} e^{-\varepsilon t} \, dt = \frac{M}{\varepsilon} \qquad (\mathrm{Re}(s) = \beta \geqslant \varepsilon + c = c_1)$$

即 $F(s)$ 积分在 $\mathrm{Re}(s) \geqslant c_1 > c$ 内是绝对收敛而且一致收敛．

再证 $F(s)$ 在 $\mathrm{Re}(s) > c$ 内解析．

若在式 (20.2) 积分号内对 s 求导，则

$$\int_0^{+\infty} \frac{d}{ds} [f(t) e^{-st}] dt = \int_0^{+\infty} -t f(t) e^{-st} \, dt$$

而

$$|-t f(t) e^{-st}| \leqslant M t e^{-(\beta - c)t} \leqslant M t e^{-\varepsilon t}$$

所以

$$\int_0^{+\infty} \left| \frac{d}{ds} [f(t) e^{-st}] \right| dt \leqslant \int_0^{+\infty} M t e^{-\varepsilon t} \, dt = \frac{M}{\varepsilon^2}$$

由此可见，$\int_0^{+\infty} \frac{d}{ds} [f(t) e^{-st}] dt$ 在半平面 $\mathrm{Re}(s) \geqslant c_1 > c$ 内是绝对收敛而且一致收敛，从而

微分和积分的次序可以交换，即

$$\frac{\mathrm{d}}{\mathrm{d}s}F(s)=\frac{\mathrm{d}}{\mathrm{d}s}\int_0^{+\infty}f(t)\mathrm{e}^{-st}\,\mathrm{d}t=\int_0^{+\infty}\frac{\mathrm{d}}{\mathrm{d}s}[f(t)\mathrm{e}^{-st}]\mathrm{d}t$$

$$=\int_0^{+\infty}-tf(t)\mathrm{e}^{-st}\,\mathrm{d}t=\mathscr{L}[-tf(t)]$$

这就表明，$F(s)$ 在 $\mathrm{Re}(s)>c$ 内是解析的.

　　需要指出的是这个定理的条件是充分的，而不是必要的. 工程技术中常见的函数大都能满足这两个条件. 一个函数是指数级函数比函数是绝对可积的条件要弱很多，$\varepsilon(t)$、$\cos kt$，$\sin kt$、t^n 等函数都不满足 Fourier 积分定理中的绝对可积条件，但它们都能满足 Laplace 变换存在定理中的条件(2). 由此可见，对于某些问题，Laplace 变换的应用更为广泛.

　　还要指出，满足 Laplace 变换存在定理条件的函数 $f(t)$ 在 $t=0$ 处为有界时，积分

$$\mathscr{L}[f(t)]=\int_0^{+\infty}f(t)\mathrm{e}^{-st}\,\mathrm{d}t$$

中的下限取 0^+ 或 0^- 不会影响其结果. 但当在 $t=0$ 处包含了脉冲函数时，Laplace 变换的积分下限必须指明是 0^+ 还是 0^-，因为

$$\mathscr{L}_+[f(t)]=\int_{0^+}^{+\infty}f(t)\mathrm{e}^{-st}\,\mathrm{d}t$$

$$\mathscr{L}_-[f(t)]=\int_{0^-}^{+\infty}f(t)\mathrm{e}^{-st}\,\mathrm{d}t=\int_{0^-}^{0^+}f(t)\mathrm{e}^{-st}\,\mathrm{d}t+\mathscr{L}_+[f(t)]$$

而当 $f(t)$ 在 $t=0$ 附近有界时，$\int_{0^-}^{0^+}f(t)\mathrm{e}^{-st}\,\mathrm{d}t=0$，即

$$\mathscr{L}_-[f(t)]=\mathscr{L}_+[f(t)]$$

当 $f(t)$ 在 $t=0$ 附近包含了脉冲函数时，$\int_{0^-}^{0^+}f(t)\mathrm{e}^{-st}\,\mathrm{d}t\neq0$，即

$$\mathscr{L}_-[f(t)]\neq\mathscr{L}_+[f(t)]$$

为了考虑这一情况，需要将进行 Laplace 变换的函数，当 $t\geq0$ 时有定义扩大为当 $t>0$ 及 $t=0$ 的任意一个邻域内有定义. 这样，书中变换的定义

$$\mathscr{L}[f(t)]=\int_0^{+\infty}f(t)\mathrm{e}^{-st}\,\mathrm{d}t$$

应该写为

$$\mathscr{L}_-[f(t)]=\int_{0^-}^{+\infty}f(t)\mathrm{e}^{-st}\,\mathrm{d}t$$

但为了书写方便，我们仍然写成式(20.1)的形式.

　　例 20.4　求单位脉冲函数 $\delta(t)$ 的 Laplace 变换.

　　解　根据前面的讨论，按式(20.1)，并利用单位脉冲函数的筛选性质，有

$$\mathscr{L}[\delta(t)]=\int_0^{+\infty}\delta(t)\mathrm{e}^{-st}\,\mathrm{d}t=\int_{0^-}^{+\infty}\delta(t)\mathrm{e}^{-st}\,\mathrm{d}t=\int_{-\infty}^{+\infty}\delta(t)\mathrm{e}^{-st}\,\mathrm{d}t$$

$$=\mathrm{e}^{-st}\big|_{t=0}=1$$

　　例 20.5　求函数 $f(t)=\mathrm{e}^{-\beta t}\delta(t)-\beta\mathrm{e}^{-\beta t}\varepsilon(t)(\beta>0)$ 的 Laplace 变换.

　　解　根据式(20.1)，有

$$\mathscr{L}[f(t)] = \int_0^{+\infty} f(t)\mathrm{e}^{-st}\,\mathrm{d}t = \int_0^{+\infty} \left[\mathrm{e}^{-\beta t}\delta(t) - \beta\mathrm{e}^{-\beta t}\varepsilon(t)\right]\mathrm{e}^{-st}\,\mathrm{d}t$$

$$= \int_0^{+\infty} \delta(t)\mathrm{e}^{-(s+\beta)t}\,\mathrm{d}t - \beta\int_0^{+\infty}\mathrm{e}^{-(s+\beta)t}\,\mathrm{d}t$$

$$= \mathrm{e}^{-(s+\beta)t}\big|_{t=0} + \frac{\beta\mathrm{e}^{-(s+\beta)t}}{s+\beta}\bigg|_0^{+\infty} = 1 - \frac{\beta}{s+\beta} = \frac{s}{s+\beta}$$

值得一提的是，在今后的实际工作中，我们并不需要用广义积分的方法来求函数的 Laplace 变换，因为有现成的 Laplace 变换表可查，就如同使用三角函数表、对数表和积分表一样．查表求函数的 Laplace 变换要比按定义去计算方便得多，特别是掌握了 Laplace 变换的性质，再使用查表的方法，就能更快地找到所求函数的 Laplace 变换．

20.2　Laplace 变换的性质

利用 Laplace 变换的定义及查 Laplace 变换表可以求一些常见函数的 Laplace 变换．本节将介绍 Laplace 变换的一些性质．利用 Laplace 变换的性质可以计算较复杂函数的 Laplace 变换．为了叙述方便，假定在这些性质中，凡是要求 Laplace 变换的函数都满足 Laplace 变换存在定理中的条件，并且这些函数的增长指数都统一地取为 c．

1. 线性性质

设 α、β 为复常数，并且有 $\mathscr{L}[f_1(t)] = F_1(s)$，$\mathscr{L}[f_2(t)] = F_2(s)$，则有

$$\mathscr{L}[\alpha f_1(t) + \beta f_2(t)] = \alpha F_1(s) + \beta F_2(s)$$

$$\mathscr{L}^{-1}[\alpha F_1(s) + \beta F_2(s)] = \alpha\mathscr{L}^{-1}[F_1(s)] + \beta\mathscr{L}^{-1}[F_2(s)]$$

这个性质表明函数线性组合的 Laplace 变换等于各函数 Laplace 变换的线性组合．根据定义，并利用积分性质即可推出该性质．

例 20.6　求 $\mathscr{L}[\cos^2 t]$．

解　因为

$$\mathscr{L}[\cos^2 t] = \mathscr{L}\left[\frac{1+\cos 2t}{2}\right]$$

利用线性性质，即 1 和 $\cos 2t$ 的 Laplace 变换结论，可得

$$\mathscr{L}[\cos^2 t] = \frac{1}{2}\left(\frac{1}{s} + \frac{s}{s^2+4}\right) \qquad (\mathrm{Re}(s) > 0)$$

2. 微分性质

1）导函数的微分性质

若 $\mathscr{L}[f(t)] = F(s)$，则有

$$\mathscr{L}[f'(t)] = sF(s) - f(0) \tag{20.3}$$

证　根据 Laplace 变换的定义，有

$$\mathscr{L}[f'(t)] = \int_0^{+\infty} f'(t)\mathrm{e}^{-st}\,\mathrm{d}t$$

对右端积分利用分部积分法，可得

$$\mathscr{L}[f'(t)] = \int_0^{+\infty} f'(t)\mathrm{e}^{-st}\,\mathrm{d}t = f(t)\mathrm{e}^{-st}\big|_0^{+\infty} + s\int_0^{+\infty} f(t)\mathrm{e}^{-st}\,\mathrm{d}t$$

$$= s\mathscr{L}[f(t)] - f(0) \qquad (\mathrm{Re}(s) > c)$$

所以

$$\mathscr{L}[f'(t)] = sF(s) - f(0)$$

同理可推得：若 $\mathscr{L}[f(t)] = F(s)$，则有

$$\mathscr{L}[f''(t)] = s^2F(s) - sf(0) - f'(0)$$

一般地，有

$$\mathscr{L}[f^{(n)}(t)] = s^nF(s) - s^{n-1}f(0) - s^{n-2}f'(0) - \cdots - f^{(n-1)}(0) \quad (\mathrm{Re}(s) > c) \quad (20.4)$$

特别地，当初值 $f(0) = f'(0) = \cdots = f^{(n-1)}(0) = 0$ 时，有

$$\mathscr{L}[f'(t)] = sF(s), \quad \mathscr{L}[f''(t)] = s^2F(s), \cdots, \quad \mathscr{L}[f^{(n)}(t)] = s^nF(s) \quad (20.5)$$

此性质使我们有可能将 $f(t)$ 的微分方程转化为 $F(s)$ 的代数方程，因此它对分析线性系统有着重要的作用. 下面利用导函数的微分性质来推算一些函数的 Laplace 变换.

例 20.7　利用式(20.4)求函数 $f(t) = \cos kt$ 的 Laplace 变换.

解　由于 $f(0) = 1$，$f'(0) = 0$，$f''(t) = -k^2\cos kt$，则由导函数的微分性质，有

$$\mathscr{L}[-k^2\cos kt] = \mathscr{L}[f''(t)] = s^2\mathscr{L}[f(t)] - sf(0) - f'(0)$$

即

$$-k^2\mathscr{L}[\cos kt] = s^2\mathscr{L}[\cos kt] - s$$

移项化简得

$$\mathscr{L}[\cos kt] = \frac{s}{s^2 + k^2} \qquad (\mathrm{Re}(s) > 0)$$

例 20.8　求函数 $f(t) = t^m$（常数 m 为正整数）的 Laplace 变换.

解　由于 $f(0) = f'(0) = f''(0) = \cdots = f^{(m-1)}(0)$，而 $f^{(m)}(t) = m!$，所以

$$\mathscr{L}[m!] = \mathscr{L}[f^{(m)}(t)] = s^m\mathscr{L}[f(t)] - s^{m-1}f(0) - s^{m-2}f'(0) - \cdots - f^{(m-1)}(0)$$

即

$$\mathscr{L}[m!] = s^m\mathscr{L}[t^m]$$

而

$$\mathscr{L}[m!] = m!\mathscr{L}[1] = \frac{m!}{s}$$

所以

$$\mathscr{L}[t^m] = \frac{m!}{s^{m+1}} \qquad (\mathrm{Re}(s) > 0)$$

2）象函数的微分性质

若 $\mathscr{L}[f(t)] = F(s)$，则根据 Laplace 变换存在定理，可得

$$F'(s) = -\mathscr{L}[tf(t)] \qquad (\mathrm{Re}(s) > c) \quad (20.6)$$

一般地，有

$$F^{(n)}(s) = (-1)^n\mathscr{L}[t^nf(t)] \qquad (\mathrm{Re}(s) > c) \quad (20.7)$$

在实际应用中，若 $f(t)$ 的 Laplace 变换容易获得，则可以利用象函数的微分性质去求形如 $t^nf(t)$ 的函数的 Laplace 变换.

例 20.9　求 $f(t) = t\sin 4t$ 的 Laplace 变换.

解　因为 $\mathscr{L}[\sin kt] = \dfrac{k}{s^2 + k^2}$，根据象函数的微分性质可知

$$\mathscr{L}[t\,\sin4t] = -\frac{\mathrm{d}}{\mathrm{d}s}\left(\frac{4}{s^2+16}\right) = \frac{8s}{(s^2+16)^2} \qquad (\mathrm{Re}(s) > 0)$$

3. 积分性质

1) 积分的 Laplace 变换

若 $\mathscr{L}[f(t)] = F(s)$，则有

$$\mathscr{L}\left[\int_0^t f(t)\mathrm{d}t\right] = \frac{1}{s}F(s) \qquad (20.8)$$

证 设 $h(t) = \int_0^t f(t)\mathrm{d}t$，则有 $h'(t) = f(t)$，且 $h(0) = 0$. 由微分性质，可得

$$\mathscr{L}[h'(t)] = s\mathscr{L}[h(t)] - h(0) = s\mathscr{L}[h(t)]$$

即

$$\mathscr{L}\left[\int_0^t f(t)\mathrm{d}t\right] = \frac{1}{s}\mathscr{L}[f(t)] = \frac{1}{s}F(s)$$

这个性质表明，一个函数积分后取 Laplace 变换，等于这个函数的 Laplace 变换除以复参数 s.

重复式(20.8)，就可得到

$$\mathscr{L}\left[\int_0^t \mathrm{d}t\int_0^t \mathrm{d}t\cdots\int_0^t f(t)\ \mathrm{d}t\right] = \frac{1}{s^n}F(s) \qquad (20.9)$$

例 20.10 求 $\mathscr{L}\left[t\int_0^t \sin2\tau\,\mathrm{d}\tau\right]$.

解 利用微分性质，有

$$\mathscr{L}\left[t\int_0^t \sin2\tau\,\mathrm{d}\tau\right] = -\frac{\mathrm{d}}{\mathrm{d}s}\mathscr{L}\left[\int_0^t \sin2\tau\,\mathrm{d}\tau\right]$$

再利用积分性质，可得

$$\mathscr{L}\left[t\int_0^t \sin2\tau\,\mathrm{d}\tau\right] = -\frac{\mathrm{d}}{\mathrm{d}s}\left\{\frac{1}{s}\mathscr{L}[\sin2t]\right\}$$

因为 $\mathscr{L}[\sin2t] = \frac{2}{s^2+4}$，所以

$$\mathscr{L}\left[t\int_0^t \sin2\tau\,\mathrm{d}\tau\right] = \frac{6s^2+8}{s^2(s+4)^2}$$

2) 象函数的积分性质

由 Laplace 变换存在定理，可以得到象函数的积分性质：

若 $\mathscr{L}[f(t)] = F(s)$，则有

$$\mathscr{L}\left[\frac{f(t)}{t}\right] = \int_s^{+\infty} F(s)\mathrm{d}s \qquad (20.10)$$

一般地，有

$$\mathscr{L}\left[\frac{f(t)}{t^n}\right] = \int_s^{+\infty}\mathrm{d}s\int_s^{+\infty}\mathrm{d}s\cdots\int_s^{+\infty} F(s)\mathrm{d}s \qquad (20.11)$$

在实际应用中，若 $f(t)$ 的 Laplace 变换容易获得，则可以利用象函数的积分性质去求形如 $\frac{f(t)}{t^n}$ 的函数的 Laplace 变换.

例 20.11 求函数 $f(t) = \dfrac{1 - e^{kt}}{t}$ 的 Laplace 变换.

解 利用象函数的积分性质可得

$$\mathscr{L}\left[\frac{1 - e^{kt}}{t}\right] = \int_s^\infty \mathscr{L}[1 - e^{kt}]\,ds = \int_s^\infty \left(\frac{1}{s} - \frac{1}{s - k}\right)ds = \ln\frac{s}{s - k}\bigg|_s^\infty = \ln\frac{s - k}{s}$$

如果积分 $\displaystyle\int_0^{+\infty} \frac{f(t)}{t}\,dt$ 存在,式(20.10) 左右两边同时取 $s = 0$,则有

$$\int_0^{+\infty} \frac{f(t)}{t}\,dt = \int_0^{+\infty} F(s)\,ds \tag{20.12}$$

其中 $\mathscr{L}[f(t)] = F(s)$. 式(20.12) 常用来计算某些广义积分.

例 20.12 求广义积分 $\displaystyle\int_0^{+\infty} \frac{\sin t}{t}\,dt$.

解 因为 $\mathscr{L}[\sin t] = \dfrac{1}{s^2 + 1}$,则由式(20.12) 得

$$\int_0^{+\infty} \frac{\sin t}{t}\,dt = \int_0^{+\infty} \frac{1}{s^2 + 1}\,ds = \arctan s\,\bigg|_0^{+\infty} = \frac{\pi}{2}$$

4. 位移性质

若 $\mathscr{L}[f(t)] = F(s)$,则有

$$\mathscr{L}[e^{at} f(t)] = F(s - a) \qquad (\text{Re}(s - a) > c) \tag{20.13}$$

证 根据 Laplace 变换的定义,有

$$\mathscr{L}[e^{at} f(t)] = \int_0^{+\infty} e^{at} f(t) e^{-st}\,dt = \int_0^{+\infty} f(t) e^{-(s-a)t}\,dt$$

由此可以看出,上式右边只是在 $F(s)$ 中把 s 换成 $s - a$,所以有

$$\mathscr{L}[e^{at} f(t)] = F(s - a) \qquad (\text{Re}(s - a) > c)$$

这个性质表明一个函数乘以指数函数 e^{at} 的 Laplace 变换等于其象函数作位移 a. 例如,运用式(20.13) 可得如下结论:

$$\mathscr{L}[e^{at} t^5] = \frac{5!}{(s - a)^6}, \quad \mathscr{L}[e^{-at} \sin kt] = \frac{k}{(s + a)^2 + k^2}, \quad \mathscr{L}[e^{at}\varepsilon(t)] = \frac{1}{s - a}$$

5. 延迟性质

若 $\mathscr{L}[f(t)] = F(s)$,当 $t < 0$ 时,$f(t) = 0$,则对任一非负实数 τ,有

$$\left.\begin{array}{l} \mathscr{L}[f(t - \tau)] = e^{-s\tau} F(s) \\ \mathscr{L}^{-1}[e^{-s\tau} F(s)] = f(t - \tau) \end{array}\right\} \tag{20.14}$$

证 根据 Laplace 变换的定义,有

$$\mathscr{L}[f(t - \tau)] = \int_0^{+\infty} f(t - \tau) e^{-st}\,dt$$

$$= \int_0^\tau f(t - \tau) e^{-st}\,dt + \int_\tau^{+\infty} f(t - \tau) e^{-st}\,dt$$

由条件可知,当 $t < \tau$ 时,$f(t - \tau) = 0$,所以上式右端第一项积分为零. 对于第二项积分,令 $t - \tau = u$,则

$$\mathscr{L}[f(t - \tau)] = \int_0^{+\infty} f(u) e^{-s(u+\tau)}\,du$$

$$= e^{-s\tau} \int_0^{+\infty} f(u) e^{-su} \, du$$

$$= e^{-s\tau} F(s) \qquad (\mathrm{Re}(s) > c)$$

函数 $f(t-\tau)$ 与 $f(t)$ 相比，$f(t)$ 是从 $t=0$ 开始有非零数值；而 $f(t-\tau)$ 是从 $t=\tau$ 开始才有非零数值，即延迟了一个时间 τ. 从它们的图像来看，$f(t-\tau)$ 的图像是由 $f(t)$ 的图像沿 t 轴向右平移距离 τ 得来的，如图 20.1 所示. 这个性质表明，时间函数延迟 τ 的 Laplace 变换等于它的象函数乘以指数因子 $e^{-s\tau}$. 因此，该性质也可以叙述为：对任意的正数 τ，有

$$\mathscr{L}\left[f(t-\tau)\varepsilon(t-\tau)\right] = e^{-s\tau} F(s)$$

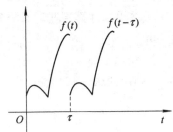

图 20.1

例 20.13　求函数 $\varepsilon(t-\tau) = \begin{cases} 0 & (t < \tau) \\ 1 & (t > \tau) \end{cases}$ 的 Laplace 变换.

解　我们已经知道 $\mathscr{L}\left[\varepsilon(t)\right] = \dfrac{1}{s}$，于是根据延迟性质，有

$$\mathscr{L}\left[\varepsilon(t-\tau)\right] = \frac{1}{s} e^{-s\tau}$$

综合应用 Laplace 变换的定义以及性质不仅可以求一些复杂函数的 Laplace 变换和逆变换，还可以计算某些广义积分.

例 20.14　应用 Laplace 变换求下列积分：

(1) $\displaystyle\int_0^{+\infty} t^3 e^{-t} \sin t \, dt$；

(2) $\displaystyle\int_0^{+\infty} \frac{\sin^2 t}{t^2} \, dt$.

解　(1) $\displaystyle\int_0^{+\infty} t^3 e^{-t} \sin t \, dt$ 可以看作是当 $s=1$ 时 $t^3 \sin t$ 的 Laplace 变换，又因为 $\mathscr{L}\left[\sin t\right] = \dfrac{1}{s^2+1}$，而根据象函数的微分性质，利用式 (20.7)，有

$$\mathscr{L}\left[t^3 \sin t\right] = -\left(\frac{1}{s^2+1}\right)^{(3)}$$

因此

$$\int_0^{+\infty} t^3 e^{-t} \sin t \, dt = -\left(\frac{1}{s^2+1}\right)^{(3)}\Bigg|_{s=1} = \frac{24s^3 - 24s}{(s^2+1)^4}\Bigg|_{s=1} = 0$$

(2) 因为

$$\int_0^{+\infty} \frac{\sin^2 t}{t^2} \, dt = -\int_0^{+\infty} \sin^2 t \, d\frac{1}{t} = -\frac{\sin^2 t}{t}\Bigg|_0^{+\infty} + \int_0^{+\infty} \frac{\sin 2t}{t} \, dt$$

利用式(20.12)，可得

$$\int_0^{+\infty} \frac{\sin^2 t}{t^2}\,\mathrm{d}t = \int_0^{+\infty} \frac{\sin 2t}{t}\,\mathrm{d}t = \int_0^{+\infty} \mathscr{L}\,[\sin 2t]\mathrm{d}s$$

$$= \int_0^{+\infty} \frac{2}{s^2+4}\,\mathrm{d}s = \arctan\frac{s}{2}\bigg|_0^{+\infty} = \frac{\pi}{2}$$

6. 卷积

在 Fourier 变换中已经讨论过卷积的概念，两个函数的卷积是指

$$f_1(t) * f_2(t) = \int_{-\infty}^{+\infty} f_1(\tau) f_2(t-\tau)\mathrm{d}\tau$$

但在 Laplace 变换中，只要求 $f(t)$ 在 $[0, +\infty)$ 内有定义即可. 因此，把卷积应用于 Laplace 变换时，我们总假定当 $t < 0$ 时 $f_1(t) = f_2(t) = 0$. 这时，卷积的定义可改写成

$$f_1(t) * f_2(t) = \int_0^t f_1(\tau) f_2(t-\tau)\mathrm{d}\tau \tag{20.15}$$

事实上

$$f_1(t) * f_2(t) = \int_{-\infty}^{+\infty} f_1(\tau) f_2(t-\tau)\,\mathrm{d}\tau$$

$$= \int_{-\infty}^{0} f_1(\tau) f_2(t-\tau)\mathrm{d}\tau + \int_0^t f_1(\tau) f_2(t-\tau)\mathrm{d}\tau$$

$$+ \int_t^{+\infty} f_1(\tau) f_2(t-\tau)\mathrm{d}\tau$$

$$= \int_0^t f_1(\tau) f_2(t-\tau)\mathrm{d}\tau$$

例 20.15　求函数 $\delta(t-a)$ 与 $f(t)$ 的卷积.

解　根据卷积的定义，有

$$\delta(t-a) * f(t) = \int_0^t \delta(\tau-a) f(t-\tau)\mathrm{d}\tau$$

$$= \int_{-\infty}^{0} \delta(\tau-a) f(t-\tau)\mathrm{d}\tau + \int_0^t \delta(\tau-a) f(t-\tau)\mathrm{d}\tau$$

$$+ \int_t^{+\infty} \delta(\tau-a) f(t-\tau)\mathrm{d}\tau$$

$$= \int_{-\infty}^{+\infty} \delta(\tau-a) f(t-\tau)\mathrm{d}\tau$$

利用 $\delta(t)$ 函数的性质可得

$$\delta(t-a) * f(t) = \begin{cases} f(t-a) & (0 \leqslant a \leqslant t) \\ 0 & (t > a) \end{cases}$$

定理 20.2(卷积定理)　假定 $f_1(t)$ 与 $f_2(t)$ 满足 **Laplace** 变换存在定理中的条件，且 $\mathscr{L}[f_1(t)] = F_1(s)$，$\mathscr{L}[f_2(t)] = F_2(s)$，则 $f_1(t) * f_2(t)$ 的 **Laplace** 变换一定存在，且

$$\mathscr{L}\,[f_1(t) * f_2(t)] = F_1(s) \cdot F_2(s)$$

或

$$\mathscr{L}^{-1}\,[F_1(s) \cdot F_2(s)] = f_1(t) * f_2(t)$$

证　容易验证 $f_1(t) * f_2(t)$ 满足 Laplace 变换存在定理的条件，它的 Laplace 变换式为

$$\mathscr{L}[f_1(t) * f_2(t)] = \int_0^{+\infty} [f_1(t) * f_2(t)]\mathrm{e}^{-st}\,\mathrm{d}t = \int_0^{+\infty}\left[\int_0^t f_1(\tau)f_2(t-\tau)\mathrm{d}\tau\right]\mathrm{e}^{-st}\,\mathrm{d}t$$

由于二重积分绝对可积，可以交换次序，即

$$\mathscr{L}[f_1(t) * f_2(t)] = \int_0^{+\infty} f_1(\tau)\left[\int_\tau^{+\infty} f_2(t-\tau)\mathrm{e}^{-st}\,\mathrm{d}t\right]\mathrm{d}\tau$$

令 $t - \tau = u$，则

$$\int_\tau^{+\infty} f_2(t-\tau)\mathrm{e}^{-st}\,\mathrm{d}t = \int_0^{+\infty} f_2(u)\mathrm{e}^{-s(u+\tau)}\,\mathrm{d}u = \mathrm{e}^{-s\tau}F_2(s)$$

所以

$$\mathscr{L}[f_1(t) * f_2(t)] = \int_0^{+\infty} f_1(\tau)\mathrm{e}^{-s\tau}F_2(s)\mathrm{d}\tau$$

$$= F_2(s)\int_0^{+\infty} f_1(\tau)\mathrm{e}^{-s\tau}\,\mathrm{d}\tau$$

$$= F_1(s) \cdot F_2(s)$$

推论 若 $f_k(t)(k = 1, 2, \cdots, n)$ 满足 **Laplace** 变换存在定理中的条件，且

$$\mathscr{L}[f_k(t)] = F_k(s) \qquad (k = 1, 2, \cdots, n)$$

则有

$$\mathscr{L}[f_1(t) * f_2(t) * \cdots * f_n(t)] = F_1(s) \cdot F_2(s) \cdot \cdots \cdot F_n(s)$$

在 Laplace 变换的应用中，卷积定理起着十分重要的作用，可以用它来求一些积分或者某些函数的 Laplace 逆变换.

例 20.16 若 $F(s) = \dfrac{s^2}{(s^2+1)^2}$，求 Laplace 逆变换 $f(t)$.

解 因为 $F(s) = \dfrac{s^2}{(s^2+1)^2} = \dfrac{s}{s^2+1} \cdot \dfrac{s}{s^2+1}$，所以

$$f(t) = \mathscr{L}^{-1}\left[\frac{s}{s^2+1} \cdot \frac{s}{s^2+1}\right] = \cos t * \cos t = \int_0^t \cos\tau\cos(t-\tau)\mathrm{d}\tau$$

$$= \frac{1}{2}\int_0^t [\cos t + \cos(2\tau - t)]\mathrm{d}\tau = \frac{1}{2}(t\cos t + \sin t)$$

20.3 Laplace 逆变换

在实际应用中，用 Laplace 变换作为求解工具，虽能将问题化为简单形式，但最后解决问题，必须有 Laplace 逆变换的过程，即已知象函数 $F(s)$ 求它的象原函数 $f(t)$. 本节就来解决如何求 Laplace 逆变换这个问题.

一、Laplace 逆变换公式

因为函数 $f(t)$ 的 Laplace 变换实际上就是 $f(t)\varepsilon(t)\mathrm{e}^{-\beta t}$ 的 Fourier 变换，所以有

$$F(\beta + \mathrm{j}\omega) = \int_{-\infty}^{+\infty} f(t)\varepsilon(t)\mathrm{e}^{-\beta t}\mathrm{e}^{-\mathrm{j}\omega t}\,\mathrm{d}t$$

$$f(t)\varepsilon(t)\mathrm{e}^{-\beta t} = \frac{1}{2\pi}\int_{-\infty}^{+\infty} F(\beta + \mathrm{j}\omega)\mathrm{e}^{\mathrm{j}\omega t}\,\mathrm{d}\omega$$

当 $t > 0$ 时，等式两边同乘以 $\mathrm{e}^{\beta t}$，并考虑到它与积分变量 ω 无关，则

$$f(t) = \frac{1}{2\pi} \int_{-\infty}^{+\infty} F(\beta + j\omega) e^{(\beta + j\omega)t} d\omega$$

$$= \frac{1}{2\pi j} \int_{-\infty}^{+\infty} F(\beta + j\omega) e^{(\beta + j\omega)t} d(\beta + j\omega)$$

令 $\beta + j\omega = s$，有

$$f(t) = \frac{1}{2\pi j} \int_{\beta - j\infty}^{\beta + j\infty} F(s) e^{st} ds \tag{20.16}$$

这就是从象函数 $F(s)$ 求它的象原函数 $f(t)$ 的一般公式. 这个复变函数的积分称为 Laplace 反演积分. 计算复变函数的积分通常比较困难，但当 $F(s)$ 满足一定条件时，可以用留数方法来计算.

二、利用留数方法求 Laplace 逆变换

定理 20.3　若 $F(s) = \mathcal{L}[f(t)]$ 在有限复平面内只有有限个奇点 $s_1, s_2, \cdots, s_n$，且 $\lim\limits_{s \to \infty} F(s) = 0$，则

$$f(t) = \frac{1}{2\pi j} \int_{\beta - j\infty}^{\beta + j\infty} F(s) e^{st} ds = \sum_{k=1}^{n} \mathrm{Res}[F(s) e^{st}, s_k] \tag{20.17}$$

证　设 $s_1, s_2, \cdots, s_n$ 是函数 $F(s)$ 的所有奇点，且 $\lim\limits_{s \to \infty} F(s) = 0$，作闭曲线 $C = L + C_R$，C_R 在 $\mathrm{Re}(s) < \beta$ 的区域内是半径为 R 的圆弧. 当 R 充分大时，可以使得 $F(s)$ 的所有奇点包含在闭曲线 C 围成的区域内，如图 20.2 所示.

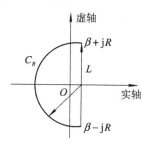

图 20.2

因为 e^{st} 在全平面上是解析函数，所以 $F(s)e^{st}$ 的奇点就是 $F(s)$ 的奇点. 根据留数定理可得

$$\oint_C F(s) e^{st} ds = 2\pi j \sum_{k=1}^{n} \mathrm{Res}[F(s) e^{st}, s_k]$$

即

$$\frac{1}{2\pi j} \left[\int_{\beta - jR}^{\beta + jR} F(s) e^{st} ds + \int_{C_R} F(s) e^{st} ds \right] = \sum_{k=1}^{n} \mathrm{Res}[F(s) e^{st}, s_k] \tag{20.18}$$

在式(20.18)左边取 $R \to +\infty$ 时的极限，当 $t > 0$ 且 $\lim\limits_{s \to \infty} F(s) = 0$ 时，可以证得

$$\lim_{R \to +\infty} \int_{C_R} F(s) e^{st} ds = 0$$

从而

$$\frac{1}{2\pi j} \int_{\beta - j\infty}^{\beta + j\infty} F(s) e^{st} ds = \sum_{k=1}^{n} \mathrm{Res}[F(s) e^{st}, s_k] \qquad (t > 0)$$

即

$$\mathscr{L}^{-1}[F(s)] = \sum_{k=1}^{n} \mathrm{Res}[F(s)\mathrm{e}^{st}, s_k]$$

例 20.17 利用留数方法求 $F(s) = \dfrac{s}{s^2+1}$ 的 Laplace 逆变换.

解 这里分母 $B(s)$ 有两个一级零点：$s_1 = \mathrm{j}$, $s_2 = -\mathrm{j}$, 且 $\lim\limits_{s\to\infty} F(s) = 0$. 由式(20.17) 得

$$f(t) = \mathscr{L}^{-1}\left[\frac{s}{s^2+1}\right] = \mathrm{Res}\left[\frac{s}{s^2+1}\mathrm{e}^{st}, \mathrm{j}\right] + \mathrm{Res}\left[\frac{s}{s^2+1}\mathrm{e}^{st}, -\mathrm{j}\right]$$

又因为

$$\mathrm{Res}\left[\frac{s}{s^2+1}\mathrm{e}^{st}, \mathrm{j}\right] = \lim_{s\to\mathrm{j}}(s-\mathrm{j})\frac{s}{s^2+1}\mathrm{e}^{st} = \frac{1}{2}\mathrm{e}^{\mathrm{j}t}$$

$$\mathrm{Res}\left[\frac{s}{s^2+1}\mathrm{e}^{st}, -\mathrm{j}\right] = \lim_{s\to-\mathrm{j}}(s+\mathrm{j})\frac{s}{s^2+1}\mathrm{e}^{st} = \frac{1}{2}\mathrm{e}^{-\mathrm{j}t}$$

所以

$$f(t) = \mathscr{L}^{-1}\left[\frac{s}{s^2+1}\right] = \frac{1}{2}(\mathrm{e}^{\mathrm{j}t} + \mathrm{e}^{-\mathrm{j}t}) = \cos t$$

这与我们熟知的结果是一致的.

例 20.18 利用留数方法求 $F(s) = \dfrac{1}{s^2(s^2+1)}$ 的 Laplace 逆变换.

解 这里分母 $B(s) = s^2(s^2+1)$，它有两个一级零点：$s_1 = \mathrm{j}$, $s_2 = -\mathrm{j}$; 一个二级零点：$s_3 = 0$, 且 $\lim\limits_{s\to\infty} F(s) = 0$. 由式(20.17) 得

$$f(t) = \mathscr{L}^{-1}\left[\frac{1}{s^2(s^2+1)}\right]$$

$$= \mathrm{Res}\left[\frac{1}{s^2(s+\mathrm{j})^2}\mathrm{e}^{st}, \mathrm{j}\right] + \mathrm{Res}\left[\frac{1}{s^2(s+\mathrm{j})^2}\mathrm{e}^{st}, -\mathrm{j}\right] + \mathrm{Res}\left[\frac{1}{s^2(s+\mathrm{j})^2}\mathrm{e}^{st}, 0\right]$$

$$= \frac{1}{s^2(s+\mathrm{j})}\mathrm{e}^{st}\bigg|_{s=\mathrm{j}} + \frac{1}{s^2(s-\mathrm{j})}\mathrm{e}^{st}\bigg|_{s=-\mathrm{j}} + \left[\frac{1}{s^2+1}\mathrm{e}^{st}\right]'\bigg|_{s=0}$$

$$= \frac{\mathrm{j}}{2}(\mathrm{e}^{\mathrm{j}t} - \mathrm{e}^{-\mathrm{j}t}) + t = -\sin t + t \qquad (t > 0)$$

利用留数计算 Laplace 逆变换虽然很有效，但有时计算很繁琐. 在实际应用过程中还可以利用性质，通过查表的方法或者利用部分分式法来求 Laplace 逆变换. 下面通过具体的例子进行说明.

例 20.19 利用部分分式法求 $F(s) = \dfrac{1}{s^2(s^2+1)}$ 的 Laplace 逆变换.

解 因为 $F(s)$ 为一有理分式，所以可以利用部分分式法将 $F(s)$ 化成

$$F(s) = \frac{1}{s^2(s^2+1)} = \frac{1}{s^2} - \frac{1}{s^2+1}$$

再利用线性性质，可得

$$f(t) = \mathscr{L}^{-1}\left[\frac{1}{s^2(s^2+1)}\right] = \mathscr{L}^{-1}\left[\frac{1}{s^2} - \frac{1}{s^2+1}\right]$$

$$= \mathscr{L}^{-1}\left[\frac{1}{s^2}\right] - \mathscr{L}^{-1}\left[\frac{1}{s^2+1}\right] = t - \sin t$$

可以看到,与前面用留数方法得到的结果是一致的.

事实上,此例还可以利用卷积定理进行求解:

$$f(t) = \mathscr{L}^{-1}\left[\frac{1}{s^2(s^2+1)}\right] = \mathscr{L}^{-1}\left[\frac{1}{s^2}\right] * \mathscr{L}^{-1}\left[\frac{1}{s^2+1}\right] = t * \sin t = t - \sin t$$

除此之外,还可以通过查积分变换表来求解. 可见解题的关键是根据具体问题灵活选择方法,而不要拘泥于套用公式.

例 20.20　求 $F(s) = \ln\dfrac{s+1}{s-1}$ 的 Laplace 逆变换.

解　由微分性质公式得

$$f(t) = -\frac{1}{t}\mathscr{L}^{-1}\left[F'(s)\right] = -\frac{1}{t}\mathscr{L}^{-1}\left[\frac{1}{s+1} - \frac{1}{s-1}\right] = -\frac{1}{t}(e^{-t} - e^{t}) = \frac{2}{t}\sinh t$$

例 20.21　求 $F(s) = \dfrac{s}{(s^2-1)^2}$ 的 Laplace 逆变换.

解　由积分性质公式得

$$f(t) = t\mathscr{L}^{-1}\left[\int_s^{+\infty} F(s)\mathrm{d}s\right] = t\mathscr{L}^{-1}\left[\int_s^{+\infty}\frac{s}{(s^2-1)^2}\mathrm{d}s\right]$$

$$= t\mathscr{L}^{-1}\left[\frac{1}{4}\frac{1}{s-1} - \frac{1}{4}\frac{1}{s+1}\right] = \frac{t}{4}(e^t - e^{-t}) = \frac{t}{2}\sinh t$$

20.4　Laplace 变换的应用

Laplace 变换和 Fourier 变换一样,在许多工程技术和科学研究领域中都有着广泛的应用,特别是在力学系统、电学系统、自动控制系统、可靠性系统以及随机服务系统等系统科学中都起着重要的作用. 这些系统的数学模型在许多场合中都可以用线性的积分方程、微分方程、微分积分方程乃至于偏微分方程等来描述,这样我们就可以像用 Fourier 变换那样,用 Laplace 变换去分析和求解这些线性方程. 除此之外,工程上 Laplace 变换也有自己的物理意义,它与系统的传递函数有非常密切的关系. 传递函数是表征线性系统的一个很重要的特征量,本节的最后将介绍线性系统传递函数这一重要概念.

一、利用 Laplace 变换解微分、积分方程

例 20.22　利用 Laplace 变换求微分方程 $y'' + 2y' + y = \varepsilon(t)$ 满足初始条件
$$y(0) = 0, \quad y'(0) = 1$$
的解.

解　设方程的解 $y = y(t)(t \geqslant 0)$,且设 $\mathscr{L}\left[y(t)\right] = Y(s)$. 对方程两边同取 Laplace 变换,并考虑到初始条件,则得

$$s^2 Y(s) - 1 + 2sY(s) + Y(s) = \frac{1}{s}$$

这是含有未知量 $Y(s)$ 的代数方程,整理解出 $Y(s)$:

$$Y(s) = \frac{1}{s} - \frac{1}{s+1}$$

两边同时取 Laplace 逆变换,即得所求函数 $y(t)$:

$$y(t) = 1 - e^{-t}$$

以上例子说明满足初始条件的常系数线性微分方程的解，可以通过 Laplace 变换来求得. 实际上对于某些特殊变系数的微分方程，也可以用 Laplace 变换的方法求解. 如利用象函数的微分性质可知

$$\mathscr{L}[t^n f(t)] = (-1)^n \frac{d^n}{ds^n} \mathscr{L}[f(t)]$$

$$\mathscr{L}[t^n f^{(m)}(t)] = (-1)^n \frac{d^n}{ds^n} \mathscr{L}[f^{(m)}(t)]$$

下面给出一个求解变系数微分方程初值问题的例子.

例 20.23 求方程 $y'' - ty' + y = 1$ 满足初始条件 $y(0) = 1$，$y'(0) = 2$ 的解.

解 对于变系数微分方程，通过 Laplace 变换使方程降阶，然后解出象函数.

第一步：对方程两边取 Laplace 变换，设 $\mathscr{L}[y(t)] = Y(s)$，即

$$\mathscr{L}[y''] - \mathscr{L}[ty'] + \mathscr{L}[y] = \mathscr{L}[1]$$

亦即

$$[s^2 Y(s) - s y(0) - y'(0)] + \frac{d}{ds}[s Y(s) - y(0)] + Y(s) = \frac{1}{s}$$

第二步：考虑到初始条件，代入整理化简后可得

$$Y'(s) + \left(s + \frac{2}{s}\right) Y(s) = \frac{1}{s^2} + \frac{2}{s} + 1$$

第三步：求 Laplace 逆变换. 这是一阶线性非齐次微分方程，利用一阶线性非齐次微分方程求解公式

$$Y(s) = e^{-\int p ds} \left[\int Q(s) e^{\int p ds} ds + C\right]$$

这里

$$Q(s) = \frac{1}{s^2} + \frac{2}{s} + 1, \ P(s) = s + \frac{2}{s}$$

得

$$Y(s) = e^{-\int \left(s + \frac{2}{s}\right) ds} \left[\int \left(\frac{1}{s^2} + \frac{2}{s} + 1\right) e^{\int \left(s + \frac{2}{s}\right) ds} ds + C\right]$$

解得

$$Y(s) = \frac{1}{s} + \frac{2}{s^2} + \frac{C}{s^2} e^{-\frac{s^2}{2}} = \frac{1}{s} + \frac{2}{s^2} + \frac{C}{s^2}\left(1 - \frac{s^2}{2} + \frac{1}{8}s^4 - \cdots\right)$$

然后取逆变换可得

$$y(t) = 1 + (C + 2)t \quad (\text{利用 } \mathscr{L}^{-1}[s^k] = 0, \ k = 1, 2, 3, \cdots)$$

为确定常数 C，令 $t = 0$，有 $y(0) = 1$，$y'(0) = 2$，得 $C = 0$，故方程满足初始条件的解为

$$y(t) = 1 + 2t$$

例 20.24 利用 Laplace 变换求下列微分、积分方程的解.

(1) $y'' + 2y' + y = te^{-t}$，$y(0) = 1$，$y'(0) = -2$；

(2) $\int_0^t \cos(t - \tau) y(\tau) d\tau = t \cos t$；

(3) $y' + 2y = \sin t - \int_0^t y(\tau)\mathrm{d}\tau$，其中 $y(0) = 0$.

解　(1) 对微分方程两边取 Laplace 变换，得

$$\mathscr{L}[y''] + 2\mathscr{L}[y'] + \mathscr{L}[y] = \mathscr{L}[t\mathrm{e}^{-t}]$$

令 $\mathscr{L}[y(t)] = Y(s)$，并考虑初始条件，可得

$$s^2 Y(s) - s + 2 + 2[sY(s) - 1] + Y(s) = \frac{1}{(s+1)^2}$$

整理方程并且解出 $Y(s)$：

$$Y(s) = \frac{1}{(s+1)^4} + \frac{1}{s+1} - \frac{1}{(s+1)^2}$$

两边同时求 Laplace 逆变换，从而

$$y(t) = \mathrm{e}^{-t}\left(\frac{1}{6}t^3 - t + 1\right)$$

(2) 方程两边同时取 Laplace 变换，得

$$\mathscr{L}\left[\int_0^t \cos(t-\tau)y(\tau)\mathrm{d}\tau\right] = \mathscr{L}[t\cos t]$$

即

$$\mathscr{L}[\cos t * y(t)] = \frac{s^2 - 1}{(s^2+1)^2}$$

利用卷积定理，得

$$\frac{s}{s^2+1}Y(s) = \frac{s^2 - 1}{(s^2+1)^2}$$

整理并且解出 $Y(s)$：

$$Y(s) = \frac{s^2 - 1}{s(s^2+1)} = \frac{2s}{s^2+1} - \frac{1}{s}$$

对上述方程两边求 Laplace 逆变换，得

$$y(t) = 2\cos t - 1$$

(3) 对方程两边求 Laplace 变换：

$$\mathscr{L}[y' + 2y] = \mathscr{L}\left[\sin t - \int_0^t y(\tau)\mathrm{d}\tau\right]$$

代入初始条件，得

$$sY(s) + 2Y(s) = \frac{1}{s^2+1} - \frac{1}{s}Y(s)$$

整理并解出 $Y(s)$：

$$Y(s) = \frac{s}{(s^2+1)(s+1)^2} = \frac{\dfrac{1}{2}}{s^2+1} - \frac{\dfrac{1}{2}}{(s+1)^2}$$

对上述方程两边求 Laplace 逆变换，得

$$y(t) = \frac{1}{2}(\sin t - t\mathrm{e}^{-t})$$

例 20.25　求方程组 $\begin{cases} y' - 2x' = f(t) \\ y'' - x'' + x = 0 \end{cases}$ 满足初始条件

$$\begin{cases} y(0) = y'(0) = 0 \\ x(0) = x'(0) = 0 \end{cases}$$

的解.

解　这是一个常系数微分方程组的初值问题. 对方程组中的两个方程两边取 Laplace 变换,设 $\mathscr{L}[y(t)] = Y(s)$,$\mathscr{L}[x(t)] = X(s)$,并考虑到初始条件,则

$$\begin{cases} sY(s) - 2sX(s) = \mathscr{L}[f(t)] \\ s^2 Y(s) - s^2 X(s) + X(s) = 0 \end{cases}$$

整理化简后解这个代数方程组,即得

$$\begin{cases} Y(s) = \dfrac{1}{s}\mathscr{L}[f(t)] - \dfrac{2s}{s^2+1}\mathscr{L}[f(t)] \\ X(s) = -\dfrac{s}{s^2+1}\mathscr{L}[f(t)] \end{cases}$$

若已知 $f(t)$ 的表达式,便可求出 $Y(s)$ 和 $X(s)$. 再取 Laplace 逆变换即可得到所求方程组的解. 例如,若 $f(t) = 1$,将其代入即可求得原方程组的解:

$$\begin{cases} y(t) = t - 2\sin t \\ x(t) = -\sin t \end{cases}$$

二、利用 Laplace 变换求解实际问题

例 20.26　设弹簧系数为 k 的弹簧上端固定,质量为 m 的物体挂在弹簧的下端(见图 20.3),若物体自静止时刻 $t = 0$ 时,位置 $x = x_0$ 处开始运动,则初速度为 0. 当其无阻尼自由振动时,求该物体的运动规律 $x(t)$.

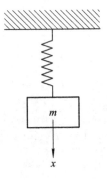

图 20.3

解　仅分析无阻尼自由振动的情形. 由力学知识可知,物体只受弹性恢复力 $f = kx(t)$ 的作用. 根据牛顿第二定律,有

$$mx'' + kx = 0 \qquad (t \geqslant 0)$$

且 $x(0) = x_0$,$x'(0) = 0$.

现对方程两边取 Laplace 变换,设 $\mathscr{L}[x(t)] = X(s)$,并考虑到初始条件,得

$$ms^2 X(s) - mx_0 s = -kX(s)$$

若记 $\omega_0^2 = \dfrac{k}{m}$,有

$$X(s) = \frac{x_0 s}{s^2 + \omega_0^2}$$

两边取逆变换,可得该物体的运动规律:

$$x(t) = x_0 \cos\omega_0 t$$

三、Laplace 变换在电路分析中的应用

用 Laplace 变换法分析电路系统时,甚至不必列写系统的微分方程,而直接利用电路的 s 域模型列写电路方程,就可以获得响应的象函数,再取逆变换即可获得原函数.

1. 电阻元件

图 20.4(a) 所示电阻元件 R 上的时域电压电流关系为一代数方程,即

$$u(t) = Ri(t)$$

两边取 Laplace 变换,可得复频域(s 域)中电压电流象函数关系:

$$U(s) = RI(s)$$

由此可得出相应的 s 域模型,如图 20.4(b) 所示.

图 20.4

2. 电容元件

图 20.5(a) 所示电容元件 C 上的电压电流关系为

$$i(t) = C\frac{\mathrm{d}u_C(t)}{\mathrm{d}t}$$

两边取 Laplace 变换,利用微分性质,并记 $\mathscr{L}[i(t)] = I(s)$,$\mathscr{L}[u_C(t)] = U_C(s)$,则在 $t \geqslant 0$ 时有

$$I(s) = sCU_C(s) - Cu_C(0_-)$$

或

$$U_C(s) = \frac{1}{sC}I(s) + \frac{u_C(0_-)}{s}$$

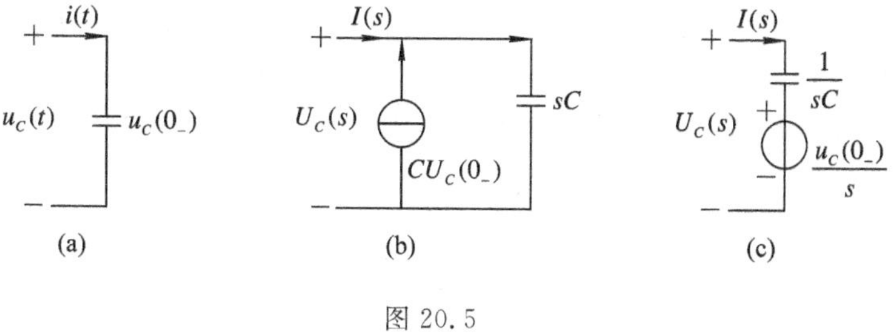

图 20.5

由此可得相应的 s 域模型,如图 20.5(b)、(c) 所示. 其中:$\frac{1}{sC}$ 称为电容的 s 域阻抗,或称为运算阻抗;而 $\frac{u_C(0_-)}{s}$ 和 $Cu_C(0_-)$ 分别为附加电流源和附加电压源的量值,反映了起始储能

对响应的影响.

3. 电感元件

图 20.6(a) 所示电感 L 上的电压电流关系为

$$u_L(t) = L \frac{\mathrm{d}}{\mathrm{d}t} i(t)$$

两边取 Laplace 变换，可得 $t \geqslant 0$ 时的 s 域关系为

$$U_L(s) = sLI(s) - Li(0_-)$$

或

$$I(s) = \frac{1}{sL} U_L(s) + \frac{i(0_-)}{s}$$

由此可得相应的 s 域模型，如图 20.6(b)、(c) 所示. 其中：sL 称为电感的运算阻抗；而 $Li(0_-)$ 和 $\dfrac{i(0_-)}{s}$ 分别为与 $i(0_-)$ 有关的附加电流源和附加电压源的量值，反映了 L 中起始储能对响应的影响.

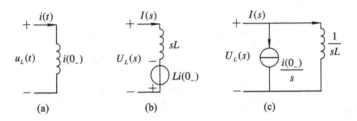

图 20.6

把电路中每个元件都用它的复频域（s 域）模型来代替，将信号源及各分析变量用其 Laplace 变换代替，就可由时域电路模型得到复频域电路模型. 然后应用所学的线性电路的各种分析方法和定理（如节点法、网孔法、叠加原理、戴维南定理等），求解 s 域电路模型，得出待求响应的象函数，最后通过逆变换即可获得相应的时域解.

四、Laplace 变换在线性系统中的应用

在分析如图 19.13 所示的线性系统时，我们并不关心系统内部的各种不同的结构情况，而是要研究激励 $x(t)$、响应 $y(t)$ 与系统本身特性之间的联系. 为了描述这种联系，需要引入传递函数的概念.

假设有一个线性时不变系统，一般情况下它的激励 $x(t)$ 与响应 $y(t)$ 满足如下常系数微分方程：

$$a_n y^{(n)} + a_{n-1} y^{(n-1)} + \cdots + a_1 y' + a_0 y = b_m x^{(m)} + b_{m-1} x^{(m-1)} + \cdots + b_1 x' + b_0 x \qquad (20.19)$$

其中 $a_0, a_1, \cdots, a_n, b_0, b_1, \cdots, b_m$ 均为常数，m, n 为正整数，$m \leqslant n$.

设 $\mathcal{L}[y(t)] = Y(s)$，$\mathcal{L}[x(t)] = X(s)$，对式 (20.19) 两边同时取 Laplace 变换并整理，可得

$$D(s)Y(s) - M_{hy}(s) = M(s)X(s) - M_{hx}(s)$$

即

$$Y(s) = \frac{M(s)}{D(s)}X(s) + \frac{M_{hy}(s) - M_{hx}(s)}{D(s)} \tag{20.20}$$

其中

$$D(s) = a_n s^n + a_{n-1} s^{n-1} + \cdots + a_1 s + a_0$$

$$M(s) = b_m s^m + b_{m-1} s^{m-1} + \cdots + b_1 s + b_0$$

$$M_{hy}(s) = a_n y(0) s^{n-1} + [a_n y'(0) + a_{n-1} y(0)] s^{n-2} + \cdots$$
$$+ [a_n y^{(n-1)}(0) + \cdots + a_2 y'(0) + a_1 y(0)]$$

$$M_{hx}(s) = b_m x(0) s^{m-1} + [b_m x'(0) + b_{m-1} x(0)] s^{m-2} + \cdots$$
$$+ [b_m x^{(m-1)}(0) + \cdots + b_2 x'(0) + b_1 x(0)]$$

若令 $G(s) = \dfrac{M(s)}{D(s)}$, $G_h(s) = \dfrac{M_{hy}(s) - M_{hx}(s)}{D(s)}$, 则式(20.20) 可以写成

$$Y(s) = G(s)X(s) + G_h(s) \tag{20.21}$$

其中

$$G(s) = \frac{b_m s^m + b_{m-1} s^{m-1} + \cdots + b_1 s + b_0}{a_n s^n + a_{n-1} s^{n-1} + \cdots + a_1 s + a_0} \tag{20.22}$$

称 $G(s)$ 为**系统的传递函数**. 它表达了系统本身的特性, 而与激励和系统的初始状态无关. 但 $G_h(s)$ 则由激励和系统本身的初始条件所决定, 若这些初始条件全为零, 即 $G_h(s) = 0$ 时, 式(20.22) 可写成

$$Y(s) = G(s)X(s) \quad \text{或} \quad G(s) = \frac{Y(s)}{X(s)} \tag{20.23}$$

当我们知道了系统的传递函数后, 就可以由系统的激励按式(20.21) 或式(20.23) 求出其响应的 Laplace 变换, 最后取逆变换即可得到响应 $y(t)$. 于是 $x(t)$ 与 $y(t)$ 之间的关系可用图 20.7 表示出来.

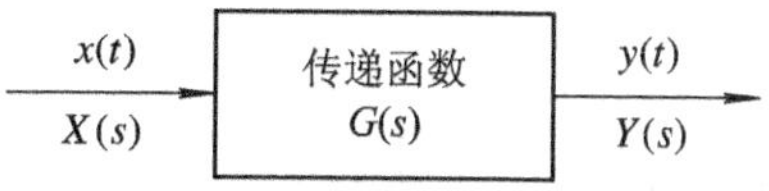

图 20.7

传递函数是表征线性系统的重要概念, 下面通过一个具体的例子来说明它的求法.

例 20.27　在如图 20.8 所示的 RC 串联电路中, 当把外加电动势 $e(t)$ 看成是电路的激励时, 其响应(电容器两端的电压)$u_C(t)$ 与 $e(t)$ 所满足的关系式为

$$RC \frac{\mathrm{d}}{\mathrm{d}t} u_C(t) + u_C(t) = e(t)$$

两边取 Laplace 变换, 且设 $\mathscr{L}[u_C(t)] = U_C(s)$, $\mathscr{L}[e(t)] = E(s)$, 有

$$RC[sU_C(s) - u_C(0)] + U_C(s) = E(s)$$

所以

$$U_C(s) = \frac{E(s)}{RCs + 1} + \frac{RCu_C(0)}{RCs + 1}$$

根据传递函数的定义, 此电路的传递函数为

$$G(s) = \frac{E(s)}{RCs + 1}$$

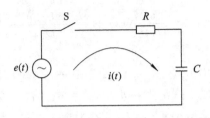

图 20.8

除了传递函数,脉冲响应函数、频率响应函数也都是表征线性系统的重要概念,有关它们的更深入的内容,将在有关专业课程中进行讨论,这里不再叙述.

从以上例题可以看出,用 Laplace 变换法求解线性微分、积分方程及其方程组时,有许多优点. 首先,在求解的过程中,初始条件也同时用上了,求出的结果就是需要的特解,这样就避免了微积分方程的一般解法中,先求通解再根据初始条件确定任意常数求出特解的复杂运算. 而零初始条件在工程技术中是十分常见的,用 Laplace 变换法求解就更加简单. 其次,对于一个非齐次的线性微分方程来说,当非齐次项不是连续函数,而是包含 δ 函数或有第一类间断点的函数时,用 Laplace 变换法求解没有任何困难,而用微分方程的一般解法就会困难得多. 此外,用 Laplace 变换法求解线性微分、积分方程组时,不仅比微分方程组的一般解法要简便得多,而且可以单独求出某一个未知函数,而不需要知道其余的未知函数,这在微分方程组的一般解法中通常是不可能的. 最后,用 Laplace 变换方法求解的步骤明确、规范,便于在工程技术中应用,而且有现成的变换表,可直接获得象原函数(即方程的解). 正是由于这些优点,Laplace 积分变换在许多工程技术领域中有着广泛的应用.

本章基本要求及重点、难点分析

一、基本要求

(1) 正确理解 Laplace 变换的概念,了解 Laplace 变换存在定理,会求一些常用函数的 Laplace 变换.

(2) 理解 Laplace 变换的性质,会用它们求一些复杂函数的 Laplace 变换以及 Laplace 逆变换.

(3) 掌握 Laplace 变换的卷积性质,会用它求一些函数的 Laplace 逆变换.

(4) 掌握 Laplace 变换法求解微分、积分方程的一般步骤,会用 Laplace 变换法解常系数线性微分方程和方程组.

二、重点、难点分析

1. 重点内容

(1) Laplace 变换的概念. 从理论分析和工程实际问题的研究出发,掌握 Laplace 变换的概念,不仅有助于了解 Fourier 变换的局限性和 Laplace 变换的优越性,还是掌握 Laplace 变换的基本原理、理解 Laplace 变换的性质以及了解 Laplace 变换应用的基础.

(2) Laplace 变换的基本性质. 熟练掌握 Laplace 变换的性质,特别是微分性质、积分性质和卷积性质有助于我们计算一些复杂函数的 Laplace 变换和逆变换，同时也是应用 Laplace 法求解微积分方程(组)以及工程实际问题的前提和依据.

（3）Laplace 逆变换的求解方法. 在实际应用中，用 Laplace 变换作为求解工具，最后问题的解决，都必须有 Laplace 逆变换的过程. 因此，掌握 Laplace 逆变换的求解方法有助于问题的求解.

（4）应用 Laplace 变换法解微积分方程(组). Laplace 变换和 Fourier 变换一样，在许多工程技术和科学研究领域中有着广泛的应用. 我们可以像用 Fourier 变换那样，用 Laplace 变换去分析和求解线性微积分方程(组). 除此之外，应用 Laplace 变换法解微积分方程(组)有许多优点，因此掌握 Laplace 变换法解微积分方程(组)的一般步骤和方法十分重要.

2. 难点分析

Laplace 逆变换的求解既是本章学习的重点也是本章学习的难点. 首先，应用 Laplace 变换法求解实际问题时，最终往往都需要求 Laplace 逆变换，即 Laplace 逆变换在 Laplace 积分变换法的应用过程中非常重要. 其次，求 Laplace 逆变换的方法很多，除了定义法、留数法外，还可以利用性质和查积分变换表等方法来求 Laplace 逆变换. 对于具体问题，到底用什么方法，要具体问题具体分析，灵活运用各种方法，而不必拘泥于某一种公式.

习 题 二 十

1. 求下列各函数的 Laplace 变换.

（1）$f(t) = \sin t \cos t$；

（2）$f(t) = \delta(t-1)e^t$；

（3）$f(t) = \begin{cases} t & (0 \leqslant t < 3) \\ 0 & (t \geqslant 3) \end{cases}$；

（4）$f(t) = \begin{cases} 4 & \left(0 \leqslant t < \dfrac{\pi}{2}\right) \\ \sin t & \left(t \geqslant \dfrac{\pi}{2}\right) \end{cases}$.

2. 求下列各函数的 Laplace 变换.

（1）$f(t) = e^{-3t} + 5\delta(3t)$；

（2）$f(t) = (t+2)^2$；

（3）$f(t) = \sin(at+b)$；

（4）$f(t) = t^2 e^{-3t} + t \sin^2 t$；

（5）$f(t) = \dfrac{e^{at} - e^{bt}}{t}$；

（6）$f(t) = \displaystyle\int_0^t \dfrac{e^{-3t} \sin 2t}{t} \, dt$；

（7）$f(t) = t\varepsilon(2t-6)$；

(8) $f(t) = \int_0^t t\mathrm{e}^{-3t} \sin 2t\,\mathrm{d}t$；

(9) $f(t) = \mathrm{e}^{-3t} \sin 2t$；

(10) $f(t) = \cos 2t \cdot \delta(t) - \sin t \cdot \varepsilon(t)$；

(11) $f(t) = \dfrac{\mathrm{e}^t}{\sqrt{t}}$；

(12) $f(t) = \dfrac{\sin t \cdot \mathrm{e}^t}{t}$.

3. 求下列卷积.

(1) $t * \mathrm{e}^t$；

(2) $t * \cos t$；

(3) $\varepsilon(t-a) * f(t)$；

(4) $\sin t * \cos t$.

4. 利用 Laplace 变换求下列各广义积分.

(1) $\displaystyle\int_0^{+\infty} \dfrac{\mathrm{e}^{-at} - \mathrm{e}^{-bt}}{t}\,\mathrm{d}t \quad (a > 0, b > 0)$；

(2) $\displaystyle\int_0^{+\infty} \dfrac{\mathrm{e}^{-3t}(1 - \cos 2t)}{t}\,\mathrm{d}t$；

(3) $\displaystyle\int_0^{+\infty} t\mathrm{e}^{-2t} \sin t\,\mathrm{d}t$；

(4) $\displaystyle\int_0^{+\infty} \dfrac{\sin^2 t}{t^2}\,\mathrm{d}t$.

5. 求下列各函数的 Laplace 逆变换.

(1) $F(s) = \dfrac{1}{4s^2 + 1}$；

(2) $F(s) = \dfrac{s\mathrm{e}^{-3s}}{s^2 + 16}$；

(3) $F(s) = \dfrac{s^2}{4s^2 + 1}$；

(4) $F(s) = \ln \dfrac{s^2 - 1}{s^2}$；

(5) $F(s) = \dfrac{1}{s(s-1)^2(s+1)}$；

(6) $F(s) = \dfrac{\mathrm{e}^{-3s}}{(s^2 + 2s + 2)^2}$；

(7) $F(s) = \dfrac{3s + 1}{(s^2 + 1)(s - 1)}$；

(8) $F(s) = \dfrac{1}{s^2(s^2 - 1)}$；

(9) $F(s) = \dfrac{\mathrm{e}^{-2s}}{s^4}$；

(10) $F(s) = \dfrac{2s^3 + 10s^2 + 8s + 40}{s^2(s^2 + 9)}$.

6. 利用卷积求下列各函数的 Laplace 逆变换.

(1) $F(s) = \dfrac{s^2}{(s^2+1)^2}$;

(2) $F(s) = \dfrac{s}{(s^2+1)(s^2+4)}$.

7. 利用 Laplace 变换求解积分、微分方程.

(1) $y' + y = \sin t$, $y(0) = -1$;

(2) $y'' - y = t$, $y(0) = 1$, $y'(0) = -1$;

(3) $y(t) = \cos t - 2\displaystyle\int_0^t y(\tau)\sin(t-\tau)\mathrm{d}\tau$;

(4) $y' + 3y + 2\displaystyle\int_0^t y(\tau)\mathrm{d}\tau = \varepsilon(t-1)$, $y(0) = 1$;

(5) $y'' - 2y' + y = 2\mathrm{e}^t$, $y(0) = y'(0) = 0$;

(6) $y'' - 2y' + 2y = 2\mathrm{e}^t\cos t$, $y(0) = y'(0) = 0$.

8. 求解微分方程组:
$$\begin{cases} y'' - x'' + x' - y = \mathrm{e}^t - 2 \\ 2y'' - x'' - 2y' + x = -t \end{cases}, \quad y(0) = y'(0) = x(0) = x'(0) = 0$$

附　　录

附表 1　标准正态分布函数表$(\Phi(x) = P(X \leqslant x))$

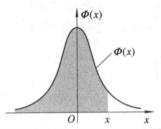

x	0	1	2	3	4	5	6	7	8	9
-3.0	0.0013	0.0010	0.0007	0.0005	0.0003	0.0002	0.0002	0.0001	0.0001	0.0000
-2.9	0.0019	0.0018	0.0017	0.0017	0.0016	0.0016	0.0015	0.0015	0.0014	0.0014
-2.8	0.0026	0.0025	0.0024	0.0023	0.0023	0.0022	0.0021	0.0021	0.0020	0.0019
-2.7	0.0035	0.0034	0.0033	0.0032	0.0031	0.0030	0.0029	0.0028	0.0027	0.0026
-2.6	0.0047	0.0045	0.0044	0.0043	0.0041	0.0040	0.0039	0.0038	0.0037	0.0036
-2.5	0.0062	0.0060	0.0059	0.0057	0.0055	0.0054	0.0052	0.0051	0.0049	0.0048
-2.4	0.0082	0.0080	0.0078	0.0075	0.0073	0.0071	0.0069	0.0068	0.0066	0.0064
-2.3	0.0107	0.0104	0.0102	0.0099	0.0096	0.0094	0.0091	0.0089	0.0087	0.0084
-2.2	0.0139	0.0136	0.0132	0.0129	0.0126	0.0122	0.0119	0.0116	0.0113	0.0110
-2.1	0.0179	0.0174	0.0170	0.0166	0.0162	0.0158	0.0154	0.0150	0.0146	0.0143
-2.0	0.0228	0.0222	0.0217	0.0212	0.0207	0.0202	0.0197	0.0192	0.0188	0.0183
-1.9	0.0287	0.0281	0.0274	0.0268	0.0262	0.0256	0.0250	0.0244	0.0238	0.0233
-1.8	0.0359	0.0352	0.0344	0.0336	0.0329	0.0322	0.0314	0.0307	0.0300	0.0294
-1.7	0.0446	0.0436	0.0427	0.0418	0.0409	0.0401	0.0392	0.0384	0.0375	0.0367
-1.6	0.0548	0.0537	0.0526	0.0516	0.0505	0.0495	0.0485	0.0475	0.0465	0.0455
-1.5	0.0668	0.0655	0.0643	0.0630	0.0618	0.0606	0.0594	0.0582	0.0570	0.0559
-1.4	0.0808	0.0793	0.0778	0.0764	0.0749	0.0735	0.0722	0.0708	0.0694	0.0681
-1.3	0.0968	0.0951	0.0934	0.0918	0.0901	0.0885	0.0869	0.0853	0.0838	0.0823
-1.2	0.1151	0.1131	0.1112	0.1093	0.1075	0.1056	0.1038	0.1020	0.1003	0.0985
-1.1	0.1357	0.1335	0.1314	0.1292	0.1271	0.1251	0.1230	0.1210	0.1190	0.1170
-1.0	0.1587	0.1562	0.1539	0.1515	0.1492	0.1469	0.1446	0.1423	0.1401	0.1379
-0.9	0.1841	0.1814	0.1788	0.1762	0.1736	0.1711	0.1685	0.1660	0.1635	0.1611
-0.8	0.2119	0.2090	0.2061	0.2033	0.2005	0.1977	0.1949	0.1922	0.1894	0.1867
-0.7	0.2420	0.2389	0.2358	0.2327	0.2297	0.2266	0.2236	0.2206	0.2177	0.2148

续表

x	0	1	2	3	4	5	6	7	8	9
−0.6	0.2743	0.2709	0.2676	0.2643	0.2611	0.2578	0.2546	0.2514	0.2483	0.2451
−0.5	0.3085	0.3050	0.3015	0.2981	0.2946	0.2912	0.2877	0.2843	0.2810	0.2776
−0.4	0.3446	0.3409	0.3372	0.3336	0.3300	0.3264	0.3228	0.3192	0.3156	0.3121
−0.3	0.3821	0.3783	0.3745	0.3707	0.3669	0.3632	0.3594	0.3557	0.3520	0.3483
−0.2	0.4207	0.4168	0.4129	0.4090	0.4052	0.4013	0.3974	0.3936	0.3897	0.3859
−0.1	0.4602	0.4562	0.4522	0.4483	0.4443	0.4404	0.4364	0.4325	0.4286	0.4247
−0.0	0.5000	0.4960	0.4920	0.4880	0.4840	0.4801	0.4761	0.4721	0.4681	0.4641
0.0	0.5000	0.5040	0.5080	0.5120	0.5160	0.5199	0.5239	0.5279	0.5319	0.5359
0.1	0.5398	0.5438	0.5478	0.5517	0.5557	0.5596	0.5636	0.5675	0.5714	0.5753
0.2	0.5793	0.5832	0.5871	0.5910	0.5948	0.5987	0.6026	0.6064	0.6103	0.6141
0.3	0.6179	0.6217	0.6255	0.6293	0.6331	0.6368	0.6406	0.6443	0.6480	0.6517
0.4	0.6554	0.6591	0.6628	0.6664	0.6700	0.6736	0.6772	0.6808	0.6844	0.6879
0.5	0.6915	0.6950	0.6985	0.7019	0.7054	0.7088	0.7123	0.7157	0.7190	0.7224
0.6	0.7257	0.7291	0.7324	0.7357	0.7389	0.7422	0.7454	0.7486	0.7517	0.7549
0.7	0.7580	0.7611	0.7642	0.7673	0.7703	0.7734	0.7764	0.7794	0.7823	0.7852
0.8	0.7881	0.7910	0.7939	0.7967	0.7995	0.8023	0.8051	0.8078	0.8106	0.8133
0.9	0.8159	0.8186	0.8212	0.8238	0.8264	0.8289	0.8315	0.8340	0.8365	0.8389
1.0	0.8413	0.8438	0.8461	0.8485	0.8508	0.8531	0.8554	0.8577	0.8599	0.8620
1.1	0.8643	0.8665	0.8686	0.8708	0.8729	0.8749	0.8770	0.8790	0.8810	0.8831
1.2	0.8849	0.8869	0.8888	0.8907	0.8925	0.8944	0.8962	0.8980	0.8997	0.9015
1.3	0.9032	0.9049	0.9066	0.9082	0.9099	0.9115	0.9131	0.9147	0.9162	0.9177
1.4	0.9192	0.9207	0.9222	0.9236	0.9251	0.9265	0.9278	0.9292	0.9306	0.9319
1.5	0.9332	0.9345	0.9357	0.9370	0.9382	0.9394	0.9406	0.9418	0.9430	0.9441
1.6	0.9452	0.9463	0.9474	0.9484	0.9495	0.9505	0.9515	0.9525	0.9535	0.9545
1.7	0.9554	0.9564	0.9573	0.9582	0.9591	0.9599	0.9608	0.9616	0.9625	0.9633
1.8	0.9641	0.9648	0.9656	0.9664	0.9671	0.9678	0.9686	0.9693	0.9700	0.9706
1.9	0.9713	0.9719	0.9726	0.9732	0.9738	0.9744	0.9750	0.9756	0.9762	0.9767
2.0	0.9772	0.9778	0.9783	0.9788	0.9793	0.9798	0.9803	0.9808	0.9812	0.9817
2.1	0.9821	0.9826	0.9830	0.9834	0.9838	0.9842	0.9846	0.9850	0.9854	0.9857
2.2	0.9861	0.9864	0.9868	0.9761	0.9874	0.9878	0.9881	0.9884	0.9887	0.9890
2.3	0.9893	0.9896	0.9898	0.9901	0.9904	0.9906	0.9909	0.9911	0.9913	0.9916
2.4	0.9918	0.9920	0.9922	0.9925	0.9927	0.9929	0.9931	0.9932	0.9934	0.9936
2.5	0.9938	0.9940	0.9941	0.9943	0.9945	0.9946	0.9948	0.9949	0.9951	0.9952
2.6	0.9953	0.9955	0.9956	0.9957	0.9959	0.9960	0.9961	0.9962	0.9963	0.9964
2.7	0.9965	0.9966	0.9967	0.9968	0.9969	0.9970	0.9971	0.9972	0.9973	0.9974
2.8	0.9974	0.9975	0.9976	0.9977	0.9977	0.9978	0.9979	0.9979	0.9980	0.9981
2.9	0.9981	0.9982	0.9982	0.9983	0.9984	0.9984	0.9985	0.9985	0.9986	0.9986
3.0	0.9987	0.9990	0.9993	0.9995	0.9997	0.9998	0.9998	0.9999	0.9999	1.0000

附表 2　χ² 分布上侧分位数表（$P\{X > \chi_a^2(n)\} = \alpha$）

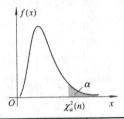

n	α = 0.995	0.99	0.975	0.95	0.90	0.75
1	—	—	0.001	0.004	0.016	0.102
2	0.010	0.020	0.051	0.103	0.211	0.575
3	0.072	0.115	0.216	0.352	0.584	1.213
4	0.207	0.297	0.484	0.711	1.064	1.923
5	0.412	0.554	0.831	1.145	1.610	2.675
6	0.676	0.872	1.237	1.635	2.204	3.455
7	0.989	1.239	1.690	2.167	2.833	4.255
8	1.344	1.646	2.180	2.733	3.490	5.071
9	1.735	2.088	2.700	3.325	4.168	5.899
10	2.156	2.558	3.247	3.940	4.865	6.737
11	2.603	3.053	3.816	4.575	5.578	7.584
12	3.074	3.571	4.404	5.226	6.304	8.438
13	3.565	4.107	5.009	5.892	7.042	9.299
14	4.075	4.660	5.629	6.571	7.790	10.165
15	4.601	5.229	6.262	7.261	8.547	11.037
16	5.142	5.812	6.908	7.962	9.312	11.912
17	5.697	6.408	7.564	8.672	10.085	12.792
18	6.265	7.015	8.231	9.390	10.865	13.675
19	6.844	7.633	8.907	10.117	11.651	14.562
20	7.434	8.260	9.591	10.851	12.443	15.452
21	8.034	8.897	10.283	11.591	13.240	16.344
22	8.643	9.542	10.982	12.338	14.042	17.240
23	9.260	10.196	11.689	13.091	14.848	18.137
24	9.886	10.856	12.401	13.848	15.659	19.037
25	10.520	11.524	13.120	14.611	16.473	19.939
26	11.160	12.198	13.844	15.379	17.292	20.843
27	11.808	12.879	14.573	16.151	18.114	21.749
28	12.461	13.565	15.308	16.928	18.939	22.657
29	13.121	14.257	16.047	17.708	19.768	23.567
30	13.787	14.954	16.791	18.493	20.599	24.478
31	14.458	15.655	17.539	19.281	21.434	25.390
32	15.134	16.362	18.291	20.072	22.271	26.304
33	15.815	17.074	19.047	20.867	23.110	27.219
34	16.501	17.789	19.806	21.664	23.952	28.136
35	17.192	18.509	20.569	22.465	24.797	29.054
36	17.887	19.233	21.336	23.269	25.643	29.973
37	18.586	19.960	22.106	24.075	26.492	30.893
38	19.289	20.691	22.878	24.884	27.343	31.815
39	19.996	21.426	23.654	25.695	28.196	32.737
40	20.707	22.164	24.433	26.509	29.051	33.660
41	21.421	22.906	25.215	27.326	29.907	34.585
42	22.138	23.650	25.999	28.144	30.765	35.510
43	22.859	24.398	26.785	28.965	31.625	36.436
44	23.584	25.148	27.575	29.787	32.487	37.363
45	24.311	25.901	28.366	30.612	33.350	38.291

续表

n	$\alpha = 0.25$	0.10	0.05	0.025	0.01	0.005
1	1.323	2.706	3.841	5.024	6.635	7.879
2	2.773	4.605	5.991	7.378	9.210	10.597
3	4.108	6.251	7.815	9.348	11.345	12.838
4	5.385	7.779	9.488	11.143	13.277	14.860
5	6.626	9.236	11.071	12.833	15.086	16.750
6	7.841	10.645	12.592	14.449	16.812	18.548
7	9.037	12.017	14.067	16.013	18.475	20.278
8	10.219	13.362	15.507	17.535	20.090	21.955
9	11.389	14.684	16.919	19.023	21.666	23.589
10	12.549	15.987	18.307	20.483	23.209	25.188
11	13.701	17.275	19.675	21.920	24.725	26.757
12	14.845	18.549	21.026	23.337	26.217	28.299
13	15.984	19.812	22.362	24.736	27.688	29.819
14	17.117	21.064	23.685	26.119	29.141	31.319
15	18.245	22.307	24.996	27.488	30.578	32.801
16	19.369	23.542	26.296	28.845	32.000	34.267
17	20.489	24.769	27.587	30.191	33.409	35.718
18	21.605	25.989	28.869	31.526	34.805	37.156
19	22.718	27.204	30.144	32.852	36.191	38.582
20	23.828	28.412	31.410	34.170	37.566	39.997
21	24.935	29.615	32.671	35.479	38.932	41.401
22	26.039	30.813	33.924	36.781	40.289	42.796
23	27.141	32.007	35.172	38.076	41.638	44.181
24	28.241	33.196	36.415	39.364	42.980	45.559
25	29.339	34.382	37.652	40.646	44.314	46.928
26	30.435	35.563	38.885	41.923	45.642	48.290
27	31.528	36.741	40.113	43.194	46.963	49.645
28	32.620	37.916	41.337	44.461	48.278	50.993
29	33.711	39.087	42.557	45.722	49.588	52.336
30	34.800	40.256	43.773	46.979	50.892	53.672
31	35.887	41.422	44.985	48.232	52.191	55.003
32	36.973	42.585	46.194	49.480	53.486	56.328
33	38.058	43.745	47.400	50.725	54.776	57.648
34	39.141	44.903	48.602	51.966	56.061	58.964
35	40.223	46.059	49.802	53.203	57.342	60.275
36	41.304	47.212	50.998	54.437	58.619	61.581
37	42.383	48.363	52.192	55.668	59.892	62.883
38	43.462	49.513	53.384	56.896	61.162	64.181
39	44.539	50.660	54.572	58.120	62.428	65.476
40	45.616	51.805	55.758	59.342	63.691	66.766
41	46.692	52.949	56.942	60.561	64.950	68.053
42	47.766	54.090	58.124	61.777	66.206	69.336
43	48.840	55.230	59.304	62.990	67.459	70.616
44	49.913	56.369	60.481	64.201	68.710	71.893
45	50.985	57.505	61.656	65.410	69.957	73.166

附表 3 t 分布上侧分位数表($P\{T > t_\alpha(n)\} = \alpha$)

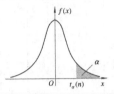

n	$\alpha = 0.25$	0.10	0.05	0.025	0.01	0.005
1	1.0000	3.0777	6.3138	12.7062	31.8207	63.6574
2	0.8165	1.8856	2.9200	4.3027	6.9646	9.9248
3	0.7649	1.6377	2.3534	3.1824	4.5407	5.8409
4	0.7407	1.5332	2.1318	2.7764	3.7469	4.6041
5	0.7267	1.4759	2.0150	2.5706	3.3649	4.0322
6	0.7176	1.4398	1.9432	2.4469	3.1427	3.7074
7	0.7111	1.4149	1.8946	2.3646	2.9980	3.4995
8	0.7064	1.3968	1.8595	2.3060	2.8965	3.3554
9	0.7027	1.3830	1.8331	2.2622	2.8214	3.2498
10	0.6998	1.3722	1.8125	2.2281	2.7638	3.1693
11	0.6974	1.3634	1.7959	2.2010	2.7181	3.1058
12	0.6955	1.3562	1.7823	2.1788	2.6810	3.0545
13	0.6938	1.3502	1.7709	2.1604	2.6503	3.0123
14	0.6924	1.3450	1.7613	2.1448	2.6245	2.9768
15	0.6912	1.3406	1.7531	2.1315	2.6025	2.9467
16	0.6901	1.3368	1.7459	2.1199	2.5835	2.9208
17	0.6892	1.3334	1.7396	2.1098	2.5669	2.8982
18	0.6884	1.3304	1.7341	2.1009	2.5524	2.8784
19	0.6876	1.3277	1.7291	2.0930	2.5395	2.8609
20	0.6870	1.3253	1.7247	2.0860	2.5280	2.8453
21	0.6864	1.3232	1.7207	2.0796	2.5177	2.8314
22	0.6858	1.3212	1.7171	2.0739	2.5083	2.8188
23	0.6853	1.3195	1.7139	2.0687	2.4999	2.8073
24	0.6848	1.3178	1.7109	2.0639	2.4922	2.7969
25	0.6844	1.3163	1.7081	2.0595	2.4851	2.7874
26	0.6840	1.3150	1.7056	2.0555	2.4786	2.7787
27	0.6837	1.3137	1.7033	2.0518	2.4727	2.7707
28	0.6834	1.3125	1.7011	2.0484	2.4671	2.7633
29	0.6830	1.3114	1.6991	2.0452	2.4620	2.7564
30	0.6828	1.3104	1.6973	2.0423	2.4573	2.7500
31	0.6825	1.3095	1.6955	2.0395	2.4528	2.7440
32	0.6822	1.3086	1.6939	2.0369	2.4487	2.7385
33	0.6820	1.3077	1.6924	2.0345	2.4448	2.7333
34	0.6818	1.3070	1.6909	2.0322	2.4411	2.7284
35	0.6816	1.3062	1.6896	2.0301	2.4377	2.7238
36	0.6814	1.3055	1.6883	2.0281	2.4345	2.7195
37	0.6812	1.3049	1.6871	2.0262	2.4314	2.7154
38	0.6810	1.3042	1.6860	2.0244	2.4286	2.7116
39	0.6808	1.3036	1.6849	2.0227	2.4258	2.7079
40	0.6807	1.3031	1.6839	2.0211	2.4233	2.7045
41	0.6805	1.3025	1.6829	2.0195	2.4208	2.7012
42	0.6804	1.3020	1.6820	2.0181	2.4185	2.6981
43	0.6802	1.3016	1.6811	2.0167	2.4163	2.9651
44	0.6801	1.3011	1.6802	2.0154	2.4141	2.6923
45	0.6800	1.3006	1.6794	2.0141	2.4121	2.6896
∞	0.674	1.282	1.645	1.960	2.326	2.576

附表 4　F 分布上侧分位数表$(P\{F(n_1,n_2)>F_\alpha(n_1,n_2)\}=\alpha)$

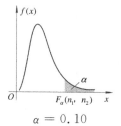

$$\alpha = 0.10$$

n_2 \ n_1	1	2	3	4	5	6	7	8	9	10	12	15	20	24	30	40	60	120	∞
1	39.86	49.50	53.59	55.83	57.24	58.20	58.91	59.44	59.86	60.19	60.71	61.22	61.74	62.00	62.26	62.53	62.79	63.06	63.33
2	8.53	9.00	9.16	9.24	9.29	9.33	9.35	9.37	9.38	9.39	9.41	9.42	9.44	9.45	9.46	9.47	9.47	9.48	9.49
3	5.54	5.46	5.39	5.34	5.31	5.28	5.27	5.25	5.24	5.23	5.22	5.20	5.18	5.18	5.17	5.16	5.15	5.14	5.13
4	4.54	4.32	4.19	4.11	4.05	4.01	3.98	3.95	3.94	3.92	3.90	3.87	3.84	3.83	3.82	3.80	3.79	3.78	3.76
5	4.06	3.78	3.62	3.52	3.45	3.40	3.37	3.34	3.32	3.30	3.27	3.24	3.21	3.19	3.17	3.16	3.14	3.12	3.10
6	3.78	3.46	3.29	3.18	3.11	3.05	3.01	2.98	2.96	2.94	2.90	2.87	2.84	2.82	2.80	2.78	2.76	2.74	2.72
7	3.59	3.26	3.07	2.96	2.88	2.83	2.78	2.75	2.72	2.70	2.67	2.63	2.59	2.58	2.56	2.54	2.51	2.49	2.47
8	3.46	3.11	2.92	2.81	2.73	2.67	2.62	2.59	2.56	2.54	2.50	2.46	2.42	2.40	2.38	2.36	2.34	2.32	2.29
9	3.36	3.01	2.81	2.69	2.61	2.55	2.51	2.47	2.44	2.42	2.38	2.34	2.30	2.28	2.25	2.23	2.21	2.18	2.16
10	3.29	2.92	2.73	2.61	2.52	2.46	2.41	2.38	2.35	2.32	2.28	2.24	2.20	2.18	2.16	2.13	2.11	2.08	2.06
11	3.23	2.86	2.66	2.54	2.45	2.39	2.34	2.30	2.27	2.25	2.21	2.17	2.12	2.10	2.08	2.05	2.03	2.00	1.97
12	3.18	2.81	2.61	2.48	2.39	2.33	2.28	2.24	2.21	2.19	2.15	2.10	2.06	2.04	2.01	1.99	1.96	1.93	1.90
13	3.14	2.76	2.56	2.43	2.35	2.28	2.23	2.20	2.16	2.14	2.10	2.05	2.01	1.98	1.96	1.93	1.90	1.88	1.85
14	3.10	2.73	2.52	2.39	2.31	2.24	2.19	2.15	2.12	2.10	2.05	2.01	1.96	1.94	1.91	1.89	1.86	1.83	1.80
15	3.07	2.70	2.49	2.36	2.27	2.21	2.16	2.12	2.09	2.06	2.02	1.97	1.92	1.90	1.87	1.85	1.82	1.79	1.76
16	3.05	2.67	2.46	2.33	2.24	2.18	2.13	2.09	2.06	2.03	1.99	1.94	1.89	1.87	1.84	1.81	1.78	1.75	1.72
17	3.03	2.64	2.44	2.31	2.22	2.15	2.10	2.06	2.03	2.00	1.96	1.91	1.86	1.84	1.81	1.78	1.75	1.72	1.69
18	3.01	2.62	2.42	2.29	2.20	2.13	2.08	2.04	2.00	1.98	1.93	1.89	1.84	1.81	1.78	1.75	1.72	1.69	1.66
19	2.99	2.61	2.40	2.27	2.18	2.11	2.06	2.02	1.98	1.96	1.91	1.86	1.81	1.79	1.76	1.73	1.70	1.67	1.63
20	2.97	2.59	2.38	2.25	2.16	2.09	2.04	2.00	1.96	1.94	1.89	1.84	1.79	1.77	1.74	1.71	1.68	1.64	1.61
21	2.96	2.57	2.36	2.23	2.14	2.08	2.02	1.98	1.95	1.92	1.87	1.83	1.78	1.75	1.72	1.69	1.66	1.62	1.59
22	2.95	2.56	2.35	2.22	2.13	2.06	2.01	1.97	1.93	1.90	1.86	1.81	1.76	1.73	1.70	1.67	1.64	1.60	1.57
23	2.94	2.55	2.34	2.21	2.11	2.05	1.99	1.95	1.92	1.89	1.84	1.80	1.74	1.72	1.69	1.66	1.62	1.59	1.55
24	2.93	2.54	2.33	2.19	2.10	2.04	1.98	1.94	1.91	1.88	1.83	1.78	1.73	1.70	1.67	1.64	1.61	1.57	1.53
25	2.92	2.53	2.32	2.18	2.09	2.02	1.97	1.93	1.89	1.87	1.82	1.77	1.72	1.69	1.66	1.63	1.59	1.56	1.52
26	2.91	2.52	2.31	2.17	2.08	2.01	1.96	1.92	1.88	1.86	1.81	1.76	1.71	1.68	1.65	1.61	1.58	1.54	1.50
27	2.90	2.51	2.30	2.17	2.07	2.00	1.95	1.91	1.87	1.85	1.80	1.75	1.70	1.67	1.64	1.60	1.57	1.53	1.49
28	2.89	2.50	2.29	2.16	2.06	2.00	1.94	1.90	1.87	1.84	1.79	1.74	1.69	1.66	1.63	1.59	1.56	1.52	1.48
29	2.89	2.50	2.28	2.15	2.06	1.99	1.93	1.89	1.86	1.83	1.78	1.73	1.68	1.65	1.62	1.58	1.55	1.51	1.47
30	2.88	2.49	2.28	2.14	2.05	1.98	1.93	1.88	1.85	1.82	1.77	1.72	1.67	1.64	1.61	1.57	1.54	1.50	1.46
40	2.84	2.44	2.23	2.09	2.00	1.93	1.87	1.83	1.79	1.76	1.71	1.66	1.61	1.57	1.54	1.51	1.47	1.42	1.38
60	2.79	2.39	2.18	2.04	1.95	1.87	1.82	1.77	1.74	1.71	1.66	1.60	1.54	1.51	1.48	1.44	1.40	1.35	1.29
120	2.75	2.35	2.13	1.99	1.90	1.82	1.77	1.72	1.68	1.65	1.60	1.55	1.48	1.45	1.41	1.37	1.32	1.26	1.19
∞	2.71	2.30	2.08	1.94	1.85	1.77	1.72	1.67	1.63	1.60	1.55	1.49	1.42	1.38	1.34	1.30	1.24	1.17	1.00

$$\alpha = 0.05$$

n_1 n_2	1	2	3	4	5	6	7	8	9	10	12	15	20	24	30	40	60	120	∞
1	161.4	199.5	215.7	224.6	230.2	234.0	236.8	238.9	240.5	241.9	243.9	245.9	248.0	249.1	250.1	251.1	25.2	253.3	254.3
2	18.51	19.00	19.16	19.25	19.30	19.33	19.35	19.37	19.38	19.40	19.41	19.43	19.45	19.45	19.46	19.47	19.48	19.49	19.50
3	10.13	9.55	9.28	9.12	9.01	8.94	8.89	8.85	8.81	8.79	8.74	8.70	8.66	8.64	8.62	8.59	8.57	8.55	8.53
4	7.71	6.94	6.59	6.39	6.26	6.16	6.09	6.04	6.00	5.96	5.91	5.86	5.80	5.77	5.75	5.72	5.69	5.66	5.63
5	6.61	5.79	5.41	5.19	5.05	4.95	4.88	4.82	4.77	4.74	4.68	4.62	4.56	4.53	4.50	4.46	4.43	4.40	4.36
6	5.99	5.14	4.76	4.53	4.39	4.28	4.21	4.15	4.10	4.06	4.00	3.94	3.87	3.84	3.81	3.77	3.74	3.70	3.67
7	5.59	4.74	4.35	4.12	3.97	3.87	3.79	3.73	3.68	3.64	3.57	3.51	3.44	3.41	3.38	3.34	3.30	3.27	3.23
8	5.32	4.46	4.07	3.84	3.69	3.58	3.50	3.44	3.39	3.35	3.28	3.22	3.15	3.12	3.08	3.04	3.01	2.97	2.93
9	5.12	4.26	3.86	3.63	3.48	3.37	3.29	3.23	3.18	3.14	3.07	3.01	2.94	2.90	2.86	2.83	2.79	2.75	2.71
10	4.96	4.10	3.71	3.48	3.33	3.22	3.14	3.07	3.02	2.98	2.91	2.85	2.77	2.74	2.70	2.66	2.62	2.58	2.54
11	4.84	3.98	3.59	3.36	3.20	3.09	3.01	2.95	2.90	2.85	2.79	2.72	2.65	2.61	2.57	2.53	2.49	2.45	2.40
12	4.75	3.89	3.49	3.26	3.11	3.00	2.91	2.85	2.80	2.75	2.69	2.62	2.54	2.51	2.47	2.43	2.38	2.34	2.30
13	4.67	3.81	3.41	3.18	3.03	2.92	2.83	2.77	2.71	2.67	2.60	2.53	2.46	2.42	2.38	2.34	2.30	2.25	2.21
14	4.60	3.74	3.34	3.11	2.96	2.85	2.76	2.70	2.65	2.60	2.53	2.46	2.39	2.35	2.31	2.27	2.22	2.18	2.13
15	4.54	3.68	3.29	3.06	2.90	2.79	2.71	2.64	2.59	2.54	2.48	2.40	2.33	2.29	2.25	2.20	2.16	2.11	2.07
16	4.49	3.63	3.24	3.01	2.85	2.74	2.66	2.59	2.54	2.49	2.42	2.35	2.28	2.24	2.19	2.15	2.11	2.06	2.01
17	4.45	3.59	3.20	2.96	2.81	2.70	2.61	2.55	2.49	2.45	2.38	2.31	2.23	2.19	2.15	2.10	2.06	2.01	1.96
18	4.41	3.55	3.16	2.93	2.77	2.66	2.58	2.51	2.46	2.41	2.34	2.27	2.19	2.15	2.11	2.06	2.02	1.97	1.92
19	4.38	3.52	3.13	2.90	2.74	2.63	2.54	2.48	2.42	2.38	2.31	2.23	2.16	2.11	2.07	2.03	1.98	1.93	1.88
20	4.35	3.49	3.10	2.87	2.71	2.60	2.51	2.45	2.39	2.35	2.28	2.20	2.12	2.08	2.04	1.99	1.95	1.90	1.84
21	4.32	3.47	3.07	2.84	2.68	2.57	2.49	2.42	2.37	2.32	2.25	2.18	2.10	2.05	2.01	1.96	1.92	1.87	1.81
22	4.30	3.44	3.05	2.82	2.66	2.55	2.46	2.40	2.34	2.30	2.23	2.15	2.07	2.03	1.98	1.94	1.89	1.84	1.78
23	4.28	3.42	3.03	2.80	2.64	2.53	2.44	2.37	2.32	2.27	2.20	2.13	2.05	2.01	1.96	1.91	1.86	1.81	1.76
24	4.26	3.40	3.01	2.78	2.62	2.51	2.42	2.36	2.30	2.25	2.18	2.11	2.03	1.98	1.94	1.89	1.84	1.79	1.73
25	4.24	3.39	2.99	2.76	2.60	2.49	2.40	2.34	2.28	2.24	2.16	2.09	2.01	1.96	1.92	1.87	1.82	1.77	1.71
26	4.23	3.37	2.98	2.74	2.59	2.47	2.38	2.32	2.27	2.22	2.15	2.07	1.99	1.95	1.90	1.85	1.80	1.75	1.69
27	4.21	3.35	2.96	2.73	2.57	2.46	2.37	2.31	2.25	2.20	2.13	2.06	1.97	1.93	1.88	1.84	1.79	1.73	1.67
28	4.20	3.34	2.95	2.71	2.56	2.45	2.36	2.29	2.24	2.19	2.12	2.04	1.96	1.91	1.87	1.82	1.77	1.71	1.65
29	4.18	3.33	2.93	2.70	2.55	2.43	2.35	2.28	2.22	2.18	2.10	2.03	1.94	1.90	1.85	1.81	1.75	1.70	1.64
30	4.17	3.32	2.92	2.69	2.53	2.42	2.33	2.27	2.21	2.16	2.09	2.01	1.93	1.89	1.84	1.79	1.74	1.68	1.62
40	4.08	3.23	2.84	2.61	2.45	2.34	2.25	2.18	2.12	2.08	2.00	1.92	1.84	1.79	1.74	1.69	1.64	1.58	1.51
60	4.00	3.15	2.76	2.53	2.37	2.25	2.17	2.10	2.04	1.99	1.92	1.84	1.75	1.70	1.65	1.59	1.53	1.47	1.39
120	3.92	3.07	2.68	2.45	2.29	2.17	2.09	2.02	1.96	1.91	1.83	1.75	1.66	1.61	1.55	1.50	1.43	1.35	1.25
∞	3.84	3.00	2.60	2.37	2.21	2.10	2.01	1.94	1.88	1.83	1.75	1.67	1.57	1.52	1.46	1.39	1.32	1.22	1.00

$$\alpha = 0.025$$

n_1 / n_2	1	2	3	4	5	6	7	8	9	10	12	15	20	24	30	40	60	120	∞
1	647.8	799.5	864.2	899.6	921.8	937.1	948.2	956.7	963.3	968.6	976.7	984.9	993.1	997.2	1001	1006	1010	1014	1018
2	38.51	39.00	39.17	39.25	39.30	39.33	39.36	39.37	39.39	39.40	39.41	39.43	39.45	39.46	39.46	39.47	39.48	39.49	39.50
3	17.44	16.04	15.44	15.10	14.88	14.73	14.62	14.54	14.47	14.42	14.34	14.25	14.17	14.12	14.08	14.04	13.99	13.95	13.90
4	12.22	10.65	9.98	9.60	9.36	9.20	9.07	8.98	8.90	8.84	8.75	8.66	8.56	8.51	8.46	8.41	8.36	8.31	8.26
5	10.01	8.43	7.76	7.39	7.15	6.98	6.85	6.76	6.68	6.62	6.52	6.43	6.33	6.28	6.23	6.18	6.12	6.07	6.02
6	8.81	7.26	6.60	6.23	5.99	5.82	5.70	5.60	5.52	5.46	5.37	5.27	5.17	5.12	5.07	5.01	4.96	4.90	4.85
7	8.07	6.54	5.89	5.52	5.29	5.12	4.99	4.90	4.82	4.76	4.67	4.57	4.47	4.42	4.36	4.31	4.25	4.20	4.14
8	7.57	6.06	5.42	5.05	4.82	4.65	4.53	4.43	4.36	4.30	4.20	4.10	4.00	3.95	3.89	3.84	3.78	3.73	3.67
9	7.21	5.71	5.08	4.72	4.48	4.32	4.20	4.10	4.03	3.96	3.87	3.77	3.67	3.61	3.56	3.51	3.45	3.39	3.33
10	6.94	5.46	4.83	4.47	4.24	4.07	3.95	3.85	3.78	3.72	3.62	3.52	3.42	3.37	3.31	3.26	3.20	3.14	3.08
11	6.72	5.26	4.63	4.28	4.04	3.88	3.76	3.66	3.59	3.53	3.43	3.33	3.23	3.17	3.12	3.06	3.00	2.94	2.88
12	6.55	5.10	4.47	4.12	3.89	3.73	3.61	3.51	3.44	3.37	3.28	3.18	3.07	3.02	2.96	2.91	2.85	2.79	2.72
13	6.41	4.97	4.35	4.00	3.77	3.60	3.48	3.39	3.31	3.25	3.15	3.05	2.95	2.89	2.84	2.78	2.72	2.66	2.60
14	6.30	4.86	4.24	3.89	3.66	3.50	3.38	3.29	3.21	3.15	3.05	2.95	2.84	2.79	2.73	2.67	2.61	2.55	2.49
15	6.20	4.77	4.15	3.80	3.58	3.41	3.29	3.20	3.12	3.06	2.96	2.86	2.76	2.70	2.64	2.59	2.52	2.46	2.40
16	6.12	4.69	4.08	3.73	3.50	3.34	3.22	3.12	3.05	2.99	2.89	2.79	2.68	2.63	2.57	2.51	2.45	2.38	2.32
17	6.04	4.62	4.01	3.66	3.44	3.28	3.16	3.06	2.98	2.92	2.82	2.72	2.62	2.56	2.50	2.44	2.38	2.32	2.25
18	5.98	4.56	3.95	3.61	3.38	3.22	3.10	3.01	2.93	2.87	2.77	2.67	2.56	2.50	2.44	2.38	2.32	2.26	2.19
19	5.92	4.51	3.90	3.56	3.33	3.17	3.05	2.96	2.88	2.82	2.72	2.62	2.51	2.45	2.39	2.33	2.27	2.20	2.13
20	5.87	4.46	3.86	3.51	3.29	3.13	3.01	2.91	2.84	2.77	2.68	2.57	2.46	2.41	2.35	2.29	2.22	2.16	2.09
21	5.83	4.42	3.82	3.48	3.25	3.09	2.97	2.87	2.80	2.73	2.64	2.53	2.42	2.37	2.31	2.25	2.18	2.11	2.04
22	5.79	4.38	3.78	3.44	3.22	3.05	2.93	2.84	2.76	2.70	2.60	2.50	2.39	2.33	2.27	2.21	2.14	2.08	2.00
23	5.75	4.35	3.75	3.41	3.18	3.02	2.90	2.81	2.73	2.67	2.57	2.47	2.36	2.30	2.24	2.18	2.11	2.04	1.97
24	5.72	4.32	3.72	3.38	3.15	2.99	2.87	2.78	2.70	2.64	2.54	2.44	2.33	2.27	2.21	2.15	2.08	2.01	1.94
25	5.69	4.29	3.69	3.35	3.13	2.97	2.85	2.75	2.68	2.61	2.51	2.41	2.30	2.24	2.18	2.12	2.05	1.98	1.91
26	5.66	4.27	3.67	3.33	3.10	2.94	2.82	2.73	2.65	2.59	2.49	2.39	2.28	2.22	2.16	2.09	2.03	1.95	1.88
27	5.63	4.24	3.65	3.31	3.08	2.92	2.80	2.71	2.63	2.57	2.47	2.36	2.25	2.19	2.13	2.07	2.00	1.93	1.85
28	5.61	4.22	3.63	3.29	3.06	2.90	2.78	2.69	2.61	2.55	2.45	2.34	2.23	2.17	2.11	2.05	1.98	1.91	1.83
29	5.59	4.20	3.61	3.27	3.04	2.88	2.76	2.67	2.59	2.53	2.43	2.32	2.21	2.15	2.09	2.03	1.96	1.89	1.81
30	5.57	4.18	3.59	3.25	3.03	2.87	2.75	2.65	2.57	2.51	2.41	2.31	2.20	2.14	2.07	2.01	1.94	1.87	1.79
40	5.42	4.05	3.46	3.13	2.90	2.74	2.62	2.53	2.45	2.39	2.29	2.18	2.07	2.01	1.94	1.88	1.80	1.72	1.64
60	5.29	3.93	3.34	3.01	2.79	2.63	2.51	2.41	2.33	2.27	2.17	2.06	1.94	1.88	1.82	1.74	1.67	1.58	1.48
120	5.15	3.80	3.23	2.89	2.67	2.52	2.39	2.30	2.22	2.16	2.05	1.94	1.82	1.76	1.69	1.61	1.53	1.43	1.31
∞	5.02	3.69	3.12	2.79	2.57	2.41	2.29	2.19	2.11	2.05	1.94	1.83	1.71	1.64	1.57	1.48	1.39	1.27	1.00

续表(三)

$$\alpha = 0.01$$

n_1 / n_2	1	2	3	4	5	6	7	8	9	10	12	15	20	24	30	40	60	120	∞
1	4052	4999.5	5403	5625	5764	5859	5928	5982	6022	6056	6106	6157	6209	6235	6261	6287	6313	6339	6366
2	98.50	99.00	99.17	99.25	99.30	99.33	99.36	99.37	99.39	99.40	99.42	99.43	99.45	99.46	99.47	99.47	99.48	99.49	99.50
3	34.12	30.82	29.46	28.71	28.24	27.91	27.67	27.49	27.35	27.23	27.05	26.87	26.69	26.60	26.50	26.41	26.32	26.22	26.13
4	21.20	18.00	16.69	15.98	15.52	15.21	14.98	14.80	14.66	14.55	14.37	14.20	14.02	13.93	13.84	13.75	13.65	13.56	13.46
5	16.26	13.27	12.06	11.39	10.97	10.67	10.46	10.29	10.16	10.05	9.89	9.72	9.55	9.47	9.38	9.29	9.20	9.11	9.02
6	13.75	10.92	9.78	9.15	8.75	8.47	8.26	8.10	7.98	7.87	7.72	7.56	7.40	7.31	7.23	7.14	7.06	6.97	6.88
7	12.25	9.55	8.45	7.85	7.46	7.19	6.99	6.84	6.72	6.62	6.47	6.31	6.16	6.07	5.99	5.91	5.82	5.74	5.65
8	11.26	8.65	7.59	7.01	6.63	6.37	6.18	6.03	5.91	5.81	5.67	5.52	5.36	5.28	5.20	5.12	5.03	4.95	4.86
9	10.56	8.02	6.99	6.42	6.06	5.80	5.61	5.47	5.35	5.26	5.11	4.96	4.81	4.73	4.65	4.57	4.48	4.40	4.31
10	10.04	7.56	6.55	5.99	5.64	5.39	5.20	5.06	4.94	4.85	4.71	4.56	4.41	4.33	4.25	4.17	4.08	4.00	3.91
11	9.65	7.21	6.22	5.67	5.32	5.07	4.89	4.74	4.63	4.54	4.40	4.25	4.10	4.02	3.94	3.86	3.78	3.69	3.60
12	9.33	6.93	5.95	5.41	5.06	4.82	4.64	4.50	4.39	4.30	4.16	4.01	3.86	3.78	3.70	3.62	3.54	3.45	3.36
13	9.07	6.70	5.74	5.21	4.86	4.62	4.44	4.30	4.19	4.10	3.96	3.82	3.66	3.59	3.51	3.43	3.34	3.25	3.17
14	8.86	6.51	5.56	5.04	4.69	4.46	4.28	4.14	4.03	3.94	3.80	3.66	3.51	3.43	3.35	3.27	3.18	3.09	3.00
15	8.68	6.36	5.42	4.89	4.56	4.32	4.14	4.00	3.89	3.80	3.67	3.52	3.37	3.29	3.21	3.13	3.05	2.96	2.87
16	8.53	6.23	5.29	4.77	4.44	4.20	4.03	3.89	3.78	3.69	3.55	3.41	3.26	3.18	3.10	3.02	2.93	2.84	2.75
17	8.40	6.11	5.18	4.67	4.34	4.10	3.93	3.79	3.68	3.59	3.46	3.31	3.16	3.08	3.00	2.92	2.83	2.75	2.65
18	8.29	6.01	5.09	4.58	4.25	4.01	3.84	3.71	3.60	3.51	3.37	3.23	3.08	3.00	2.92	2.84	2.75	2.66	2.57
19	8.18	5.93	5.01	4.50	4.17	3.94	3.77	3.63	3.52	3.43	3.30	3.15	3.00	2.92	2.84	2.76	2.67	2.58	2.49
20	8.10	5.85	4.94	4.43	4.10	3.87	3.70	3.56	3.46	3.37	3.23	3.09	2.94	2.86	2.78	2.69	2.61	2.52	2.42
21	8.02	5.78	4.87	4.37	4.04	3.81	3.64	3.51	3.40	3.31	3.17	3.03	2.88	2.80	2.72	2.64	2.55	2.46	2.36
22	7.95	5.72	4.82	4.31	3.99	3.76	3.59	3.45	3.35	3.26	3.12	2.98	2.83	2.75	2.67	2.58	2.50	2.40	2.31
23	7.88	5.66	4.76	4.26	3.94	3.71	3.54	3.41	3.30	3.21	3.07	2.93	2.78	2.70	2.62	2.54	2.45	2.35	2.26
24	7.82	5.61	4.72	4.22	3.90	3.67	3.50	3.36	3.26	3.17	3.03	2.89	2.74	2.66	2.58	2.49	2.40	2.31	2.21
25	7.77	5.57	4.68	4.18	3.85	3.63	3.46	3.32	3.22	3.13	2.99	2.85	2.70	2.62	2.54	2.45	2.36	2.27	2.17
26	7.72	5.53	4.64	4.14	3.82	3.59	3.42	3.29	3.18	3.09	2.96	2.81	2.66	2.58	2.50	2.42	2.33	2.23	2.13
27	7.68	5.49	4.60	4.11	3.78	3.56	3.39	3.26	3.15	3.06	2.93	2.78	2.63	2.55	2.47	2.38	2.29	2.20	2.10
28	7.64	5.45	4.57	4.07	3.75	3.53	3.36	3.23	3.12	3.03	2.90	2.75	2.60	2.52	2.44	2.35	2.26	2.17	2.06
29	7.60	5.42	4.54	4.04	3.73	3.50	3.33	3.20	3.09	3.00	2.87	2.73	2.57	2.49	2.41	2.33	2.23	2.14	2.03
30	7.56	5.39	4.51	4.02	3.70	3.47	3.30	3.17	3.07	2.98	2.84	2.70	2.55	2.47	2.39	2.30	2.21	2.11	2.01
40	7.31	5.18	4.31	3.83	3.51	3.29	3.12	2.99	2.89	2.80	2.66	2.52	2.37	2.29	2.20	2.11	2.02	1.92	1.80
60	7.08	4.98	4.13	3.65	3.34	3.12	2.95	2.82	2.72	2.63	2.50	2.35	2.20	2.12	2.03	1.94	1.84	1.73	1.60
120	6.85	4.79	3.95	3.48	3.17	2.96	2.79	2.66	2.56	2.47	2.34	2.19	2.03	1.95	1.86	1.76	1.66	1.53	1.38
∞	6.63	4.61	3.78	3.32	3.02	2.80	2.64	2.51	2.41	2.32	2.18	2.04	1.88	1.79	1.70	1.59	1.47	1.32	1.00

续表（四）

$$\alpha = 0.005$$

n_2 \ n_1	1	2	3	4	5	6	7	8	9	10	12	15	20	24	30	40	60	120	∞
1	16211	20000	21615	22500	23056	23437	23715	23925	24091	24224	24226	24630	24836	24940	25044	25148	25253	25359	25465
2	198.5	199.0	199.2	199.2	199.3	199.3	199.4	199.4	199.4	199.4	199.4	199.4	199.4	199.5	199.5	199.5	199.5	199.5	199.5
3	55.55	49.80	47.47	46.19	45.39	44.84	44.43	44.13	43.88	43.69	43.39	43.08	42.78	42.62	42.47	42.31	42.15	41.99	41.83
4	31.33	26.28	24.26	23.15	22.46	21.97	21.62	21.35	21.14	20.97	20.70	20.44	20.17	20.03	19.89	19.75	19.61	19.47	19.32
5	22.78	18.31	16.53	15.56	14.94	14.51	14.20	13.96	13.77	13.62	13.38	13.15	12.90	12.78	12.66	12.53	12.40	12.27	12.14
6	18.63	14.54	12.92	12.03	11.46	11.07	10.79	10.57	10.39	10.25	10.03	9.81	9.59	9.47	9.36	9.24	9.12	9.00	8.88
7	16.24	12.40	10.88	10.05	9.52	9.16	8.89	8.68	8.51	8.38	8.18	7.97	7.75	7.65	7.53	7.42	7.31	7.19	7.08
8	14.69	11.04	9.60	8.81	8.30	7.95	7.69	7.50	7.34	7.21	7.01	6.81	6.61	6.50	6.40	6.29	6.18	6.06	5.95
9	13.61	10.11	8.72	7.96	7.47	7.13	6.88	6.69	6.54	6.42	6.23	6.03	5.83	5.73	5.62	5.52	5.41	5.30	5.19
10	12.83	9.43	8.08	7.34	6.87	6.54	6.30	6.12	5.97	5.85	5.66	5.47	5.27	5.17	5.07	4.97	4.86	4.75	4.64
11	12.23	8.91	7.60	6.88	6.42	6.10	5.86	5.68	5.54	5.42	5.24	5.05	4.86	4.76	4.65	4.55	4.44	4.34	4.23
12	11.75	8.51	7.23	6.52	6.07	5.76	5.52	5.35	5.20	5.09	4.91	4.72	4.53	4.43	4.33	4.23	4.12	4.01	3.90
13	11.37	8.19	6.93	6.23	5.79	5.48	5.25	5.08	4.94	4.82	4.64	4.46	4.27	4.17	4.07	3.97	3.87	3.76	3.65
14	11.06	7.92	6.68	6.00	5.56	5.26	5.03	4.86	4.72	4.60	4.43	4.25	4.06	3.96	3.86	3.76	3.66	3.55	3.44
15	10.80	7.70	6.48	5.80	5.37	5.07	4.85	4.67	4.54	4.42	4.25	4.07	3.88	3.79	3.69	3.58	3.48	3.37	3.26
16	10.58	7.51	6.30	5.64	5.21	4.91	4.69	4.52	4.38	4.27	4.10	3.92	3.73	3.64	3.54	3.44	3.33	3.22	3.11
17	10.38	7.35	6.16	5.50	5.07	4.78	4.56	4.39	4.25	4.14	3.97	3.79	3.61	3.51	3.41	3.31	3.21	3.10	2.98
18	10.22	7.21	6.03	5.37	4.96	4.66	4.44	4.28	4.14	4.03	3.86	3.68	3.50	3.40	3.30	3.20	3.10	2.99	2.87
19	10.07	7.09	5.92	5.27	4.85	4.56	4.34	4.18	4.04	3.93	3.76	3.59	3.40	3.31	3.21	3.11	3.00	2.89	2.78
20	9.94	6.99	5.82	5.17	4.76	4.47	4.26	4.09	3.96	3.85	3.68	3.50	3.32	3.22	3.12	3.02	2.92	2.81	2.69
21	9.83	6.89	5.73	5.09	4.68	4.39	4.18	4.01	3.88	3.77	3.60	3.43	3.24	3.15	3.05	2.95	2.84	2.73	2.61
22	9.73	6.81	5.65	5.02	4.61	4.32	4.11	3.94	3.81	3.70	3.54	3.36	3.18	3.08	2.98	2.88	2.77	2.66	2.55
23	9.63	6.73	5.58	4.95	4.54	4.26	4.05	3.88	3.75	3.64	3.47	3.30	3.12	3.02	2.92	2.82	2.71	2.60	2.48
24	9.55	6.66	5.52	4.89	4.49	4.20	3.99	3.83	3.69	3.59	3.42	3.25	3.06	2.97	2.87	2.77	2.66	2.55	2.43
25	9.48	6.60	5.46	4.84	4.43	4.15	3.94	3.78	3.64	3.54	3.37	3.20	3.01	2.92	2.82	2.72	2.61	2.50	2.38
26	9.41	6.54	5.41	4.79	4.38	4.10	3.89	3.73	3.60	3.49	3.33	3.15	2.97	2.87	2.77	2.67	2.56	2.45	2.33
27	9.34	6.49	5.36	4.74	4.34	4.06	3.85	3.69	3.56	3.45	3.28	3.11	2.93	2.83	2.73	2.63	2.52	2.41	2.29
28	9.28	6.44	5.32	4.70	4.30	4.02	3.81	3.65	3.52	3.41	3.25	3.07	2.89	2.79	2.69	2.59	2.48	2.37	2.25
29	9.23	6.40	5.28	4.66	4.26	3.98	3.77	3.61	3.48	3.38	3.21	3.04	2.86	2.76	2.66	2.56	2.45	2.33	2.21
30	9.18	6.35	5.24	4.62	4.23	3.95	3.74	3.58	3.45	3.34	3.18	3.01	2.82	2.73	2.63	2.52	2.42	2.30	2.18
40	8.83	6.07	4.98	4.37	3.99	3.71	3.51	3.35	3.22	3.12	2.95	2.78	2.60	2.50	2.40	2.30	2.18	2.06	1.93
60	8.49	5.79	4.73	4.14	3.76	3.49	3.29	3.13	3.01	2.90	2.74	2.57	2.39	2.29	2.19	2.08	1.96	1.83	1.69
120	8.18	5.54	4.50	3.92	3.55	3.28	3.09	2.93	2.81	2.71	2.54	2.37	2.19	2.09	1.98	1.87	1.75	1.61	1.43
∞	7.88	5.30	4.28	3.72	3.35	3.09	2.90	2.74	2.62	2.52	2.36	2.19	2.00	1.90	1.79	1.67	1.53	1.36	1.00

附表 5　常用 Fourier 变换简表

序号	$f(t)$	$F(\omega)$
1	$\delta(t)$	1
2	$\delta^{(n)}(t)$	$(j\omega)^n$
3	单位直流信号 1	$2\pi\delta(t)$
4	单位阶跃函数 $\varepsilon(t)$	$\pi\delta(\omega)+\dfrac{1}{j\omega}$
5	$\mathrm{sgn}(t)$	$\dfrac{2}{j\omega}$
6	$\dfrac{1}{t}$	$-j\pi\,\mathrm{sgn}(\omega)$
7	$\lvert t\rvert$	$-\dfrac{2}{\omega^2}$
8	$\dfrac{1}{\lvert t\rvert}$	$\dfrac{\sqrt{2\pi}}{\lvert\omega\rvert}$
9	矩形脉冲 $f(t)=\begin{cases} E & \left(\lvert t\rvert\leqslant\dfrac{\tau}{2}\right) \\ 0 & (\text{其它}) \end{cases}$	$\dfrac{2E\sin\dfrac{\omega\tau}{2}}{\omega}$
10	指数衰减函数 $f(t)=\begin{cases} 0 & (t<0) \\ \mathrm{e}^{-\beta t} & (t\geqslant 0) \end{cases}\ (\beta>0)$	$\dfrac{1}{j\omega+\beta}$
11	高斯分布函数 $f(t)=\dfrac{1}{\sqrt{2\pi}\sigma}\mathrm{e}^{-\frac{t^2}{2\sigma^2}}$	$\mathrm{e}^{-\frac{\sigma^2\omega^2}{2}}$
12	$\mathrm{e}^{-at}\varepsilon(t)$ （a 为大于零的实数）	$\dfrac{1}{j\omega+a}$
13	$t\mathrm{e}^{-at}\varepsilon(t)$ （a 为大于零的实数）	$\dfrac{1}{(j\omega+a)^2}$
14	$\mathrm{Sa}(\omega_0 t)=\dfrac{\sin\omega_0 t}{\omega_0 t}$	$\begin{cases} \dfrac{\pi}{\omega_0} & (\lvert\omega\rvert\leqslant\omega_0) \\ 0 & (\text{其它}) \end{cases}$
15	$\cos\omega_0 t$	$\pi[\delta(\omega+\omega_0)+\delta(\omega-\omega_0)]$
16	$\sin\omega_0 t$	$j\pi[\delta(\omega+\omega_0)-\delta(\omega-\omega_0)]$

续表

序号	$f(t)$	$F(\omega)$
17	$e^{j\omega_0 t}$	$2\pi\delta(\omega-\omega_0)$
18	$t\varepsilon(t)$	$j\pi\delta'(\omega)-\dfrac{1}{\omega^2}$
19	$t^m\varepsilon(t)$	$\pi j^m\delta^{(m)}(\omega)+\dfrac{m!}{(j\omega)^{m+1}}$
20	$e^{-at}\sin\omega_0 t\varepsilon(t)\quad(a>0)$	$\dfrac{\omega_0}{(j\omega+a)^2+\omega_0^2}$
21	$e^{-at}\cos\omega_0 t\varepsilon(t)\quad(a>0)$	$\dfrac{j\omega+a}{(j\omega+a)^2+\omega_0^2}$
22	双边指数信号 $e^{-a\lvert t\rvert}\quad(a>0)$	$\dfrac{2a}{\omega^2+a^2}$
23	钟形脉冲 $e^{-\left(\frac{t}{\tau}\right)^2}$	$\tau\sqrt{\pi}e^{-\left(\frac{\omega}{\tau}\right)^2}$
24	$e^{\pm j\omega_0 t}$	$2\pi\delta(\omega\mp\omega_0)$
25	$\sin\omega_0 t\varepsilon(t)$	$j\dfrac{\pi}{2}\left[\delta(\omega+\omega_0)-\delta(\omega-\omega_0)\right]+\dfrac{\omega_0}{\omega_0^2-\omega^2}$
26	$\cos\omega_0 t\varepsilon(t)$	$\dfrac{\pi}{2}\left[\delta(\omega+\omega_0)-\delta(\omega-\omega_0)\right]+\dfrac{j\omega_0}{\omega_0^2-\omega^2}$
27	$\delta_T(t)=\displaystyle\sum_{n=-\infty}^{+\infty}\delta(t-nT)$	$\dfrac{2\pi}{T}\displaystyle\sum_{n=-\infty}^{+\infty}\delta\left(\omega-n\dfrac{2\pi}{T}\right)$
28	$\dfrac{1}{a^2+t^2}\quad(\mathrm{Re}(a)<0)$	$-\dfrac{\pi}{a}e^{a\lvert\omega\rvert}$
29	$\dfrac{t}{a^2+t^2}\quad(\mathrm{Re}(a)<0)$	$\dfrac{j\omega\pi}{2a}e^{a\lvert\omega\rvert}$
30	$\dfrac{\cos bt}{a^2+t^2}\quad(\mathrm{Re}(a)<0,b\text{ 为实数})$	$-\dfrac{\pi}{2a}\left(e^{a\lvert\omega-b\rvert}+e^{a\lvert\omega+b\rvert}\right)$
31	$\dfrac{\sin bt}{a^2+t^2}\quad(\mathrm{Re}(a)<0,b\text{ 为实数})$	$-\dfrac{\pi}{2aj}\left(e^{a\lvert\omega-b\rvert}-e^{a\lvert\omega+b\rvert}\right)$
32	$\dfrac{e^{jbt}}{a^2+t^2}\quad(\mathrm{Re}(a)<0,b\text{ 为实数})$	$-\dfrac{\pi}{a}e^{a\lvert\omega-b\rvert}$
33	$\sin at^2$	$\sqrt{\dfrac{\pi}{a}}\cos\left(\dfrac{\omega^2}{4a}+\dfrac{\pi}{4}\right)$
34	$\cos at^2$	$\sqrt{\dfrac{\pi}{a}}\cos\left(\dfrac{\omega^2}{4a}-\dfrac{\pi}{4}\right)$

附表 6　常用 Laplace 变换简表

序号	$f(t)$	$F(s)$
1	1	$\dfrac{1}{s}$
2	e^{at}	$\dfrac{1}{s-a}$
3	$t^m\,(m>-1)$	$\dfrac{\Gamma(m+1)}{s^{m+1}}$
4	$t^m\mathrm{e}^{at}\,(m>-1)$	$\dfrac{\Gamma(m+1)}{(s-a)^{m+1}}$
5	$\sin\omega t$	$\dfrac{\omega}{s^2+\omega^2}$
6	$\cos\omega t$	$\dfrac{s}{s^2+\omega^2}$
7	$\mathrm{e}^{-at}\sin\omega t$	$\dfrac{\omega}{(s+a)^2+\omega^2}$
8	$\mathrm{e}^{-at}\cos\omega t$	$\dfrac{s+a}{(s+a)^2+\omega^2}$
9	$t\,\sin\omega t$	$\dfrac{2\omega s}{(s^2+\omega^2)^2}$
10	$t\,\cos\omega t$	$\dfrac{s^2-\omega^2}{(s^2+\omega^2)^2}$
11	$t^m\sin\omega t\quad(m>-1)$	$\dfrac{\Gamma(m+1)}{2\mathrm{j}(s^2+\omega^2)^{m+1}}\cdot\left[(s+\mathrm{j}\omega)^{m+1}-(s-\mathrm{j}\omega)^{m+1}\right]$
12	$t^m\cos\omega t\quad(m>-1)$	$\dfrac{\Gamma(m+1)}{2(s^2+\omega^2)^{m+1}}\cdot\left[(s+\mathrm{j}\omega)^{m+1}+(s-\mathrm{j}\omega)^{m+1}\right]$
13	$\mathrm{sh}at$	$\dfrac{a}{s^2-a^2}$
14	$\mathrm{ch}at$	$\dfrac{s}{s^2-a^2}$
15	$\sin at\,\sin bt$	$\dfrac{2abs}{(s^2+(a+b)^2)+(s^2+(a-b)^2)}$
16	$t\mathrm{e}^{-at}$	$\dfrac{1}{(s+a)^2}$
17	$1-\mathrm{e}^{-at}$	$\dfrac{a}{s(s+a)}$

序号	$f(t)$	$F(s)$
18	$e^{-at} - e^{-bt}$	$\dfrac{b-a}{(s+a)(s+b)}$
19	$\cos at - \cos bt$	$\dfrac{(b^2-a^2)s}{(s^2+a^2)+(s^2+b^2)}$
20	$\sin^2 t$	$\dfrac{1}{2}\left(\dfrac{1}{s} - \dfrac{s}{s^2+4}\right)$
21	$\cos^2 t$	$\dfrac{1}{2}\left(\dfrac{1}{s} + \dfrac{s}{s^2+4}\right)$
22	$\dfrac{1}{a^2}(1 - \cos at)$	$\dfrac{1}{s(s^2+a^2)}$
23	$\dfrac{1}{a^3}(at - \sin at)$	$\dfrac{1}{s^2(s^2+a^2)}$
24	$\delta(t)$	1
25	$\delta^{(n)}(t)$	s^n
26	$\varepsilon(t)$	$\dfrac{1}{s}$
27	$\delta_T(t) = \displaystyle\sum_{n=0}^{\infty} \delta(t - nT)$	$\dfrac{1}{1 - e^{-Ts}}$
28	t	$\dfrac{1}{s^2}$
29	$\dfrac{t^2}{2}$	$\dfrac{1}{s^3}$
30	$\dfrac{t^n}{n!}$	$\dfrac{1}{s^{n+1}}$
31	$a^{t/T}$	$\dfrac{1}{s - (1/T)\ln a}$
32	$\dfrac{e^{-at}}{(b-a)(c-a)} + \dfrac{e^{-bt}}{(a-b)(c-b)} + \dfrac{e^{-ct}}{(a-c)(b-c)}$	$\dfrac{1}{(s+a)(s+b)(s+c)}$
33	$I_0(at)$ I_0 为第一类 0 阶贝塞尔（Bessel）函数	$\dfrac{1}{\sqrt{s^2-a^2}}$

习题参考答案

习题十

1. (1) $A\bar{B}\bar{C}$；

   (2) $AB\bar{C}$；

   (3) ABC；

   (4) $A \cup B \cup C$；

   (5) $\overline{ABC}$；

   (6) $A\bar{B}\bar{C} \cup \bar{A}B\bar{C} \cup \bar{A}\bar{B}C \cup \overline{A}\overline{B}\overline{C}$；

   (7) $\overline{ABC}$；

   (8) $\bar{A}BC \cup A\bar{B}C \cup AB\bar{C} \cup ABC$.

2. (1) $\bar{A}B = \{5\}$；

   (2) $\bar{A} \cup B = \{1,3,4,5,6,7,8,9,10\}$；

   (3) $\overline{\bar{A}\bar{B}} = A \cup B = \{2,3,4,5\}$；

   (4) $\overline{A\,\overline{BC}} = \{1,5,6,7,8,9,10\}$；

   (5) $\overline{A(B \cup C)} = \{1,2,5,6,7,8,9,10\}$.

3. (1) $\bar{A}_1\bar{A}_2\bar{A}_3\bar{A}_4$；

   (2) $A_1 \cup A_2 \cup A_3 \cup A_4$；

   (3) $A_1\bar{A}_2\bar{A}_3\bar{A}_4 \cup \bar{A}_1A_2\bar{A}_3\bar{A}_4 \cup \bar{A}_1\bar{A}_2A_3\bar{A}_4 \cup \bar{A}_1\bar{A}_2\bar{A}_3A_4$；

   (4) $A_1A_2A_3\bar{A}_4 \cup A_1A_2\bar{A}_3A_4 \cup A_1\bar{A}_2A_3A_4 \cup \bar{A}_1A_2A_3A_4 \cup A_1A_2A_3A_4$.

4. 0.4.

5. 0.144.

6. 1/210.

7. $\dfrac{3}{8}$.

8. $\dfrac{T^2 - (T-t)^2}{T^2}$.

9. (1) $\dfrac{1}{4}$；(2) $\dfrac{5}{8}$.

10. (1) $\dfrac{1}{2}$；(2) $\dfrac{1}{6}$；(3) $\dfrac{3}{8}$.

11. $\dfrac{333}{2000}$.

12. 30%.

习题十一

1. $\dfrac{1}{2}$.

2. (1) 0.189；(2) 0.63.

3. 0.0084.

4. $\dfrac{11}{24}$.

5. 0.588.

6. 0.2.

7. (1) 0.96；(2) 0.83.

8. (1) 0.0729；(2) 0.00856.

9. (1) 0.9160；(2) 0.3013.

10. 0.013.

11. 0.82.

习题十二

1.

X	20	5	0
概率	0.0002	0.001	0.9988

2.

X	3	4	5
概率	0.1	0.3	0.6

3.

Y	2	3	4	9
p_k	$\dfrac{1}{8}$	$\dfrac{5}{8}$	$\dfrac{1}{8}$	$\dfrac{1}{8}$

Y	2	3	4	9
p_k	$\dfrac{2}{30}$	$\dfrac{15}{30}$	$\dfrac{4}{30}$	$\dfrac{9}{30}$

4. (1) 0.321；(2) 0.243.

5. $F(x)=\begin{cases} 0 & (x<1) \\[4pt] \dfrac{1}{5} & (1\leqslant x<2) \\[4pt] \dfrac{2}{5} & (2\leqslant x<3) \\[4pt] \dfrac{3}{5} & (3\leqslant x<4) \\[4pt] \dfrac{4}{5} & (4\leqslant x<5) \\[4pt] 1 & (x\geqslant 5) \end{cases}$

6. $A = \dfrac{16}{15}$; 0.8.

7. (1) $\dfrac{1}{5}$; (2) $\dfrac{1}{5}$; (3) $\dfrac{1}{3}$.

8. $F(x) = \begin{cases} 0 & (x < 0) \\ 0.9 & (0 \leqslant x < 1) \\ 1 & (x \geqslant 1) \end{cases}$

9. $Y \sim B(5, \mathrm{e}^{-2})$, $P\{Y \geqslant 1\} = 1 - (1 - \mathrm{e}^{-2})^5$.

10. $\dfrac{232}{243}$.

11. $\dfrac{3}{5}$.

15. (1) $\ln 2$, 1, $\ln \dfrac{5}{4}$; (2) $F_X(x) = \begin{cases} \dfrac{1}{x} & (1 < x < \mathrm{e}) \\ 0 & (\text{其它}) \end{cases}$.

16. (1) $F(x) = \begin{cases} 0 & (x < 1) \\ 2\left(x + \dfrac{1}{x} - 2\right) & (1 \leqslant x \leqslant 2); \\ 1 & (x > 2) \end{cases}$

(2) $F(x) = \begin{cases} 0 & (x < 0) \\ \dfrac{x^2}{2} & (0 \leqslant x \leqslant 1) \\ -1 + 2x - \dfrac{x^2}{2} & (1 < x < 2) \\ 1 & (x \geqslant 2) \end{cases}$.

17. $A = 1$, $B = -1$.

18. (1) $A = 1$;

(2) 0.75;

(3) $P\{X < x\} = \begin{cases} x^2 & (0 < x < 1) \\ 0 & (x \leqslant 0) \end{cases}$.

19. 0.3204.

20. (1) 0.8051; (2) 0.5498; (3) 0.3264;

(4) 0.6678; (5) 0.6147; (6) 0.8253.

21.

$X + 2$	0	$\dfrac{3}{2}$	2	4	6
概率	$\dfrac{1}{8}$	$\dfrac{1}{4}$	$\dfrac{1}{8}$	$\dfrac{1}{6}$	$\dfrac{1}{3}$

$-X + 1$	-3	-1	1	$\dfrac{3}{2}$	3
概率	$\dfrac{1}{3}$	$\dfrac{1}{6}$	$\dfrac{1}{8}$	$\dfrac{1}{4}$	$\dfrac{1}{8}$

X^2	0	$\dfrac{1}{4}$	4	16
概率	$\dfrac{1}{8}$	$\dfrac{1}{4}$	$\dfrac{7}{24}$	$\dfrac{1}{3}$

$\mid X \mid$	0	$\dfrac{1}{2}$	2	4
概率	$\dfrac{1}{8}$	$\dfrac{1}{4}$	$\dfrac{7}{24}$	$\dfrac{1}{3}$

22. (1) $a = 1$;

    (2) $P\{Y = 2k+1\} = P\{X = k\} = \dfrac{a}{2^k} = \dfrac{1}{2^k}$ $(k = 1, 2, \cdots)$.

23. $F_Y(y) = \begin{cases} 0 & (y \leqslant 0) \\ \sqrt{y} & (0 < y < 1), \\ 1 & (y \geqslant 1) \end{cases} f_Y(y) = \begin{cases} \dfrac{1}{2\sqrt{y}} & (0 < y < 1) \\ 0 & (\text{其它}) \end{cases}$.

24. (1) $f_Y(y) = \begin{cases} \dfrac{1}{y} & (1 < y < e) \\ 0 & (\text{其它}) \end{cases}$;

    (2) $f_Y(y) = \begin{cases} \dfrac{1}{2}e^{-y/2} & (y > 0) \\ 0 & (\text{其它}) \end{cases}$.

25. (1) $f_Y(y) = \begin{cases} \dfrac{1}{y\sqrt{2\pi}}e^{-(\ln y)^2/2} & (y > 0) \\ 0 & (\text{其它}) \end{cases}$;

    (2) $f_Y(y) = \begin{cases} \dfrac{1}{2\sqrt{\pi(y-1)}}e^{-(y-1)/4} & (y > 1) \\ 0 & (\text{其它}) \end{cases}$

    (3) $f_Y(y) = \begin{cases} \sqrt{\dfrac{2}{\pi}} \cdot e^{-\frac{y^2}{2}} & (y > 0) \\ 0 & (\text{其它}) \end{cases}$;

26. $f_W(w) = \begin{cases} \dfrac{1}{8}\left(\dfrac{2}{w}\right)^{1/2} & (162 < w < 242) \\ 0 & (\text{其它}) \end{cases}$.

习题十三

1.

Y \ X	0	1
0	45/66	10/66
1	10/66	1/66

2.

Y \ X	0	1	2	3
0	0	0	3/35	2/35
1	0	6/35	12/35	2/35
2	1/35	6/35	3/35	0

3. $P\{X > Y\} = \dfrac{19}{35}$, $P\{Y = 2X\} = \dfrac{6}{35}$,

$P\{X + Y = 3\} = \dfrac{4}{7}$, $P\{X + Y < 3\} = \dfrac{2}{7}$.

4. (1)

X \ Y	−1	0	1	$p_{i\cdot}$
−1	0.3	0	0.3	0.6
1	0.1	0.2	0.1	0.4
$p_{\cdot j}$	0.4	0.2	0.4	

(2) 不独立.

5.

Y \ X	1	2	3
1	0	1/6	1/12
2	1/6	1/6	1/6
3	1/12	1/6	0

6.

X	1	2	3
P	0.25	0.5	0.25

Y	1	2	3
P	0.25	0.5	0.25

X 与 Y 不独立.

7. (1) $\dfrac{1}{8}$; (2) $\dfrac{3}{8}$, $\dfrac{27}{32}$, $\dfrac{2}{3}$.

8. $F_X(x) = \begin{cases} 1 - \mathrm{e}^{-x} & (x > 0) \\ 0 & (x \leqslant 0) \end{cases}$, $F_Y(y) = \begin{cases} 1 - \mathrm{e}^{-y} & (y > 0) \\ 0 & (y \leqslant 0) \end{cases}$.

9. $f_X(x) = \begin{cases} 2.4x^2(2 - x) & (x \in [0, 1]) \\ 0 & (其它) \end{cases}$,

$$f_Y(y) = \begin{cases} 2.4y(3-4y+y^2) & (y \in [0,1]) \\ 0 & (\text{其它}) \end{cases}.$$

10. $f_X(x) = \begin{cases} e^{-x} & (x > 0) \\ 0 & (\text{其它}) \end{cases}$, $f_Y(y) = \begin{cases} ye^{-y} & (y > 0) \\ 0 & (\text{其它}) \end{cases}$.

11. (1) $\varphi(x,y) = \begin{cases} 4 & ((x,y) \in B) \\ 0 & ((x,y) \notin B) \end{cases}$,

$$F(x,y) = \begin{cases} 0 & \left(x \leqslant -\dfrac{1}{2} \text{ 或 } y \leqslant 0\right) \\[2mm] 2y\left(2x - \dfrac{y}{2} + 1\right) & \left(-\dfrac{1}{2} < x \leqslant 0 \text{ 且 } 0 < y \leqslant 2x+1\right) \\[2mm] 4\left(x + \dfrac{1}{2}\right)^2 & \left(-\dfrac{1}{2} < x \leqslant 0 \text{ 且 } 2x+1 < y\right) \\[2mm] 2y\left(1 - \dfrac{y}{2}\right) & (0 < x \text{ 且 } 0 < y \leqslant 1) \\[2mm] 1 & (0 < x \text{ 且 } 1 < y) \end{cases};$$

(2) $\varphi_X(x) = \begin{cases} 0 & \left(x < -\dfrac{1}{2} \text{ 或 } x > 0\right) \\[2mm] 4(2x+1) & \left(-\dfrac{1}{2} < x < 0\right) \end{cases}$,

$\varphi_Y(y) = \begin{cases} 0 & (y < 0 \text{ 或 } y > 1) \\ 2(1-y) & (0 < y < 1) \end{cases}$;

(3) 不独立.

12. (1) $\dfrac{21}{4}$; (2) X 与 Y 不独立.

13. (1) 当 $0 < y \leqslant 1$ 时，$f_{X|Y}(x \mid y) = \begin{cases} \dfrac{3}{2}x^2 y^{-3/2} & (-\sqrt{y} < x < \sqrt{y}) \\[2mm] 0 & (\text{其它}) \end{cases}$,

$f_{X|Y}\left(x \mid y = \dfrac{1}{2}\right) = \begin{cases} 3\sqrt{2}\,x^2 & \left(-\dfrac{1}{\sqrt{2}} < x < \dfrac{1}{\sqrt{2}}\right) \\[2mm] 0 & (\text{其它}) \end{cases}$;

(2) 当 $-1 < x < 1$ 时，$f_{Y|X}(y \mid x) = \begin{cases} \dfrac{2y}{1-x^4} & (x^2 < y < 1) \\[2mm] 0 & (\text{其它}) \end{cases}$,

$f_{Y|X}\left(y \mid x = \dfrac{1}{3}\right) = \begin{cases} \dfrac{81}{40}y & \left(\dfrac{1}{9} < y < 1\right) \\[2mm] 0 & (\text{其它}) \end{cases}$,

$f_{Y|X}\left(y \mid x = \dfrac{1}{2}\right) = \begin{cases} \dfrac{32}{15}y & \left(\dfrac{1}{4} < y < 1\right) \\[2mm] 0 & (\text{其它}) \end{cases}$;

(3) $P\left\{Y \geqslant \dfrac{1}{4} \,\middle|\, X = \dfrac{1}{2}\right\} = 1$, $P\left\{Y \geqslant \dfrac{3}{4} \,\middle|\, X = \dfrac{1}{2}\right\} = \dfrac{7}{15}$.

14. $3e^{-2}$.

15. $f_Z(z) = \begin{cases} \dfrac{e^z(1-e^{-2})}{2} & (z \leqslant 0) \\[2mm] \dfrac{(1-e^{z-2})}{2} & (0 < z < 2) \\[2mm] 0 & (z \geqslant 2) \end{cases}$.

16. $f_Z(z) = \begin{cases} \dfrac{1}{3}z & (0 < z < 1) \\[2mm] \dfrac{1}{3} & (1 \leqslant z < 3) \\[2mm] \dfrac{4}{3} - \dfrac{1}{3}z & (3 \leqslant z < 4) \\[2mm] 0 & (其它) \end{cases}$.

17. $f_Z(z) = \begin{cases} \dfrac{3}{2}(e^{-z} - e^{-3z}) & (z > 0) \\[2mm] 0 & (z \leqslant 0) \end{cases}$.

18. $\dfrac{1}{2}$.

20. $Z = X + Y$ 的概率密度函数 $f_{X+Y}(z) = \begin{cases} z^2 & (0 < z < 1) \\ 2z - z^2 & (1 \leqslant z < 2) \\ 0 & (其它) \end{cases}$;

　　　$Z = XY$ 的概率密度函数 $f_{XY}(z) = \begin{cases} 2 - 2z & (0 < z < 1) \\ 0 & (其它) \end{cases}$.

21. (1) 不独立；

　　(2) $f_Z(z) = \begin{cases} \dfrac{1}{2}z^2 e^{-z} & (z > 0) \\[2mm] 0 & (其它) \end{cases}$.

22. (1) $\dfrac{1}{1-e^{-1}}$ ；

　　(2) $f_X(x) = \begin{cases} \dfrac{e^{-x}}{1-e^{-1}} & (0 < x < 1) \\[2mm] 0 & (其它) \end{cases}$, $f_Y(y) = \begin{cases} e^{-y} & (y > 0) \\ 0 & (其它) \end{cases}$ ；

　　(3) $F_U(u) = \begin{cases} 0 & (u < 0) \\[2mm] \dfrac{(1-e^{-u})^2}{1-e^{-1}} & (0 \leqslant u < 1) \\[2mm] 1 - e^{-u} & (u \geqslant 1) \end{cases}$.

23. $(0.1587)^4 = 0.000\,63$.

24. (1) $F_Z(z) = \begin{cases} (1 - e^{-z^2/8})^5 & (z \geqslant 0) \\ 0 & (z < 0) \end{cases}$;

　　(2) $1 - (1 - e^{-2})^5 = 0.5167$.

习题十四

1. 0，2.4，12.2.

2. 1.

3. $\dfrac{m+n}{m}$.

4. 0.

5. (1) $-\dfrac{1}{3}$；(2) $\dfrac{1}{3}$；(3) $\dfrac{1}{12}$.

6. $\dfrac{2}{\alpha}$.

7. $k = 3$，$\alpha = 2$.

8. $\dfrac{\pi}{24}(a+b)(a^2+b^2)$.

9. $300e^{-\frac{1}{4}} - 200 = 33.64$.

10. $\dfrac{1-p}{p^2}$.

11. $\dfrac{8}{9}$.

12. $a = \dfrac{1}{2}$，$b = \dfrac{1}{\pi}$，$E(X) = 0$，$D(X) = \dfrac{1}{2}$.

13. $\dfrac{3}{4}\sqrt{\pi}$.

14. 4.

*15. (1) 0，0；(2) 不相关也不独立.

*16. (1) 8；(2) $\dfrac{4}{225}$，$\dfrac{2\sqrt{66}}{33}$；(3) 相关，不独立.

习题十五

1. 0.975.

3. (1) 0.1802；(2) 443.

4. 269.

5. 0.348.

6. 0.0062.

7. (1) 0.8944；

(2) 0.1379.

8. 0.3108.

9. 0.7685，0.9625.

10. 4.5×10^{-6}.

11. 147.

12. 0.1814.

13. 272.

14. (1) 0.1357；

(2) 0.9938.

15. (1) 884；

(2) 916.

16. (1) 0；

(2) 0.5.

17. 118.

18. $\dfrac{1}{12}$.

19. (1)

X	0	1	2	...	100
P	$(0.8)^{100}$	$C_{100}^1(0.2)(0.8)^{99}$	$C_{100}^2(0.2)^2(0.8)^{98}$	...	$(0.2)^{100}$

(2) 0.927.

习题十六

1. $\bar{x} = 3.48,\ s^2 = 2.42$.

2. $\bar{x} = 26.82,\ s^2 = 4.89$.

3. $E\bar{X} = \lambda,\ D\bar{X} = \dfrac{\lambda}{n}$.

4. $\chi^2(n)$.

5. 0.1.

6. 0.8293.

7. 0.6744.

8. (1) $f_{Y_1}(x) = \begin{cases} \dfrac{x^{\frac{n}{2}-1}}{\sigma^2 2^{\frac{n}{2}}\Gamma\left(\dfrac{n}{2}\right)} e^{-\frac{x}{2\sigma^2}} & (x \geqslant 0) \\ 0 & (x < 0) \end{cases}$ ；

(2) $f_{Y_2}(x) = \begin{cases} \dfrac{1}{\sqrt{2n\pi x}\sigma} e^{-\frac{x}{2n\sigma^2}} & (x \geqslant 0) \\ 0 & (x < 0) \end{cases}$.

10. (1) 2.575，-1.645；

(2) 18.307，78.8；

(3) 1.3722，-1.3722；

(4) 1.94，0.36.

习题十七

1. p 的矩估计 $\hat{p} = \dfrac{n}{\sum\limits_{i=1}^{n} X_i}$，最大似然估计 $\hat{p} = \dfrac{n}{\sum\limits_{i=1}^{n} X_i}$.

2. θ 的矩估计 $\hat{\theta} = 2\overline{X}$，最大似然估计 $\hat{\theta} = \max\limits_{1 \leqslant i \leqslant n} X_i$.

3. （1）μ 的最大似然估计 $\hat{\mu} = \min\limits_{1 \leqslant i \leqslant n} X_i$；

   （2）λ 的矩估计 $\hat{\lambda} = \dfrac{n}{\sum\limits_{i=1}^{n} X_i - n\mu}$.

4. θ 的最大似然估计 $\hat{\theta} = -\dfrac{n}{\sum\limits_{i=1}^{n} \ln X_i}$.

5. λ 的最大似然估计 $\hat{\lambda} = \dfrac{n}{\sum\limits_{i=1}^{n} X_i^a}$.

7. 平均寿命的无偏估计值 $\hat{\mu} = 1147$，寿命方差的无偏估计值 $\hat{\sigma}^2 = 7579$.

9. 都是无偏估计，T_1 更有效.

10. $\hat{\theta} = \overline{X}$ 更有效.

13. 171.

14. $(5.56, 6.44)$.

15. （1）$(14.81, 15.01)$；（2）$(14.756, 15.064)$.

16. （1）$(0.032, 0.084)$；（2）$(0.033, 0.088)$.

17. $(0.084, 0.161)$.

18. $(4.865, 6.135)$，$(1.354, 2.285)$.

19. （1）$(429.9, 485.1)$；（2）$(438.9, 476.1)$；
    （3）$(586.79, 4134.25)$；（4）$(24.2, 64.3)$.

20. $(-6.27, 17.27)$.

21. $(0.39, 3.68)$.

22. $(0.0017, 0.0061)$，$(0.143, 21.554)$.

23. （1）6.36；（2）-0.0011.

习题十八

1. 不需要调整.

2. 不合格.

3. 7.

4. （1）正常工作；（2）无显著变化.

5. 低于优秀运动员.

6. 无显著性差异.

7. 可以提高.

8. 大于.

9. 无显著差异.

10. 不能.

11. 偏大.

12. 没有显著偏大.

13. 接受 H_0.

14. H_1 成立.

15. H_0 成立.

16. (1) H_0 成立；(2) H_0^1 成立.

17. 无显著差异.

18. 稳定程度相当.

* 19. 无显著差异.

* 20. 是正态分布.

习题十九

1. $f(x) = \dfrac{1}{2\pi} \sum\limits_{n=-\infty}^{+\infty} \dfrac{1}{k-\mathrm{j}n} \left[\mathrm{e}^{(k-\mathrm{j}n)\pi} - \mathrm{e}^{-(k-\mathrm{j}n)\pi} \right] \mathrm{e}^{\mathrm{j}nx}$.

2. $\dfrac{A}{\mathrm{j}\omega}(1 - \mathrm{e}^{-\mathrm{j}\omega\pi})$.

3. (1) $\dfrac{2\beta}{\beta^2 + \omega^2}$；(2) 提示：用定义.

4. (1) $\dfrac{4(\sin\omega - \omega\cos\omega)}{\omega^3}$；

   (2) $-\dfrac{3\pi}{16}$.

5. (1) $\dfrac{k}{k^2 - \omega^2} + \dfrac{\pi}{2\mathrm{j}}[\delta(\omega-k) - \delta(\omega+k)]$；

   (2) $\dfrac{1}{2}\left[\dfrac{1}{\mathrm{j}\omega} + \pi\delta(\omega)\right] + \dfrac{1}{2}\left\{\dfrac{\mathrm{j}\omega}{4 - \omega^2} + \dfrac{\pi}{2}[\delta(\omega-2) + \delta(\omega+2)]\right\}$.

6. (1) $\dfrac{1}{|k|} F\left(\dfrac{\omega}{k}\right)$；

   (2) $\mathrm{j}F'(\omega) - kF(\omega)$；

   (3) $\mathrm{e}^{-k\omega\mathrm{j}}F(\omega)$；(4) $F(\omega - k)$.

7. (1) $\dfrac{1}{\mathrm{j}\omega(\omega^2 + 1)}$；

   (2) $-\mathrm{j}\dfrac{2\left(\omega + \dfrac{\alpha}{\mathrm{j}}\right)}{\left[\left(\omega + \dfrac{\alpha}{\mathrm{j}}\right)^2 + 1\right]^2}$.

8. (1) $-\dfrac{1}{\omega^2} - \dfrac{\pi}{\mathrm{j}}\delta'(\omega)$；

   (2) $\dfrac{2}{4 - \omega^2} + \dfrac{\pi}{2\mathrm{j}}[\delta(\omega-2) - \delta(\omega+2)]$.

9. $\delta(t-3) + \delta(t+3)$.

10. $\begin{cases} t+2 & (-2 \leqslant t < 0) \\ -t+2 & (0 \leqslant t < 2) \\ 0 & (\text{其它}) \end{cases}$.

12. (1) $\begin{cases} \dfrac{1}{2}(\cos t + \sin t - \mathrm{e}^{-t}) & \left(0 \leqslant t \leqslant \dfrac{\pi}{2}\right) \\[2mm] \dfrac{1}{2}\mathrm{e}^{-t}(\mathrm{e}^{\pi/2}-1) & \left(t > \dfrac{\pi}{2}\right) \\[2mm] 0 & (\text{其它}) \end{cases}$;

(2) $\dfrac{1}{(1+\mathrm{j}\omega)(1-\omega^2)}(\mathrm{j}\omega + \mathrm{e}^{-\frac{\mathrm{j}\pi\omega}{2}})$.

13. $\dfrac{2}{x\pi}(1 + \cos x - 2\cos 2x)$.

14. $y = \dfrac{1}{2}\displaystyle\int_{-\infty}^{+\infty} f(\tau)\mathrm{e}^{-|t-\tau|}\,\mathrm{d}\tau$.

15. $y = \dfrac{1}{2\pi}\displaystyle\int_{-\infty}^{+\infty} \dfrac{F(\omega)}{b+\mathrm{j}\left(a\omega - \dfrac{c}{\omega}\right)}\mathrm{e}^{\mathrm{j}\omega t}\,\mathrm{d}\omega$.

习题二十

1. (1) $\dfrac{1}{s^2+4}$;

(2) e^{1-s} ;

(3) $-\dfrac{1}{s}\left[3\mathrm{e}^{-3s} + \dfrac{1}{s}(\mathrm{e}^{-3s}-1)\right]$;

(4) $\dfrac{1}{s^2+1} - \dfrac{4}{s}(\mathrm{e}^{\frac{-\pi s}{2}}-1)$.

2. (1) $\dfrac{1}{s+3} + \dfrac{5}{3}$;

(2) $\dfrac{4}{s} + \dfrac{1}{s^2} + \dfrac{6}{s^3}$;

(3) $\dfrac{a\cos b + s\sin b}{s^2+a^2}$;

(4) $\dfrac{1}{2s^2} + \dfrac{4-s^2}{(s^2+4)^2} + \dfrac{6}{(s+3)^3}$;

(5) $\ln\dfrac{s-b}{s-a}$;

(6) $\dfrac{1}{s}\operatorname{arccot}\dfrac{s+3}{2}$;

(7) $\dfrac{1}{s^2}\mathrm{e}^{-3s} + \dfrac{3}{s}\mathrm{e}^{-3s}$;

(8) $\dfrac{4(s+3)}{s\big[(s+3)^2+4\big]^2}$;

(9) $\dfrac{2}{(s+3)^2+4}$;

(10) $1 - \dfrac{1}{s^2+1}$;

(11) $\sqrt{\dfrac{\pi}{s}}$;

(12) $\dfrac{3\pi}{4}$.

3. (1) $e^t - t - 1$;

(2) $\cos t - 1$;

(3) $\begin{cases} \displaystyle\int_0^\tau f(t-\tau)\mathrm{d}\tau & (0 \leqslant a \leqslant t) \\ 0 & (t < a) \end{cases}$;

(4) $\dfrac{t}{2}\sin t$.

4. (1) $\ln\dfrac{b}{a}$;

(2) $\ln\dfrac{\sqrt{13}}{3}$;

(3) $\dfrac{4}{25}$;

(4) $\dfrac{\pi}{2}$.

5. (1) $\dfrac{1}{2}\sin\dfrac{t}{2}$;

(2) $\varepsilon(t-3)\cos 4(t-3)$;

(3) $\dfrac{1}{4}\delta(t) - \dfrac{1}{8}\sin\dfrac{t}{2}$;

(4) $\dfrac{2(1-\mathrm{ch}t)}{t}$;

(5) $\dfrac{4 + 2te^t - 3e^t - e^{-t}}{4}$;

(6) $e^{-(t-3)}\big[\sin(t-3) - (t-3)\cos(t-3)\big]\varepsilon(t-3)$;

(7) $2e^t - 2\cos t + \sin t$;

(8) $\mathrm{sh}t - t$;

(9) $\dfrac{1}{6}(t-2)^3\varepsilon(t-2)$;

(10) $\dfrac{1}{27}(24 + 120t + 30\cos 3t + 50\sin 3t)$.

6. (1) $\dfrac{1}{2}(t\cos t + \sin t)$;

(2) $\dfrac{1}{3}(\cos t - \cos 2t)$.

7. (1) $\dfrac{1}{2}(\sin t - \cos t - e^{-t})$;

(2) $\mathrm{ch}t - t$;

(3) $\dfrac{1}{2}(e^{t} + e^{-t})$；

(4) $2e^{-t} - e^{t} + \left[e^{-(t-1)} - e^{-2(t-1)}\right]\varepsilon(t-1)$；

(5) $t^{2}e^{t}$；

(6) $te^{t}\sin t$.

8. $y = 1 + te^{t} - e^{t}$，$x = te^{t} - t$.

参 考 文 献

[1]　同济大学数学教研室. 概率论. 北京：高等教育出版社，1982.

[2]　王丽霞. 概率论与数理统计：理论、历史及应用. 大连：大连理工大学出版社，2010.

[3]　施雨，李耀武. 概率论与数理统计. 西安：西安交通大学出版社，2005.

[4]　金治明，李永乐. 概率论与数理统计. 北京：科学出版社，2008.

[5]　李子强. 概率论与数理统计教程. 3 版. 北京：科学出版社，2011.

[6]　于义良，罗蕴玲，安建业. 概率统计与 SPSS 应用. 西安：西安交通大学出版社，2009.

[7]　王颖喆. 概率论与数理统计. 北京：北京师范大学出版社，2008.

[8]　盛骤，谢式千，潘承毅. 概率论与数理统计. 4 版. 北京：高等教育出版社，2008.

[9]　茆诗松，程依明，濮晓龙. 概率论与数理统计教程. 北京：高等教育出版社，2004.

[10]　陈希孺. 数理统计学教程. 上海：上海科学技术出版社，1988.

[11]　浙江大学数学系. 概率论与数理统计. 北京：人民教育出版社，1979.

[12]　汪荣鑫. 数理统计. 西安：西安交通大学出版社，2006.

[13]　吴翊，李永乐，胡庆军. 应用数理统计. 长沙：国防科技大学出版社，2001.

[14]　郑明，陈子毅，汪嘉冈. 数理统计讲义. 上海：复旦大学出版社，2006.

[15]　陈希孺. 数理统计引论. 北京：科学出版社，2007.

[16]　刘顺忠. 数理统计理论、方法、应用和软件计算. 武汉：华中科技大学出版社，2005.

[17]　中山大学数学力学系. 概率论与数理统计. 北京：人民教育出版社，1980.

[18]　梅长林，范金城. 数据分析方法. 北京：高等教育出版社，2008.

[19]　庄楚强，吴亚森. 应用数理统计基础. 广州：华南理工大学出版社，1997.

[20]　George Casella，Berger R L. 统计推断. 张忠占，傅莹莹，译. 北京：机械工业出版社，2009.

[21]　戴朝寿. 数理统计简明教程. 北京：高等教育出版社，2009.

[22]　李江涛. 复变函数与积分变换. 重庆：重庆大学出版社，2011.

[23]　邓孝友. 积分变换及其应用. 长沙：中南工业大学出版社，1988.

[24]　张元林. 积分变换. 北京：高等教育出版社，2015.

[25]　刁元胜. 积分变换. 广州：华南理工大学出版社，2003.

[26]　张韵琴，蒋传章. 工程数学积分变换. 西安：陕西科学技术出版社，1985.

[27]　段哲民，范世贵. 信号与系统. 西安：西北工业大学出版社，1997.

[28]　Morris Kline. 古今数学思想. 朱学贤，等，译. 上海：上海科学技术出版社，2002.